“十三五”普通高等教育本科部委级规划教材

中国服饰文化（第3版）

CHINESE CLOTHING CIVILIZATION
(3rd EDITION)

张志春 | 著

中国纺织出版社

内 容 提 要

本书为“十三五”普通高等教育本科部委级规划教材之一。

本书综合运用社会学、文化学、史学、美学和心理学等理论与方法，以点线面体相结合的模式来展开中国服饰文化学说的轮廓和细部。它在浩如烟海的文献典籍中搜寻，在不时显现的出土文物中爬梳，在古今乡风土俗中筛选，以期探讨中国服饰发展变化的文化背景和内在规律；辨析中国服饰命题与国人文化心态的渊源衍化；梳理历代服饰现象的文化线索和美学意味……总之，它试图展示自古以来渊远流长的中国服饰文化理论，展示早已积淀为我们民族集体无意识的深层服饰命题，从而引导人们整体领略中国服饰文化境界——在时兴的西方服饰文化之外提供一个别样的理论参照体系。它不只为中国服饰文化学的建立作出重要铺垫，而且为人类服饰学说的平等互补结构奠定基础。

图书在版编目（CIP）数据

中国服饰文化 / 张志春著 . —3 版 . —北京 ：中国纺织出版社，2017.4（2021.1重印）
“十三五”普通高等教育本科部委级规划教材
ISBN 978-7-5180-2870-2

Ⅰ. ①中… Ⅱ. ①张… Ⅲ. ①服饰文化—中国—高等学校—教材 Ⅳ. ① TS941.12

中国版本图书馆 CIP 数据核字（2016）第 202766 号

策划编辑：郭慧娟　　责任编辑：陈静杰　　责任校对：楼旭红
责任设计：何　建　　责任印制：王艳丽

中国纺织出版社出版发行
地址：北京市朝阳区百子湾东里A407号楼　邮政编码：100124
销售电话：010—67004422　传真：010—87155801
http://www.c-textilep.com
E-mail:faxing@c-textilep.com
中国纺织出版社天猫旗舰店
官方微博 http://weibo.com/2119887771
三河市宏盛印务有限公司印刷　各地新华书店经销
2001年2月第1版　2009年8月第2版
2017年4月第3版　2021年1月第4次印刷
开本：787×1092　1/16　印张：21.25　插页：8
字数：402千字　定价：48.00元（附赠网络教学资源）

前言

本书展开中国服饰文化这个话题，粗看似乎纵横交错，不同层面纷至沓来，分散而不成体系，其实本书有着内在逻辑与有机结构，既有历史的序列，又有人文的脉络，更有服饰文化学建构自身的期待。就像拉开历史的帷幕，让我们看到庄严辉煌的演出和精美的细节，看到源远流长的根脉，看到我们中华民族服饰的DNA结构，看到扮饰自身的历史探索与卓越智慧。

我们的先民及历代服饰文化的先行者与创造者，在服饰材料方面，披荆斩棘，搜尽多种动植物，以超乎想象的智慧将皮毛、枝条化为绕指柔。葛麻的发现与驯植自有其厚重的积累，而蚕丝的发现与创造更是为人类美饰谱写了一首伟大而响彻古今的乐曲，从而建构了与异域先民创造的棉花文化圈、皮毛文化圈、亚麻文化圈互补的丝麻文化圈。值得注意的是，从古至今，在中国服饰文化的叙述格局中，服饰材料探索、发现与完整巧慧的工艺过程，不只是客观外在的物质罗列，而且渗透着温馨情愫的人文意象。无论是桑蚕起源的神话传说，还是葛麻狐裘浸润的情感波澜，都成为引发人们品咂不已的美感资源。

在服色方面，中国服饰文化有着独特的建构与表达。它既是物理的又是心理的，既是神话的又是现实的，既是民族的又是普世的，如尚赤尚黑尚白尚黄尚紫，五德终始，三世轮回……每一种色彩都因此而获得独立的意味，成为厚重的历史现实衔接链条。最终尚赤尚黄成为民族色彩的定格且向未来辐射与渗透，自然源自服饰色彩的历史演进与文化演义。中国服饰文化中的服色格局还是一个有所期待的海纳百川式的开放结构，对异域服饰的接纳与融合上都显出自信与大度，如汉唐时代佛教的尚黄与尚白的认同，近现代对于欧美白色婚纱的欣赏拿来，都是不争的事实。

在服饰图纹方面，形成了如十二章纹、八吉祥、儒学八宝、暗八仙等涵盖不同层面，既自成格局又彼此呼应的散点体系，从而使中国智慧的非聚焦式散点思维在这一领域里有了典型的展现与印证，也使点线面看似简单的轮廓建构积淀了厚重微妙的社会情调与人生意味。

在服装款式方面，自从两三万年前山顶洞人磨就那一枚骨针，我们的先民就为后来的服饰结构奠定了一种模式，即与印度的裹缠型、古希腊的披挂型款式并行的缝合型结构。在后来的历史发展中，不断涌现的款式美不胜收，不仅是让我们引为自豪的历史文化遗产，而且是仍然以活态存在于我们衣生活中的精美范式，还是引发服饰创造的灵感之源与激情之基础。

在服饰制度方面，官场的冠冕制度与偏侧于民间的五服制度，将服饰差序系列的系统性落实到细致精微，将服饰的庄严神圣与神秘圣洁的氛围推向了高潮。冠冕制度将朝廷与官府的秩序梳理与官员的升迁等级等策划得无微不至，它将礼制这一相对抽象的人文制度落实到服饰的款式、色彩、图纹甚至质料上，或许这就是社会符号化管理的历史先行者。五服制度虽覆盖全社会，但在实践中似乎更偏侧于民间，而传统社会中官员服丧期间，更要辞去官职回故乡丁忧。相对于冠冕制度的等级森严，五服制度更是精致完整、大气磅礴，它将中国人的伦理关系从血缘层面梳理得井井有条，源流清晰，界线判然。而这一切又从儒家基于血缘的情感结构推衍而出，一切的伦理抽象最终又归结到具象化五服这样的款式上。如果说冠冕制度强调的是国家台阶之庄重森严，那么五服制度突出的是家族血缘之绵长温馨。而个人成年礼仪上呈现的冠礼和笄礼，则是每个生命个体成长的关键点上建构的重要的通过仪式。如果说前两者属于关注群体的制度创造，那么冠礼和笄礼则是关注个体成长的独特设计。而这一制度最终落实于服饰层面，真得佩服这些制度的设计者的苦心。因为只有依附于衣食住层面的文化建构，才有可能在人类漫长的历史中有效而恒久地传承下去。

在服饰思辨方面，《周易》一句“垂衣而治天下”的命题，道出了中国服饰文化思辨的核心，即社会秩序梳理与性别秩序梳理这两个关键点。后世不少思想家都是沿着这个格局展开自己有所侧重的叙述。孔孟荀老庄墨韩等虽彼此有抵牾之处，如孔孟荀定格于群体合谐，老庄着眼于个体舒适，墨韩则强调实用便捷，但其思维大方向仍在这个模式内运行。而服饰变革的冲突与思辨，无论是胡服骑射还是孝文改制，都是上述种种服饰思辨的实践性叙述。而康有为两极摆荡式的服饰思考，前后如撕裂般的矛盾表述，恰恰深刻地表达了在中国服饰转型期国人深刻而迷茫的矛盾心态。而这种心态至今仍活态地涌动在我们的心灵深处。

在对个体美饰的思辨方面，出于种种原因，古代中国哲学家更多是对人体的回避。或许这就是导致传统服装平面剪裁，不同于欧美剪裁的重要原因。在这个意义上，中国服饰文化史似乎就是对人体回避与遮蔽的历史。对于人体结构的感觉古人并非迟钝，但表述上的回避却显然基于文化上的规定与局限。当然也有理论与实践方面的突破与进展，虽然有异域进入且融合于民族血脉中的佛教服饰文化谈到了人体具体的一个个部位而无所禁忌，但那对象只能是高高在上的佛祖而并非芸芸众生；一直到李渔直接谈衣与人相称与貌相宜，但具体到人，详细到女性着装的肩与腰，仍是混沌与朦胧，缺少具体量化的描述与分析；曹庭栋谈老年服饰款式细致多样，仍缺少人体不同部位与衣关系的深透描述与微妙解读。他们的思辨与表达，总体看来不乏定性研究的意味，点到即止、含糊朦胧，缺少直接面对展开的定量研究的自觉意识。然而整体反转过来，面对那些人体全然打开的服饰样态，我们再来回味这种源远流长的含蓄与节制，似乎又会滋生“剪不断理还乱”的依恋，又会觉得它自有其隽永的价值。

在服装画方面，这又是一个自成系统的独特领域。中国服装画自古而今，由神圣的服饰法典演绎为世俗审美的民俗风情画、写意漫画，而最后在服装高等教育充分发展的时代，竟回缩到纯然实用性层面，成为服装制作环节的工艺图。服装画在这里所展示的一个历史性的跌宕起伏，真令人感喟良深。这似乎也暗含着新的厚重的期待。

人生有代谢，往来成古今。服饰千秋史，得失见寸心。

在这里，我们追溯既往走过从前，并非着意发思古之幽情，津津乐道于曾经的光彩夺目；亦并非以后来居上的意态俯瞰历史裁判前贤；而是追根溯源，着眼当下，瞩意未来，温故以求新——如同上帝伊甸园里寻觅隐藏起来的亚当夏娃一样，我们面对中国服饰文化也可以发出“你在哪里”的深情呼唤。是呀，中国服饰文化是什么？从哪里来？又向哪里去？

古往今来，看生活因作者而不同，看作品因读者而不同。亲爱的朋友，《中国服饰文化（第3版）》就捧在您的面前，当您有心回望中国服饰文化的时候，虽然未曾谋面，但我深信，您是在读历史、读文化，更重要的是在读自己。

张志春

2016年9月于西安兴庆湖畔

教学内容及课时安排

章	课程性质/课时	节	课程内容
第一章	现象研究（4课时）		• 被薜荔兮带女罗 ——古代服饰质料的发现与演变
		一	服饰之初：花叶须戴满头归
		二	彼采葛兮
		三	绤麻索缕，手经指挂
		四	裘之饰也，见美也
		五	丝绸：云想衣裳花想容
		六	棉花
		七	纸质衣料的尝试
第二章	基础理论（4课时）		• 混沌世界　五彩迷离 ——中华服色的远古演进
		一	洪荒时代的一色独尊：红色崇拜
		二	夏商二元对立：尚黑尚白
		三	西周四方模式：青赤黑白褒贬分明
		四	五行模式：四色并坐，黄色突出
第三章	基础理论（4课时）		• 亦幻亦饰　人神合一 ——图腾向人体装饰的渗透、转化与投影
		一	图腾文化的人生印痕
		二	图腾扮饰之初：画身画脸
		三	图腾扮饰之初：文身
		四	图腾人体装饰向服饰的过渡
第四章	基础理论（6课时）		• 具象与抽象：有意味的形式 ——中华传统服饰图纹
		一	从具象到抽象：原始图纹的审美变形历程
		二	抽象纹饰的思维模式与具体途径
		三	传统图纹的三种结构模式
		四	中华服饰图纹散点体系
		五	中华图纹的文化思考
第五章	基础理论（4课时）		• 衣裳·章纹·文饰 ——《周易》服饰理论简说
		一	神圣起源：黄帝尧舜垂衣裳而天下治
		二	黄色的神圣意蕴
		三	贲：多向度的文饰观念
		四	反对文饰——冶容诲淫
第六章	基础理论（4课时）		• 悠悠万事　唯此为大 ——“三礼”与服饰
		一	规模宏大的服饰管理体系与等级秩序
		二	冠礼：庄严神圣的成年礼仪
		三	五服制：服装款式中天伦亲情的直觉造型

章	课程性质/课时	节	课程内容
第七章	基础理论 （4课时）		• 服周之冕　文质彬彬 ——孔子的服饰理论及其实践
		一	服周之冕，海纳百川
		二	维护基座，峻切庄严
		三	文质彬彬，然后君子
		四	纳入教程，系统传承
		五	敬畏服饰，身体力行
		六	孔子服饰学说的文化思考
第八章	基础理论 （4课时）		• 被褐怀玉　养志忘形 ——老庄服饰思想初探
		一	被褐怀玉，养志忘形
		二	质文错位：发现服饰的装扮或欺骗
		三	服色的异化及神化
		四	素淡之美：大音希声
		五	平等与宽容：服装模式的多样性
		六	服饰舒适性原则
		七	形全形残，任纯自然
		八	无拘无束，自由自在
第九章	基础理论 （4课时）		• 取情以去貌　好质而恶饰 ——韩墨的服饰文化观
		一	衣服的定义：适身体，和肌肤
		二	唯用是尊的评判模式
		三	取情以去貌，好质而恶饰
		四	行不在服
		五	至高的权势：流行的策源地
		六	反对拘泥：服饰应随时而变
		七	衣必常暖，然后求丽
第十章	现象研究 （4课时）		• 服制之道　多极摆荡 ——贾谊、刘安与董仲舒的服制建构
		一	贾谊：改朝更易服色，提倡服制之道
		二	刘安：衣服礼俗者，非人之性也
		三	董仲舒：天人同构，其可威者以为容服
第十一章	基础理论 （4课时）		• 人之所弃　受而后著 ——中国佛教服饰文化观
		一	人之所弃，受而后著
		二	最胜衣服最胜香
		三	辩难袒服
		四	刷新衣装
第十二章	现象研究 （4课时）		• 齐民与俗流　贤者与变俱 ——论胡服骑射与孝文改制
		一	胡服骑射：衣当顺势而变
		二	孝文改制：衣亦为时而变

章	课程性质/课时	节	课程内容
第十三章	现象研究 （4课时）		• 严装·淡装·粗服乱头 ——魏晋风度与服饰
		一	魏晋风度的社会文化背景
		二	严装：魏晋风度的初始境界
		三	粗服乱头：魏晋风度的浪漫境界
		四	淡装：魏晋风度的玄远境界
第十四章	现象研究 （4课时）		• 雍容大度　盛世衣装 ——唐代服饰的文化探寻
		一	兼收并蓄的文化场
		二	服色内涵的再构筑
		三	盛行胡服
		四	时世妆：波澜起伏的模仿流动
		五	袒裸之风：人体美的展示
		六	女着男装：历史新风貌
第十五章	基础理论 （4课时）		• 与人相称　与貌相宜 ——李渔时代的服饰理论
		一	衣以章身
		二	生命体验的质料视角
		三	内蕴拓展的服色
		四	斟酌款式
		五	成则画意，败则草标——饰物的别致讲求
第十六章	基础理论 （4课时）		• 衣取适体　寒暖顺时 ——曹庭栋《老老恒言》的服饰养生理论
		一	安体所习，养生妙药
		二	趁寒趁暖，动静相宜
		三	首衣：虚顶以达阳气
		四	体衣：衣取适体
		五	带、钩及衣之浣洗
		六	足衣：四时宜暖，和软适足
第十七章	基础理论 （4课时）		• 斟酌中外　咸思改服 ——康有为两极摆荡的服饰思想
		一	呼唤转型：上书请断发易服
		二	回归传统：适宜性之优可统摄万国
		三	回归传统：尽善尽美至为文明矣
		四	康有为服饰论说的价值
第十八章	现象研究 （4课时）		• 古今服装画
		一	鸿蒙时代的萌芽
		二	源起：法典式的服装画
		三	归类辨属的服装画
		四	具有现代意味的服装画

注　各院校可根据自身的教学特色和教学计划对课程时数进行调整。

目录

现象研究——

被薜荔兮带女罗——古代服饰质料的发现与演变

课题名称： 被薜荔兮带女罗——古代服饰质料的发现与演变

课题内容： 服饰之初：花叶须戴满头归

彼采葛兮

绞麻索缕，手经指挂

裘之饰者，见美也

丝绸：云想衣裳花想容

棉花

纸质衣料的尝试

上课时间： 4课时

训练目的： 向学生讲授服装材料的发现、创造与演变，引导他们在“物”的更迭中思考积淀其中的技术、艺术与文化的内蕴。

教学要求： 使学生了解中华服装材料的创造与演变；使学生了解中华服装材料中所积淀的人文意蕴。

课前准备： 阅读服装材料的历史文献、考古文献及相关的服饰文学文献。

第一章　被薜荔兮带女罗

——古代服饰质料的发现与演变

人类的历史约有百万年之久，先民们在裸态装身中度过那悠悠岁月。覆盖装身的历史大约万年而已。在没有文字记载的时代，在想象力似难追踪的茫茫远古，先民们在所居住地球不同的地域里，不约而同地创制了服装。这大约也是人类所有创造物中最为理想的一种吧，要不，何以自古而今千万年以来人们仍然对它情有独钟？

服装伊始，就是包裹点缀并依附人体的软雕塑之物。那么可以想见，先民们在无所依傍无所参照的岁月里，对服装材料的想象、搜寻、研制与探索，使之从无到有、从一到多，从花草树木到葛麻丝毛皮棉纸等，都成为一个个历史难题的艰难确立与逐步解决。在这里，服装材料就因积淀甚多而成为文化意象，散见于文献或构成民族集体记忆的对于服装材料的关注、描述与唱叹，则彰显了人类在这一领域中的历史智慧与浪漫情怀。甚至可以说，服装材料从古至今的推衍过程，本身就是一种文化心态演进的历程。这也是服装材料值得以服饰文化目光扫描的缘故。

一、服饰之初：花叶须戴满头归

一般，文化学者推测服饰材料的起源为草木花卉。以植物花叶、树枝、树皮为着装材料，大约是万年以前的情景。作为群体记忆，后世仍有文献追溯和制作遗痕（图1–1）。有些仍存留在人们的生活中。

图1–1　甲骨文“衣”字

1. 花叶为衣

古代诗人屈原以“余幼好此奇服兮，年既老而不衰”自诩，对服饰颇为关注。他在《山鬼》一诗中则描述了一位以藤萝花草为衣裙的女神：

若有人兮山之阿，
被薜荔兮带女罗。
既含睇兮又宜笑，
子慕予兮善窈窕。

诗人这一深情唱叹亦是历史的写真。人类文化学诸多资料可以铺成宽厚的平台烘托这一艺术展演。《禹贡·冀州》就记载以花为衣的边远先民“岛夷卉服”；《滇黔纪游》记载滇少数民族“纫叶为衣”；清代野史记载苗族男子披草衣短裙，阿昌族则以竹子为帽子，台湾高山族人用芭蕉叶制作衣服，广东有少数民族以竹皮为衣，等等。草裙从发生学的动机来说也许多样且神圣，但长期附着在身可能使其实用性和舒适性日渐萌生且显豁起来。服饰的技术性亦随着着装实践和心理需求而不断进步。

值得注意的是，这一着装现象不独限于九州，而是带有普世价值与审美趣味。在西方文化元典《圣经》创世纪的神话故事中，人类的始祖亚当、夏娃用无花果枝叶来编织衣服；在古希腊奥运会上，冠军的奖赏就是以桂枝带叶编成的桂冠；格罗塞《艺术的起源》一书则记录了安达曼群岛上的土著民以卷拢的露兜树叶为头巾，而女人则用许多根露兜树叶的带子围在臀部上，从那下面挂着一条用叶子做成的围裙，已婚者还要系上一条不同格式的叶带，等等。

2. 树枝树皮装

不只绿叶，树枝伴随着枝叶而成为服饰材料。原因是先民有植物图腾，图腾同体的意识使得执枝在手、佩枝在身都获得了强大的心理依赖。这与后世柳条帽之类的实用理性和形式趣味有一定区别。《山海经》记载：“招摇之山……有木焉，其状如榖，而黑理，其华四照，其名曰迷榖，佩之不迷……”毫无疑问，这种因果关系是无逻辑、非理性的，但在图腾崇拜的文化框架下却显得顺理成章。

今天的非洲、澳洲、美洲的一些原住民仍以植物枝叶为衣为饰，为我们猜度远古先民的服饰提供了一种有启迪价值的坐标系。文化人类学认为，人们个体生命的童年和人类的童年有着同构的相似性。而至今未经过农业文明、工业文明冲撞过的土著民文明也与远古先民的思维方式和生活、生存方式有着逼近式的相似性。

树皮装也是由花草叶枝向提纯并使用纤维迈进的重要一环。史载唐代诗僧寒山超越世俗，往往以桦皮为冠；据宋《太平寰宇记》、元《文献通考》和清《黎歧纪闻》等典籍中，均有海南黎族自古以来“绩木皮为布”的记载。据中央电视台2006年《探索与发现》栏目介绍，海南省至今还有人会用构树皮做服装。台湾高山土著民以椰树皮制衣；广东有少数民族以竹皮为衣；台湾最近亦有资料介绍这一仍在传承的技术与着装习惯。《云南志略》记载，古代僚人[1]桦树皮作冠。而在勐腊县山区，生长着一种名为明迪莎贺的灌木，

[1] 僚人：僚人是壮语、布依语RAEUZ（我们）的汉语译词。中国古代岭南和云贵地区部分少数民族的泛称。

图1-2 蓑衣

用木槌将树干反复敲打至松，树皮就会完整地脱下，再洗去树浆并晒干，就得到一张米黄色的树皮“布”。百余年来，哈尼族祖祖辈辈轮流砍伐自家的明迪莎贺树，取皮制衣。树皮装可谓是远古服装的活化石。它体现了先民借生物之力以助自身生存的智慧，体现了征服自然万物的精神与技术。而这今天仍可作为高端创造的借鉴，以其天人合一的自然和谐，映衬出现代科学技术下服装创造与制作的弊端。

蓑衣（图1-2）是树皮装的进步与延展，和草裙一样柔和，且加入了更多的编织技术。先民对植物纤维的不断发现，仅蓑衣就有树皮纤维和草叶等多种编织材料。随着制作技术的不断提升，人类的衣生活便日渐多样，感受也就更为丰富了。服饰的意义便多层面地拓展开去。

而这些，都是为后来发现与提取植物纤维织而为衣所做的历史性铺垫。恰如朱士玠《小琉球漫志所述》：台湾高山族土著民“系取树皮捣细，搓为线，经织成布。”

二、彼采葛兮

似乎可以说，葛藤的发现及其作为中长纤维的提取，使之经过多层面的整理加工、纺织到裁、缝，是服饰文化史上值得大书特书的事情。它在技术上是花叶草树为衣的整合与提升，在材料上是一种抽象与提纯，在款式制作上需借助于构思预设，从而有了更多的创作自由度。

出土资料证明了纤维提纯与纺织历史的悠久漫长。陕西西乡县李家村遗址出土的陶器底部，印有清晰的布纹，距今约7000年；距今5000~6000年的陕西姜寨和华县泉护、河南庙底沟等新石器遗址上，陶器底部有布纹印痕，经纬线每平方厘米10根；距今5000~6000年的半坡彩陶底也有不少布纹印痕，经纬线每平方厘米10余根；且有大量的纺轮骨针等；现藏南京博物院的葛布是我国新石器时代距今5400年的衣料，1972年在江苏吴县草鞋山新石器第10层文化堆积中发现了3块，其中一块经纬线每平方厘米为10×（26~28）根，其精致程度让人惊叹。

但葛藤的普世价值不只是技术层面的，它亦会延展到人文世界。

《周书》记载：“葛，小人得其叶以为羹；君子得其材以为君子朝廷夏服。”野生之物，鲜嫩时取叶茎为菜；苍老时抽纤维为衣。这里的君子、小人之分，固然有生活紧迫与从容之别，恐怕更有技术娴巧与稚拙的区分。周代专设“掌葛”官职，可见已属于整个社会倚重的纺织产业了。但随着丝、麻、裘在服饰领域的进入，葛渐渐地成为平民之物。甚至到了唐宋，人们把获得官职称为“释葛”，意即初穿官服者志得意满地长出一口气说，好不容易才脱掉平民的葛布皮张了。因而，对葛麻所织褐衣的唱叹，渐渐成为平民苍凉情怀的抒写：

无衣无褐，何以卒岁？

——《诗经·豳风·七月》

而仅305首诗歌的《诗经》，谈及葛藤者达400余处。葛履在《诗经》中有质地优良之意。普通老百姓以葛的纤维织布作衣。《诗经·采葛》中的男子一往情深地唱叹：

彼采葛兮，
一日不见，
如三秋兮。

《汉书·地理志》记载："越地多产布。"颜师古注说："布，葛布也。"农业文明中男耕女织，一家穿戴全在女性的两只手上。因而对人的审美上，强壮的体魄、劳动的智慧与能力以及勤劳肯干的品质都显得异常重要，甚至是一生幸福与从容的可靠保证。因而诗中的小伙子作为抒情主体，对采葛姑娘的强烈思念就融入了敬佩与欣赏的心情意绪。从一般植物枝叶到葛麻，这其间绝非一句话说出口那么轻巧容易，而是一个充满挑战与探索的历史过程，是一个充满智慧创造、痛苦与快乐并存的群体奋斗历程。如葛麻，从野生到人工栽培，自是一个发现与创造的有相当长度与难度的时间过程。采集与选择，耕种作务，收获捆束，入水浸沤，剥皮梳理，纺织裁剪缝纫，一系列复杂的工艺，能娴熟地掌握此技术者，主体形象会因此提升，会成为众人心目中崇拜与歌颂的对象。诗中的"一日不见如三秋兮"，可见重点不是对方的容貌，而是胆识与才艺，即采葛制葛的智慧、胆略与行为。倘比拟今日的职业，是包括从农艺师到纺织工到服装设计师到裁缝的全部工作。她的劳作确也包含了这些门类。凡斯种种，怎能不引发小伙子强烈的爱慕呢。

《说苑》记载民谣："绵绵之葛，在于旷野。良工得之，以为绨纻。良工不得，枯死于野。"葛藤之于采织者竟触及社会智慧，引发相似于伯乐千里马相知相遇的千古浩叹。可见人生境界相通，处处是异质同构之物（图1–3）。

《越绝书》记载："勾践种葛，使越女织制葛布，献于夫差。"可见葛藤不只是当时的衣饰必需品，为上上下下所重视，而且在这里成为战略意象，成为勾践卧薪尝胆国策的组成部分。读史读人，不可不读物。

图1–3　沂南古墓仓颉与沮诵画像

韩非子《五蠹》："夏日葛衣。"韩非子此语暗示我们，在更多新材料发现的时候，葛衣便以其凉爽而成为先民的夏季服装，而非四季通用的服装。倘有例外，那肯定是陷于寒不择衣的窘迫之中了。

果然，在后世白居易《醉后狂言酬赠萧、殷二协律》的诗句中，我们便听到了这样的歌吟："天寒身上犹衣葛，日高甑中未拂尘。"白居易的时代，服装面料早已多样化且相对高质量了，葛衣早已历史性地降格为下层平民的穿着，而且是穿着凉爽的夏装。若是在火烤胸前暖、风吹背后寒的冬日仍穿着一看就凉飕飕的夏装，我们就知道了着装者的人生境遇，也就读懂了诗人人文关怀的叹息。

三、绥麻索缕，手经指挂

从中外考古资料比照看来，麻纤维的利用早在远古就趋于成熟。麻一般指亚麻、苘麻与苎麻。河姆渡遗址中发现距今7000年的苘麻双股线，同时还出土了木制的纺车与织机零件，如打纬刀、卷布轴、梳理经纱用的长条木制齿轮器，让我们借以在想象中构拟苘麻布艺的文化空间。吴兴良渚文化遗址有距今约5000年的苎麻织物残片与丝织物遗存。平纹麻布（12~26）根/cm^2，有的经线31根，纬线20根。异域亦是如此，埃及人5000年前已织宽幅麻布。印度河流域居民7000年前用海岛棉织布。在两河流域和南美的一些遗址中，亚麻布的痕迹竟是8000~10000年前遗留下的。

古代文献中也多有这方面的记录，且将其渊源追溯到黄帝、炎帝身上以示崇高庄严：

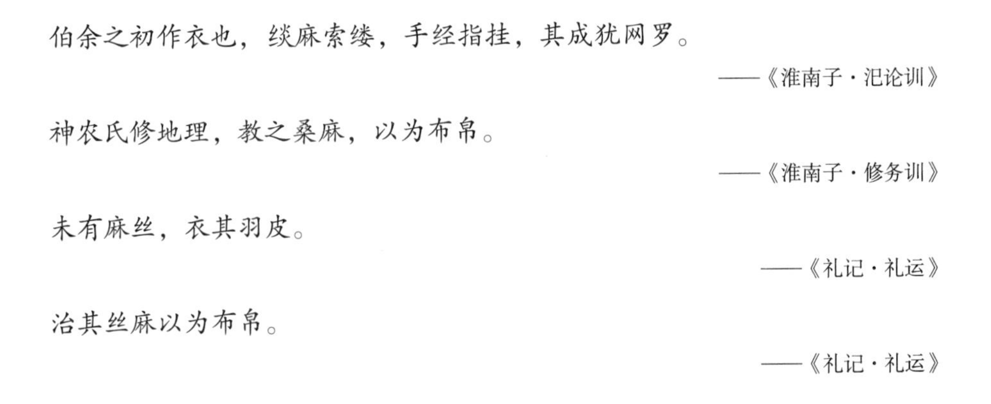

伯余之初作衣也，绥麻索缕，手经指挂，其成犹网罗。

——《淮南子·汜论训》

神农氏修地理，教之桑麻，以为布帛。

——《淮南子·修务训》

未有麻丝，衣其羽皮。

——《礼记·礼运》

治其丝麻以为布帛。

——《礼记·礼运》

春秋战国时期，葛纤维逐渐被麻纤维所替代。据《汉书·地理志》记载，当时关中是苎麻种植和利用较为悠久的地区。西汉，长安聚集的各地麻织物有絺（chī，细葛布）、绉（特细葛布）、苎（细苎麻布）、缌［细竦（shū）布］等。魏晋南北朝，军服多麻布。《魏书·食货志》记载全国以大麻布充税的有40多州。

《诗经·齐风·南山》的作者在田畴阡陌绿意葱葱的亚麻地边是那么的自得、豪迈：

艺麻之如何？
衡从其亩。

从诗句看，与其说是介绍，不如说是抒情。麻由野生变为种植，这一种植技艺带来连片麻田纵横望不到边的满眼绿意，带来压抑不住而总想与人诉说的兴奋，带来种植者生命的高峰体验。我们知道先民驯服动物的同时也在驯化植物。诗人在他的劳动成果面前有着狂欢节般的快乐。后人穿麻不一定能联想到此诗的意趣，但却是在享受先民艺麻智慧的历史性成果。麻在《诗经》中也是一种纤维作物。《诗经·陈风·东门之池》诗中就写了淖池沤麻的生活情境：

> 东门之池，可以沤麻。
> 彼美叔姬，可与晤歌。
> 东门之池，可以沤苎，
> 彼美叔姬，可与晤语。

夏日采麻之后束捆入池沤以脱胶，如浮船般漂漾，不几日须划动一番以求沤浸均匀。这样，亚麻、苘麻、苎麻得以高质量脱胶以备纺织之用。此际天光云影，麻束如舟，池水中所谓伊人，自是一道风景。异性相吸发源于本能，小伙子总想凑上前去与理想中的她对话、对歌，但目标的确定仍有不少社会因素。能沤麻者，定是勤劳灵巧者，定是能纺、能织、能裁、能缝、能扮饰生活里里外外的一把手，是能提升生存境界的人，也就是最值得追求的人。后人谁能料想到，麻的整理过程本身，竟能搭建起人情世态的文化平台。

四、裘之饰也，见美也

动物毛皮作为衣装材料，倘追本溯源，至少与植物草木花卉同步（图1-4~图1-6）。

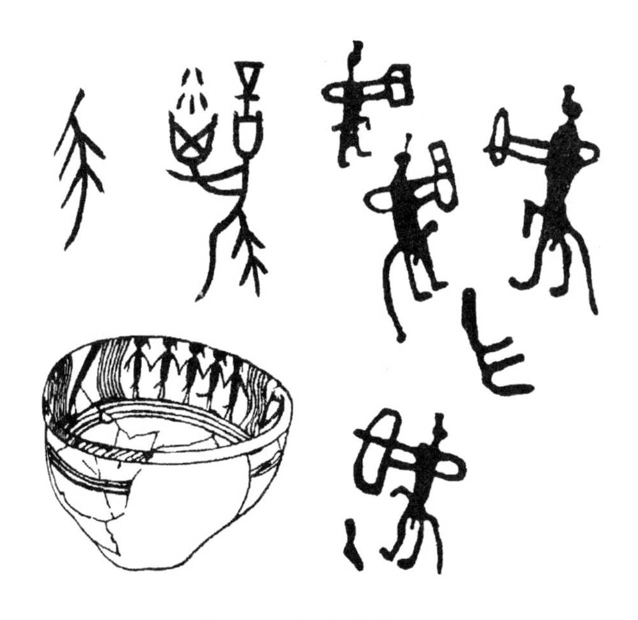

图1-4　原始尾饰和羽饰

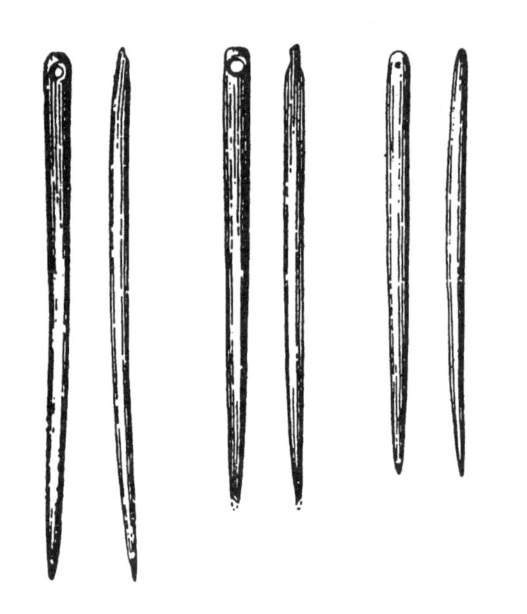

图1-5　辽宁海城沁孤山旧石器晚期遗址出土的骨针

图1-6　《皇清职贡图》中貂帽狐裘鱼皮服的赫哲族男女

1. 皮裘为衣的原初性

远古游猎时代，先民们的日常狩猎与驯养动物的活动，使其更多地接触到动物毛皮，进而产生利用的想象与实践。但在皮革鞣制技术未产生时，兽皮的僵硬不屈削弱了它的着装亲和力。于是在相当长的历史时期，古代文献描述这一着装现象时，似乎着意强调它的原初性与简陋性。例如《汉书·舆服志》似以后来居上的立场俯瞰既往："上古穴居而野处，衣毛而冒皮。"又如《史记·匈奴列传》潜隐地以中原衣冠文明的目光而直视游牧部落的粗陋："自君王以下，咸食畜肉，衣其皮革，被旃裘。"旃裘即兽毛、兽皮的衣装。仅仅是皮裘装身而没有文化的深厚积淀，则被视为不知礼仪的原生态行为。当然，后世也有以这种原初性来挑战世俗的种种情状："宋人刘景、后梁厉归真、元人皮裘生冬夏皆着皮裘……明人董仙文明而不著衣，惟裹牛皮，人们叫他董牛皮；梁人刘于爱著鹿皮冠，当时无一人戴它；宋人翟法赐不食五谷，以兽皮为衣；唐人朱桃椎披裘曳索，夏天裸体，冬天用树皮自复，人莫测其所为，有人送他衣服，桃椎委地而去。"[1]

而在西方文化的元典《旧约·创世纪》中，上帝所创造的第一件服装就是皮装："耶和华神为亚当和他妻子用皮子制作衣服给他们穿。"只不过这里强调皮装原初性的同时，也暗示了它的崇高性。

2. 从以兽为神、为役、为敌、为伴到为友来看皮裘为衣的心路历程

值得注意的是，在漫长的、至今仍是关注热点的以动物皮毛为衣装的服饰事象中，有着复杂多样的人类对待野兽心态的历史性迁延。在原始图腾时代，人们以兽为神，以毛皮为衣便有着图腾同体的神圣感。如弗雷泽《金枝》所述："图腾氏族的成员，为使自身受到图腾的保护，就有同化自己于图腾的习惯，或穿着图腾动物的皮毛，或辫其毛发，割伤

身体，使其类似图腾。”（图1–7）

图1–7　四坝文化人形壶中的服装画

由于在不同的历史阶段对兽的不同心态，因而人们在兽皮的穿着意念上就有了不同的感觉。这种感觉与技术不无一定的联系，但在最根本的意义上，是人的文化心态的拓宽与变化。在以兽为神的浪漫时期向以兽为役的理性时期转化过程中，皮革鞣化技术随之成熟。例如《周礼·考工记》要求，加工过的皮裘应是“望而视之，欲其荼白也；进而握之，欲其柔而滑也；卷而抟之，欲其无迤也”。荼白即无丝毫血痕肉迹的纯净感，无迤即没有斜倚折皱之痕的平展感。于是，人们可以普遍地“冬日狍裘”（《韩非子·五蠹》），以之作为季服了。皮裘的美观性、舒适性空前地得以释放。再考虑到获得不易的珍稀性，加之图腾神圣的铺垫，它的社会地位超拔而起，如日中天。周朝为此专设“司裘”和“掌皮”之官职，前者管理国王各种祭礼、射礼所穿的皮裘衣装，后者专司皮裘与毛毡的加工。如《周礼·天官·掌皮》所述：“共其毳毛为毡。”又如《禹贡》：“梁州雍州贡织皮。”

在这里，整个社会对皮裘衣装，有着以兽为役甚至以兽为敌的心态，有着征服者的自豪自得感，但不再像《西游记》中孙悟空那样随意简陋，只是打虎剥皮撕一块围于腰间，路旁揪一葛藤束定就行了。而是讲求美感，讲求等级序列，讲求穿着的世俗理性感。皮裘成为社会秩序与文明的象征：

> 凡取兽皮作服，统名曰裘。贵至貂狐，贱至羊麂，值分百等。
>
> ——《天工开物》
>
> 锦衣狐裘，诸侯之衣也。
>
> ——《礼记·玉藻》
>
> 裘之饰也，见美也。
>
> ——《礼记·玉藻》

在这样一个价值坐标和评判体系中，《诗经·卫风·有狐》一诗的意蕴才会得以彰显，才会读来别有意味：

> 有狐绥绥，在彼淇梁。
> 心之忧矣，之子无裳。
>
> 有狐绥绥，在彼淇厉。
> 心之忧矣，之子无带。

有狐绥绥，在彼淇侧。
心之忧矣，之子无服。

一只狐狸出现在淇河之梁，在浅水沙滩，在河岸，何以引发姑娘如此强烈的忧伤与感慨呢？诗中明确指出，她所钟情的人儿无裳无带又无服！带，指绅带，裳是下装，服是冠服。姑娘着意于特定的服饰体系和等级秩序。由狐而联想到人联想到无衣，看似怪异，其实若知晓狐裘为诸侯之衣的服饰制度，便知这一心态的衍生是顺理成章的了。这位姑娘的唱叹，突出着与个人、与现实社会的对话性质。有地位者、穿狐裘者不是自己的所爱，或者无缘去爱，而自己心爱的人儿却没有社会地位没有狐裘，没有显赫的标志性衣着。更可恨这河梁的狐狸竟慢悠悠踱步和我过不去，我和你不应有什么怨恨吧，为什么偏偏在我忧伤时这么敏感地挑衅，这么傲慢地炫耀呢？姑娘似乎嫉妒、企盼、无奈且忧伤。在材料价值陡然上升，以衣为本的时代里，衣成为主体而人只能依附于衣的异化现实，就是这样地戏弄并扭曲着人的心态。

在经历了相当长的历史阶段之后，人类才有了以兽为友的观念，有了穿皮裘的耻辱感与愧疚感。这是今日的观念。人们意识到人与动物、植物都是自然生态环境中的一环，不可随意破坏生物链，否则大自然是会加倍地报复人类的。但人之衣物不能自生，总还是要取之于自然，取之于植物、动物和矿物。如何取舍？如何平衡？辩者自辩，穿者自穿。但可以明确的是，兽的意象从神到役、到敌、到伴再到友的系列演变，强力地框束与刷新了人们皮裘穿着的观念与心态。

五、丝绸：云想衣裳花想容

从衣料文化圈来看，古代人们的衣生活，大致可分为中国的葛麻丝绸文化圈，印度的棉布文化圈，埃及和两河流域的羊毛、亚麻文化圈，南美智利和厄瓜多尔等地的羊毛、兽毛、棉花文化圈。在这里，葛麻异域或许有之，而丝绸，却是中华民族对人类服饰文明独有的贡献（图1–8）。不用更多地举例，河姆渡遗址出土的6900年前的纺织机具部件和蚕纹装饰的象牙盅，山西夏县西阴村发现的距今5600~6000年的人工切割蚕茧，辽宁沙锅屯仰韶文化时期的石蚕，河南荥阳青台村仰韶文化时期距今5500年的丝织残片，便足以证明人类丝绸至少已有了7000年的纺织与服饰文化史。

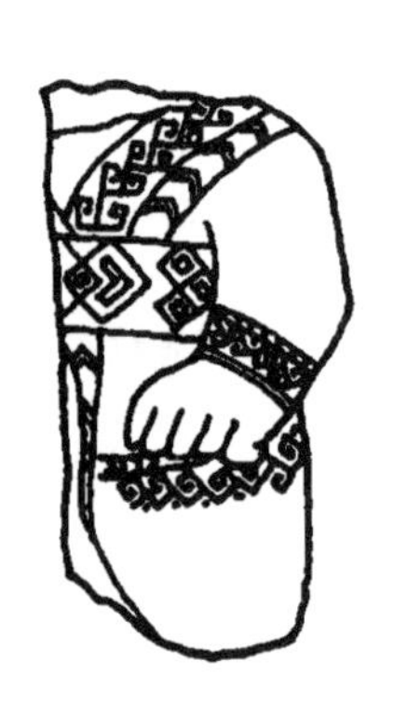

图1–8　河南安阳侯家庄出土商代贵族石雕像

1. 丝蚕发生有着神奇的传说

我们知道，丝绸在中国出现是一个奇迹。吐丝的蚕宝宝如何被发现并驯养成功的？是谁？在什么地方？是着意追寻还是偶然相遇？古人不知是不清楚，还是惊异于蚕丝的神奇。于是一个个美丽的神话笼罩在丝绸发生的源头上。

《绎史》卷五引《黄帝内传》："黄帝斩蚩尤，蚕神献丝，乃称织维之功。"神话中黄帝创文字后"天雨粟，鬼夜哭"（《淮南子·本经训》），灭蚩尤而蚕神献丝，这位人文始祖的业绩总是能惊天地、泣鬼神的。

《汉唐地理书钞》、《搜神记》、《中华古今注》等说蚕由一姑娘所变，是位女神。《山海经·海外北经》说得最简洁，却也神奇："欧丝之野，在大踵东，一女子跪据树欧丝。"欧丝即呕丝、吐丝。《搜神记》卷十四叙述颇为细致传神，波澜起伏：

> 旧说太古之时，有大人远征，家惟有一女，牡马一匹。女思念其父，乃戏马曰："尔能为我迎得父还，吾将嫁汝。"马乃绝缰而去，径至父所，悲鸣不已，父亟乘以归。为畜生有非常之情，故厚加刍养。马不肯食，每见女出，辄喜怒奋击。父怪问女，女具以告父。父于是伏弩射杀之，暴皮于庭。父行，女与邻女于皮所戏，马皮蹶然而起，卷女以行。后经数日，得于大树枝间，女及马皮尽化为蚕而绩于树上，因名其树曰桑，桑者，丧也。

从亚历山大大帝时代起，东方商人将丝织品输入了欧洲。亚里士多德是希腊作家中第一个提及蚕蛾的人。更有趣的是，丝绸传到异域后传奇纷起。有一个波斯故事中说，第一只蚕蛾是从约伯的疗疮里出现的。罗马人竟以为丝绸生于树木。古罗马博物学家大普林尼所著《博物志》以科学家的态度严肃地记载着：

> 沿里海及西梯亚洋海岸线东北行，即抵赛里斯。其国林中产丝，驰名宇内。丝生在树上，取下后湿于水，理之成丝，织成锦绣，贩运至罗马，贵妇人做服饰，光彩夺目。

丝绸美丽，神奇，便昂贵。刘熙《释名》："锦，金也，作之用功，重其价如金，故惟尊者得服之。"难怪国君商汤天旱三年时愿为牺牲而祈蚕于桑林之中，难怪春秋时吴楚曾为桑蚕不惜兵戎相见发动战争。丝绸在本土尚且如此金贵，况西行于数万里之遥，途中危险，商人谋利，官方税收，自然成为贵重于黄金的奢侈品。罗马进口丝绸，流失大量资金。因此，大普林尼和哲学家塞内加都视丝绸为国家衰败的象征而贬低它。罗马元老院多次颁布禁穿丝绸的法令，但都不起作用。

2. 丝绸为衣也有着神奇经历和感受

塞内加在其《善行》一文中感慨万端：

> 我见过一些丝绸制成的衣服，这些所谓的衣服，既不蔽体，也不遮羞，女人

穿上它，便发誓自己并非赤身裸体，其实别人并不相信她的话。人们花费巨资，从不知名的国家进口丝绸，而损害了贸易，却只是为了让我们的贵妇人在公开场合，能像在她们的房间里一样，裸体接待情人。

在罗马共和国末期，恺撒因为穿着绸袍出现在剧场，披着多层却仍能清楚地看见肚脐而引起轰动。但从此以后，罗马男女贵族都争穿丝绸衣服。想来罗马有着从古希腊传承而来的人体美的观赏传统，尚且有如此刺激而轰动的效应，而作为原产地的中国，这一着装材料所带来的视觉冲击力是可想而知。我们甚至会因此对先秦、汉唐以来时装热潮动机有了新的联想。

当时真有这样的效果吗？考古资料给予了肯定的回答。1972年长沙马王堆一号墓出土素纱禅衣，衣长160厘米，袖通长195厘米，重量仅48克。而今天蚕丝蝉翼纱仿制品却有51克。古典文献的描述就更多了。司马迁《史记·司马相如列传》写出细布白绢为衣的飘逸之境：

郑女曼姬，被阿锡，揄纻缟，杂纤罗，垂雾縠。襞积褰绉，纡徐委曲，郁桡溪谷。衯衯裶裶，扬袘卹削，蜚纤垂髾。扶与猗靡，噏呷萃蔡。下摩兰蕙，上拂羽盖。错翡翠之威蕤，缪绕玉绥。缥乎忽忽，若神仙之仿佛。

意即这些郑国姿容妙曼的美女，穿着细缯细布衣裳，拖着麻布和白绢裙子，装点着异彩罗绮，身后垂薄雾一样的轻纱；裙幅褶绉重叠，纹理细密，线条婉曲多姿，好像深幽的溪谷；衣服长长，袖子扬起，整齐美观，飘带燕尾随风而动；扶着车舆，婉曲地相随，衣裙相磨，发出噏呷萃嚓的声响，向下抚摩着兰花蕙草，向上拂拭着羽饰车盖，发际盛妆翡翠羽毛，颏下缠绕玉带帽缨。缥缈恍惚，仿佛神仙一般。其实李白绝句《清平调》中的名句："云想衣裳花想容"，就是丝绸为衣，飘逸圣洁之美的传神写照。

3. 蚕种西传也成为跨文化传通中的佳话

丝绸穿着如此美妙，价格如此金贵，西方各国便想获知育桑养蚕的秘诀（图1–9）。在中外文献中有不少蚕种西传的记载。玄奘《大唐西域记》中记载了于阗流行的一个传说：

图1–9　传南宋梁楷《蚕织图》

昔者，此国未知桑蚕，闻东国有之，命使以求。时东国群秘而不赐，严敕关防，令无桑蚕出也。瞿萨旦那王乃卑辞下礼，求婚东国。国君有怀远之志，遂允其请。瞿萨旦那使使送妇而戒曰："尔致辞东国君女，我国素无丝帛，蚕桑种子可以持来，自为裳服。"……既至关防，主者遍索，唯女帽不敢检，运入瞿萨旦那国。……以桑蚕种留于此地。

意即过去此国不知桑与蚕。听说东方国家有这些稀罕物，便派使节求之。当时东方国家都保密而不赐，且严令关防，不许桑蚕种子出境。瞿萨旦那王便以谦辞厚礼，求婚于东国。国君志在高远，遂允许这一请求。瞿萨旦那王让使者护送王后时告诫道："你就对东国公主说，我国素无丝帛，蚕桑种子可以持来，用来为你制衣裳。"后来到了边境地，守防者全面搜索，唯公主帽不敢检查，桑蚕种便运入瞿萨旦那国了。

罗马帝国历史学家普洛科比斯（500—562）在其《战记》中说，当时东罗马帝国很想得到中国蚕桑技术。遂有一传教士自称到过东方，能搞到桑蚕种子。查士丁尼皇帝欣然允诺事成重赏。不久这位传教士长途跋涉，到了于阗，果然弄到了从中国传来的桑种蚕种。同时还了解到来年春天把蚕种包好，暖于胸前，八九日小蚕可孵出，然后用桑叶喂养使之结茧。他巧妙地将其藏于竹竿内而急急踏上返程。一年后到达君士坦丁堡[1]。查士丁尼皇帝欣然重赏。谁知却功败垂成。原来那传教士把蚕种当桑种，全然播进地里，却把桑种小心翼翼地揣在怀里。几个印度僧人听到这个笑话，求见皇帝，说他们知道蚕桑技术。皇帝大喜，令其迅速动身。这些僧人终于取得蚕种，在罗马帝国传播了这一技术。

就这样，费尽心机与周折，制造丝绸的秘密于5世纪才传到土耳其斯坦，6世纪传入君士坦丁堡，7世纪传入西西里。19世纪末，德国地理学家费迪南·冯·里希托芬（F. Ven Richthofen）将连接中国和西方的交通网命名为"丝绸之路"，此后，这一名称便流行起来。诗人艾青以诗感慨："蚕吐丝，吐出了一条丝绸之路"。

4. 丝绸增重技术的两难评价

丝绸特殊的身价触发了"增重技术"。众所周知，古今丝绸销售均不论长短而论重量。于是最晚至唐代，有奸商用硫酸铜泡丝绸以增重。这种技术大约明代就传到了欧洲。这无疑是丝绸流通中的不良现象，在道德上应予谴责。但千余年来的猫腻而在现代欧美科学家的研究解读中获得了全新的意义和价值。现代西方科学研究发现，硫酸铜增重过的丝绸有两大优点：一是不起静电；二是悬垂感好，衣衫裙装不翻飘。增重技术在纺织教学的认知上也带来困惑。在纺织课程中这一内容时删时续，可见不只历史与道德冲突，技术与道德也有格格不入的地方。

丝绸的增重技术，让我们意识到伦理与实用功能的疏离与错位。随着时间的流逝，我们可以说人们日渐看重与欣赏硫酸铜浸泡丝绸所带来的服饰新质的舒适与美感，而日渐忘却奸商骗钱的卑劣动机。这似乎是另一个层面的无心插柳柳成荫，人们会以历史性的超脱心态来欣赏这一技术的进步。人们会有趣的发现丝绸增重技术真可谓是"形象大于思

[1] 君士坦丁堡：伊斯坦布尔的古称。——出版者注

想”，当初出此招的商人哪能意识到此一情景会增益丝绸的悬垂感，使衣衫裙裾不致翻飘；同时也解决了对人带来极大伤害的静电问题。当诗人们敏感并惬意于丝绸衣裙“风吹仙袂飘飖举”的时候，则无须理会也似乎并不知晓这一着装效果背后的种种玄机。

六、棉花

中国古来以丝麻葛纤维为衣料。当棉花入境时，随之传入的纺织技术，远较国人丝麻技术为劣。且棉纤维制作要有去籽弹松这两道特有工序，而丝麻故国于此却无可借鉴。因而这些工序变成了棉花生产的瓶颈。蚕丝是长达1500~2000米的连续纤维，麻是半长纤维，易纺易织。而短纤维的棉花、羊毛一直处于边缘，在上不能登堂入室扮天子，在下不能进入寻常百姓家。差不多直到宋末元初，黄道婆出现后（图1-10），才有突破性的技术进展，从此棉花才可以与丝麻抗衡，问鼎中原。于是我们知道了北朝民歌《木兰辞》中的诗句：“唧唧复唧唧，木兰当户织”，所述不是织棉布之声。唐代诗人孟郊《游子吟》那动人的千古名句：“慈母手中线，游子身上衣。”那游子身上衣不是棉布裁缝，慈母手中穿梭的也不是细细的棉线。

图1-10 黄道婆

在相当长的时间段内文献资料所述的棉花距离中原相当遥远。玄奘《大唐西域记》写沿途各国“其所服者，氎布等。”氎布即棉布。《旧唐书·高昌传》：“有草名曰白叠，人采其花织以为布。”白叠即棉花。姚思廉《梁书》卷四五《西北诸戎传》：“高昌国多草木，草裙带茧，茧中丝如细纑，名曰白叠子。国人多取织以为布，布甚软白，交市用焉。”唐长安城内已有白叠布店。可以想象，在胡风大盛，时尚纷起，个性张扬的唐代，在长安城内，奇异的棉布为唐人增添了新的色彩。而对时尚颇为敏感的唐代诗人，对此服装新材料自会有一番新体验了。

七、纸质衣料的尝试

服饰趋优创新的一个重要途径便是材料的创新。纸质衣料的尝试便是一例。我们知道近代纸布的发明是19世纪末在美国开始，纸衣的出现是近代的事情。可在古代，我国就多有纸衣的大胆探索。

如《辩疑志》记载：“苦行僧用纸衣御寒。”

如陆游写诗致朱熹云："纸被围身度雪天，白似狐裘软如棉。"感谢他为自己送来一床纸被。固然诗意有夸张，但纸被美丽的视觉意象，舒适的触觉体验以及担当御寒的神奇功能都不难感知。想来哲学家为诗人的这一馈赠，似应是自己使用后以为新奇高贵之物才萌此念，以增雅趣，以助友情，否则毫不知晓其优劣而送出，岂不唐突？

李诩《戒庵老人漫笔·宫女护领》记载："宫女衣皆以纸为护领，一日一换，欲其洁也。江西玉山县贡。"让一地方开发纸质衣领作为贡品，可见是批量生产了。资料虽稀少，但仍可透露出历史的若干消息，弥足珍贵。

余论

细细想来，先民们使用植物来扮饰自己，从发生学角度来看，人须主要凭借植物（还有动物）而存活，与植物有依赖关系，由粘连在身进而披挂在身是容易的。再进一步，能对植物进行巧妙加工而佩戴者会引发同类的崇拜与亲近感，特别是对于异性的吸引力，或成为一种超越众人的炫耀资本而引发模仿与流行。从原始图腾角度来看，披挂植物全部或部分，都有着图腾同体的神圣意味，在扮饰者看来，有着提升形象主体的强大功能。有着超自然力的保护功能，而在同一图腾的群体者面前，则有亲和感。而从审美意趣来看，以植物扮饰身体，如同在一段白话文字中点缀些许文言，或在母语文字中掺入些许异域文字一样，造成陌生化的审美趣味，给人以一种不同语境的新鲜感。也许在先民那里是无意识的，但近乎本能似的好恶也可能是一种强大的心理支撑力量。

从植物的直接披挂到抽取纤维纺织，是一个技术跳跃突进的过程，也是从具象到抽象的文化感受过程。长纤维的蚕丝是这一技术与艺术探索至今不能逾越的高峰。中华民族对线的特殊感悟，并因之开发出多重的艺术创造，大约以此为基点。

古人佩戴花卉是有意味的。人世难逢开口笑，鲜花须戴满头归。新石器时期庙底沟型华山彩陶中的玫瑰图案一直不太为人关注，其实它的意义与价值无论怎么形容都不会过分。著名学者苏秉琦1985年在山西侯马的一次考古会议上赋诗，将华山玫瑰图纹看作是可与龙崇拜并重的民族图腾："华山玫瑰燕山龙。"也许远古我们的先民创造并经历了一个花图腾的历史时期。由此我们知道了花与叶附着人身，并不只是形式美感，而是有着深邃厚重的思想内涵。那时，戴花在身是一种崇高的行为。从古至今，这一观念，虽有浓淡之别，却一直未曾消失。于是在史料中，在图像中，在生活流中看到从古至今，从君臣到平民百姓，头插花、胸佩花，身上文花、绣花、衣上画花……如江河奔流，承前启后浩浩荡荡。这里有：花—蒂—天帝—帝王的神话思维模式。甚至还可进一步推衍为：花—华山—华夏—中华民族—红黄崇拜的文化基因链条。民间艺术造型中花卉丰富多彩，人物、动物、形体每每以花卉为点缀，甚至英雄人物佩红戴花的仪式等，若从这一角度切入便易释读其意蕴。后世虽有以花叶为主体的时装秀，似只有前卫意识、形式美感和创造趣味，而很少有人充分理解它积淀在我们民族集体无意识中的丰厚蕴涵。

思考与练习

1.《诗经·采葛》中采葛的姑娘在意中人的唱叹中价值与意义何在？

2. 皮裘作为衣料发展至今，有着怎样的心路历程？

注释

[1] 张耀翔：《中国历代名人变态行为考》，原载《东方杂志》，1933，31，1。

基础理论——

混沌世界　五彩迷离——中华服色的远古演进

课题名称： 混沌世界　五彩迷离——中华服色的远古演进

课题内容： 洪荒时代的一色独尊：红色崇拜

夏商二元对立：尚黑尚白

西周四方模式：青赤黑白褒贬分明

五行模式：四色并坐，黄色突出

上课时间： 4课时

训练目的： 让学生对中华色彩观的直觉感悟发生与历史层积的模式有准确的把握与了解；使之能够解读历代服色中的多重文化因素；并与西方色彩分析法比较而能析出各自的特点。

教学要求： 使学生了解并掌握中华远古服色的演进历程；使学生了解并分析中华服色内蕴的发生与层积现象；使学生能掌握中华古代服色演进的规律。

课前准备： 阅读中外色彩学文献。

第二章　混沌世界　五彩迷离

——中华服色的远古演进

众所周知，服色是服饰的三大要素之一。从古至今，人们对于服饰的最初印象与感受，首先是从色彩开始的。而对色彩的神秘感受，恰是中国服饰文化的一大重要特征。

中华民族对于色彩的独特感知，始于地老天荒的原始神话时期。从原始蒙昧期到夏商周乃至秦汉时代，在那漫漫色彩发现与感悟的审美历程中，中华民族有着从一到二、到四再到五的历史性色彩图腾崇拜式的演进。简单地说，一是红色，二是黑白二色，四是青红白黑四色，五是青红白黑黄五色。

一、洪荒时代的一色独尊：红色崇拜

从考古发现来看，距今两万年左右，我们的先民，北京山顶洞人就对红色情有独钟。

20世纪20年代，我国考古学家在北京周口店的山顶洞（图2–1）有了震惊世界的考古发现。据当事人记述：

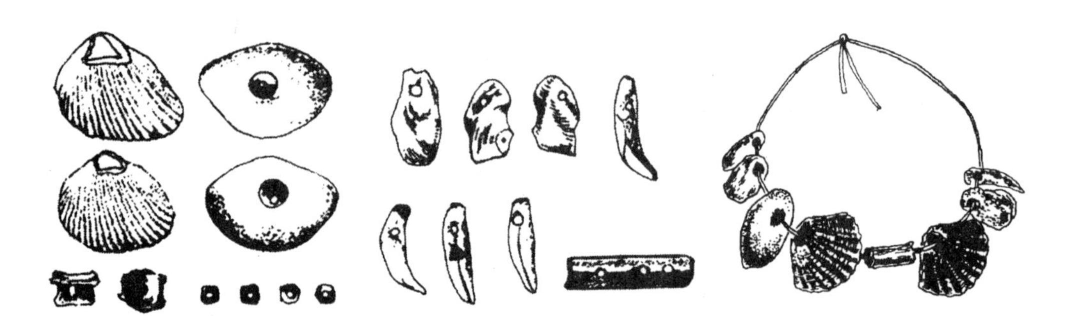

图2–1　山顶洞人项饰品

发现了完整的人头骨三个、躯干骨一部分。在躯干骨之下有赤铁矿粉粒，还有装饰品和石器。我国很多地方都有埋葬死者时洒赤铁矿粉的习惯……在最下部的红色土层中，发现了一块人的上腭骨……除装饰物外，我们还发现了鲕状赤铁矿碎块，其中有两块似人工从中间剖开，还可以合在一起。它们表面有并行的纹道，表明当时的人们从上刮下粉屑，当作颜料使用。因为我们发现一块椭圆形砾石，表面被染成了红色。另有一块鲕状赤铁矿石碎块，一头磨得很圆滑，很可能

它被当作画笔使用过。[1]

从中可以看出，我们远古的先民不仅用赤铁矿染红所有装饰品，而且在尸体周围遍撒红粉。这被考古学界、美学界公认为是以红色为神圣之色的图腾现象。

并非仅此一例。在仰韶文化、青莲岗文化以及许多早期制陶文化中，最早出现的彩陶纹样是用红色的带纹和弦纹在饮食器具的口沿涂上一圈，这类纹样占早期彩陶的90%以上，分布遍及今天的甘肃、陕西、河南、河北、山西、山东、江苏、湖北、四川等地，迁延时间约数千年。如山顶洞人那样在死者身上或墓穴里涂撒红粉，到新石器时代更为流行。如仰韶文化的元君庙墓葬中，尸骨涂抹的红色颜料历历在目。同时，在西安半坡、洛阳王湾、永昌鸳鸯池、胶县三里河、曲江石峡、黄梅塞墩、襄汾陶寺、西夏侯、柳湾等墓地也先后发现尸骨上遗留有红色颜料。除尸体上撒抹红粉之外，不少墓葬填土中也掺入了红烧土颗粒，如元君庙仰韶文化墓地及大汶口王因、岗上、大汶口、西夏侯、景芝等墓地。如元君庙仰韶文化墓地M29是一座用红烧土铺砌墓底的土坑竖穴墓，墓内所葬一位少女前额涂着大片红色颜料。有的却在葬具或随葬品上涂抹朱红，如大汶口文化呈子墓地的一些棺椁在底部涂有朱红色；大汶口墓地出土的一些龟甲也涂有红色……红色崇拜似乎成为强大的思维定式，似乎构成了悠久的传统。这就耐人寻味了：在那天地万物以自然生态存在的时候，天蓝蓝，地黄褐，云洁白，树青绿，可是我们远古先民为什么偏偏对红色情有独钟呢？

事实上，这一远古之谜倘置于现在的环境下是很好理解的。科学实验证明，在各种色调中，红色更能给人视觉感官以较为鲜明强烈的刺激。西方一些色彩学家认为，任何一种颜色的华美程度都无法与红色相比。无论是直接印象与感受，还是超越时空的想象与联想，都是如此。红色，尤其是橙红色，引起了歌德在《色彩学》中深深地感叹：

> 橙红色！这种颜色最能表现力气，无怪乎那些强有力的、健康的、裸体的男人都特别喜爱此种颜色。野蛮人对这种颜色的爱好，是到处彰著的。

如果说对红色的爱好是一种原始的爱好，那么原始的爱好作为一种集体无意识，在现代自然也会有着根深蒂固的表现。事实上，格罗塞在《艺术的起源》中谈到了自己这方面的发现：

> 我们只要留神察看我们的小孩，就可以晓得人类对于这一颜色的爱好至今还很少改变。在每一个水彩画的颜料匣中，装朱砂红的管子总是最先用空的。

更多的资料告诉我们，不只是中华民族的先民对红色情有独钟。格罗塞经过调查研究指出，在一些原始的土著中，当一个孩子长大成人，被接纳到成人行列、举行接纳仪式时，就要接受人们用红色给他画身，其他参加庆祝仪式的人们也要涂上红色，以此表示被接纳者进入生命旺盛时期。同样，类似于山顶洞人的做法，世界不同地域的原始人也用这种颜色表示退出生命，如那林伊犁人在死后也用红色矿土来装饰尸体。

尽管现代科学实验证明，新生婴儿首先会对红色敏感产生注意，尽管生命个体的童蒙期与人类童蒙期的心理模式的某种同构关系使我们在联想、想象中有所感悟，尽管异域远古及现代的原始部落种种类似特征可以作为重要参照，但我们还是更愿意追溯既往，试图以最大限度的联想与想象，来揣摸和理解地老天荒时代山顶洞人所关爱、所依托、所创造的形式与内涵。显而易见，在缺乏一定的科学文化积累，处于相对历史蒙昧期的先民那里，能有意为生者染红饰物、为死者抹撒红粉，就不只是对红色的生理感受，而是有着充分的神话巫术礼仪符号，尽管附着在这一现象背后的种种神话巫术礼仪为流逝的时间所风化、所剥落。

似乎可以说，在我们的原始先民那里，一切观念的获得都需要在生活直觉中条件反射般地萌生，而这种种观念从萌生到相对定型成为一定的认知模式，又需要相当长的时间历程。让我们神驰远古，心游万仞，猜测和想象那石器时代种种可能的感觉与思维模式吧：

也许是一次无意中发现，是熊熊火焰让腥臊难咽的肉食突变为香味四溢的美味佳肴，人们便震惊于火红色那神异的功能和独特的魔力；

也许先民在寒夜感恩于火光那红艳艳的温暖与明亮；

也许因点燃火把或篝火，顿使一些令人恐怖的动物惊慌逃匿，人们从而悟出了红色呵护的功能和非凡的威力；

也许在为生存而出击的狩猎或战斗过程中，石掷棒击使得兽血喷溅或敌人血水成河，那刺激的红色自然意味着恐怖威胁的解除，胜利的获得，安全的预告，生存食品的保障，特别是成为自己可炫耀的英雄胆略与力量的验证；

也许在无数次新生儿临盆的血光中，人们看到鲜红色与新生、与生命的期待、与未来的寄托竟如此浑然一体而密不可分；

也许血液流出往往意味着生命的结束，那红色便可能被视为生命的象征与显现；

也许在原始先民看来，能够推走黑暗恐怖的夜晚，迎来令人眼界开阔、行动自由的白天的，就是那冉冉升起的红彤彤的太阳。红色不就是光明的使者，自由的开路者么？或者因感激太阳的恩惠，想直观太阳的形象，寻觅太阳的秘密，谁知太阳可仰望而不可逼视，而闭着眼睛却能如此真切而鲜明地感觉到那红色的明亮与辉煌；

甚至从山顶洞人那为缝缀服饰而创造的骨针中，可以想见先民们有意保留兽皮上的血痕，以红色象征自己拼搏的勇敢和血战的业绩；

也许在山野游玩中那花朵鲜艳的红色有着醉人的芬芳，特别是那说不出的亮丽与美感；

也许到处采拾野果的先民在反复品尝中发现，许多青绿的野果往往苦涩，而一旦染就红色就香甜可口，成为填充辘辘饥肠的美味佳肴了……

由此看来，红色并非静态优雅的色彩观照，而是近乎终极关怀般笼罩着生命的全部内容。仿佛天地自然与山顶洞人全方位对话的象征与暗示，也许在丧葬之仪上红色便成为最庄严丰厚的祭献与赠礼，也许因之带来的恰是狂热奔放的图腾活动和巫术礼仪……也许这些猜测难以坐实，即使后世还有红太阳崇拜之类的神话作为延伸和补证。但无可怀疑的是，在那鸿蒙之初，在那地老天荒的年代里，我们的先民对于红色就有了串通生死两界、覆盖生活全部内容的神秘感受。显然，理性思维自不能承担这一文化创造任务，只有万物有灵的神话思维参与策划运作才能顺理成章。

对此，李泽厚从文化哲学意义上论述道：

> 追溯到山顶洞人“穿戴都用赤铁矿染过”，尸体旁撒红粉，“红”色对于他们就已不只是生理感受的刺激作用（这是动物也可以有的），而是包含着或提供着某种观念含义（这是动物所不能有的）。原始人群之所以染红穿带、撒抹红粉，已不是对鲜明夺目的红颜色的动物性的生理反应，而开始有其社会性的巫术礼仪的符号意义在。也就是说，红色本身在想象中被赋予了特定的人类（社会）独有的符号象征的观念含义，从而，它（红色）诉诸当时原始人群的便不只是感官愉快，而是其中参与了、储存了特定的观念意义了。在对象一方，自然形式（红的色彩）里已经积淀了社会内容；在主体一方，官能感受（对红色的感觉愉快）中已积淀了观念性的想象、理解。[2]

是的，虽然说这里曾有过的原始先民神话巫术礼仪等神秘“软件”杳然无存，但那赫然在目的出土文物——那一个个“硬件”却响亮地提醒世人，中华民族集体无意识中红色崇拜的文化基因在这里开始孕育了。这无疑可视之为中华民族横穿东西南北，纵贯古往今来的红色崇拜之源。谁能说这不是一项伟大的文化工程的萌动呢？尽管在今天看来，它仿佛天边一样遥远，仿佛月色薄雾那样的朦朦胧胧，而且处于那么不起眼的萌芽状态。

二、夏商二元对立：尚黑尚白

文献资料和考古发现证实，夏代以黑色为尊，商代唯白色是尚。

夏文字虽不可识，但夏文化的代表，龙山文化出土的陶器却以黑色最多、最精美而被人称为黑陶文化。《礼记·檀弓》明确指出：“夏后氏尚黑”。《孔子家语》、《吕氏春秋》等文献也有类似的说法。墨子及其弟子尊夏禹行夏道，衣服全然黑色布料。韩非子说夏禹以黑漆涂抹食器、祭器，彰示着生活领域中的全方位尚黑观念。至于商代，则色彩迥异。《王制》有商“缟衣而养老”的记录。缟衣即素白之衣，用它来作为尊老、养老的表示与象征，显然是非尊贵之品不足以承当的。《吕氏春秋》更明确地说，商汤之时，“其色尚白，其事则金”云云。

尚黑尚白的依据何在呢？崇尚理性的古希腊哲学家柏拉图曾说过：“白色是眼睛的张

开，黑色是眼睛的闭合。”据此，是否能从某一角度理解白色是对白天的印象，而黑色是对夜晚的感觉呢？其实沿着这一思维模式，马克思、恩格斯从宏观文化视野的角度说得更为深刻而简洁：“感觉的形成是以往全部世界的产物。”[3]例如夏代崇尚黑色，虽与山顶洞人相比有着历史性的进步，但要使对某种色彩的崇尚成为一代共识，那也应与后者一样，有着大量的生活实感以引起社会群体条件反射般的直觉愉悦，然后才能在近乎理性与非理性之间来回摆荡，在联想与感悟中产生神话玄思式的内蕴。

能不能这样设想：也许华夏民族此际渐渐由山林草甸的游牧转变为依恋黄土田禾的农耕，那么原始苦焦的奴隶式劳作，使得夜晚的降临才能戴月荷锄归，这黑色岂不是意味着休息与安逸吗？想想上古夏民歌诅咒太阳的句子吧：“曷日丧，吾与汝偕亡！”古代农耕是一种在自然光照下的劳动，劳动的繁重使得夏民对太阳如此恨之入骨，而从情感反弹的逻辑一旦倒转过来，那么对于黑色喜爱也就顺理成章、成为必然？

也许在游牧转为农耕的环境下，土地受到了特别的关注，在先民们看来，那土地有了黝黑黝黑的颜色才是潮湿肥沃的土地；特别在刀耕火种的方式下，那烧荒造成的黑灰堆积层越厚、越黑，面积越大，则必然导致收获越多，那么，黑色岂不意味着是粮食的丰收和生存的保障？

也许夏民传承了原始人对于夜晚恐怖神秘的种种感受，进而为了征服而去认同皈依黑色，使之成为图腾的色彩？固然从理性角度讲也许是黑色易染耐脏，但在华夏先民那里，似也有黑夜崇拜的延伸衍化的味道。黑夜在智慧初蒙的先民那里会带来恐怖，但在黑色恐怖氛围的笼罩下又会使一切单纯而神圣。而与夜色认同，穿着黑衣自是最佳的选择了。

我们从另一角度来看，家庭的出现则是黑色崇拜形成最为重要的因素。夏代作为一个从原始公有制破壳而出的私有制朝代，一个重要的变化，就是社会最小的单位已由群居的部落变为以夫妻为轴心的个体家庭，婚姻制度也由群婚、对偶婚裂变为单偶婚姻。但这一影响深远且触及改变每一生命个体生存方式的新婚新嫁模式，作为一种社会转型远非后世那么浪漫与优雅，而是更多野蛮粗放的抢掠与征服。“婚”古字为“昏”，正是结婚定时为黄昏的写实；“娶”古字为“取”，会意字，耳是耳朵，又为手，只手拧着耳朵恰也积淀着男性抢婚征服中霸道无礼的文化密码。可以设想，当处于整个社会中坚力量的男子群体都在为抢婚费尽心力的时候，夜的色彩无疑提供了有效的遮掩与保护的屏幕。黑色在这里成为建立家庭的美好前奏。对一个处于自我崇拜期和求偶期的男子来说，黑色便成为企盼的对象，它已是幸福即将降临的预告，是理想融入生活的重要条件。我们从历史文献的字里行间亦可看出这一氛围感：

郑玄注《周礼》说：“古娶妻之礼，以昏为期”；

《仪礼·士昏礼》：“主人爵弁，纁裳缁衣，从者毕玄端，乘墨车，从车二者，执烛前导。妇亦如之”；

而且不用音乐。《礼记·郊特牲》：“昏礼不用乐，幽阴之义也。”

不仅时间定在黄昏时分，届时新郎及其随从均穿黑衣乘黑车，新娘亦从黑车，仅用微微的蜡烛之光引路照明，其实无论稍后的礼乐规定将这一过程怎样重新阐释，但着黑衣乘黑车，又不举乐，没有张扬狂欢的举动，静悄悄地，靠着漆黑的夜色掩护，不是抢婚是什么？黑色的重要性在这里淋漓尽致地发挥出来了。

是的，家庭的出现是原始部落解体，夏王朝确立的一个重要因素。家庭从而成为夏文化的一大重要特征。而这一因素构成了黑色崇拜的最为丰厚的土壤和坚实的基础。想想看，人们白天四处奔波与劳作，只有夜晚家人才能相聚，这夜的浓浓黑色岂不是象征着天伦的乐趣与温馨的氛围么？再说当时驯化的动物主要是猪，而只有猪的大量饲养和拥有，小家庭这一生活资料才能存在下去，“家”字的奇特创造与构型（宝盖下面豕——会意字——屋内有猪才能成家），正彰示了这一远古的生活情态和文化心理。夏代不仅有龙图腾，而且多猪图腾甚至熊图腾。特别是早期玉器龙饰因头部猪形而被人们称为猪龙，就给我们留下了更大的联想空间。这里，且不说神圣图腾的联想与憧憬，仅从生活实用的角度而论，猪的黑色是否条件反射般地唤起生活有所保障的拥有感和愉悦感，或者径直就是美味佳肴的憧憬与象征呢？

进一步便可推知，祖先崇拜也因家庭的出现而确立。生者占有了光明的天地，那么逝者只有飘逸于黑暗的王国，生者不只是亲自将逝者葬于黑暗的地下，而且只有在黑夜的梦中才可与逝者交游，黑色在这里无疑就有了神圣与威严的色彩。

上述种种，自可见出夏尚黑的社会文化心理依据。而尚白呢，就殷商后起而言，倘从政治观念着眼，似有与夏对着干的意味。

但倘说夏是黑夜崇拜，那么商就是白日崇拜，“天生玄鸟，降而生商”，《诗经》中所说的商图腾玄鸟，或说黑燕，其实文献里是日中三足鸟，最后整合为虚拟的祥瑞之鸟凤凰。先秦文物壁画不少日中含鸟图，说明了鸟在传统中与日合而为一。且商属东夷，以太昊部落为最老，“昊，天也，表示太阳经天而行的意思……夷人奉太昊为祖，就是说他们自认为是太阳的子孙，或是从太阳升起的地方产生出来的。”[4]也许是最浅层表象，也许有最深层意味，鸟在夜间是无能为力的，而在白日里却飞呀，舞呀，鸣呀，唱呀，成为自由欢快的使者！

当然，商代崇尚白色也应有生活的依据和社会文化心理的氛围。在出土的商代文物中，多次发现玉蚕、丝织品残片和青铜器上的蚕纹、各种玉人像的服装都显示出当时人们大量穿着丝织品。甲骨文中不仅有桑、蚕、丝、绸等字，且有不少与蚕织有关的字（图2-2）。商汤之时，七年大旱，汤便亲身祷于桑林；据统计，商武丁时的卜辞中，见于呼人省察蚕事的记载就有九次；祭祀蚕神典礼是如此之隆重，仅祭品就有用三头牛或三对羊甚至还有用奴隶的。如此奉若神明，谨敬其事，那么白生生伸屈自如的蚕儿吐出白花花的丝线，再织就那雪白雪白的丝绸，这一系列白色也就有着非凡的意蕴。再想想商人因那南方的稻米、北方的面粉的颜色引起的愉悦，甚至在甲骨文中勾勒一粒大米的象形作为“白”色的代表文字；因发轫于东夷之境，早年就对海滩上用作美饰和财富的白亮亮贝壳的敏感，以及退潮后遍地白盐的惊叹；且商又是甲骨文的萌生与鼎盛期，那镌刻神灵之谕与命运预测的龟甲兽骨也是白的。白色因之有了神秘与崇高的内蕴；在一个崇老的朝代，老人的白发、白须、白眉无疑是尊贵与美好的，那白色自然会引来企羡与欣赏的目光，而在商代创造的成熟的甲骨文字中，我们发现了渲染夸张白发飘飘的“老”、“孝”等字（图2-3）。白色，作为自然原色，也许还可以让人们联想到天边白云、海涛涌雪等无数壮丽的自然景观，但上述作为商代文化特质的白色崇拜氛围已足以说明问题。

图2-2 甲骨文有关祈蚕与丝绸的记述

图2-3 甲骨文字：“婚、娶、老、孝、白”

思绪还可延伸一下，夏商不仅是先后朝代，而且也是东西并列同时发展起来的朝代。夏在西，商在东；夏以龙为图腾，商以凤为崇拜。西方为日落处，尚黑自有神秘与厚重；东方为日出处，尚白当是明亮与开阔；龙图腾者，因龙多潜藏，隐身云里、雾里、水里，故爱其黑的深邃；凤崇拜者，以其展翅翱翔亮丽无比，故崇尚白的圣洁。将两色联系起来，就会发现它们是互相冲突、互相包容，恰似太极图中黑白鱼形的变化。而太极图，一般认为是唐五代以后的产物，宋儒朱熹则认为是远古的遗留。太极图就是夏商时代甚至更早的文化产物。不仅《周易》的起源一直有着自伏羲画卦以来“世历三古，人更三圣”的说法，而且屈家岭文化彩陶中的纺轮旋纹与太极图如此相近相似（图2–4），也会让人产生一些感悟和联想。倘沿着朱熹的思路，将太极图与夏商二元对立的色彩崇拜联系起来，就会发现其中丰富的文化内涵和神话思维的特征。

图2–4　太极图及屈家岭文化彩陶纺轮旋纹

什么是神话思维呢？有学者认为，称原始人的思维为神话思维更为恰当。因为“这种原始思维的特征，就是以好奇为基础，把外界的一切东西，不管是生物或无生物、自然力或自然现象，都看作是与自己相同的有生命、有意志的活物。而在物我之间，更有一种神秘的看不见的东西作为自己和群体的连锁。这种物我混同的原始思维状态，我们就叫它神话思维。”[5]更有学者认为，经过神话，人类逐渐走向了人写的历史之中，神话是民族远古的梦和文化的根。因此，我们也可稍微辨析一下神话思维中黑白二色的历史文化内涵。

从时间上看，我国一直延续到西周初期只把一年分为春秋二季[6]，也就是说，夏商二代是在一年二分的模式中看待时间流程的，以致后来主张“行夏之时”的孔子将发愤所作历史著作名为《春秋》，一春秋是一年，春秋相叠便是历史了，“春秋”一词因此成为历史的代称。从空间上看，因日出日落、水向东流的环境刺激，人们最早只知东西而后才析出南北的。民族学在这方面提出了有力的旁证：“我国的许多民族是先知道东西方向，后来才知道南北方向的知识。景颇族称东方为‘背脱’，即日出的方向；称西方为‘背冈’，即日落的方向。”[7]再稍加探讨，便可窥知夏商时代盛行二分法模式：不是么？年分春秋，天分日月，时分昼夜，人分男女，世界分天地，方位分东西，色彩不分黑白还能分出什么呢？这不是顺理成章的带有哲学意味的阴阳神学么？黑白二色在各自推崇又彼此对立的感受中，不就成为涵盖万物的原始自然神崇拜的表现么？不也就是夏商时代以神话思维模式最直觉、最简洁的表述么？特别是那黑白对峙且转化的太极双鱼图，那黑白既依存又吞并，既完善自我又滋生对方，神秘、深邃又神圣，这不就是夏商黑白崇拜的直觉造型与符号化么？于是乎，黑白二色甚至远古的红色等受到各自的尊崇而成为美的色彩。

不只是抽象推论，文物考古可以传来远古实实在在的消息。从大量出土文物来看，新石器时代彩陶主要是红黑白三色：半坡以黑色为主间以红色；山西芮城彩陶多红白两色；甘肃彩陶在自然土红色底上多施黑彩，少施红彩，或兼施黑红两彩；马厂彩陶黑白相间，且在黑线两边描以红线；江苏青莲岗彩陶用色亦以红黑白为主……即便在今天，我们从“混淆黑白”一词中仍能从一个侧面听到夏商色彩对峙的喧阗。从这一语言活化石里，仍可感受到全方位价值判断的褒贬意向及其淡淡可辨的神话痕迹，而不是纯审美意义上的色彩感受。

值得注意的是，商代服色的尚白风习还有一段横向传播的史实，应略作钩沉与辨析。

我们知道，朝鲜人喜穿白衣，且自称“白衣同胞”。平时男女多着白衣白裤白裙，即便是隆重喜庆的婚礼新娘子也要穿白色服装，故朝鲜素有“白袍之国”的称谓。这一奇特的服饰现象曾引起不少学者的关注和思索。

朝鲜学者崔南善以为是太阳崇拜的物化，他说朝鲜民族很早就相信太阳即上苍，自己是上苍的子孙。白衣之色即太阳的白光，他们便以白衣为荣，由此逐渐形成古今白衣习俗；日本学者柳宗悦认为白色是清冷、寂寞的颜色，代表一种深深的惭愧心理，是朝鲜民族痛苦经验（丧失了快乐的源泉）的反映；韩国学者朴英秀认为是精神纯洁的表征。在朝鲜时代，书生们常穿鹤氅，象征自己有着白鹤一样的洁净禀性；或说是古时候给亡人戴孝时间久长，很少穿其他颜色之衣，久而久之，就形成了一种穿白色衣服的习惯；还有说朝鲜人远古时生活贫困，买不起染料，只好穿白衣等[8]。上述诸说，虽不无道理，但均从后来的文化模式去推断类比，从后来的社会现象去臆测分析，却没有从文化源头去梳理，总觉是流而不是源，或仅仅是流的一个小小分支。

我意朝鲜白服色自有其深厚的文化渊源。从神话文献来看，是华夏四方崇拜神话中的东方神佐句芒的现实投影。朝鲜属于东方。《山海经·海外东经》记载：“东方句芒，鸟身人面，乘两龙。”郭璞注：“木神也，方面素服。”意即句芒是管理东方的木神，身材为鸟，面孔是人，且方脸白衣。再看《淮南子·时则训》：“东方之极，自竭石山过朝鲜，贯大人之国，东至日出之次，傅木之地，青土树木之野。太昊句芒之所司者，万二千里。”这不是明确指出朝鲜是在东方之神太昊，特别是白衣素装的句芒所管辖的范围之内么？崇敬神灵并模拟其形象不是顺理成章的事体么？

从历史文献来看，朝鲜白服色是商代尚白传统的移植与承接。打开《汉书·地理志》，在“燕地”条记载：

> 殷道衰，箕子去之朝鲜，教其民以礼义田蚕织作。

这一历史描述，朝鲜及其他国家的学者，一般均予以肯定。它清楚地说明了古朝鲜的统治阶层来自中国，即被称为箕子朝鲜的统治者。至于后世的史书，类似的记载就很多了，如《新唐书·裴矩传》：“高丽本孤竹国，周以封箕子……”；再如宋人蔡沈注《书经》“王访于箕子”句：“史记亦载箕子陈洪范之后。武王封于朝鲜而不臣也。盖箕子之不臣，王亦遂其志而不臣之也”，等等。想想看，箕子教民以礼义，具体化到田蚕织作诸项内容，那么他所代表的服饰文化观念自然要全面覆盖下去、传播开来。须知在任何时代、任何地域里，统治者的思想，理所当然的就是统治思想。商周之际的人们，特别是统治者，都将服色看得分外重要。从《周易》中所揭示的“黄帝尧舜垂衣裳而天下治”的观念来看，将服饰作为政教的核心与表征，在上古就有着强大和悠久的文化传统。受这一文化传统熏陶并对服色有独特理解的箕子及其统治集团，不但会将衣的款式、色彩和质料放在经国治世的角度来认知，而且会因商尚白这一传统在故土受到周朝的颠覆贬损而更加清醒地坚持、更加动情地承传，于是乎白色便以其为殷商遗民集团所推崇的神圣之色，很快在其统治范围之内推广开去且代代相继，久而久之，形成不可更易的习俗与传统，则是自然不过的事情。甚至从古至今，嫁衣穿着仍特别地讲究：即新娘子新婚之际穿用之后，仍需珍藏至她本人去世时再穿戴起来进入另一世界。

这是商代尚白传统的横向移植与纵向承接。[9]这一服色的跨文化传播流通，是服饰文化史上值得描述的重大事件。

三、西周四方模式：青赤黑白褒贬分明

面对着旧王朝的色彩黑白二分与对峙，周代有了新的思维模式。

叶舒宪在《中国神话哲学》中指出，在远古神话时代，空间的东西南北模式与时间春夏秋冬模式相叠，构成时空交错、褒贬分明的四方崇拜神话的内涵：即中国神话宇宙原型模式展示出来的时空坐标与价值体系：

（1）东方模式：日出处，春，青色，晨。

（2）南方模式：日中处，夏，红色，午。

（3）西方模式：日落处，秋，白色，昏。

（4）北方模式：日隐处，冬，黑色，夜。

进一步讨论，南方模式=上=阳=神界=男=天（气）=光明=红色=正=胜利=夏=白昼……北方模式=下=阴=鬼界=女=水=黑暗=黑色=负=失败=冬=夜晚……相应的，东方由于和春天相认同，在空间意义之外又有了生命、诞生、希望等多种原型价值。所以，各种与上述原型价值相联系的神话、传说、仪式和风俗都照例要以东方和春季为其时空背景。以东方春天为时空背景的青色植物崇拜更有着死而复生、掌握生命、降福消灾，给个人和国家带来生机和繁荣的意蕴。而西方是与生命诞生的东方相对立的日落之方，同时，太阳在一年之中生命力衰减的时间（秋季）又可认同于它在一日之中生命力衰退的时间——日落时，所以预示死亡来临的秋天又同太阳死去的时间方位——西方有了象征性的联系。因而，我们的先民在西方模式中演出的饯日仪式和祭月仪式，同太阳神之死的神话观念，以及由此类比出来的植物之死（秋收）、动物之死（狩猎）、人之死（刑杀）的神话观念便统合在这一白色的原型时空背景中了[10]。奇妙的是这一四方模式的种种价值取向与周代有着深刻的吻合（如两季析为四季，如尚赤贬白等），笔者以为它就是周代文化观念的哲学玄思与神话漫想的结晶。

像周人从时间上析出了冬与夏两个新季节，从色彩上也析出了青与赤两种色彩。周

人显然是超越黑白境界对偶思维的怪圈，以四方崇拜为模式，但却仿佛坐标系式正负象限那样有褒有贬。他们理直气壮地推崇红色，毫不掩饰地贬黑贬白。当然这褒贬不是世俗叫阵式的针锋相对，而是居高临下、无意识操纵的神话四方模式。很明显，将白色与秋、黄昏融而为一的神话思维，自然将白日之死、植物之死、动物之死和人之死等观念与感受都倾注到这一色彩效应中去了。而赤色属于南方模式，自因辉煌、光明、日行天之极顶受到尊崇。在西方，基督教世界里色彩的意味富于概括性而相对单纯：如绿色象征救世主的出现；红色用于圣灵降临之时；白色象征纯洁，是基督升天的象征色，等等。而在中国神话系统中，色彩则与方位、时间等因素多重融而为一，具有复杂多样而深刻的文化蕴涵。

于是，我们看见了天子之芾，色朱；天子大带即便沿袭传统的素带，也要以朱里为衬；王之吉服有九，舄有三等，赤舄为上；周代的兵士之服，除甲胄外，均为赤色。如《周礼・春官》："凡兵士韦皮服。"即以赤色的熟皮革为弁，同时又以赤色为衣裳。《礼记・檀弓》："周人尚赤。"《周礼・春官》："司服掌王之凶吉衣服，辨其名物，与其用事。"并确指凶服即白色素服，如《礼记・曲礼上》："大夫、士去国，逾竟，为坛位，乡国而哭；素衣，素裳，素冠；彻缘，是屦，素篾……素服，以送终也。"甚至要求儿女在父母健在时不能穿纯白的衣服以避讳："为人子者，父母存，冠衣不纯素。"明张萱《疑耀》卷三对此明确解释道："今世冠服，皆以白为忌，亦出于古礼：父母在，衣冠不纯素。素即白也。"《礼记・玉藻》、《礼记・司服》都说不仅丧葬，凡遭大瘟疫、大饥荒、大灾害，天子都要穿素服。素服即白衣。前代用以表示祥瑞、尊崇长老的白衣一变而为令人心碎的凶服了。

不仅如此，就是我们民族名称中的"华"字也来自红色崇拜。周朝尚赤红，不仅大祭祀用赤牛，就是一般人名也直取其字以求祥瑞。例如，晋大夫羊舌赤字伯华，再如孔门弟子公西华名赤，等等。何以如此？因为"华"本身就含有赤红之意。在当时凡遵守周礼崇尚赤红的人和族，都被称为华人或华族，通称为诸华。破译这一文化密码，就不难理解中华民族名称本身就暗示出这是一个崇尚红色（"中"字含黄色之意，详后）的民族。

无疑，周代定位的四方崇拜思维模式（可作为旁证的是，周代开始的诗歌以四言为主，汉字开始由浑圆图案趋向方块形态，建筑也多四方形如四合院，四字格词语成为汉语重要特征，四字句文也成为中国庄重深邃的祭奠文体）突破了夏商以来的非黑即白的对偶思维的怪圈，在拓展思维空间的同时，也毫不犹豫地滋生了贬白抑黑的倾向。白色，殷商所崇拜的圣洁之色，由此而跌落为中华服饰数千年不曾改易的丧葬之服色。而黑色作为北方的象征，是失败、黑暗、死亡与低下的象征符号，自是贬损对象。这一褒红贬白的价值取向对后世有着巨大的影响甚至延伸到今天。

随便举例：

建安时代，曹操因遇荒年，资财匮乏。便以仿古皮弁、白绢创制了一种白恰帽，当时流行不已，可后来，干宝却毫不客气地批评是："凶丧之象"；[11]

南宋以杭州为都，夏天炎热，士大夫便流行穿白色凉衫，礼部侍郎王伒就奏道："纯素可憎，有似凶服”，[12]于是皇帝便诏令禁服白衫了。

后来黑白二色不仅暗示了悲哀，似也象征了贫贱，据《宋史·舆服志》：“端拱二年（公元989年），诏县镇场务诸色公人并庶人、商贾、伎術（术）、不系伶人，只许服皂、白衣。”

黑色也遭到贬抑。事实上早在西周，奴隶即被称为黎民，“黎”与“鬲”通，意为黑色。自春秋甚至延续到唐宋，不少地方仍有以黑色为丧服之色的传统。看来，黑白二色在这一新的格局里便失势千丈了，俯仰之间，令人有王谢堂燕百姓家的感喟。在语言方面，与“混淆黑白”相类似，我们还有“不论青红皂白”、“瞅红蔑黑”等口头禅，还有“红到三十绿到老”的着装讲究，它们显然都是别有意味的语言形式，是四方崇拜期远古思维的遗留。由此，白色不仅成为悲哀的象征，为承担凶丧之事的服色，而且还滋生出素色传通人神鬼三界的民俗。而红色（甚至包括审判罪犯用红笔打勾，以表示正义的裁决），红腰带、红盖头、红裹肚……喜庆之事唯红的情感效应，奠定了中国服饰文化特有的色彩感应模式。这些就不是西方文化那样更多从心理测试层面所赋予的色彩内涵，这一民族心态只有在神话模式中才能圆满解释。而在对红色的无限崇拜中，我们不难发现其中有着对于山顶洞人色彩意识的、跨越时空的遥遥呼应。

四、五行模式：四色并坐，黄色突出

春秋时期，礼崩乐坏。

在服色崇拜的文化氛围里，服色的着意反叛与明显挑战是醒目而刺激的。这也是中国古今一切向传统发难者首先要做的事情。于是我们看到了，在诸侯不断争城、霸地的杀戮声中，周王朝所厘定的褒贬之色仿佛周天子的权位之尊一样淡化隐去。

首先是曾受贬损的色彩与赤色并列出现，而且竟有着居高临下之态。据《吴越春秋》记载：

> 夫差临晋，与定公争长，吴师方阵而行，中校之军，皆白裳白旗，素甲，望之若荼；左军皆赤裳赤旗，丹甲，朱羽之矢，望之若火；右军皆玄裳玄旗，黑甲，乌羽之矰，望之若墨。

这里不是单色，不是瞅红蔑黑，而是在三色平等中有高扬黑白暗抑赤红的味道，因为仅将它置于末位左军的服色之中。这里，对传统神话思维中的色彩观念有一种兼收并蓄式的反叛，有着更为博大的图腾意识。而在《墨子·迎敌祠》的筹划安排中，四色也安然平起并坐了：

> 敌以东方来，迎之东坛，坛高八尺，堂密八；处八十者八人，主祭；青旗，青神长八尺者八，弩八，八发而止；将服必青，其牲以鸡；敌以南方来，迎之南

坛，……赤旗、赤神……，将服必赤，其牲以狗；敌以西方来，迎之西坛，白旗、素神……，将服必白，其牲以羊；敌以北方来，迎之北坛，……墨旗、黑神……将服必黑，其牲以彘。

这里，设想敌人从东西南北不同方向来，则在不同方位应对，即在不同方位主祭不同的神灵，树不同颜色的旗帜，各方将士穿不同色彩的衣装。值得注意的是，四方色彩在这里也丝毫没有优劣之分与褒贬之别。特别是，春秋五霸之一的齐桓公此际也抛却四色褒贬而独宠紫色，国人非但不诛讨，反而紧随仿效，使得紫帛销路大增，价钱暴涨，引起了孔子等人的强烈愤慨。值此风云际会之时，越来越多的人似乎更爱白色之衣，仿佛出于逆反心理与周作对似的。《诗经》中我们听到了来自不同地域的民间歌谣，是如此深情地怀恋、欣赏、赞叹着白色着装："缟衣素巾，聊娱我员"、"麻衣如雪"、"庶见素冠兮，棘人栾栾兮，劳心慱慱兮"，等等。上述种种观念与行为，自然是对周代服色崇拜的反叛与改变，它的出现只有在一种新思维的支配下才有可能，从而预告了服色新模式即将出现。

直接取代四方模式的是五方五行思维模式，它成熟于战国时代。《山海经》曾将四方神与四时风（即方位）与季候给予整合，《淮南子·天文》则更进一步，将其与五方（东西南北中）大帝给予综合。这里有着拜五方的思想萌芽，不是如四方那样褒贬，而是五方平起平坐的思维转换模式。例如《礼记·月令》就展示了更为博大繁复的神话思维的世界图式：

孟春之月，日在营室，昏参中，旦尾中。其日甲乙。其帝太大皞，其神句芒。其虫鳞。其音角。律中大蔟。其数八。其味酸，其臭膻。其祀户，祭先脾。东风解冻，蛰虫始振，鱼上冰，獭祭鱼，鸿雁来。天子居青阳左个，乘鸾路，驾苍龙，载青旗，衣青衣，服仓玉，食麦与羊，其器疏以达。

孟夏之月，日在毕，昏翼中，旦婺女中。其日丙丁。其帝炎帝，其神祝融。其虫羽。其音徵，律中中吕。其数七。其味苦，其臭焦。其祀竈，祭先肺。蝼蝈鸣，蚯蚓出，王瓜生，苦菜秀。天子居明堂左个，乘朱路，驾赤骝，载赤旗，衣赤衣，服赤玉，食菽与鸡，其器高以粗。

季夏之月，日在柳，昏火中，旦奎中。其日丙丁。其帝炎帝，其神祝融。……中央土，其日戊己。其帝黄帝，其神后土。其虫倮。其音宫。律中黄钟之宫。其数五。其味甘，其臭香，其祀中霤，祭先心。天子居大庙大室，乘大路，驾黄骝，载黄旗，衣黄衣，服黄玉，食稷与牛，其器圜以闳。

孟秋之月，日在翼，昏建星中，旦毕中。其日庚辛。其帝少皞，其神蓐收。其虫毛。其音商，律中夷则。其数九，其味辛，其臭腥。其祀门，祭先肝。凉风至，白露降，寒蝉鸣，鹰乃祭鸟，用始行戮。天子居总章左个，乘戎路，驾白路，载白旗，衣白衣，服白玉，食麻与犬，其器廉以深。

孟冬之月，日在尾，昏危中，旦七星中。其日壬癸。其帝颛顼，其神玄冥。其虫介。其音羽，律中应钟。其数六。其味咸，其臭朽。其祀行，祭先肾。水始冰，地始冻，雉入大水为蜃，虹藏不见。天子居玄堂左个，乘玄路，驾铁骊，载玄旗，衣黑衣，服玄玉，食黍与彘，其器闳以奄。

在这幅图景中，以五方帝、神为骨干将日缠星次、干支、动物、音阶、数字、味臭、祭祀、节气以及天子之居处、乘驾、衣服、食器都编码在一起，形成自然、社会、人文相配置的一个总体性的联结，凝重而神秘，狞厉而荒远，有着亦真亦幻的历史文化氛围感。再到后来，在中国文化的格局中，五行的象征意义及其与诸事物的对应关系便日渐明晰而纷繁：

五行	木	火	土	金	水
五方	东	南	中	西	北
五帝	太昊	炎帝	黄帝	少昊	颛顼
五佐	句芒	祝融	后土	蓐收	玄冥
五时	春	夏	长夏	秋	冬
五星	岁星	荧惑	镇星	太白	辰星
五兽	青龙	朱雀	黄龙	白虎	玄武
五色	青	赤	黄	白	黑

……

在这里，五行思路不仅增添了黄色，比起四方崇拜来有一种色彩拓展，更在于《管子·水地篇》中所说的“地者万物之本原”那样，表现出尚土的倾向。且五行相克相生循环变化的辩证关系使得各方地位渐趋平等：

相克：金→木→土→水→火→金……

相生：土→金→水→木→火→土……

倘是纯粹理性的五行思维，那黄色也只是在相克相生的矛盾链中与其余四色平分秋色，但因其总体构架是神话思维，使黄色与土地、中央、黄帝、黄龙等相通相融，便有了后来居上的优势与身份。从而为黄色的神圣性作了重要的神学铺垫。在这里，五行说成为四方说与后起的历史轮回说的重要过渡，将黑白二色的负面色彩淡化了，虽然凶服仍由白色担承，但毕竟可作季服色正常出现，与其他正色平起平坐。中国古代服色以青、赤、黄、白、黑为正色，其余为间色杂色，源出于此。倘若透过黄色崇拜的神话氛围，可以看出，当时铁器与牛耕的普及，农耕技术迅猛发展使得土地的重要性凸显出来，力耕而食的理性精神与传统的自然崇拜在黄土地上找到了最佳的契合点。按五行五德五色说，以青、赤、黄、白、黑为正色，其他杂色为间色。极力恢复周礼推崇赤色的孔子此际亦宽厚地说："黑当正黑，白当正白。"《礼记·玉藻》明确规定："衣正色，裳间色。"孔子贬间色褒正色亦是这一思维模式构建得以成功的重要因素。

五色模式既成，光前裕后，泽被深远。甚至连早就出现的十二章纹的色彩也被说成绘为五种色彩了。如《尚书大全》说："山龙纯青，华虫纯黄作会，宗彝纯黑，藻纯白，火纯赤。"又说："山龙青也，华虫黄也，作缋黑也，宗彝白也，藻火赤也。"但此说它处未见著录。《隋书·礼仪志》征引《尚书大全》并明确质疑："经此相间而为五采，郑元议已自非之。"并说："五采相错，非一色也。今并用织成于绣，五色错文"云云。此说似针对《虞书·益稷》所述舜帝的"以五采彰施于五色，作服汝明"而言的。因舜是原始社会末期的传说人物，《益稷》的真伪历来争论颇多。还有，《礼记·画缋》所云：

> 画缋之事杂五色，东方谓之青，南方谓之赤，西方谓之白，北方谓之黑。天谓之玄，地谓之黄。青与白相次也，赤与黑相次也，玄与黄相次也。

南朝梁皇侃说得更明白：

> 青赤白黑黄五方正色，不正谓五方间色，绿红碧紫骝是也。青是东方正，绿是东方间。东为木，木色青，木克土，土色黄，并以所克为间，故绿色青黄也。赤是南方正，红是南方间，南为火，火色赤，火克金，金色白，故红色赤白也。白是西方正，碧是西方间，西为金，金色白，金克木，故碧色青白也。黑是北方正，紫是北方间，北为水，水色黑，水克火，火色赤，故紫色赤黑也。黄是中央正，骝是中央间，土色黄，土克水，故骝色黄黑也。

这已是相当精致规范的五行服色模式了。

这大约是现代不少学者持论《周礼》、《礼记》等书成于战国的原因。笔者认为《周礼》等主要内容成于周是无疑的，但五色说成熟只能在春秋战国时期。以复礼为己任的孔子一再谈服色，谴责齐桓公诸人尚紫冲淡了周尊崇朱红的地位："恶紫之夺朱也！"但对黄色却只字未提。五色的萌芽初现于周也不是没有可能，如四色萌芽于夏商一样。要知道历史的交替不是快刀斩乱麻，不是出门一笑大江横，而是曲曲折折、反反复复，在文化方面更是这样。

文化模式一旦形成，就会产生广泛的影响。例如《晋书·舆服志》所载帝王百官按春、夏、季夏、秋、冬五个时节穿五种朝服，其色依次按青、朱、黄、白、黑；与此同时，古代的祭祀也按五个不同时节采用不同的服色，如《后汉书·舆服志》所载："服衣，深衣制，有袍，随便五时色。"五时色亦称五时衣、五时服。《太平御览》卷六九一引东汉马融《遗令》："穿中除五时衣，但得施绛绢单衣"；《汉官旧仪》卷下："皇后春蚕皆衣青……以作祭服，祭服者，冕服也，天地宗庙群神五时之服”；《后汉书·东平宪王苍传》：“乃阅阴太后旧时器服，怆然动容，乃命留五时衣各一袭。”唐李贤注：“五时衣谓春青、夏朱、季夏黄、秋白、冬黑也。”且不说历代王朝，就是农民起义的太平天国军队编制和乡官组织，亦在服饰上继承了五方五色的影响。他们以黄为中，东青南赤西白北黑，以此设立东西南北四王，并规定各王的旗帜与其统下士兵的服色，如天王御林军用黄背心，其余诸王统下也用黄背心，唯以边缘颜色分别，如东王部队用绿边，南王部队用红边，西王部队用白边，北王部队用黑边等。可见对于五色的神秘感受，早已成为中华民族集体的无意识心态了。

随着先秦诸子赋予服饰以实践理性精神，富有神话方位模式的色彩内涵开始置换为天人感应的历史严格秩序，服色拜五方的空间思维一变而为重时间的纵向思维。试图对先秦诸家学说给予整合的《吕氏春秋》中，有一段文字典型而有余味：

> 凡帝王之将兴也，天必先见祥乎下民。
>
> 黄帝之时，天先现大蚓大蝼，黄帝曰：“土气胜。”土气胜，故其色尚黄，其事则土。
>
> 及禹之时，天先现草木秋冬不杀。禹曰：“木气胜。”木气胜，故其色尚青，其事则木。
>
> 及汤之时，天先现金刃生于水。汤曰：“金气胜。”金气胜，故其色尚白，其事则金。
>
> 及文王之时，天先见火赤乌衔丹书集于周社。文王曰：“火气胜。”火气胜，故其色尚赤，其事则火。
>
> 伐火者必将水，天先现水气胜。水气胜，故其色尚黑，其事则水。

文中对传统的色彩演变重新解释，既有“我注六经”的虔诚，又有“六经注我”的狡赖。可以说吕不韦在神话的舞台上演出了一幕将神话历史化的新剧，既有先秦实践理性精神的印痕，又有原始神话图腾的氛围。这一改造，使白色从天命与历史性的角度得以正名分，更强化了它作为季服的正当理由，尽管丧葬之服色还仍由它来承担；黑色也由属于北方的否定性色彩一变而为庄重之色（当然也包括神话思维本身的矛盾，如天玄地黄的说法——天为玄色，是黑中带红还是纯黑，此与四方模式相矛盾——黑色就获得了代表天的可能。但神话思维中矛盾是正常而普遍的，中外无不如此），秦代服色尚黑倘无这一学说的导引、支持和铺垫，是不可能成立的。黄色这中央土德之色从五行说的神学铺垫中迈上天命的台阶，并在虚拟的历史系统中始获得神圣的光环和地位，后世皇帝、皇室垄断黄色，在这里才能找到最充分的文化密码。顺便再说一句，“中华民族”一词的“华”字如前述含有赤红之意，红色在这里因有崇周的儒家捍卫仍为祥瑞之色；而“中”字因神话思维的贯通，与土、与黄帝融合而含有黄色之意。倘再联想到现在国徽、国旗的红黄二色，就不能不感叹民族集体无意识中深厚神话思维的积淀了（当然，选择国旗、国徽颜色时的直接文化依据，似源于马克思的色彩喜好。马克思当年写完《资本论》后，在回答女儿著名的20问时，谈到最喜爱的色彩为红色。后来各种马克思信仰者的红旗、红军、红色根据地以及相应的红色符号，均衍生于此。而在中国，一直到张艺谋的电影、2000年上海APEC会议的着装，红色才真正回归传统）。

试图将神话历史化引向极致的是汉朝董仲舒。他在此基础上提出色彩轮回说。他说夏商周各个王朝服色都自成一统，而历史恰在三统中往复循环。例如，夏朝以寅月为正，平旦（天刚亮）为朔，其时“天统气始通化物，物见萌达，其色黑”，所以夏朝的朝服、车马、旗帜、牺牲，都尚黑，成为“黑统”；商朝以鸡鸣为朔，其时“天统气始蜕化物，物始芽，其色白”，所以商尚白而为“白统”；周朝以夜半为朔，其时“天统气始施化物，物始动，其色赤”，故尚赤而为“赤统”。黑、白、赤三统循环，代周者必尚黑统。虽多牵强附会，三统说却成为一种有权威性的意识形态。特别是所强调的每个朝代都要“改正朔，易服色”的观念，固化为千百年改朝换代中的既定国策和思维模式。董仲舒的总结当然也有先例，秦始皇就是照此办理的。《史记·秦始皇本纪》记载：

> 始皇推终始五德之传，以为周得火德，秦代周，德从所不胜，方今水德之始……衣服、旄旌、节旗，皆尚黑。

看似有意无意地将神话理智化、实践化及历史化，但实际上又存在构拟色彩的神话幻境。何况三统说本身就有着不可复现的神话般的诗意与稚气。

于是后世除却汉代在尚黑、尚红、尚黄间摆荡外，再也没有哪个朝代用这个模式来套了。即便是汉代，服色也是一笔糊涂账。据《史记·封禅书》记载，汉文帝时，崇尚什么服色就有了很大的争议。鲁人公孙臣主张汉既代秦，是土克水，应为土德，服色尚黄。丞相张苍则说汉朝方算水德之始，应崇尚黑服色。但汉文帝在祭天时，似牢记着刘邦为赤帝子的神话，既不服黄，又不服黑，只着赤色。服色改为尚赤，但却立了黑帝祠，似乎在五方崇拜中搞点平衡。班固修撰《汉书》时，也只好套用五行思维解释说汉朝“协于火德”。到汉武帝时代，似又采取公孙臣的说法，以汉灭秦为土胜水，按土德改制，服色尚黄。接着，隋以黄为皇帝服色，唐将黄色垄断于皇室，到了明代，似又重提服色的历史沿革，如《明史·舆服志三》记载：“（洪武）三年，礼部言：‘历代异尚，夏黑，商白，周赤，秦黑，汉赤，唐服饰黄，旗帜赤。今国家承元之后，取法周汉唐宋服色所尚，于赤为宜。”究其实质，只不过强调当朝乃华夏正统而已。

余论

可见中国服色崇拜的发展，由山顶洞人撒红粉发端，经由夏商周春秋等不同时代文化的洗礼与增益，虽后来有《吕氏春秋》将五色说融入天人感应的历史模式中，有董仲舒更简化为循环论的三统说，有后来帝王皇族的世俗阐释，但就其轮廓而言，仍是从一到二、到四、到五的多种神话模式及其整合。这是历史的序列，逻辑的序列，更是神话思维的序列。此所谓“在色彩表现性的探索中，一幅具有深刻意义的社会文化图画也就被随之揭示出来了。”[13]

值得注意的是，中华民族色彩选择的心理机制的形成，除却上述社会文化因素（生活方式、风俗习惯与道德信仰等）起主导作用外，可能还有生物性因素的隐性作用。或者说两者的巧合促成了我们民族对于色彩的神秘而深邃的感受。这也就是红黄两色在中国人心中的审美意象几乎全然是它的正值，而不是其他民族所赋予的负值（如红有屠杀、血腥；黄有胆怯、嫉妒、猜疑、色情、淫秽、卑鄙等）。虽然影响民族审美视觉的生物因素目前还没有被充分揭示，但体质人类学对不同民族眼睛构造与功能的研究，对我们认识中国人的审美视觉特性具有一定启发意义。“某种生物因素可能与颜色用语的多寡有关。眼睛颜色越深（色素越多）的民族其单色词的数量越少，这也许是因为他们辨别光谱的暗色一端（蓝—绿）更为困难的缘故。最近的统计研究结果表明，要解释单色词数量上的差异，文化的和生物的解释不可缺少。”[14]中国人黑眼睛色素较重，对光谱中暗色一端的蓝黑诸色辨认较为笼统，即便曾将其列为崇尚之色，但在历史的较量中易被边缘化；而红黄两色一旦被社会文化诸因素所选定，就会巧遇生物性因素的共鸣而形成数千年不易的审美意象。因为红黄两色均居于光谱序列的亮色一端，明度较大，对黑眼睛形成了一种富有刺激性的审美注意，容易产生审美愉快。在生物因素层面，红黄两色还有合一的可能性。例如中国人所看重的黄金，最典型地体现了阳光的光明及温暖的特性。它在人类的视觉上为黄色，但光谱分析却是红色。“银多反射出一切光线的自然的混合，金则专门反射出最强的色彩红色。”[15]可见红黄两色作为中国人色彩文化的主色，它们的本质属性却可以合二而一，即红。[16]

思考与练习

1. 简述中华民族远古所崇尚服色的演进历程。
2. 简述神化思维及其特征。
3. 简述朝鲜人喜欢白服色的渊源。

注释

[1] 贾兰坡：《悠长的岁月》，湖南少年儿童出版社，1997：42-44。

[2] 李泽厚：《美的历程》，文物出版社，1981：4。

[3] 马克思、恩格斯：《马克思、恩格斯全集》，23：12。

[4] 田昌五：《古代社会形态研究》，天津人民出版社，120。

[5] 袁珂：《前万物有灵论时期的神话》，民间文化论坛，1985（4）。

[6] 王力：《古代汉语》，中华书局，1963：794。

[7] 宋兆麟：《中国原始社会》，文物出版社，1983：431。

[8]（韩）朴英秀：《色彩与世界》，学林出版社，1996：15-16。

[9] 张志春：《朝鲜白服色之源》，引自《裸露与遮盖：现代服饰观潮》，陕西旅游出版社，1998：100；此后又发现一些重要资料，重新撰写《朝鲜白服色文化渊源考》一文，刊于《服装科技》，2000（9）。

[10] 叶舒宪：《中国神话哲学》，中国社会科学出版社，1992。

[11] 引自《晋书·五行传》。

[12] 引自《宋史·舆服志》。

[13] 阿恩海姆：《艺术与视知觉》，中国社会科学出版社，1984。

[14] C.恩伯、M.恩伯：《文化的变迁》，辽宁人民出版社，1988：132。

[15]《马克思、恩格斯全集》，13：144。

[16] 梁一儒、户晓辉、宫承波：《中国人审美心理研究》，山东人民出版社，2002：89-92。

基础理论——

亦幻亦饰　人神合一——图腾向人体装饰的渗透、转化与投影

课题名称： 亦幻亦饰　人神合一——图腾向人体装饰的渗透、转化与投影

课题内容： 图腾文化的人生印痕
图腾扮饰之初：画身画脸
图腾扮饰之初：文身
图腾人体装饰向服饰的过渡
图腾与服饰的文化思考

上课时间： 4课时

训练目的： 让学生了解图腾学说并能用来解读相关的服饰文化现象。

教学要求： 使学生了解图腾的概念并能用它来分析相关服饰现象；使学生在服饰多重起源学说中了解并掌握“图腾起源说”。

课前准备： 阅读相关图腾的文献资料。

第三章　亦幻亦饰　人神合一
——图腾向人体装饰的渗透、转化与投影

唐人张若虚诗《春江花月夜》曾有过追本溯源的唱叹："江畔何人初见月，江月何年初照人？"其实，人类不少创造倘要寻根究底，也是如此这般地令人惆怅。服饰的起源不就是这样的吗？我们可以同样地问询，苍茫天地间，是谁创造了最初的衣饰？而那最初的衣饰又以怎样的款型示于人前？在那鸿蒙之初，在那悠远辽阔的记忆难得留痕、想象也不能追踪的年代里，我们的先民们受到了什么启示，怎么就灵机一动，想到了给赤裸的身上披挂或包裹上一些树叶兽皮或其他什么东西，从而拓开了人类衣生活的新领域、新境界呢？

于是乎中外学者各抒己见，适应环境说、安全保护说、遮羞说、炫耀说、美饰说……服饰起源诸说蜂起，不一而足。笔者欲从中华图腾艺术的角度切入，来探讨这个问题。

一、图腾文化的人生印痕

图腾崇拜是原始社会的一种宗教信仰，约与氏族公社同时发生。图腾（totem）系印第安语的汉语音译，意译为"属彼亲族"。图腾崇拜，就是把某种动物或植物当作本氏族的祖先或神灵来崇拜。摩尔根《古代社会》一书认为：原始人认为自己的氏族都来源于某一种动物、植物或自然物，并以之为图腾。图腾是神化了的祖先，是氏族的保护者。图腾信仰遍及世界各地，近代某些部落和民族仍然流行。

需要考察的是，我们民族历史上有无图腾现象？若有，那么有无渗透到服饰中去的图腾意识或神话境界呢？

答案是肯定的。

早在20世纪之初，严复在翻译英国学者甄克思的《社会通诠》一书时，首次将"totem"一词译成"图腾"，成为中国学术界的通用译名。他在书中按语说："古书称闽为蛇神，盘瓠犬种，诸此类说，皆以宗法之意，推言图腾，而蛮夷之俗，实亦有笃信图腾为其先者，口口相传，不自知其为怪诞也。"首次提出了中国古代也有着与澳大利亚土著、美洲印第安人等异域相通、相似的图腾现象。严复而后，我国学者郭沫若、闻一多、吕振羽、黄文山、孙作云等从不同层面对图腾文化给予研究和译介。冷落了几十年后，20世纪80年代，我国在这一文化领域中的研究重又繁荣起来。

闻一多先生在《伏羲考》中指出：

> 假如我们承认中国古代有过图腾主义的社会形式，当时图腾集团必然很多，多到不计其数。我们已说过，现在所谓龙便是因原始的龙（一种蛇）图腾兼并了许多旁的图腾，而形成的一种综合式的虚构的生物……古代几个主要的华夏和夷狄民族差不多都是龙图腾的团族。

闻一多先生的结论是对的。凤图腾也是兼并众多后形成的综合式虚构的图腾形象。事实上，龙凤图腾之所以能有兼并八方的基础和能力，从而成为中华民族远古高高飘扬的两面旗帜，就在于中华民族古来就有普遍而多样的鸟兽图腾现象，如夏代有熊图腾、猪图腾、石图腾、鱼图腾、薏苡图腾、龙图腾，商代有玄鸟图腾，周代有龙图腾、鸟图腾、龟图腾、麒麟图腾、犬图腾、熊图腾、虎图腾等，秦有凤图腾，楚有熊图腾、羊图腾、凤图腾、龙图腾、鱼图腾、荆图腾等。而且不只有家族图腾、部落图腾，还有个人图腾，如舜的图腾为狮子或龙，蚩尤为赤龙，高阳氏为太阳，柏皇氏为柏树，葛天氏为葛，共工氏为九头蛇和羊……匈奴崇龙拜日，鲜卑图腾是鹿，契丹崇拜青牛白马，越人崇拜鸟和蛇，南蛮主要崇拜犬，东夷图腾是鸟和太阳……

往事千万年。今天我们看到的图腾文化现象，除了大多近现代少数民族或多或少地保留了图腾文化细节外，更多的是以淡隐的形式渗透在我们的生活中：一是千变万化中成为十二属相，子鼠、丑牛、寅虎、卯兔、辰龙、巳蛇、午马、未羊、申猴、酉鸡、戌狗、亥猪，一大群动物图腾形象伴随着我们每个中国人，成为各自的属相；二是凝练为姓氏（动物图腾如姓马、牛、羊、虎、熊、狼、龙、燕、鹿、鱼、貂等；植物图腾如杨、柳、桃、李、林、桂、栗、兰、菊、松、竹、梅、麻、麦、豆、黍、稷等；颜色图腾如赤、橙、黄、绿、紫、灰、白、蓝、朱、黑等；方位图腾如东、西、南、北、上、下、左、右、前、后、高、低、东方、西门、东郭等；时令图腾如春、夏、秋、冬、阴、阳、日、月、年、岁、时等；五行图腾如金、木、水、火、土；无生物图腾如石、陶）与每个炎黄子孙隐身相随；三是以具象或变形抽象的形式进入服饰境界。在图腾文化以特有的方式向人本身作全方位渗透与投影中，我们着重探究的正是最后这一点。

二、图腾扮饰之初：画身画脸

一般学者认为，图腾人体装饰产生时间最早，是图腾艺术的原生形态（图3–1）。

从中外的一些资料看来，图腾艺术本身也有着由外在的崇拜对象、符号标志渐渐地向人自身靠拢的过程。因为原始先民为了表示对图腾的尊崇，也为了和不同的氏族部落区分开来，便开始在自己住所包括身体上描绘或雕刻图腾形象。如弗洛伊德所说："在某些庄严场合与宗教仪式中，人们披上动物表皮进行图腾活动；许多部落不仅在其军旗和武器上绘有动物的形态，并且还将其绘到身体上；在图腾部落内人们深信他们和图腾动物之间乃是源自相同的祖先。"[1]图腾与人同体，最早大约是以画身画脸的形式出现的。《山海经·海内南经》记载："雕题国……皆在郁水南。郁水出湘陵南海。"郭璞注释说：

“点（黔）涅其面，画体鳞采，即鲛人也。”雕题国流行的画体画面的习俗，是把身体画成鳞甲以模仿龙蛇即图腾形象的样子。在身上脸上绘画，而不同于稍后兴起的刻痕与文身。雕题国，可能是原始时代居住在我国南部和西南部的一些族群。这一地域后起的许多原始民族，包括东夷族群、濮越族群，也都是曾经保留着画体或画面这类装饰风俗的。《太平寰宇记》里说：“其百姓悉是雕题、凿齿、画面、文身。”这么大范围内的老百姓全部画脸画身，可见不仅仅是风俗，至少应有一种带有威慑力量、唤起敬畏情绪的图腾才可造成如此整齐划一的效果。不少考古学家认为，早在6000年前的半坡先民的鱼纹人面图（图3-2），就是画脸的图腾扮饰行为。

图3-1 《古今图书集成》中画身画脸人物

古代西域的一些民族曾是画身民族。《隋书·西域传·女国》记载：“其俗妇人轻丈夫而性不妒忌，男女皆以彩色涂面，一日之中或数度改之，人皆披发，以皮为鞋。”需要说明的是，这里的男女一日之中能够多次改变脸上的画图，是因为图腾有个人图腾、家族图腾、部落图腾以及部落联盟图腾等多样化的层面，也许这些浪漫乱婚的男女为了邀宠，为营造彼此认同的亲和氛围，便为不同的情侣描绘不同的图腾画面。也许因一个人归属是多层组织而拥有多种图腾对象。现代不少出土文物也印证了这一点。例如，在我国西北边疆的阿尔泰❶地区出土的古代酋长大墓葬干尸，“身上绘有纹饰，非常美丽，手、胸、背和脚上，都绘有真实的和幻想的动物形象”。[2]

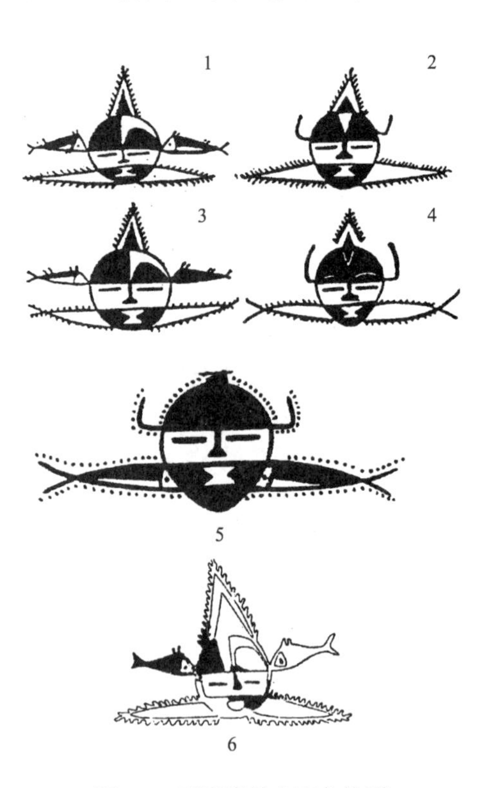

图3-2 西安半坡人面鱼纹图

据《旧唐书·吐蕃传上》记载，吐蕃族也是流行画面的民族，松赞干布迎亲时“叹大国服饰礼仪之美，俯仰有愧沮之色……公主恶其人赭面，弄赞（即松赞干布）令国中权且罢之。自以释毡裘纨绮，渐慕华风。”又载：“父母丧，截

❶ 旧政区名，今新疆阿勒泰市。——出版者注

发，青黛涂面，而衣服皆黑。”对这一现象，《资治通鉴·卷一九六》也记载：“其国人皆以赭面，公主恶之，赞普下令禁之。”《新唐书·吐蕃传》也注意到这一风俗：“部人处小拂庐，多老寿至百余岁者，衣率毡韦，以赭涂面为好。”这里画面的赭色，有学者认为这与吐蕃民族所崇拜的图腾猕猴的面孔颜色是一致的。因为他们的神话中认为吐蕃族是猕猴和岩妖魔女结合而繁衍的后裔。“赤色、红褐色是猕猴脸色的特征，奉猕猴为祖的吐蕃人为了让猴祖认识自己，同时也为了与其他客观存在民族相区别，表明自己是猴族，于是模仿猕猴的形貌和行为，用赤色、红褐色的颜料在脸上涂成像猴一样的红脸。”[3]这里画面的文化动机应该是图腾崇拜的一种行为和标志；人们基于求安全的心理通过面部涂彩向图腾祖先、图腾亲属形象认同，目的在于祈福消灾——避免图腾祖先可能会产生的不认识或不承认的误会，消除可能产生伤害的危险。从这一观点出发，历史上类似的一些不易解释的现象就可迎刃而解了。据宋孟珙《蒙鞑备录》记载：蒙古族先民“妇女往往以黄粉涂额，亦汉旧妆传袭，至今不改也。”又彭大维撰《黑鞑事略》徐霆疏：“妇女真色，用狼粪涂面。”用黄粉或狼粪涂面并非着意肮脏，而是狼图腾的一种崇拜仪式。

国外也有不少类似现象亦可参照或重新评判。普列汉诺夫曾在《没有地址的信》中写道：

> 在非洲，一些从事畜牧的黑人部落，认为给自身涂上一层牛油是很好的色调。另一些部落，为了同样的目的，却喜欢使用牛粪灰或牛尿。在这里，牛油、牛粪灰或牛尿是财富的招牌，因为它们是只有有牛的人才能用来涂抹的。也许牛油和牛粪灰比木灰能够更好地保护皮肤。如果事实真是这样，那么，从木灰过渡到牛油或牛粪灰，是由于畜牧业的发展，是由于纯粹实用的考虑。但是过渡一旦完成，用牛油或牛粪灰涂抹的身体，比起用木灰涂抹的身体来，就引起人们更愉快的美感。然而还不止如此。一个人使用牛油或牛粪灰涂抹自己的身体，就明显地向亲友证明，我并不是不富裕的。在这里，也很明显，提供这种证明的普遍快乐，是先于看见自己身体涂抹一层牛粪灰或牛油的快乐的。[4]

普氏指出的现象值得注意和研究，但他的解释有些简单肤浅，以现代实用意识笼罩全部。其实这一现象的深刻意蕴在于，这是游牧民族图腾同体的表现方式，或者说是远古牛图腾仪式的近现代遗留与印痕而已。

有不少学者通过社会调查，认为画脸、画体源于祖先崇拜。[5]这是对的，因为图腾崇拜就是最初的祖先崇拜。流传至今的一些古老风俗也可提供有力的旁证和参照。例如，青海省黄南藏族自治州同仁县年都乎土族村，于每年农历十一月二十日祭山神，村民们在法师带领下到山神庙，接受神意后，由八个满身画满虎纹的半裸青年，跳着仿虎的傩舞进入村庄，翻墙越房直入院中为各家驱鬼逐疫，直到傍晚前听到枪声，“老虎”跑到河边的大井、水窟洗去身上的虎纹，整个活动才告结束。[6]

与之相似，云南省彝族兴行的祭祀图腾祖先虎的虎节礼仪中，全村选出一批健壮男子扮演虎的角色，他们身上、脸上都画着虎纹。“用占卜的方法选出的八个男子汉，都一致向（虎）神谢恩献酒。并由‘朵西’（祭司）用红、白、黄三色泥土和黑锅烟灰为他们一一画脸、文身，披以用黑毡子扎成的虎皮，装扮成虎，然后再次下跪于神座前”。[7]这种给精心挑选出来的人物身上、脸上描绘虎纹的行为，无疑是以虎为图腾的远古崇拜仪式的现代活化石。

这大约是人类跨向扮饰的重要一步。图腾物原应是外在的对象，是遥远的神秘变形的祖先，是有着超自然力量的生命佑护者。人们向它致敬谢恩是为了祈求安全与幸福，而将内心的憧憬与祈愿寄意于身外的图腾物。然而随着时间的推移，却逐步演变为由自己来扮演图腾物，即与图腾物同体——自己是图腾物，图腾物也就是自己。这样一来，一方面使祈求内容更易与生活内容联系起来且更易与图腾神沟通；另一方面在扮饰者那里遂有了超凡入圣的升华感与自豪感。加之被画身、画脸者的亲身参与感，使得他们渐渐乐此不疲而推衍开去。

何星亮先生在《中国图腾文化》一书中认为，图腾文化是中国文化最基层的文化。最基层者，仿佛高楼的地基，仿佛大树的根系，仿佛江河的源头，后来的一切当由此生发而来。若顺着这一思路延伸开去，笔者认为似乎可以说，最初的画身、画脸图腾艺术，是人类文化初萌期的“元艺术”，不只是服饰与化妆，一切艺术应当从此生发开去。这里需要一种富有穿透力的历史眼光和发展意识，否则就会出现种种误读。因为随着时间的推移，画身、画脸继续以图腾文化的氛围，向艺术、向生活领域全方位地渗透和投影，最终会在漫漶风化中消失，而纯形式的直系承传也难免理性化和世俗化，这可以具体说到化妆，如后来的文身，后世的画眉（杜甫诗歌描写的贵妇人“淡扫蛾眉朝至尊”；朱庆余诗中新娘倚在新郎身边“妆罢低眉问夫婿，画眉深浅入时无”的情景；以及杜甫看到小女儿恨铁不成钢的“狼藉画眉阔”等）、画唇、额黄（《木兰辞》：“对镜贴花黄”，唐五代诗词中的“半额微黄金缕衣”、“额黄侵腻发”等）、花钿（亦称花子、媚子，是将各种花样贴在眉心的一种装饰）、画频（用丹或墨在颊上点点儿的一种装饰，点出的点儿很像一颗痣，如美人痣之类）等实用美饰似应从此而来，但那却是亲切甜媚的姣好与美感，没有了原始先民那种图腾画身、画脸的神秘性和崇高感，如同纯装饰的图案以清爽的形式从图腾及原始宗教内容演变而来，成为生命不能承受如此之轻的装饰点缀。

三、图腾扮饰之初：文身

文身就是在身上刺画图案或花纹。从甘肃、青海等地新石器时代遗址出土的人面陶器上，就可以看到文身的遗迹。到了春秋战国时代，文身就广泛流传于越、吴、楚等地及黎、傣、高山族地区，尤以百越族地区为盛行。《礼记·王制》：“中国戎夷，五方之民，皆有性也……东方曰夷，断发文身。”孔颖达疏：“文身者，谓以丹青文饰其身……越俗断发文身，以辟蛟龙之害，故刻其肌，以丹青涅之。”

在今天的我们看来，文身比起画身似乎野蛮了点儿，但对于动辄杀身以祭，饱经血火洗礼的原始先民来说，这已是渐渐趋向文雅的神圣事体，因为它在图腾行为中带有平和美饰的意味了。而且相对于画身、画脸的图腾纹饰符号来说，文身以其固定的图腾人体装饰可陪伴人终生而更具耐久性。再说图腾人体装饰以其切、刺、染等伤皮动肉的痛楚感，会唤起文身者顽韧的意志力，使其在对痛苦的忍耐与超越中获得灵魂的洗礼。特别是，通过切痕、黥刺等手段造成与图腾同体的文身行为，可唤起神圣感和尊严意识。

既然以涂色、切痕、黥刺等方式，在人体上描写图腾的图形，或者描写图腾的某一部分以代其全体，或作象征性的描绘以代表图腾，那么文身中大量的动物图像，不就是人与鸟兽同体的形象么？这就让人联想到古代文献中大量类似的记载。例如《山海经》中大量出现神祇的形象："龙身而人面"、"人面而马身"、"羊身人面"、"人面牛身"、"人面蛇身"、"人身而羊角"、"人面而鸟身"、"豕身而人面"、"必首阳之山，自首山至于丙山，凡九山，二百六十七里，其神皆龙身而人面"等（图3–3），这几乎是统

图3–3　《山海经》中人兽同体造型系列

一的格式、怪异而新奇的形象。这种半人半兽的形象如此普遍，以致后来者的解释也是这一思维的延伸。《山海经·大荒西经·郭璞注》：“女娲，古神女而帝者，人面蛇身，一日中七十变。”不只女娲，我们的先祖伏羲也是人面蛇身……在这些神话人物以人体与鸟兽生硬怪异组合的形象里，我们可以在相当广阔的时空范围内来猜测，它们莫非就是远古图腾人体装饰文身或扮饰的汇聚与记录？不少学者对此作肯定的判断。或者原初是近乎荒诞虚拟的图腾形象，但在彼时彼地因其文身扮饰却成为服饰神圣的起源？是服饰从款式到色彩、图案等得以模拟延展的动力和出发点？莫非服饰就产生于人们为了将自身扮饰为图腾物的实践过程中？这里提出假说，将从文身到外在添加物的扮饰看做人体装饰或者服饰发生、发展的重要阶段，是因为有着大量的历史文献材料可以作为佐证。

《礼记·王制》：“东方曰夷，被发文身，有不火食者矣。南方曰蛮，雕题交趾，有不火食者矣。”陈皓解释说：“雕，刻也。题，额也。刻其额以丹青涅之。”东夷、南蛮都披散着头发，在额头刻上纹饰并以染料涂抹，这自然是遍及社会各个角落的文身现象。这一文献的表述，弥漫着华夏衣冠文化的自豪感，是进步到一定高度后回过头来，对于不无荒蛮气氛服饰习俗的新奇与惊叹。而这新奇与惊叹，从历史角度看有着变幻时间为空间的转移，因为华夏衣冠文明的源头，原本也是画身画脸、断发文身、雕题交趾的。只不过农耕文明的发展与繁荣，使得理性精神长足地发展，加诸气候的演变，使得处于中原的华夏先民较早地以衣冠取代了被发文身，雕题交趾。但这一在图腾观念指导下的文身人体装饰之类，在历史的惯性下仍在中原文明圈子内留存，也有一些转移到鞋帽衣物等服装款式中去了。而这些，恰恰如孔子所说：“礼失之而求诸野。”作为一种原始性的文化积存，这种服饰图腾现象在我国少数民族地区得到了更多的保留。从古至今多有文献记录这一点：

《左传·哀公七年》：“……大伯端委，以治周礼，仲雍嗣之，断发文身，裸以为饰，岂礼也哉。”

《战国策·赵策》：“被发文身，错臂左衽，瓯越之民也；黑齿雕题，是冠秫缝，大吴之国也。”

《淮南子·泰族训》：“剜肌肤，追皮革，被创流血，至难也，然越为之，以求荣也。”高诱注：“越人以箴刺皮为龙文，所以为荣也。”这种心态前边已经分析过了，虽说刺皮破肉在今天看来是痛苦不堪的，但居于南方的先民们却引以为荣耀，因为所刺的文饰“为龙文”，是图腾崇拜的符号标志。

《淮南子·原道训》：“九疑之南，陆事寡而水事众，于是民人被发文身，以象鳞虫。”为什么要扮饰得像鳞虫呢？高诱注：“文身，刻画其体，内墨其中，为蛟龙之状，以入水，蛇龙不害也，故曰以像鳞虫也。”《史记·吴大伯世家》也有一段记载：“……太伯、仲雍二人乃奔荆蛮，文身断发，示不可用，以避季历。”应劭曰：“常在水中，故断其发，文其身，以象龙子，故不见其伤害也。”类似的说法还有《说宛·奉使》：“剪发文身，烂然成章，以象龙子者，将避水神也。”如此一而再、再而三地拈出来给予强调，解释的口径又如此相似，可见图腾文身早就是固定的认知模式了。文身而避蛟龙等水神之害，显然是祈愿图腾文身能起到保护的作用，但这却不是可以具体操作的保护措施，而是呼唤或期待着超自然力笼罩的图腾行为。

面对这一现象，古来不少学者不只记录，还会追寻其历史渊源。《史记·越王勾践世家》："越王勾践，其先禹之苗裔……文身断发，披草莱而邑焉。"《汉书·地理志》：粤地，"其君禹后，帝少康之庶子云，封于会稽，文身断发。"是说这些图腾现象可以追溯到远古，有着历史的承传。

如前所述，当中原一带经过理性化的洗礼过后，文身更多地保留在边远地区的少数民族群落之中了。这类资料极多：

《山海经·海内南经》："雕题国……在郁水南。"郭璞注："点涅其面，画体为鳞采，即鲛人也。"

《后汉书·南蛮西南夷传》：哀牢夷，"刻画其身，象龙文，衣皆着尾。"身刻龙纹，衣附尾饰，显然已不是单纯的文身，而是典型的文身向服饰过渡或二者融一的形象。

《隋书南蛮传》序：南蛮，"古先所谓百越是也。其俗断发文身，好相攻讨。"

《海槎余录》："黎俗，男女周岁即文其身。自云，不然，则上世祖宗不认其为子孙也。"在这里，文身明显有着部族的标志与超自然力的保护作用。

应该说，这类图腾人体装饰不像画身、画脸那样短时间内会发生变化，而是固定形态的。除却文身之外，先民还以结发、凿齿、镶唇和穿鼻形式等对身体加工和变形，来达到与图腾同体的目的。宏观看来，这种固定的图腾人体装饰，实质上是沿着神话思维向前推衍的文饰现象。它虽与后世的覆盖装身的衣物相比显得粗放荒蛮，但因其处于历史源头的制高点上，仍为人类的着装心理奠定了广泛的基础。

在这里，我们首先感觉到了图腾崇拜背后的生存与安全意识。上述所谓"文身，刻画其体，内墨其中，为蛟龙之状，以入水，蛇龙不害也"；所谓"文其身，以象龙子，故不见其伤害也"；而不文身呢，"则上世祖宗不认其为子孙"云云，突出强调的正是这一点。可见我们的先民如痴如醉地拜倒在图腾面前，并采取种种手段向图腾认同，就是为了在精神上能依赖冥冥中的图腾或图腾化的祖先并获得被荫护的安全感。弗雷泽说：

> 图腾氏族的成员，为使自身受到图腾的保护，就有同化自己于图腾的习惯，或穿着图腾动物的皮毛，或辫其毛发，割伤身体，使其类似图腾，或取切痕、黥纹、涂色的方法，描写图腾于身体之上。[8]

对图腾颇多关注与研究的闻一多也一再强调图腾的安全祈愿意识。他说，我们"怀疑断发文身的目的，固然是避免祖宗本人误加伤害，同时恐怕也是给祖宗便于保护，以免被旁人伤害"。[9]事实上，获得精神上的安全感，不只是图腾行为，也是缘此而起的服饰不可忽略的功能之一。倘若在社会交往中以图腾为辨识标志，自然会在同族、同祖、同宗的人群中唤起一种“同是尊此图腾人，相逢何必曾相识”的认同心理与亲和意识。人是群体生存的高级动物，皈依群体可获得惺惺相惜的、灵魂上的交流与对谈。一群同祖同宗的先民，出于对生命的珍视，自然会关注奉为图腾的祖先，因为那是生命之源；也自会关注同祖同宗的兄弟姐妹，因为那是同根的枝叶。从这个角度看，那图腾的人体装饰或浓或淡地有着别样的滋味呢。

在远古先民痴迷的图腾崇拜背后，仍不乏理性追求的自觉意识。这是难能可贵的。今日着装不也充分考虑安全因素么？甚至有专门的款式如安全帽、消防衣、防弹衣、工作服等，这里难道没有集体无意识的积淀与影响，没有传承远古先民重视生存与安全的文化基因么？推己及人而不难想象，远古先民处于生存艰难之境，随时都会有灭顶之灾，生存安全便成为首先考虑的问题。绘刺图腾形象于己身就是为了保护自己生存下去，获得心理上强大的支撑和抚慰，从而抵御可以感知的或不可预料的攻击与伤害。值得注意的是，图腾文身的动机无论是向崇拜物邀宠认同或得到心理慰藉，都是以与图腾同体的形式营造着新形象的出现，生命新质的展示。这无疑已具有遮掩扮饰的味道了。而升华生命质量、遮掩扮饰形象都与后世服饰的主要功能和效应的表现相同。

四、图腾人体装饰向服饰的过渡

罗马尼亚学者亚·泰纳谢在《文化与宗教》一书中说：“图腾崇拜激发出原始的艺术，尤其是塑造图腾崇拜物、植物和动物的形象。”中外不少学者都注意到，为图腾崇拜所激发，在远古氏族生活、服饰和艺术形式中，都留下了许多图腾的遗迹。

在远古时候，图腾艺术往往是以固定和非固定的人体装饰进入服饰境界的。固定的图腾人体装饰主要有文身等；非固定的图腾人体装饰有画身画脸和衣装饰物等两部分。倘若划分阶段，第一步为画身，进一步文身，最后演化为衣饰覆盖装身。虽然它们可以彼此交错互融，错位共存，但仍可看出它们之间清晰的层次感，有着从相对低级向高级发展的服饰文明进程。

从图腾文身到衣冠装身，应该有一次理性思维的洗礼，应该有一个相当长的时间历程。无论如何，文身中含有更多非理性宗教迷恋因素。况且图腾崇拜本身就是原始宗教的一种仪式。那么，它在奠定农耕文明基础的上古时代受到冲击逐渐淡化乃至消隐也属必然。在此文化背景下，在先秦理性批判的时代，我们随意选取孔子的一段言论，就会感知这是社会舆论普遍地从另一角度对图腾文身的否定和拒绝：

> 身体发肤，受之父母，不敢毁伤，孝之始也；立身行道，扬名于后世，以显父母，孝之终也。[10]

从某种意义上来说，图腾文身原本就是祖先崇拜的一种形式，是“孝”的一种表现，而孔子也是从此立论，但却重视人间现实的孝，而淡化否定具有图腾意味超自然的孝。这是富于实践理性精神的。当人们从图腾文化氛围中走出来，以理性的精神来看事论理，那么损毁发肤以文身是那么的不合情、不合理：一方面个人痛苦且危险，父母揪心，于人情不忍；另一方面文身总欲炫耀于人，倘裸态装身于光天化日之下、众目睽睽之中岂不有碍观瞻、有伤大雅？孔子从感情出发，从孝入手，以体恤父母、立身扬名的人生高度来否定身体切割、刺伤的文身现象，这种历史性的说服是成功的。文身在华夏民族历史性地淡出乃至为服饰更替，虽非始于儒家，其源头似更古远、更悠久，但孔子之说确乎有着鲜明的历史针对性和现实说服力。于是，历史的逻辑顺序似乎应该是，图腾人体装饰渐渐为带有图腾意味的种种衣冠饰物所代替了。当然，由于传统思维的惯性力量，图腾观念并非一时可以消隐，但又不能不受到实践理性思维的影响，逐渐形式化、美饰化。先秦诸家中，庄子也有全身全形、任纯自然之说，不管此说当时的时空条件是什么，具体针对性如何，但无可怀疑的是，它作为一种深刻的人生哲学观念在社会传播渗透，便强有力地阻击了文身现象的社会性普及和历史性延展。它提出了另一种亲切、安全，更易为人体所接受的生存模式——借服饰以扮图腾，或者说图腾意象此际开始分流在服饰的不同方面象征出来，暗示出来。这大约是从农耕文明的理性思维发展而来的服饰过渡现象，或者说是图腾人体装饰走向非固定的阶段，此与前者相衔接，属于更高文化阶段的产物。

在种种服饰款型中，我们看到了图腾内容与形式的丰厚积淀。

就群体仪式而言，后世郑重其事的冠礼，它的原始形式就是图腾入社仪式。帽饰的原初形象也就是头戴作为图腾的动植物或图徽。而古代文献所记录的男冠女笄的冠饰之礼，恰是在人文思想初萌的时代，我们民族的先哲对于神话思维模式中图腾观念的理性化、世俗化和礼仪化。帽饰在当时本身就是没有完全脱离神话意味的族徽。直到今天，人们仍能从“欺人不欺帽”俗语中感受到帽饰的崇高与庄严，从儿童帽饰中的虎头鞋帽、猪头鞋、兔子帽、蝴蝶结等款式中，感受到远古图腾及冠礼的遗风。

龙袍的产生并逐渐成为古代帝王们的专宠亦大有深意。作为融合兼并中华先民众多鸟兽图腾的龙图腾，在中华先民心中产生了强大的威慑与企慕的心理效应。正是有着龙图腾氛围深厚广博的笼罩和铺垫，人们才纷纷以裸态装身的断发文身模拟龙形，头戴角杈附加尾饰来彰示自己本是“龙种”并具有“龙性”，进而推衍到覆盖装身扮饰龙体。不难推测，原初衣饰意义上的“龙袍”应是普遍的和多样的，流布于民间的（在民间历史性遗留的龙袍，如戴平女士《中国民族服饰文化研究》一书所指出的有楚绣的“龙凤罗衣”，佤族男子穿着的金绣龙衣等），后来成为历代帝王的专宠则是掠夺和制裁的结果。

以凤为代表的鸟图腾亦是激活服饰艺术的强大动力源。商部族和秦部族都以玄鸟为崇拜对象。玄鸟亦是凤凰图腾的原型之一。郭沫若认为玄鸟即凤凰。《诗经》有“天命玄鸟，降而生商”句，《史记》等历史文献也有类似记载，如商之始祖契是戎氏之女简狄吞玄鸟卵而生；秦民族的始祖伯益是颛顼之孙女修吞玄鸟卵而生。倘向上追溯，我国古代东方还有许多鸟图腾的部族：舜族以凤鸟为图腾，丹朱族以鹤为图腾，后羿、少昊的部族也以鸟为图腾……这就是古籍中所说的“鸟夷”族群。鸟图腾似乎仅仅说明了神幻的崇拜意识，看似与服饰有一定距离。可是据《禹贡·冀州》："鸟夷皮服。"《汉书·地理志》此条注释说："此东北之夷……居住海曲，被服容止，皆象鸟也。"即服饰款式与图案扮饰得像鸟儿一样。图腾形象在这里创造性地转化为服饰境界，安全祈愿仍是强大而内在的动力因素。因为"在图腾部族的集体表象中，图腾祖先神往往有着超自然的神奇形象。它往往被想象成为人的祖先与动物祖先混成的神秘物，具有半人半动物的形象。另外，图腾部族成员也往往按图腾动物的形象来打扮自己。在他们看来，这样就能得到图腾的保护"。[11]此说可以找出许多显例给予印证。例如，云南沧源地区的岩画中所绘人物有的头插几根或几束鸟类的羽毛，有的头佩羊、鹿等动物的犄角，或用动物的长牙制成头饰，或身后拖着长长的尾巴（图3–4）。我国西南边陲的傈僳族妇女着及地长裙，无论款式如何多变，不变的是背后总要缀上一条尾巴为饰；而青海大通县曾出土一个五千年前的陶盆，上面绘着五人一组的系列舞人形象，人们手拉手编成排，每人身后都拖着一条尾巴（图3–5）。古今遥遥呼应，会让我们产生一些联想与想象。

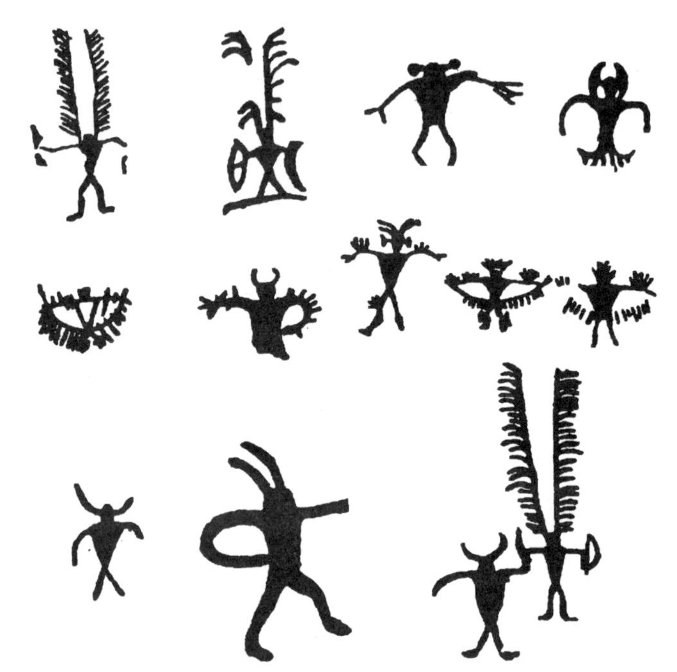

图3–4　沧源岩画人物服饰形象

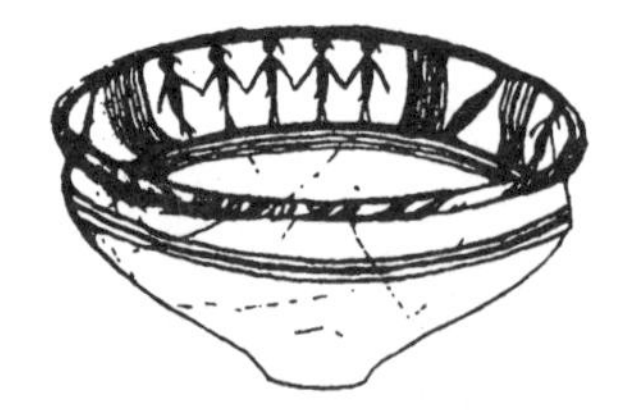

图3–5　青海大通新石器时代彩陶纹饰中的尾饰舞人

据马缟《中华古今注》称，宫中嫔妃插凤钗始自秦始皇时代。至汉便成为以凤凰形象为主的冠饰，为太皇太后、皇太后、皇后祭祀时戴用。到了宋代，更衍化成为九雉四凤之饰了。《山海经》中多次提及“羽民”，结合我国云南、贵州、广东、广西等地先后出土的公元前5世纪~公元前3世纪的青铜器（如鼓、牌饰、贮贝器、扣饰）上一组组头饰羽毛、羽冠或身披羽衣、衣着羽尾或作鸟翔状的人物图像来看（图3-6），当是这种鸟图腾扮饰的人物族群。

图3-6　古寨山鼓形贮贝器中的羽饰舞人

从文献看也不少。《拾遗记》记载：周成王七年，“南陲之南，有扶娄之国。其人善能机巧变化，易形改服，大则兴云起雾，小则入于纤毫之中。缀金玉毛羽为衣裳”。“昭王即位二十年……有人衣裳并皆毛羽。”

《魏书·高句丽传》：“官各有渴奢、太奢、大兄、小兄之号，头著折风，其形如并，旁插鸟羽，贵贱有差。”

《隋书·高丽传》：“人皆皮冠，使人加插鸟羽……”

《晋书·肃慎氏传》：“……将娶嫁，男皆以毛羽插女头……”

《唐书·北狄传》：“插雉毛为饰。”

《辽史营卫志》：皇帝春猎初获时设宴，“皆插鹅毛于首，以为乐。”

《续资治通鉴长编》：“每初获，即拔毛以插之。”

《云南志略》：“蒲蛮……头插雉尾，驰突如飞”。

彝族史诗《勒乌特意》说其族始祖神话英雄支格阿龙生下来后不肯穿母亲做的衣服，却穿上龙的衣服。

古越人以鸟人自居，其自称“大越鸟语之人”，越王勾践被称为“长颈鸟喙”的模样。

在北欧神话中，爱与美之神弗莉亚（Freya）有一件鹰毛的羽衣，据说她穿上这种衣服可化为飞鸟。

《礼记·王制》：“有虞氏皇而祭。”“皇”字古有个俗体“羽”下一“王”字，《说文解字》：“从羽，王声，读若皇。”金文“皇”字上边不是“白”字，而是像圆开的羽毛，所以皇的本字，是用鸟羽制成的王冠。汉制，太皇太后、皇太后、皇后祭服之冠饰，上有凤凰。明制，皇后礼服的冠饰有九龙四凤。

除却文献资料，语言学也提供了确凿的例证。甲骨文“美”字，原是画着一位头插四枝飘拂类似雉尾的舞人形象（图3-7）。可见《说文解字》：释“美”字“从羊从大”是

图3-7 甲骨文“美”字

不妥的。因早期甲骨文中，“美”字并不从“羊”。倒是李孝定《甲骨文字集解》说美字“疑象人饰羊首之形”说在了点子上。联系到商族崇拜鸟图腾——彼时盛行鸟羽为头饰的巫舞现象，才可约略感知“美”之所由来：崇拜羊图腾的民族，在举行播种、祈丰、狩猎、诞生等巫术仪式的时候，就由它的代表人扮演做羊祖先的样子，大蹦大跳，大唱大念——这是一种美的巫术礼仪。要扮演羊，或头插羊角，或自披羊皮，或戴着羊头，或将整只死羊捆在头上；当然有时仅仅以人工制造的羊头或整羊的模型来代替。于省吾《释羌・哔・敬・美》讲得更为透彻具体：“早期的‘美’字像大上戴四个羊角，很像人之正立形。戴羊角是许多原始氏族的习见风俗，起初是在狩猎时伪装戴角以诱惑野兽而猎取之，其后逐渐演化为一般的流行装饰。但有的氏族在庆祝节日跳舞时戴上双角冠以为盛装，有的氏族酋长或贵族妇女们以戴角为荣，有的氏族巫师将所崇拜的神祇塑为形象时也饰戴角以示尊严。”

显然这种羊图腾崇拜的“冠羊”歌舞，渐渐地在历史的传递中就演化为“美”的服饰了。但无论是以雉尾舞人为美还是以羊人为美，都从不同角度印证了神话观念中的图腾形象向服饰渗透与辐射的历史必然。

不仅如此，我们从古人对服饰的释读中仍可发现当时近乎图腾的文化含义。据《庄子・田子方》描述，庄子对鲁哀公说：我听说，儒者戴圆冠，表明他们知天时；穿勾鞋，表示他们知地形。由这段表述可知圆冠、方鞋与天时、地理有着内在的密切关系，并非理性思维下的单纯实用之物，而是有着崇高神秘的意味在其中。《淮南子・叔真训》：“是故能戴大圆履大方。”什么是大圆、大方呢？中国远古神话思维中的宇宙模式是天圆地方，如甲骨文“旦”字，上面是有一中心点的圆形，下面是一方块形，形象地显示了天圆地方，意即帽饰圆而为天的象征，鞋履方而为地的象征。《吕氏春秋》记载：“天道圆，地道方，圣人则之，所以立上下。”如果说这里仅说明了天圆地方对社会伦理的影响，那么下列文献就明显地以服饰为神话宇宙的象征与缩影了。《淮南子・本经训》记载：“法阴阳者，德与天地参明，与日月并精，与鬼神总，戴圆履方（高诱注：圆，天也；方，地也。）”。在今天，倘将“欺人不欺天”、“欺人不欺帽”的说法与习俗联系起来，便不难感知帽饰因模拟天而拥有着神圣崇高的地位，这些只有放在图腾思维的模式下才能得到最为圆满的解释。中国古来以脱帽为不敬的礼俗在天地崇拜这个文化格局中也好理解，而西方服饰文化与此截然相反，以脱帽为敬意，则是与天地为敌、崇拜自身的表现。

不只是原始阶段的服饰，就是春秋时代的深衣，它的内涵也因思维惯性而被解释为天地崇拜与帝王崇拜的表现。我们知道，天地崇拜在图腾氛围中与帝王崇拜是融而为一的。因为中国传统观念是家国同构、天人合一，帝王既是全国民众的祖先和家长，又是超凡入圣的天子。《礼记・深衣》记载：

> 古者深衣，盖有制度，以应规、矩、绳、权、衡……制十有二幅，以应十有二月。袂圆以应规，曲袷如矩以应方，负绳及踝以应直，下齐如权衡以应平。故规者，行举手以为容；负绳、抱方者，以直其政，方其义也。故《易》曰：坤六二之动，直以方也。下齐如权衡者，以安志而平心也。五法已施，故圣人服之。故规矩取其无私，绳取其直，权衡取其平，故先王贵之。故可以为文，可以为武，可以摈相，可以治军旅，完且弗费，善衣之次也。

这里的深衣款式，为什么偏偏要吻合所谓的规、矩、绳、权、衡呢？《淮南子·天文》篇揭开了谜底：

> 东方木也，其帝太昊，其佐句芒，执规而治春；南方火也，其帝炎帝，其佐朱明，执衡而治夏；中央土也，其帝黄帝，其佐后土，执绳而治四方；西方金也，其帝少昊，其佐蓐收，执矩而治秋；北方水也，其帝颛顼，其佐玄冥，执权而治冬。

执“规”治春的是东方大帝，执“矩”治秋的是西方大帝；南方炎帝执“衡”以治夏，北方帝颛顼执“权”以治冬；执“绳”治四方的是威风凛凛的中央黄帝了……原来是这样，衣装款式及细部因为吻合规矩绳权衡，便有资格与天地五方图腾帝王崇拜联系起来了！天人合一在这里表现得直接而具体。是否牵强附会姑且不论，但这一理解的介入，在古人那里，衣着的内制度（如款式、细节等）因为超自然因素的介入和积淀，因为形而上的理解与赋予，变得神秘而凝重起来。当然，相对于典型的图腾文身，这里多了一些理性色彩，但联系到后来的“黄帝尧舜垂衣裳而天下治”的思维模式，这里却又有一些神话色彩、原始图腾的意味。这大约是从原始宗教的图腾文身向世俗理性的服饰过渡吧。

不只服装的种种款式，就是佩饰也带有浓浓的图腾印痕和投影。

《山海经》记载：“招摇之山……有木焉，其状如谷，而黑理，其华四照，其名曰迷穀，佩之不迷……丽麐之水出焉，而西流注于海，其中多育沛，佩之无瘕疾”；扭阳之山有兽名鹿蜀，“佩之宜子孙”；宪翼之水多玄龟，“其音如判木，佩之不聋”；基山有兽如羊，“其目在背……佩之不畏”云云，毫无疑问，这里的因果关系是非逻辑、无理性的，只有在图腾崇拜的文化框架下才显得顺理成章，头头是道。看来，将图腾如此投影到服饰境界中，不只是会带来敬畏情绪，还有强烈的自我实现意识。因为，这里只要一件佩饰点缀在身，就会有那么具体而明显的功能：或禳祝生育，或呵护生命，或佑助耳目，或增益胆识……不是图腾滋生的超自然力量又是什么呢？国外也有类似的现象与心态。据弗雷泽《金枝》记载，日本的阿伊努人和西伯利亚的吉利亚克人在熊节的图腾仪式上，将熊血涂在自己身体或衣服上，就以为熊的勇敢和德行就会传到自己身上了。看来这种升华自我，实现自我的图腾装饰功能自然而然地遗传到后来的服饰境界中了。事实上，从古至今不少人以为服饰就是自我价值的实现，特别是女性。

谈及饰物，还可以想得更远一点。我们知道，古代男子特别讲究衣饰，按《诗经·郑风·羔裘》所述，必是“羔裘晏兮，三英粲兮”，方能称之为“邦之彦兮”；必是“羔裘豹饰”，方才显得“孔武有力”这不就是羔裘豹饰所象征的图腾形象向人体渗透，注入神秘的智慧与力量的活写真么？后世那漂亮的凤冠翠羽，不就是人面鸟身或鸟面人身的服饰境界么？而后世文武官员衣着补子上的仙鹤、锦鸡、孔雀、云雁、白鹇、鹭鸶、狮子、虎、豹、熊、彪、犀牛等禽兽，不也就是人面牛身、马身、羊身之类的图腾形象渗透并转化为饰物么？更不用说延续到近现代的贵妇人的鸟羽之饰，勇莽武夫身上的虎皮、豹皮……都是有意无意不同程度地继承或呼应了远古的图腾意识。

余论

就思想文化体系而言，如果说图腾文化是中国最早的基层文化，那么它也就是中华服饰的基层文化。我们从历史序列与神话文献中的图腾形象在服饰中的积淀与辐射中，明显可以看出，在远古，我们的先民在神话思维的创造与导引下，相信人与某种动物或植物之间，人与一般物体甚至是自然现象之间存在着一种命运与共的特殊的神秘联系。应该承认，能够意识到这种联系，是一种空前的智慧，它的伟大意义无论怎么形容都不会过分。它不只将人的生存与整个身外世界联系起来，不只为远古的先民带来了万物有灵的诗意感受，而且带来了具有浓重命运气息的宗教氛围感——精神文化的初萌状态。而这些又酿就了画身、文身进而覆盖装身的强大心理土壤和精神动力。随着一步步的发展变化，图腾形象渐渐地向生命个体渗透、转化和投影，便开拓了人类衣生活的崭新领域。作为后来者，我们一般只知那服饰款式与图案中的花朵草叶、飞鸟虫鱼极富自然情趣与美感，却不知在神话境界里，在我们先民的文化视野中，服饰境界中出现的鸟类物象竟与鸟图腾有关，鱼类物象与生殖崇拜有关，树木物象与社树[1]崇拜有关，龙凤麒麟等形象与祥瑞观念有关……一个个看似简单的服饰款式或图纹，无疑都是图腾形象的原生态或历史演变之物。它们负载着如此厚重的人生内容，散发出如此庄严神圣的氛围感，这是那些从纯功能性的角度和纯形式审美角度看服饰的人所不曾预料和难以想象的。

在中外服饰文化比较中，固定的图腾人体装饰也具有典型的意义。文身是一种图腾同体的神圣行为，但我国各民族的文身都是在自己的身体上或绘或刺动植物等异己的形体，是为掩饰自身形体而去扮饰别样。显然，在这里，自身的形体既不等同图腾，更不能直接表现图腾，需要借助于雕刻绘画之类的外在扮饰行为，即神圣的意味和氛围来自扮饰而不是自体。而在作为西方文化源头的希腊神话和希伯来神话中，无论是上帝造人还是普罗米修斯造人，都是以神的形象为原型的。人，就是神或上帝在人间的显现。“人体”一词在英语中是“God’s image”，这样，神圣的意味和氛围就自然地属于自体而无须外在的扮饰

[1] 社树：古代封王为社，各随其他所宜种植树木，称社树。

或雕画。在人类的服饰史上，西方重裸，中国重藏，西方多推崇人体美，中国多讲究扮饰美。这种判然有别的文化格局，来自于源远流长的历史积淀。看来，在史前文明的图腾文身现象中，已透出个中消息。

可以说，在迄今为止的文明史中，人类社会的行进就是在不断地制造神话又不断地解构神话，服饰境界亦是如此。倘无神话，当代全球性服饰流行潮中的盲目性就无从解释；倘无历史积淀，人类着装中的理性观念和不断掘进的审美意识似也成了无本之木、无源之水。恰是美妙的神话，给我们以想象，给我们以虚幻，给我们以未来未知之召唤，才使得我们人类怀着美好的希望大踏步地向前走去，服饰境界就是在这一伟大的历程中不断绽放的美丽之花。

思考与练习

1. 什么是图腾崇拜？

2. 图腾在现实中的痕迹有哪些？

3. 从图腾到衣物经过了几个发展阶段？其深层心理是什么？

注释

[1] 弗洛伊德：《图腾与禁忌》，中国民间文艺出版社，1986：130-131。

[2] C.鲁金科：《论中国与阿尔泰部落的古代关系》，《考古学报》，1957：2。

[3] 何星亮：《中国图腾文化》，中国社会科学出版社，1992：300。

[4] 普列汉诺夫：《没有地址的信》，曹葆华，译.人民出版社，1962：130-131。

[5] 刘咸：《海南黎人文身之研究》，《民族学研究集刊（第一集）》.中央研究院，1938：201。何廷瑞《台湾土著诸族文身习俗之研究》，《考古人类学刊》.台湾大学，1960（15-16）。

[6] 刘凯：《鲜为人知的青海傩文化》，《中国傩戏傩文化研究通讯》，台湾清华大学历史研究所、施合民俗文化基金会出版，1993（2）：286-289。

[7] 杨继林、申甫廉：《中国彝族虎文化》，云南人民出版社，1982：6-7。

[8] 何星亮：《中国图腾文化》，中国社会科学出版社，1990：293。

[9] 闻一多：《从人首蛇身像谈到龙与图腾》，《人文科学学报》，1942（2）。

[10]《孝经·开宗明火章》，《十三经注疏》，中华书局，1980。

[11] 赵沛霖：《兴的起源》，中国社会科学出版社，1987：17。

基础理论——

具象与抽象：有意味的形式——中华传统服饰图纹

课题名称： 具象与抽象：有意味的形式——中华传统服饰图纹

课题内容： 从具象到抽象：原始图纹的审美变形历程
抽象纹饰的思维模式与具体途径
传统图纹的三种结构模式
中华服饰图纹散点体系
中华图纹的文化思考

上课时间： 6课时

训练目的： 让学生了解原始图纹的审美变形思维与途径；学会从具象到抽象的图纹排列；能够掌握中华服饰图纹的散点体系；并将两者融会贯通，运用到服饰解读与创作设计中去。

教学要求： 讲授第一节时应着重讲原始先民审美变形的思维方式；第二节、第三节选择个例，既是前者思维方法的落实，又是前者的历史发展。要讲清区别；中华服饰图纹的散点体系讲授中，要联系图纹背后的文化蕴涵。

课前准备： 阅读相关考古图纹，佛教、道教以及相关图谱的文献资料。

第四章　具象与抽象：有意味的形式

——中华传统服饰图纹

从文物文献资料可以看出，我国服饰图纹最早出现于新石器时代。在原始先民那里，服饰图纹就是一种创造性的纹饰，一种展示精神祈愿的经验图式。它最初起步也许源于图腾崇拜的画身文身，但无疑是与原始先民在摩崖绘画、陶器砖石绘画时同步产生而互相衬映的。究竟是绘画产生之初就为衣而饰，还是环境绘图后来慢慢地转挪到衣物上去，这个问题尚待考释。但明显可以看出，它是有着从神圣向世俗转换、从具象向抽象积淀、从内容向形式演变的审美过程的。且后世遂有了分门别类的固定的系统性图案模式。

一、从具象到抽象：原始图纹的审美变形历程

数以万年计的时间流程，冲刷了远古的服饰实物，除却六七千年前河姆渡文化、半坡文化出土的陶罐底留下织物纹样外，我们的先民，那些勇蛮而敢作敢为的原始人披挂在身上的树叶、树皮、兽皮、纺织品都在历史的时空中风化了，留给我们的只是一些石头、骨头、贝壳之类耐久不易磨损的饰品，让我们惊喜，感叹，并在联想和想象中不断探索。于是，我们在远古图案的悠远寻觅中，往往需要借助于远古文化层留存下来的陶器、石器以及岩画等物件上的图纹。也许在当时，这些图纹是服饰境界向居住环境的渗透与挪移，也许这些图纹走到服饰上还有待时日。但作为图纹的构想与创造，作为一种艺术思维模式，则是相通而相同的。

在新石器时代的出土文物中，“从彩陶纹饰上还可看到当时某些织物的几何花纹”（沈从文语），那竟是令我们惊异的一系列抽象图纹（图4–1），那是有着充分现代感的冷抽象格调：最早的织物图纹居然不是勾勒事物轮廓的具象，而是纯然的几何抽象，这就让人猜测，是不是我们的先民对几何线条有特殊的敏感？还是有别的什么原因？也许在27000年前，山顶洞人那枚骨针勾连起动物细筋毛发鬃尾或细长的植物纤维时，那奇异的针迹线痕触发了原始先民对抽象性线条的敏感？也许最早驯养雪白的蚕儿吐出纤细长丝更令他们感受到线条的神秘意味？也许他们在围攻野兽敲击野果时投掷石块流线般的轨迹令人快意？也许他们站在山顶上陶醉于河水滚滚而来滔滔而去的线型流痕？也许他们惊诧于日月东升西落负天而行的线性轨迹？也许他们惊怖于蛇类爬行动物在地面作曲线状蜿蜒而行？也许他们欣喜于植物藤蔓与枝杈以直线或曲线状态探触着延伸着成长壮大？也许他们时时着迷并向往着遥远的地平线？也许他们在荆棘迷途中忽见一条线状的小径恰似重逢生

路？也许月夜流星和雷雨闪电那白炽的线条使他们炫惑、恐惧而膜拜……出于对线条的特殊感受和理解，他们不但创作了写实性的图像，而且也创作了这样大量的抽象纹饰。值得注意的是，占据新石器纹饰舞台的主要不是动物图像，而是各式各样的曲线、直线、水纹、旋涡纹、三角形、锯齿纹等几何纹饰。在那遥远的文化源头，这些可能的生活现象，可能对中华图纹艺术对线条的敏感与热衷产生影响。

于是人们不禁要问，是原始先民凭借着想象力虚构了这些图案纹饰么？是他们以卓异的模仿能力将某些现存的物件勾勒描摹成这样，还是经过理性思维的计算设计后再涂绘出来？这些冷抽象的图案纹饰，仅仅是有着美观性的效果、装饰性的功能，是流畅轻快富于装饰性的线条美，而没有实质性内容与含义的纯形式？他们是否有充分的自觉意识，并

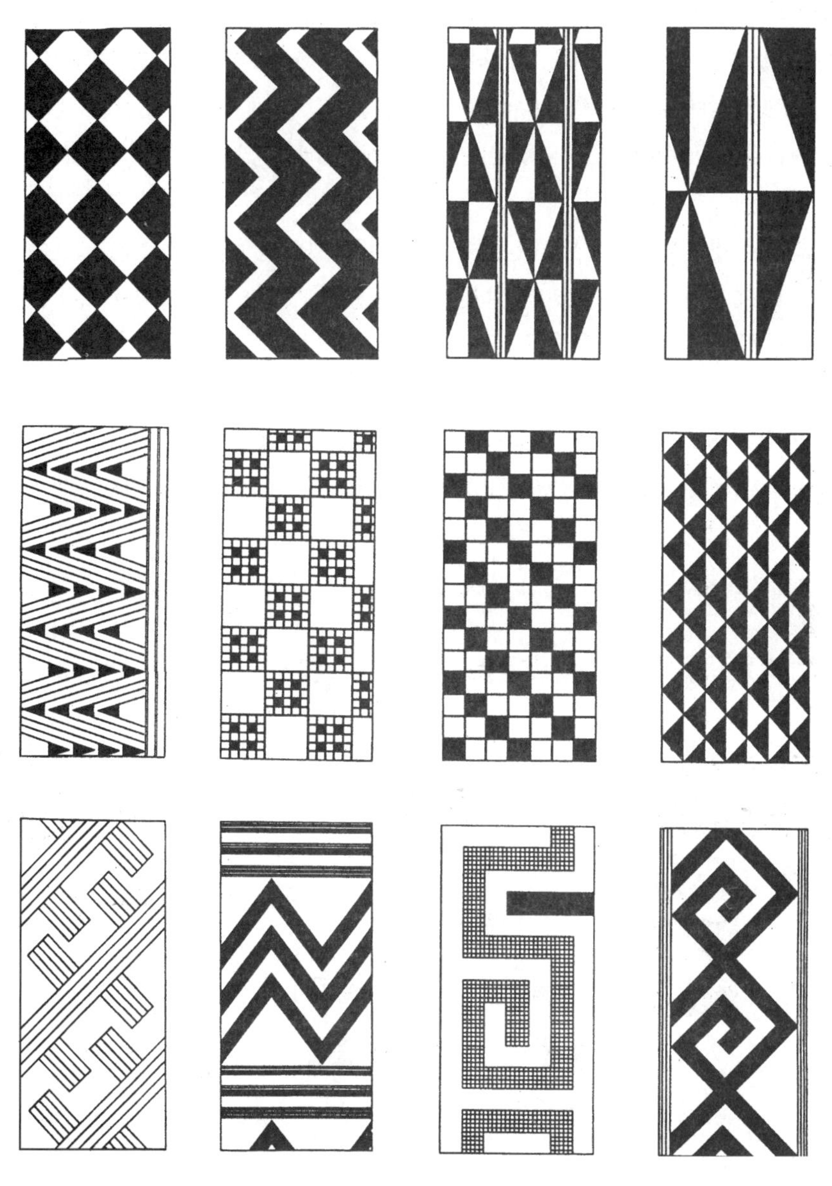

图4-1　原始纺织物花纹示意举例

着意来表现线条的运动、均衡、连续、间隔、重叠、单独、粗细、疏密、反复、交叉、错综、一致、变化、统一等种种形式规律么?

事实上，这些抽象的、符号的、规范化的几何纹饰并非无源之水、无本之木，而是从写实的、生动的、多样化的动物形象演变而来的。李泽厚对此曾深刻而漂亮地分析道："仰韶、马家窑的某些几何纹样已经比较清楚地表明，它们是由动物形象的写实而逐渐变为抽象化、符号化的。由再现（模拟）到表现（抽象化），由写实到符号化，这正是一个由内容到形式的积淀过程，也正是美的'有意味的形式'的原始形成过程。即是说，在后世看来似乎只是'美观'、'装饰'而并无具体含义和内容的抽象几何图样，其实在当年却是有着非常重要的内容和含义，即具有浓重的原始巫术礼仪的图腾含义的。似乎是'纯'形式的几何纹样，对原始人们的感受却远不只是均衡对称的形式快感，而具有复杂的观念、想象的意义在内。巫术礼仪的图腾形象逐渐简化和抽象化为纯形式的几何图案（符号），它的原始图腾意义不但没有消失，并且由于几何纹饰经常比动物形象更多地布满器身，这种含义反而更加强了。可见，抽象几何纹饰并非某种形式美，而是：抽象形式中有内容，感官感受中有观念，如前所说，这正是美和审美在对象和主体两方面的共同特点。这个共同特点便是积淀：内容积淀为形式，想象观念积淀为感受。这个由动物形象而演变为抽象几何纹的积淀过程，对艺术史和审美意识史是一个非常关键的问题"。[1]是的，这个积淀过程对于中国图案史而言，也是非常关键的问题。一些考古学家在这方面很有真知灼见，下面是有关图文资料：

"有很多线索可以说明这种几何图案是由鱼形的图案演变而来的……一个简单的规律，即头部形状越简单，鱼体越趋向图案化。相反方向的鱼纹融合而成的图案花纹，体部变化较复杂，相同方向压叠融合的鱼纹，则较简单"（图4–2）。

"鸟纹图案也有着从写实到写意（表现鸟的几种不同动态）到象征"[2]（图4–3）。

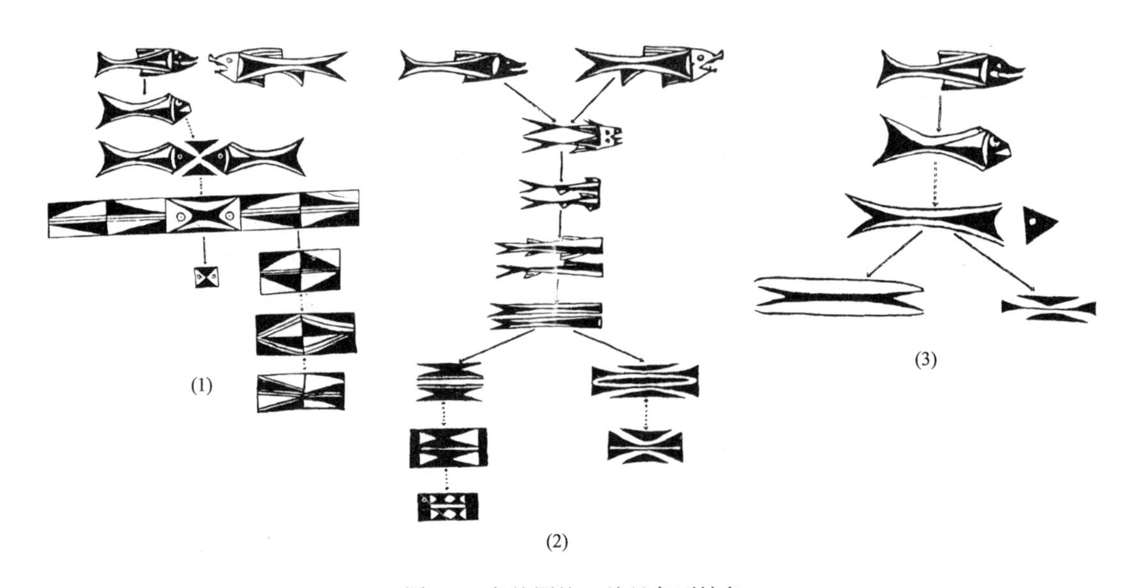

图4–2　鱼纹图纹：从具象到抽象

“主要的几何形图案花纹可能是由动物图案演化而来的。有代表性的几何纹饰可分成两类：螺旋形纹饰是由鸟纹变化而来的，波浪形的曲线和垂幛纹是由蛙纹演变而来的……这两类几何纹饰划分得这样清楚，大概是当时不同氏族部落的图腾标志”[3]（图4-4）。

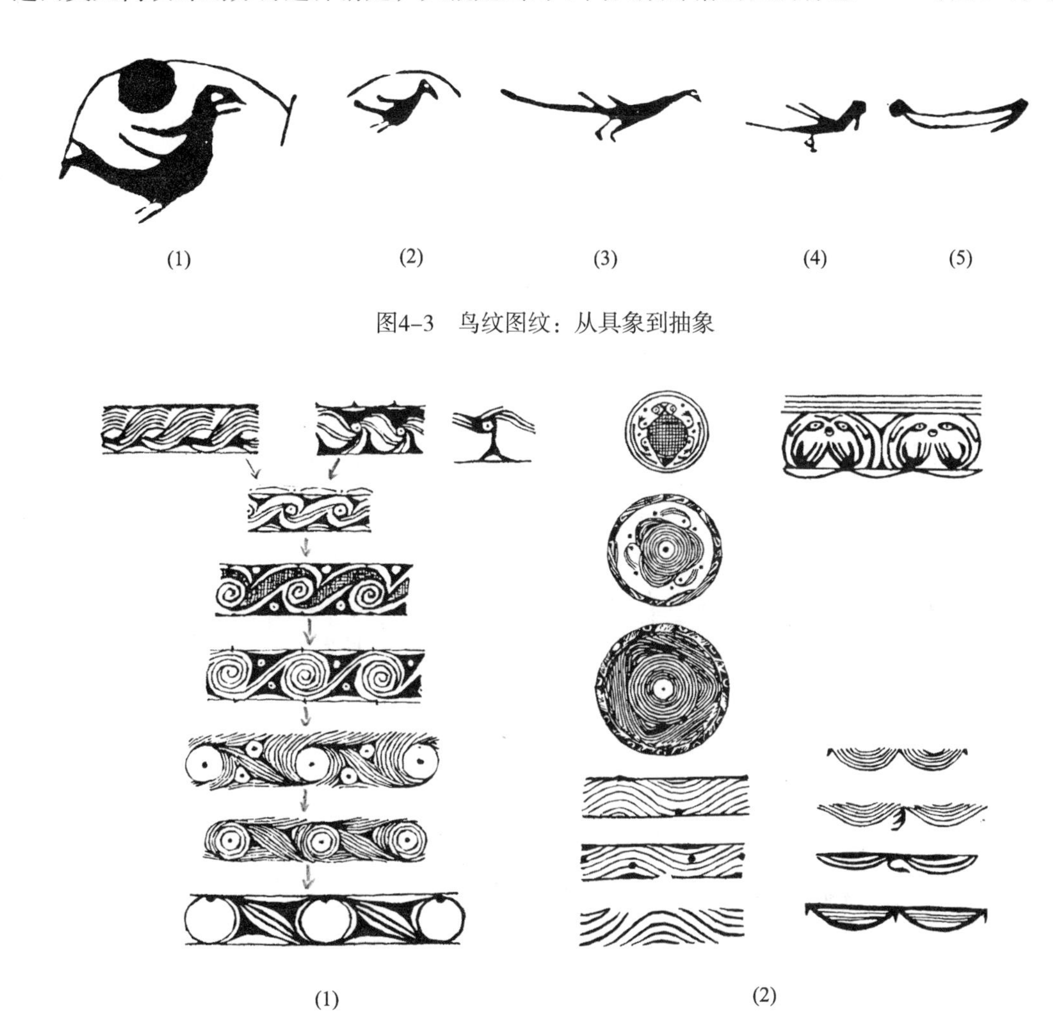

图4-3　鸟纹图纹：从具象到抽象

图4-4　鸟纹蛙纹演变轨迹

由于时间相距遥远，面对今日仅存的上古文物而缺少直接记录原始先民创作动机与文化心态的文献资料（且不说当时没有文字，就是稍后的夏文字至今也未破译），也许上述美学家、考古学家的逻辑思辨、实证剖析及归类总结中难免有一定猜测成分，他们所认定的原始图纹的具体演变过程、顺序、意义不一定都准确可靠。但是，由写实的、生动的、多样化的动物演化而成抽象的、规范化的几何纹饰这一总的趋向和规律，有如此众多的资料支撑，作为一种科学假说，显然已有成立的足够根据。而且，这些从动物形象到几何图纹的演变及其思想蕴含，对于我们而言也许是不可识的，但在原始先民那里却是心领神会的。它暗含着某种具体而神圣的文化意味，或代表着他们所从属的氏族的徽记，或成为他们所崇拜之物的变形，无疑已不是纯形式的装饰与审美了。

二、抽象纹饰的思维模式与具体途径

这种原始图案纹饰是怎样逐步简化为抽象的呢？

从上述图例看来，应该说有一种普遍的趋向和规律存在。

有学者认为，应该将抽象看作是与人的特定心理活动相联系的对原型的心理加工过程。因为原始人将对事物的视觉分为中心属性（秘密力量和神秘属性）和边缘属性（空间特征）两个部分，抽象的过程即是将中心属性析出的过程，表现在艺术作品上便是图像的“简化”过程。“在原始造型艺术中，对中心属性的析出是通过对物像原型的细节或相貌特征数目的减少而实现的。这种相貌特征，也即是边缘属性，它通常与物体的自然物理属性相联系。当物理属性被逐渐‘外’掉，中心属性即逐渐呈现出来。如果说这一过程在语义上是对中心属性的析出，那么在造型形式上则表现为一系列的‘图像简化’。语义的抽取恰巧获得了形式的简化的援助，或者说语义的抽取与形式的简化是同一个过程的两个方面。这一过程也即是原始艺术的抽象过程”。[4]事实上，不只是服饰、陶器与岩画中的图案纹饰，在中华民族最初的另一些文化创造领域，我们同样可以看出这种从万物实体走向抽象图纹的思维模式与具体途径。

八卦创造的思维模式与抽象途径。八卦始于伏羲，现代不少学者认为是汉字之源，可见其问世之古远。但它那看似简易的线条竟是从天地万物抽象概括而来的。《易经·系辞传》谈八卦的创造过程：“古者包羲氏之王天下也，仰则观象于天，俯则观法于地，观鸟兽之文，与地之宜，近取诸身，远取诸物，于是作八卦，以通神明之德，以类万物之情。”以阴爻（--）阳爻（—）两种断与连的线段，三条一组地组合为八经卦，再两两组合为六十四卦，神圣的内蕴万物的性情便涵融其中了。正因为伏羲画卦时挫万物于笔端，化形象为线条，于是在数千年的传统释读模式中，抽象的八经卦便代表了天、地、风、雷、水、火、山、泽等多种物象。倘若依《周易·说卦》释读，那么，乾卦的六阳爻就代表了天、圆、君、父、玉、金、冰、大赤、良马、老马、瘠马、驳马、木果等具体的形象。以此观之，六十四卦便代表了天地万物所有的形象与功能。值得注意的是，六十四卦不是轮廓清晰细部历历的形象写真，而是不可思议的并列线段式的符号象征。这里不仅有一个由具象到抽象的思维过程，也有着由圆变方的形象转型过程。

现代还有一些学者认为汉字是由鱼纹演变而来的，仍符合这一模式和途径：近年有人对庙底沟彩陶纹中的鱼形纹进行研究，认为它是带有表意性的由鱼文化遗存的符号，甲骨、金文中有些字如“四、五、明”等正是由鱼纹变来的。我国最早的辞典《尔雅·释鱼》直接将一些汉字的形态与鱼的形象联系起来：“鱼枕谓之丁，鱼肠谓之乙，鱼尾谓之丙，鱼鳞谓之甲。”郭沫若认为甲乙丙丁是最古的象形文字，又可证实鱼画、鱼纹与早期象形字的关系。[5]

汉字创造方面，除却上述两种说法外，还有图腾演变一说，认为“中国最早的象形文字是图腾图像”。[6]在远古时代，众多的氏族部落都崇奉图腾，各个不同，为了强调自我族群并与其他族群区别开来，他们分别在自己居处和物件甚至身体上描绘或雕刻自己的图腾形象与标志。这样，他们便创造了表示自己图腾和氏族的最早的象形文字。例如，以牛、羊为图腾的氏族，最早创造了牛、羊的象形文字；以熊、猪为图腾的氏族，最早创造了熊、猪的象形文字；以龙、凤为图腾的氏族，最早创造了龙、凤的象形文字……这种作为图腾图像的象形文字是文字萌芽时期最基本最古老的文字。后来在这些象形文字的基础上滋生了大量的同类字或同根字。

伏羲画卦的特殊感悟，汉字来源的三种说法，看似千里歧异，实则可以互补而统一。仓颉观鸟兽之痕而造字当不排除以鱼为师，伏羲画卦取法天地亦着意鸟兽之文，而鸟兽原本是中华民族图腾崇拜的两大核心族类，而八卦形体与汉字原本可以互渗互融。值得注意的是，它们从不同角度都汇入了从具象到抽象的元文化的奠基之中，似乎成为一种不可挪移的思维轨迹，确乎有着民族集体无意识积淀于其中的共性与规律。再说，无论汉字或卦象本身亦可进入图案纹饰，或因它们的形体本身就是“纹饰”单独成为图纹进入服饰境界之中。这种内在沟通互渗的文化现象是有趣有味的，也是大有深意的。

三、传统图纹的三种结构模式

传统图纹的抽象造型，是多样的，且能给人以丰富的联想和想象。如果仅从其轮廓构形而言，就会发现有三种结构模式比较突出，仿佛是一种纹饰结构的文化原型，在后世的图纹中反复出现；仿佛贯穿历史交响乐中的主旋律，在不同时代的乐章中以直接的或变奏的形式展现着，产生了很大的影响。这三种结构模式分别是方形（含直、折）模式、圆形模式与S形模式。

1. 方形模式

如果就广义而言，八卦图像与方块字都是多种形态的方形纹饰。但具体在服饰方面，我们可以发现那么多的方形图纹：如安阳殷墟商墓出土的青铜钺上丝绸残痕上的商绮回纹，湖北随州曾侯乙墓出土的战国锦勾连纹饰，长沙战国楚墓出土的织锦几何填燕纹饰，河南信阳战国楚墓出土的织锦上以菱形组合成耳杯形图纹，无一不是方形或其变形；长沙汉马王堆1号墓出土的汉凸花锦纹样，以各种方形几何图纹组成，且实体与空心形虚实结合，同时还有汉丝织杯纹，这一图案由两个杯纹单元组成，类似方胜的形式；在敦煌莫高窟隋427窟彩塑菩萨上身袒衣所饰的棱格狮凤图，构成图纹主体框架的是工整的几何形菱格纹样；福州南宋墓中出土的宋绮梅花方胜“万”字纹，以几何纹方胜、万字、米字和梅花、树叶等方形组成，直线曲线、线与面形成对比；元明清以来所在多是，举不胜举。

2. 圆形模式

在新石器时代，鸟的形象逐渐演变为外轮为太阳圆圈的金乌，蛙的形象逐渐演变为代表月亮中的蟾蜍，都与圆圈联系起来：从半坡期、庙底沟期到马家窑期的鸟纹和蛙纹，以及从半山期、马厂期到齐家文化和四坝文化的拟蛙纹，半山期至马厂期的拟日纹，都可看出这一点。圆形模式另一典型是服饰中的宝相花，即将某些自然形态的花朵艺术处理为大轮廓呈圆形的装饰性花朵图案。宝相原为佛教用语，指佛家的庄严肃穆。唐代丝织品中宝相花随处可见，如吐鲁番唐墓出土的有“变体宝相花纹锦”、“真红宝相花纹锦”等。历代无不沿袭。《元史·舆服志》：“士卒袍，制以绢施，绘宝相花。”圆点散花图案，如新疆于阗出土的北朝毛织品印散花纹样，以大圆点和小圆点组成的花朵为两个散点排列，至今仍是百代不衰的服饰图案；联珠图案，基本造型是用大致相同的小圆珠连接成一个大的几何圆形，圆内图绘动物、植物、花卉等，多见于丝织品，盛行于南北朝而流布于后。有人推测象征太阳、玉璧、佛珠，也有说象征宇宙、生命、世界。

3. S形模式

现藏于北京故宫博物院的所谓商绢云雷纹饰，实质就是S形线条的方形化；湖北江陵马山1号墓出土的战国刺绣中的蟠龙飞凤纹、龙凤虎纹、对龙对凤纹、凤鸟花卉纹等（图4-5），无一不是S形纹饰及其多样组合；缠枝图案，是一种将藤蔓、卷草经提炼概括而成的吉祥图案纹饰。核心枝茎呈S状起伏连续，常以柔和的半波状线条与切圆组成二方连续、四方连续或多方连续装饰带。切圆空间缀以各种花卉，S形线条上填以枝叶，疏密有致，委婉多姿；长沙马王堆出土的汉代乘云绣图案、信期绣图案、长寿绣图案，福州南宋黄升墓出土的宋绫牡丹纹、宋罗芙蓉中织梅纹、牡丹花心织莲纹、牡丹芙蓉五瓣花纹、整枝牡丹纹等，其核心枝叶无一不是S形态的。无论方形、圆形还是S形结构的图形纹饰，都是纵贯万年横穿九州的文化现象。

图4-5 刺绣中的龙凤纹（马山出土）

作为一种图纹的母题之所以能够延续如此之久，本身就说明它不是偶然的现象，而是与一个民族的信仰和传统观念相联系的。对圆形、方形结构的热爱和执着是因为中华民族自古认为天圆地方，且有着敬天拜地的习惯。学者们认为：“甲骨文‘旦’字下部之地作口，这还反映了先民认为地是一个方形平面即所谓‘地方’的观念”。[7]于是后世文献屡屡提到天圆地方之说：“天道圆，地道方，圣人则之，所以立上下”；[8]“法阴阳者，德与天地参明，与日月并精，与鬼神总，戴圆履方（高诱注：圆，天也；方，地也）”；“是故能戴大圆履大方”；[9]“方属天，圆属地；天圆，地方”；[10]《周易·系辞上》更有：“蓍之德圆而神，卦之德方以知”的神妙之说。于是我们发现山顶洞文化层中有在葬地撒一圈红色粉末；有穿着小圆孔的贝壳、鱼骨并系绳成为圆环的颈饰；幅员广大的仰韶文化彩色制陶90%以上都是在陶器口沿以红色带纹、弦纹涂上一圈。这里似乎含有对四围地平线的直觉感悟、对太阳月亮轮廓的模拟、对四时昼夜周而复始现象的抽象概括以及对圆孔铆隼结构器具（如制陶轮盘纺轮等）的神秘崇拜意味。而“上古结绳记事，后之圣人，易之以书契”，从用线穿珠串起到结绳记事，从彩陶上刻成线状符号到画成的线状符号，这样看来，那远古的环形线条，也许早就潜伏了一条龙的躯体。而当龙的观念在逐渐形成的同时，它也和其他被人作为造型对象的动物一样，在不知不觉中选择了一条环形线条作为形象的基本构成了。从原始时代到殷商许多环形的鸟、兽、虫、鱼造型中，我们不难明白这一点。于是才醒悟出古代钱币形式多外圆内方、汉字由圆变方、房屋由圆形大房子变成方形四合院，当非偶然；再联系汉语词汇“圆通、圆满、圆润、圆泛、圆美、圆活”等褒扬性的语义表达；传统戏剧小说结构亦是合—分—合的圆环图式；服饰方面除却上述举例，还有冠圆履方的款式，明清官员补子皆呈方形，而清代皇族补子却呈现圆形的格局……更觉得方圆模式的体系有着民族集体无意识深厚的积淀。可以比较一下，古希腊毕达哥拉斯学派认为一切立体图形中最美的是球形，一切平面图形中最美的是圆形。毕氏学派对圆形的欣赏是以数理逻辑为背景的科学审美萌芽，而中国人对方圆模式的钟爱却是基于神话思维的文化观照。

至于S形模式图案的神秘意味，诸说不一，但其思路大致是相似的。陈绶祥《遮蔽和文明》一书认为源自龙崇拜。因为龙从开始产生起，其基本造型就与中华民族的审美要求结合起来。原始彩陶中有大量的由点、线、块、面构成的装饰纹样，这些纹样由于不受具体题材的限制，它反而更能集中地反映人们的审美要求。其中水平最高的马家窑文化彩陶中，有许多定型化的线条处理方式，那些最主要的平曲钩形纹构与连缀方式也与原始类龙形动物造型一样恰恰是后来龙形的基本造型骨架。殷商时代，最常见的几何纹样如曲折形、乳钉形、螺旋形与勾边形等基本纹样，不但大量出现在“类龙动物”形体的装饰上，而且许多基本纹样的产生，也与这些动物的鳞甲、躯体、眼睛、角爪等部分的变形、夸张与符号化有相辅相成的关系。许多春秋战国时期就已广泛运用的交织纹样，都在其线条构成的端点部分或转折部分描绘出龙及类龙动物的头和躯体形象，仿佛使人觉得这些复杂的纹样乃是由龙的躯体缠绕而成。秦汉时大量的云纹、云气纹中，我们更容易找到龙的身影。后来，随着佛教艺术的传入，卷草纹类型的纹样的大量出现，龙的形体又与它们结合得完美无缺。后来，几乎所有的中国常用纹样，都可以毫不牵强地镶入龙的形象。云头、花叶、卷草、如意、方胜、万字、同心等构成型或模拟型纹样，都可以看成是龙形的不同变化、穿插与组合构成的纹样。这类纹被大量地运用在服饰等装饰之中，形成了所谓“如意龙纹”、“拐子龙纹”、“万字龙纹”、“方胜龙纹”等定型化纹样。中国图案中常出现的水、云、花、草、鸟、兽等，无一不能进行“龙化处理”或与龙组合在一起，形成云龙纹、水龙纹、草龙纹、花龙纹、龙虎纹、龙凤纹等。

而田兆元《神话与中国社会》一书则在研究了S形纹与蛙鸟神话、日月神话、龙凤神话、伏羲女娲交尾图、太极图的关系后，认为S形纹是中国古代神灵的一种典型图式。甲骨文凡“神”字均写作“申”。《说文》：“申，神也。”在甲骨文、金文中写法见图4-6。由图可以看出，虽然弯曲的两边各有一道或直或弯的短线黏附，但它的基本结构是中间一道弯曲的线条为核心，中间的曲笔或方整或圆润，成为Z形或S形两种基本形式。甲骨文或金文，无论是方笔或圆笔，都可以自由地向两个方向弯曲。从“神”字的构型及其变种形态中，可以看出S形纹是神的核心符号与象征。而当时及后世不少S形结构纹饰在这一思维模式的释读中有了沉甸甸的含义。

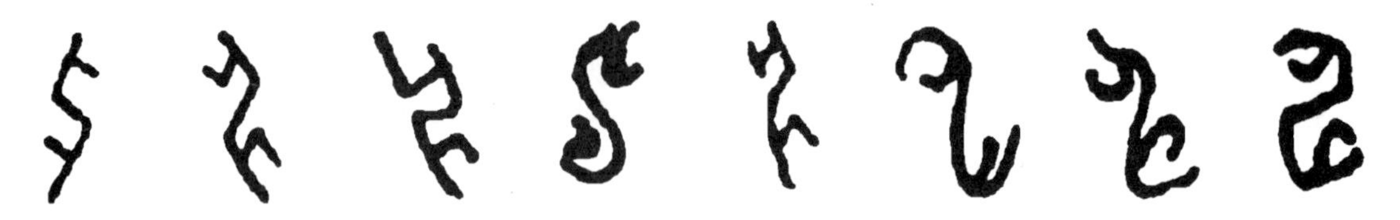

图4-6　甲骨文、金文中的“神”

确实如此。特别是那天圆地方的宇宙框架，那《周易》阴爻与阳爻所带有的严重命运气息，那太极图中圆、点与曲线包容万物的神圣意味，那传说中仓颉创造方块汉字惊天地泣鬼神的效果，那S形字迹的神幻色彩……都说明了那种看似如西方现代派冷抽象色彩的种种线段，实际上在我们先民当时的感受中，都是特殊的有意味的形式，而不是后世人们所理解的生命不能承受之轻的纯形式美。当然，这些图案纹饰在后世因为不断重复仿制而渐渐使这种意味挥发散逸了，风化了，变成规范化的一般形式美。在上述所举种种服饰图纹中，我们可以看出，这种特定的审美感情也就渐渐变为一般的形式感。于是，这些几何纹饰又确乎成为各种装饰美、形式美的最早样板和标本了。

四、中华服饰图纹散点体系

在后来数千年的历史发展中，更多的带有浓重命运气息而宽泛多义的图腾纹饰，虽沿着方形、圆形及S形的模式不断抽象与简化，但并没有直奔而下变为失落意义的纯形式图纹，而是沿着政治化、伦理化和世俗生活化的多重渠道铺展开来。从某种角度来看，甚至增益了相对而固定的一些意味。这就从不同的角度不同的文化承传中形成了具有散点格局的中华服饰图纹。主要有“十二章纹”、“八吉祥”、“暗八仙”、“八宝”以及民间吉祥图纹等。

（一）十二章纹

十二章纹来自远古时代的传说。据说史前时代的虞舜就以十二章纹为衣饰图纹（图4-7）。《尚书·益稷》记载道：

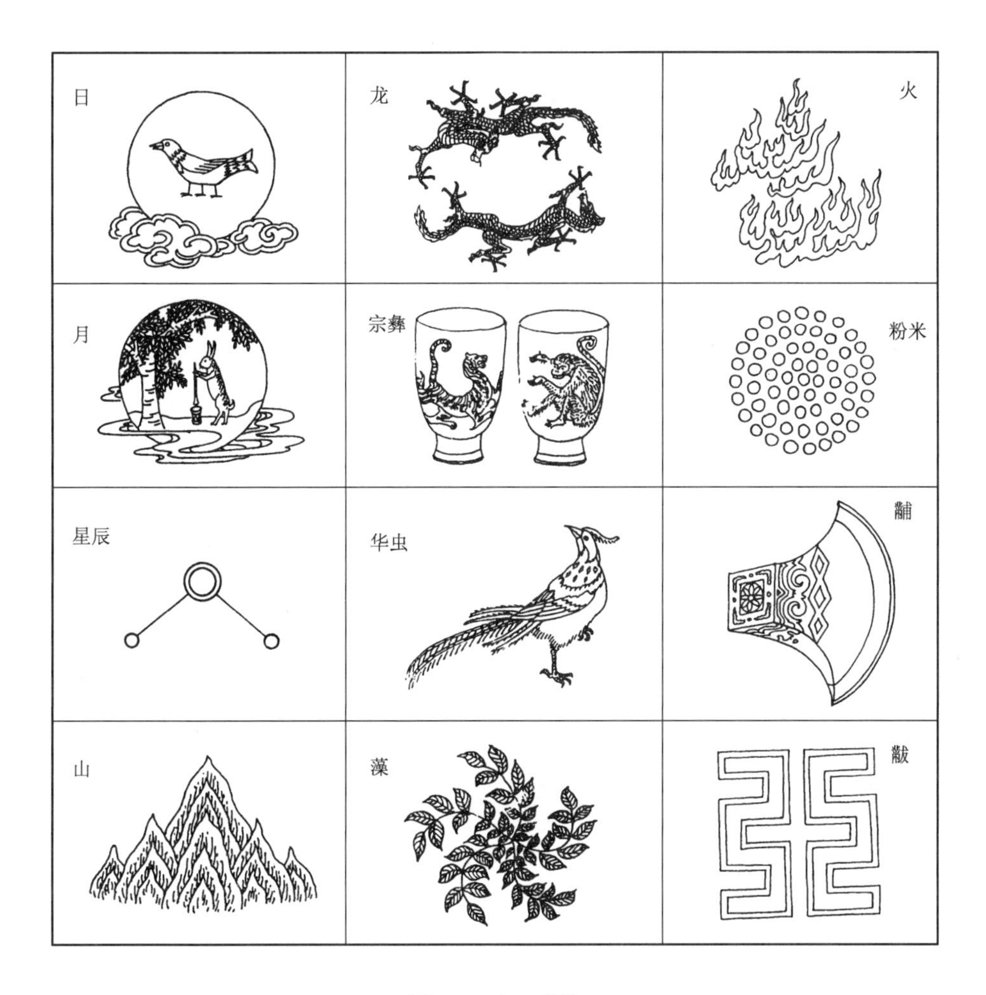

图4-7　十二章纹

帝曰：予欲观古人之象，日、月、星辰、山、龙、华虫，作会（同绘）；宗彝、藻、火、粉米、黼、黻，希绣，以五彩彰施于五色，作服汝明。

帝即舜帝。说明远古至少在舜帝时代就起用十二章纹为衣饰图纹。此后经历代帝王沿袭下来，数千年而不曾改易。这一系列图纹有具体的象征意义：

日，红色圆形内有三足乌，象征君权上天阳德照耀，赐人间以光明，哺育万物生长；

月，白色圆形内的玉兔象征上天赐人间以安宁；

星辰为勺状分布的三星，代表上天星辰，象征以天象昭示经纬，四季节令，使天下知春夏秋冬、天文地理、人道七政；

山为三峰并峙的峰峦，能兴风雨，象征阴阳交会、万物起源之地，具有崇高、持久、永恒的禀赋，代表稳定昌明的仁政；

龙能灵变，意寓帝王具有神龙般上可凌云、下可入渊，变化无穷，上下无时的灵异；

华虫即雉鸡，寓意华丽多彩，象征文治教化昌隆；

宗彝即古代杯形祭器，一只喻义威猛，绘百兽之王虎，一只喻义智慧，绘灵长类动物之首长尾猴，表示不忘祖先威猛智慧之德，以大智大勇保护宗庙社稷，转注为尽忠尽孝；

藻为水中浮萍，质地洁净，生命力旺盛，象征随遇而安，求得兴旺发达；

火即燃烧的火焰，象征百业兴旺，蒸蒸日上；

粉米，白色颗粒及粉末状物堆积成圆形，寓民得丰衣足食，安居乐业；

黼即白刃铁斧，象征施政明敏机智，果敢善断、雷厉风行；

黻形两弓相背，一黑一白，如繁体亚字，象征君臣离合及善恶相悖的情状以及明辨是非的智慧。

这本是严格的等级符号，后来在演变中越加严格而严谨，龙图案几乎成为皇族的象征。例如历代皇帝冕服可用十二章纹为饰，诸侯许用龙以下八章，卿准用藻以下六章，大夫用藻、火、粉米三章，士只用粉米一章。上可以兼下，下却不得潜上。平民穿衣不得使用图纹，因此被称为白衣。

有人认为十二章纹几乎汇集了中华民族全部的文化价值观：自然观（日、月、星辰、山）、神圣观［龙、华虫（即雉鸡，凤凰的原形之一）］、生存观（粉米呈现以农为本观、藻的洁净、火的光明）、政治观（黼的决断、黻的明辨）等。在文化意味上是有道理的。但这一切都聚拢在天子人君的服饰点缀之中，为其所垄断，以宣扬皇权的崇高伟大、神圣英明，诱导人们顶礼膜拜、归顺服从。对此，有学者作了中肯的分析："由此可见，这十二纹章的图案，具有极其浓厚的中国古代传统文化意识。作为一种具有特定文化内涵的符号，它们既是天地万物之间主宰一切、凌驾其上的最高权力的象征，亦是帝王们特定的服饰文化心态（赏用性）和价值取向（追求政治上的'威慑效应'、'轰动效应'，政治需求高于生理需求）的形象化反映"。[11]

（二）明清文武官员补子

补子又称"背胸"或"胸背"，是明清官员章服上区别品级的特征与标志。

补子，就其原型而言，广义上，它可上溯自十二章纹；狭义上，它可追溯唐代的异文袍。所谓异文袍，只不过是在一般常服上加一些图纹而已，但值得注意的是它似有走向制度化的趋向，遂成为补服的直接源头。武则天天授元年，赐都督刺史袍皆绣有山形，山周围铭文十六字："德政惟明，职令思平，清慎忠勤，荣进躬亲。"此后凡新任命的都督刺史，都赐此袍。两年后，武则天又赐给诸文武三品以上者此袍，且各自都绣上动物图案，如诸王是盘龙和鹿，宰相是凤，尚书是对雁，十六卫将军是对麒麟、对虎、对牛、对豹等。玄宗时将这种绣有动物图纹的袍服扩大到诸卫郎将。德宗时又扩大到节度观察使，规定凡赐节度使袍，所绣图案为鹘衔绶带，赐观察使袍所绣图案为雁衔瑞草。此后鹘衔绶带的紫袍与雁衔瑞草的绯袍在文官中普及。到文宗时将异文袍的服用超出赏赐范围，将异文袍制度化为三品以上依官职不同可服鹘衔瑞草或雁衔绶带或对孔雀绫，四品、五品可服地黄交枝绫，六品以下可服小团窠绫。大约唐五代时期异文袍始终没有完全形成制度，但它却直接引发了明清袍服的补子制度的形成。[12]

补子制度化的核心内容与外在显现，就是作为区分各类人物政治、社会等级的重要标志，在前襟上方和后背上方，按不同官阶施以不同的刺绣或织造的图案纹饰。所谓补子，就是按级别补缀于袍服之上的绣着不同图案的方形丝织品（一般边长为35~45厘米）。据《明史·舆服志》载，洪武二十四年（公元1391年）朝廷规定，常服的补子如下：

公、侯、伯、驸马的补子，饰以麒麟、白泽的图案；

朝廷官员分成文武两个系统，并按品位分别施以不同图案的补子。文官的补子是以各类飞禽为饰，有温文尔雅之喻义（图4-8）；武官则以各类猛兽为补饰，象征勇猛、强悍（图4-9）。

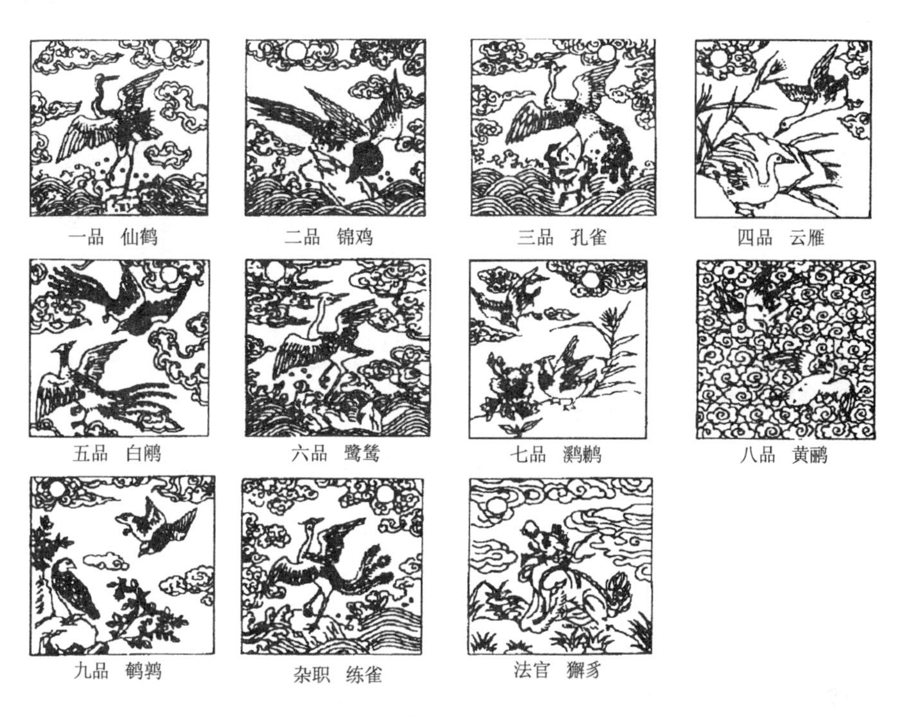

图4-8　明代文官补子系列图纹

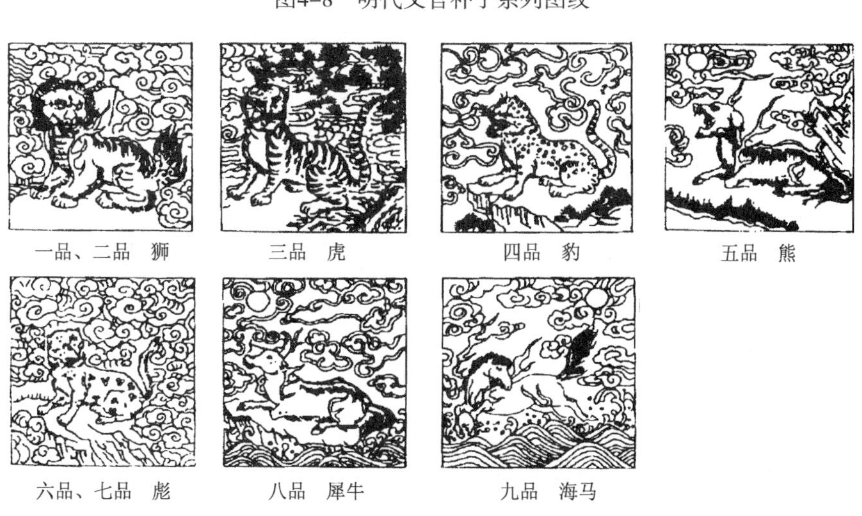

图4-9　明代武官补子系列图纹

在官服款项上，清代直接承袭了明代补子的图纹形式，只是做了少许改动。官服的前襟后背各有一块方补，唯皇家宗族的补服上采用圆形的补子（看来，天圆地方的观念似坐实在这里了：皇族天子的亲族故圆补以象天，而文武朝臣乃大地上的英雄豪杰故方补以象地）。补子中的图案纹饰亦有皇家宗族与文武官员的区别。据《大清会典图》描绘，不同类属的补子图纹如图4-10、图4-11所示。

从文化意义上来说，补子图纹恰也是远古流传至今的鸟（凤为众鸟图腾的糅合）兽（龙为众兽图腾的糅合，闻一多先生等均主张此说）图腾观念的世俗化与秩序化。

图4-10　清代文官补子系列图纹

图4-11　清代武官补子系列图纹

（三）八吉祥图纹

不只是远古的神话泽被服饰，后来的种种宗教也以多样的直觉造型渗入服饰领域。佛教的八吉祥图纹就是醒目的一例（图4–12）。

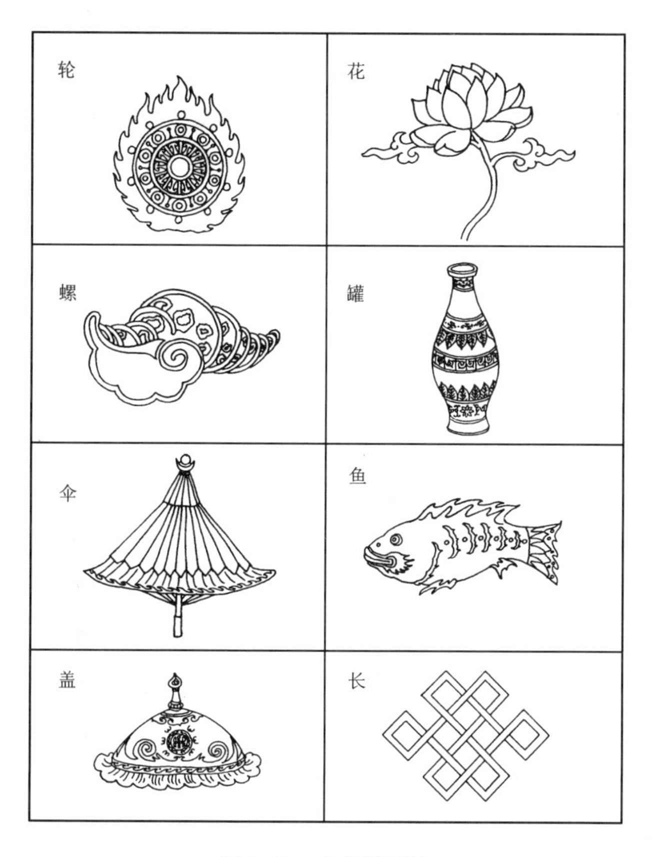

图4–12 八吉祥图纹

八吉祥又称佛教八宝，象征佛教威力的八种物象。在佛教的文化视野中，它们是由八种识智即眼、耳、鼻、音、心、身、意、藏的感悟显现。这些法物为神佛所佩饰，或为供斋醮神，以祈福免灾，因之寓有吉祥之意。描绘成八种图案纹饰，清代又将其制成立体造型的陈设品，常在寺庙中供奉。由于佛教的巨大影响，八吉祥也多见于服饰图纹之中。八吉祥即法轮、法螺、宝伞、白盖、莲花、宝瓶、金鱼、盘长。《雍和宫法物说明册》对此有具体而玄远的解说：

> 法螺，佛说具菩萨果妙音吉祥之谓；法轮，佛说大法圆转万劫不息之谓；宝伞，佛说张弛自如曲覆众生之谓；白盖，佛说遍覆三千净一切药之谓；莲花，佛说出五浊世无所染着之谓；宝瓶，佛说福智圆满具完无所漏之谓；金鱼，佛说坚固活泼解脱坏劫之谓；盘长，佛说回环贯彻一切通明之谓。

在八吉祥中，法轮又简称轮，即象征佛法具有传之久远的法力，能辗转相传弘扬光大；

法螺为佛事活动使用的乐器之一，简称螺，又称梵贝。象征佛法所传之法音妙音吉祥响彻世间；

宝伞简称伞，喻佛法运转传播张弛自如，贯通无碍；

白盖简称盖，形容佛法如神圣的华盖，遍覆大千世界，广施慈悲，普惠众生。

莲花简称花，喻佛法圣洁如莲之清新芳蕙，以沁心馨香，引导众生脱离垢污；

宝瓶简称瓶或罐，喻佛法深厚坚强，聚福智圆满充足，如宝瓶般无散无漏；

金鱼简称鱼，喻佛法具有无限生机，如鱼游水中，自由自在，解脱劫难，游刃有余；

盘长，简称长，又称无穷结，喻佛法的强大生命力，如无穷结般延绵往环，长久承传，无尽无休。

（四）暗八仙图纹

暗八仙图纹是以道教八位神仙所执法物组成的图纹（图4–13），通常出现在服饰、面料上。

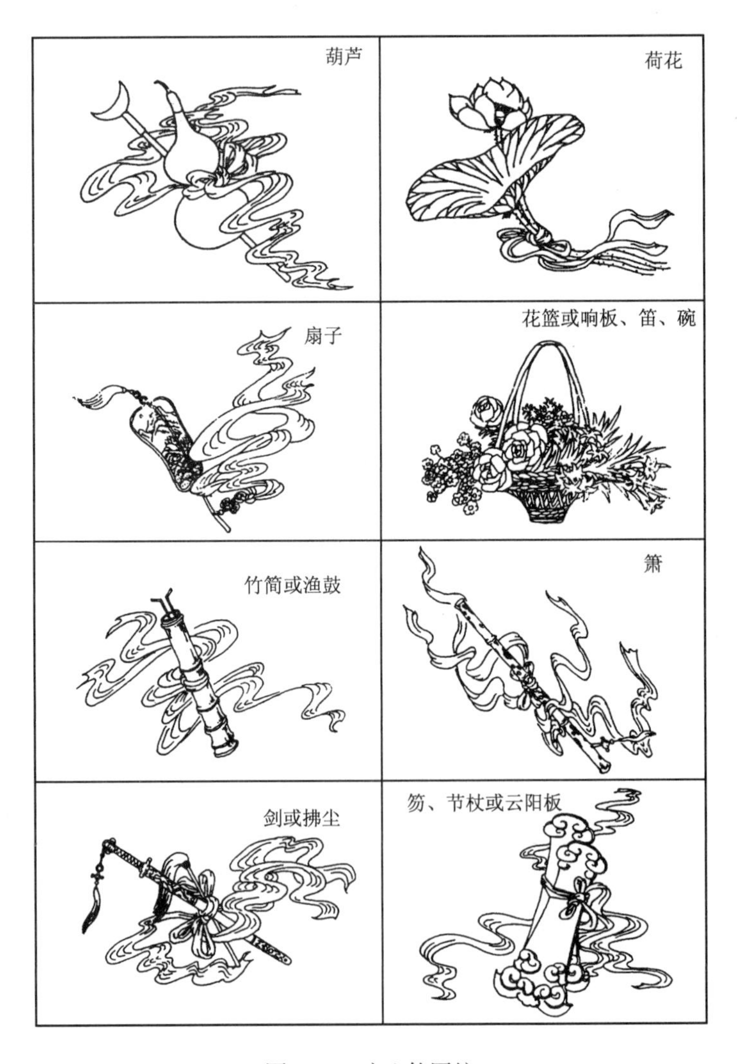

图4–13　暗八仙图纹

葫芦，代指铁拐李。这位身不离拐的神仙，虽自身残疾，却是位妙手回春的神医。奥秘就在他所背的宝葫芦里，那宝葫芦装的是王母娘娘亲传秘方配制的药液。它能医治百病，并能使人长生不老。据传铁拐李是白蝙蝠化身，所以以葫芦作图案，常有蝙蝠飞翔。

扇子，代表汉钟离。这是一位精通化学的神仙，传说他是炼丹术的发明人，能将汞炼成黄金白银。他炼的金丹，与铁拐李的药液一样有着起死回生的神力。这位有着超智慧的发明家全无学者风度，时常混迹在市肆中，喝得酩酊大醉、口干舌燥，因此不得不袒胸露腹而不停摇着棕扇。说来却不知为何如此佯装，便留下了真人不露相的典故。

竹筒或渔鼓、桃、凤羽，象征为洞察真情而永远倒骑驴的张果老。张果老之所以有着八仙中最年长的形象，是因为吕洞宾在度化他成仙时，他已是一位坐骑代步的老翁。一日他倒骑驴过桥时，吕洞宾看出他的不同凡俗，赠他可以使死鱼复活的泥丸，深受渔民欢迎。一次风灾后，鱼汛遭危，渔民们纷纷向张果老争抢泥丸，情急中张果老将泥丸藏在口中，一不小心吞咽下去，从而成仙。坐骑白驴也能随之一日千里，夜宿时可折叠而代枕，次日晓行只需一口水，依旧健步如飞。因他年长，桃和凤羽象征长寿。

剑或拂尘，代指吕洞宾。他在八仙中享位最高，道行最深。曾度化张果老、何仙姑、韩湘子、曹国舅等人位列仙籍。可传说中的吕洞宾，全无仙风道骨、伟岸尊严。竟是狂放不羁的落第书生。他精通诸子百家而屡试不第，遁入深山学仙修道，得“上真秘诀”等，身怀文武全才云游天下。到处除暴安良、解民倒悬，活得轰轰烈烈、潇潇洒洒。入肆沽酒而有画鹤抵债、债还鹤飞的趣事，因而兼有诗仙、剑仙、酒仙和爱神的荣膺；大约是风流倜傥的吕祖有副美仪容，以致古代的美容业理发业将他奉为行业神。

荷花，代指何仙姑。她自幼丧母，苦难童年使她学步时便学会了挑野菜，十三岁那年上山采野菜时吃了仙果，从此不觉饥渴。又梦食云母，更兼身轻如燕。经吕洞宾度化成仙。何仙姑是八仙中唯一的女性。她国色天香，青春永驻，像她手中所持荷花一样鲜嫩清雅，成为圣洁美的化身。

花篮或响板、笛、碗，代指能歌善舞的蓝采和。他专以歌唱喻示未来，使人见微知著，趋吉避凶。这位身列仙班的歌唱家少年英俊而不修边幅，跛着一只脚，是流浪艺人的保护神。

笏、节杖或云阳板，象征曹国舅。这是八仙中唯一广有资财的富翁，但他视荣华富贵为粪土，以出身显贵、家财万贯为耻。慷慨地资助贫困的人求学，被尊为艺术保护神。

箫，韩湘子手执的法物。传说他是文起八代之衰的韩愈之侄，擅长吹箫，每当紫箫吹动千波渡，能令世间百花放。

八仙的形象，已被人们看做福寿、正气与美好的化身。图案纹饰中直接描绘八仙形象者为“八仙图”。如果只表现八仙各自执掌的器物，就称为暗八仙，但它的含义与描绘仙人是相通的。

当然，有些意象的内涵也并不限于暗八仙所指。例如葫芦（莲花也是）就有更宽泛的文化底蕴：彝族、怒族、白族、苗族等都崇拜葫芦图腾，以之为民族保护神。不少学者认为盘古的盘字本意即葫芦，所谓盘古意即从葫芦开始人类的繁衍。又据闻一多先生《伏羲考》记述，人类始祖伏羲、女娲亦为葫芦。可见从古以来，葫芦在人们心目中有着庄严神圣的位置，自周以来，祭器（如香炉）都为葫芦形，《通考》解释说："以象天地之性，报本返始也"。古今结婚行"合卺"礼，卺即葫芦。道家亦视葫芦为法器，将理想境地视为壶天，甚至海上仙山也形同壶器。因此，葫芦不仅成为张果老、铁拐李及一般道士的灵物，就是太上老君出门也要拄系着葫芦的龙头拐杖……可见在中华民族更大范畴的文化观照中，葫芦均为求吉护身、避邪祛祟的吉祥物。

（五）八宝图纹

八宝图纹（图4–14）又称杂宝或儒学八宝。其文化内涵主要以科举考试优胜、学业有成、建功立业方面的祝福为主。

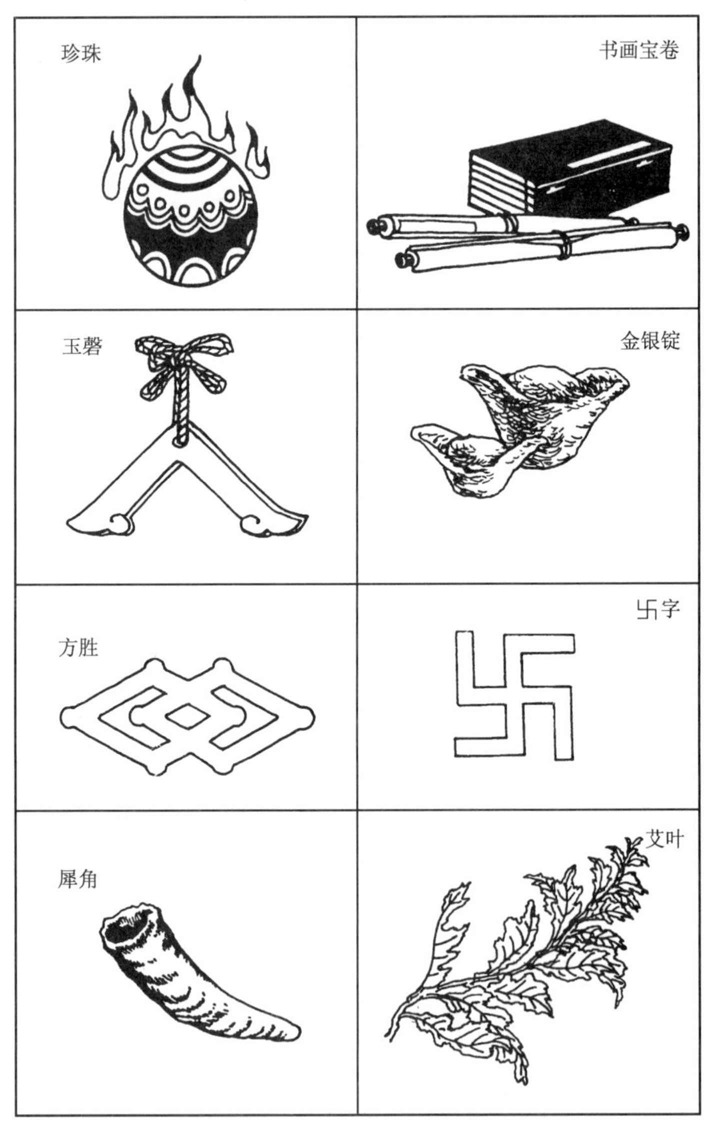

图4–14　八宝图纹

珍珠：古代以珍珠为稀世珍宝，其经济价值和文化品位都超过金玉，寓获最高吉兆。

玉磬：形状如矩的以金玉为质的古乐器，《尚书禹贡》："泗滨浮磬"，磬为五瑞之一。象征吉祥，且"磬"、"庆"谐音。

方胜：古代以为驱邪瑞符。宋代以"同心"相压的菱方为龙图、天章、宝文阁学士服饰的图案。以菱方象征获得正统地位和权威。

犀角：象征执牛耳，寓科举考试夺魁。

书画宝卷：喻学有所成。

金银锭：象征财富，传统儒家本视宝贵如浮云的，可世俗追求中却以书为敲门砖，获取功名利禄。赤裸的说法即"书中自有黄金屋"。这里的金银锭便是不加掩饰的图纹。

卐字：远古时期太阳、神和火的古老标记。远古时期世界各地都曾盛行的一种符号，婆罗门教、耆那教、佛教都沿用它以为象征。据说佛教徒一见到这个符号，内心就升腾起一种幸运、吉祥、宁静、妙好的宗教感情。佛教传入我国后，取释迦牟尼胸纹所呈瑞相，称为吉祥结。武则天命其读如"万"字，而寓意万福吉祥。

因现代德国纳粹党徽曾用此纹饰，重提它会引起一些困惑。我觉得需要简单谈一下这个纹饰的来龙去脉。万字纹饰原是远古人类普遍启用的文化符号。大量的出土文物说明，早在公元前4000年~公元前1000年间，在人类先民生存的几大文明区域，已普遍出现了卐形纹饰。就是在今天可见的文物文献中，仍可清楚地看到它的形象：在埃及第十二朝时期域外的塞浦路斯和卡里亚陶器残片上；在古希腊与爱琴海诸岛的青铜或金器上；在日耳曼的青铜带饰上，斯塔的纳维亚半岛的武器、化妆品和衣饰上，苏格兰和爱尔兰的石雕上，在英格兰、法兰西和伊特鲁利亚别针之类的青铜小饰物上；在美索不达米亚史前的陶碗上；在印度的银币和图章上；在我国辽宁小河沿出土的陶器上……可见它是人类在地老天荒时代就创造出来的祥瑞的文化符号，历史悠久，内涵博大。稍后的一些宗教引入了这一符号，但仍未改变其吉祥符号的本质特征，且有将这一内涵发扬光大之势。至于法西斯党徒利用这一瑞符，只能是对它的利用和亵渎。在八宝纹饰体系中谈及它，就是恢复其本来面目（图4-15）。事实上，在今日藏族同胞的服饰与帐篷等处，在各地寺庙和古建筑上，都可以看到大量的万字纹饰的坦然运用。

图4-15　《皇清职贡图》中裙装上有卐纹的苗族女子

艾叶：由端午节取此草祛病驱邪物，演绎出崇贤嫉恶、正直高尚的道德追求的寄寓。又《尔雅》"艾，长也"，古来以五十或七十为艾，故以艾寓尊师敬老[13]。

（六）民间吉祥图纹

作为一种衣物纹饰，当朝廷衙门将某些样式垄断起来时，更多的样式会在民间滋长与发展着。因为人在与天地万物的交汇中，在千万年的生活历程中，总会有所感、有所悟，而集体无意识的渗透与影响，中华民族文化心理结构的制约与取舍，使得民间服饰图纹逐渐在主观世界与客观世界的某些方面，建立起一种比较稳定的对应关系。这便构成了传递千万年覆盖千万里的种种图式，使之成为一种民族心理的体现。

民间服饰图纹的传承似乎是自然而然的，约定俗成的。往往前人创新的格局成为后人学习的范本，个别性在不断的模仿认同中就转化为普遍性了。人们因之认为似乎只有如此才足以表现自己所拥有的世界和心灵，只有这种图案纹饰反映出来的生命信息才是深厚丰润的，能带来充分的诗意联想和美感愉悦。随之不断地繁衍滋生出新的图式，仿佛小麦蘖生的根苗、诗歌派生的意象。如龙凤、麒麟、松竹梅兰、秋月、春水、鸳鸯、鹦鹉、高山流水、清水芙蓉等，它们都是首先在前人特别是上流社会的经典服饰中出现，在前人的作品中出现，因其借景抒情、凭图表意，展示美好的人生祈愿却又含蓄得体，恰到好处，便在普遍直接或变形的模仿中成为典型纹饰，成为某种人格的象征和某种人生经验的共鸣。民间服饰图纹艺术中的图式大抵都是这样形成和发展起来的。

许多吉祥图纹，又称瑞应图或吉祥画，是风行于我国古今民间、表现喜庆福善的图纹。它的形成经历了漫长的社会性发展与历史演变，其间又复合了远古图腾、神话传说、历史故事、宗教信仰、风俗习惯等多重文化因素。就其生成方式而言，有取物之声韵、物之形状、物之属性、物之意蕴等。例如，蝙蝠、绶鸟、百合、柿子等都是取其谐音——"蝠"与"福"谐音，"绶"与"寿"谐音，百合、柿子与"百事如意"谐音。再如，灵芝以其形似便喻义为"如意"；月饼圆形便喻"团圆"；葫芦结实众多、藤蔓绵长，便以其喻子孙众多，绵延万代；莲花出污泥而不染，便为君子的象征；竹梅清气袭人傲霜斗雪，被誉为"双清"；四季花四季常开，便用来比喻"四季常春"；菊花历霜而更艳，世称"寿客"；石头历久而坚硬如故，乃长寿的象征；牡丹雍容华贵，便取其意蕴象征富贵……其思维方式有着民间的直率、单纯与天真。

民间吉祥图纹亦多汉字。汉字就本质而言，是一种纹饰，更是一种经验图式。汉字的六书无论是象形、形声，还是指事会意，都是对反映对象主要特征的简化或暗示性的描述。在这个意义上来理解，汉字图纹就不只是简单的几个"喜、福、禄、寿"纹饰了。

五、中华图纹的文化思考

综上所述，可以引发我们这么几点思考：

其一，原始图纹所展示的从具象到抽象的艺术思维，不只构筑了服饰图纹的世界，而且不自觉地创造和培养了中华民族特有的比较纯粹（线比色要纯粹）的美的形式和审美的形式感。在这个从再现到表现，从写实到象征，从形到线的历史过程中，中华民族对线条的美感、对线条艺术情有独钟的文化心理结构便初步形成了。

其二，抽象图纹具有的二重性内涵，它既是有意味的形式又是纯点缀装饰性的形式。

一方面，如李泽厚《美的历程》所指出的，这些看似纯形式的几何线条，实际是从写实的形象深化而来，其内容已积淀在其中，于是，才不同于一般的形式、线条，而成为“有意味的形式”线条。高度的抽象中仍有浓郁的人生意味在。也正由于对它的感受有特定的观念、想象的积淀，才不同于一般的感情、感性、感受，而成为特定的“审美感情”。原始巫术礼仪中的社会感情是强烈炽热而含混多义的，它包含大量的观念、想象，却又不是用理知、逻辑、要领所能诠释清楚的，当它演化和积淀为感受时，便自然成为一种不可用语言穷尽表达的深层情绪。

另一方面，随着岁月的流逝、时代的变迁，这种原来是“有意味的形式”——无论线条是方形模式、圆形模式或是S形模式——却因其重复的仿制而日益沦为失去这种意味的形式，成为规范化的一般形式美。从而这种特定的审美感情也逐渐变为一般的形式感。于是，这些几何纹饰又确乎成了各种装饰美、形式美最早的样板和标本了。

其三，稳定的对应与内蕴的抽象干缩。

比较说来，十二章纹、明清补子明显有着上层社会的等级格局，令人产生敬畏之感。或许它们从某种层面可调动人们的上进之心，激活整个社会的向往之感，因而带有神秘的意味。但无论如何，它们却不能如佛道意味的八吉祥、暗八仙以及民间吉祥图案那样更亲近平民百姓，更带有生活普泛的启示内涵，包容更多普通人的感受。但十二章纹着意烘托帝王威严，明清补子直接为公侯卿士大夫列珍排序，八吉祥以佛理为皈依，八宝由于以科举制度为背景，图案都有具体的祈愿目标，直接浅近的功利味似浓了点儿，不及暗八仙和有些民间吉祥图案那样宽泛而朦胧。

一般而言，服饰图纹的基本特征是心灵世界的自然化，如诗歌比兴那样。但在这里，无论是十二章纹、八吉祥、暗八仙、八宝还是民间吉祥图案，从形式上，它们的具象已不是原初的自然物象，而是抽象之后选择的理念对应物或抽象图纹，虽具装饰味，却成为直指理念本体的象征符号。在这里，种种自成系统的图案看似颇多差异，其实在思维方式上却不无共同之处，它们都把自然当成了人的象征，当成了人的一种言志抒情的象征。一切景语皆情语，在这里却不无直奔主题的图解意味。于是，看似人的社会性突出而自然的本体性却丧失了。情景对应是稳定了，但内蕴却干缩了。因为在这种种图纹中，表面看来自然只是一个外壳，内核是人的灵魂。深层看来，人也只是一个外壳，内核是几个抽象的政治伦理观念或宗教教条。原本内蕴丰厚的自然意象被相对单一色调的目光刷新一遍，虽然主题突出了，但自然形象和人的整体形象消失了，彼此的丰富性的特征都被忽略被悬置起来，突出的只是与某一抽象观念相对应的自然物的某一特征，并且形成了一种稳定的关系。这样就造成了双重抽象，既是对物的抽象，也是对人的抽象，物的某一特征与人的某一品行教义规范分别被作为一种人与物中分离的元素，而人与自然的真实性、丰富性、多元性都没有了，生命的灵动没有了，生命的内涵浅泛了。这也是后世图纹往往显得轻飘的原因之一。

其四，图纹内蕴的重新阅读：形象大于思想或思想大于形象。

对于传统的服饰图纹，用传统的方法去阅读，是知其所以然。但作为服饰文化的现代观照，我们对此应该保持思维的双重错位。

一方面是充分意识到形象大于思想。这是说那自成系统的十二章纹、明清补子、八吉祥、暗八仙、八宝以及民间吉祥图等服饰图纹的内蕴，应该大大超出了当初设计者的那几点僵硬的对应式的规定，而有着更为博大的想象空间和审美意趣。而这些久久被束缚、被压抑、被视为审美盲区的地方，往往在不同时代、不同文化背景的阅读中更容易释放出来。之所以如此，是因为原初的形象内蕴本身就大于设计者所认知的范畴。如太阳不只代表帝王的光辉，莲花不只代表何仙姑或佛境的清纯，虎豹不只暗示了将军的威武，珍珠的内蕴远远大于吉祥的预兆，盘长也不仅仅象征佛法无穷无尽……显然，传统服饰图案的设计者或由于时代所限，或由于思维的惯性，或为了“短平快”的世俗目的，使其能指，即原本内蕴丰厚的“形象”束身于所指，即狭隘的一两点观念的框套之中。而有了形象大于思想的错位意识，就容易解其“思想”之套，恢复其形象之本意，增益其艺术魅力。

另一方面思想大于形象，是说阅读者的思想框架和规模远远大于设计图像本身的内存，不断开发出有关美学、心理学、文艺学、文化学等多重角度的阐释与理解来，或许那图纹只是个触媒，成为新感受、新思想的生发点。这样一来，种种散点体系的传统服饰图纹与纹饰，就不只是一个个封闭的体系，而是生机勃发、新意迭出的开放性结构了。

思考与练习

1. 原始图纹的审美变形规律是什么？
2. 抽象纹样的思维模式是什么？
3. 传统图纹三种结构模式并分别加以说明？
4. 中华服饰图纹为散点体系有哪些？

注释

[1] 李泽厚：《美的历程》，安徽文艺出版社，1994：23-24。

[2] 中国科学院考古研究所：《西安半坡》：185；苏秉琦：《关于仰韶文化的若干问题》，《考古学报》，1965（3）；石兴邦：《有关马家窑文化的一些问题》，《考古》，1962（6）。

[3] 严文明：《甘肃彩陶的源流》，《文物》，1978（3）。

[4] 牛克诚：《从写实到抽象——艺术品发生期的一个风格演进的基本走向》，《美术史论》，1992（1）；转引自刘锡诚：《中国原始艺术》，上海文艺出版社，1998：46-47。

[5] 何九盈，等：《中国汉字文化大观》，北京大学出版社，1995：4。

[6] 何星亮：《中国图腾文化》，中国社会科学出版社，1992：154。

[7] 温少峰，袁庭栋：《殷墟卜辞研究——科学技术篇》，四川省社会科学院出版社，1983：6。

[8] 引自《吕氏春秋》。

[9] 引自《淮南子》。

[10] 引自《周髀算经》。

[11] 赵联赏：《霓裳·锦衣·礼道》，广西教育出版社，1995：33。

[12] 黄正建：《唐代衣食住行研究》，首都师范大学出版社，1998。

[13] 王智敏：《龙袍》，艺术图书公司，1994。

基础理论——

衣裳·章纹·文饰——《周易》服饰理论简说

课题名称： 衣裳·章纹·文饰——《周易》服饰理论简说

课题内容： 神圣起源：黄帝尧舜垂衣裳而天下治
黄色的神圣意蕴
贲：多向度的文饰观念
反对文饰——冶容诲淫

上课时间： 4课时

训练目的： 使学生了解《周易》中的服饰文化资源，并能运用《周易》服饰文化观念分析解读中外相关的服饰现象。

教学要求： 《周易》博大精深，讲授只涉及服饰部分即可；讲《周易》服饰文化观念要明晰，并将其历史影响渗透到服饰文化现象中展示。

课前准备： 阅读《周易》相关卦辞及其研究文献。

第五章　衣裳·章纹·文饰

——《周易》服饰理论简说

论及中国服饰文化理论的源头，那一定得追溯到浩渺苍茫的远古。例如，在那两三万年前的山顶洞先民那里，从尸骨周围撒红粉和那精致的骨针都可猜测其赤色崇拜、项饰建构以及起根发苗状态的服饰意念；泉护村北首岭半坡人从具象到抽象的华美图纹、普及性的纺轮以及衬托陶器底座的布帛……但那毕竟只是物的直接呈现，归根结底仍是“有物无语”——草色遥看近却无的朦胧样态，而不是先民们服饰思辨及其理论成果的叙述。它们都是只可意会而难以言传的远古意象。在我看来，倘要真正考察服饰文化的理论形态，恐怕还要从神圣而神秘的《周易》开始。因为居于历史源头的《周易》，有着世历三古、人经三圣的悠久层积，对于中国文化特别是服饰文化有着深远的影响。即便在今天，人们的服饰审美意识、文化观念中仍然有着《周易》思维的印痕。这对于一个中国人来说，几乎成为拂逆不去的生命本能般的意识。从某个角度上可以说，《周易》决定了中国服饰文化的独特格局，确立了它的坐标方位，规范了它的历史发展趋向，而且随着时间的推移，人们在对于《周易》博大精深的思想蕴含不断地加深理解和阐释的同时，也不断地赋予和增益了中国服饰的独特的文化内涵。可以说，《周易》不仅是中国传统文化的群经之首，更是中国服饰的元典文化。

一、神圣起源：黄帝尧舜垂衣裳而天下治

《周易·系辞下》：“黄帝尧舜垂衣裳而天下治，盖取诸乾坤。”看来淡淡一句话，其实却是以庄严叙述口吻展示的中国服饰文化史上应该大书特书的命题。这是服饰起源的中国文化意味的表达，发生学意义上的明确认定。且在历史上形成了覆盖时空的影响。它的内蕴是丰厚博大的，可分多层来解析。

1. 提出黄帝始制衣裳说

后世解《周易》者多以黄帝垂衣为无为而治的象征来解读此意。例如：

> 垂衣裳，不下簟席之上，而海内之人莫不愿得之以为帝王。
>
> ——荀子：王霸篇

> 垂衣裳者，垂拱无为也。
>
> ——王充：论衡·自然

（黄帝、尧舜）作衣裳而披之于身，垂绢为衣，其色玄而象道；裂幅为裳，其色纁而象事，法乾坤以示民，使民知君臣父子、尊卑贵贱，莫不各安其分也。

——丘濬：大明衍义补·卷九十·冕服之章

由此可知早在先秦时代，就开始了对“垂衣裳”一语作灵活性的解释。其实在荀子这里只是一种宣扬无为而治的政治理想性的引申与拓展。宋儒多援此说。但理解文本不能本末倒置，只从后人引申意义上着眼而抛掉了原创者叙说的本意。《集解》引《九家易》曰：“黄帝以上，羽皮革木以御寒暑，至乎黄帝始制衣裳，垂示天下。”易学家高亨以为垂当借为缀，缝也。《说文》：“缀，合箸也。”箸，附也，合箸即联合二物使相附箸，是缀即缝义。缀衣裳谓缝制衣裳也。垂缀乃一声之转。历代不少学者亦从不同层面延展这一思路给予论说。如：“黄帝始去皮服布。”[1]“黄帝轩辕氏……元年，帝即位。居有熊。初制冕服。”[2]

作为中华服饰起源论，有不少资料亦可作为佐证。《路史》（后纪卷五）有：“嫘祖始教民育蚕，治丝茧以供衣服”；《世本·作》篇进而举出黄帝的臣子胡曹和伯余是最初制作衣服的人；特别是从考古材料来看，在已发现的距今六七千年前的仰韶文化遗物中，有为数众多的石制、陶制纺轮，有一些陶器底部印着麻布纹，这些恰恰都和黄帝创制衣服的年代是相符的。

当然，本文的论述着重点并不在于是否应由历史研究或实证确认这一命题，虽说这一命题本身就有着重要的文化意义和文献价值，更不去论说黄帝此人到底是人是神这个值得探讨的问题。只是提醒人们注意，《周易·系辞》的描述似乎隐隐地暗示着，远古的中华先民有意无意地在服饰起源的文化观念上找到了崇高的皈依处，是将源于图腾崇拜的服饰观念创造性地向社会权力转换的最为有效的途径。在这里，相对于神幻境界颇为奇异的图腾形象，黄帝尧舜虽不无传说虚构，但总体上仍是历史性的人物，由他们创造服饰，自会因圣贤崇拜并因服饰认同而产生亲切感和自豪感，不仅仅是外在形象上的相似或异质同构。

当然，在理性的时代，将服饰的创造制作与古之英明君主挂钩，如同人们将智慧故事和所喜爱的作家联系起来一样，增添它的神圣感和可信度，有说起此物大有来头的感觉，给人一种庄严郑重的氛围感。先秦时代人们在这方面似乎已经形成一种思维定势。如墨子《辞过》中说：“古之民，未知为衣服时，衣皮带茭，冬则不轻而温，夏则不轻而清。圣人以为不中人情，故作诲妇人，治丝麻，捆布绢，以为民衣。”西方文化也是这样，如《圣经》所指出，人类始祖亚当夏娃初始的衣裙，便是在辞别伊甸园之际由耶和华所创造并赠送的。

关键在于，在《周易》的叙述中，“黄帝尧舜垂衣裳……盖取诸乾坤。”取，就是取意、效法和仿照。这里不只是泛泛地谈黄帝尧舜垂衣裳，而是具体细致地谈到了他们衣裳款式的建构是受到《周易》卦象形式的启发。事实上我们看看图5-1，便知乾坤两卦象上下相叠，便成为服饰的基础形态。

图5-1　乾坤卦象相叠便成为服饰基础形态

是我们强作解扭曲古意吗？非也。在《周易·系辞》中谈到衣食住行用等方面的创造都受到不同卦象结构的启示，这是《周易》的叙述立场与观点。《周易》中自信肯定的叙述还不少，可以作为类比例证。如：

> 作结绳而为网罟，以佃以渔，盖取诸“离”（䷝）。
>
> 重门击柝，以待暴客，盖取诸“豫”（䷏）。
>
> 上古穴居而野处，后世圣人易之以宫室。上栋下宇，以待风雨，盖取诸“大壮”（䷡）。
>
> 上古结绳而治，后世圣人易之以书契，百官以治，万民以察，盖取诸“夬”（䷪）。

事实上《周易》中类似举例就有十多处。从卦形来看，一般都比较吻合。物的创造在根本意义上是一种新结构的设计与落实。将卦像结构运用到生活生产实践层面，从而制作出异质同构的实物来，这是创造发明的根本路径。如“离”卦（䷝）网状的结构不难催生结绳为网罟的灵感；豫卦（䷏）与两扇门对开而居中插一门闩如此形似；大壮卦（䷡）与方形宫室而屋顶斜向两边以流水的格局异质而同构；夬卦（䷪）与在一块木条或甲骨上刻出而凹陷出一点一划的痕迹相仿……它以同样的思维模式反复指出黄帝尧舜创造多种生活生产工具的灵感源于卦象的特殊结构。而其中最重要的衣裳创制，则是受易象乾卦和坤卦的启发和影响。《集解》引《九家易》曰：“衣取象乾，居上覆物。裳取象坤，在下含物也。”说衣裳起源于乾坤卦象，自然是指它是一种文化符号，像卦象那样，不是自然而然的披挂，而是有意识的人为创造。只需要简单地将乾坤两卦重叠起来，便可看出上衣下裳的轮廓模样来。须知任何物件的制作事先要有蓝图，即形式上的构思与创建。古今易学家都没有想到，服饰之制还真有可能是从乾坤卦体上生发出灵感的异质同构创造！当年我初作此判断时，除细读文本外，就是依据卦象直觉。今读先师辛介夫著作，知其亦作这般理解：

> 黄帝以上，人们只取以羽毛、皮、革、树皮、树叶等物以御寒暑，无所谓仪容。黄帝始制衣裳，取法乾坤，乾在上，坤在下，乾长坤短，故衣取乾象，裳取坤象；尧舜又取象日月星辰山龙华虫作服，而衣裳文彩大备。天下揖让有礼而大治。
>
> ——辛介夫：周易解读[3]

2. **指出尧舜与黄帝并列的服饰创造业绩与意图**

《周易》系辞中只简要地说黄帝尧舜创造衣服却无具体的分述，我们在更多的文献中只找到了黄帝创制衣服的依据，那么尧舜创造了服饰的什么呢？他们对于服饰做了哪些贡献才取得了和黄帝相提并论的位置呢？

打开记载唐尧虞舜夏禹事迹的书《虞书·益稷》，便见虞舜一段自述：

> 予欲观古人之象，日、月、星辰、山、龙、华虫作会（即绘），宗彝、藻、火、粉米、黼、黻、希绣并以五彩彰施于五色，作服汝明。

由此便有了古今公认的舜作十二章纹的说法。其实从史传的尧舜相继和这里的尧舜并提，我们可以得出尧舜同作十二章纹的答案。如此理解并非轻率，《后汉书·舆服志》将垂衣裳与作十二章纹浑然一体而同归于黄帝与尧舜名下，不仅是有案可稽的史证，而且也是一种强有力的暗示和启发。事实上任何创举都有一个过程，而且是有着相当长的不断完善过程。很显然，《周易》意在传导一个观念，即服饰的体制为人文始祖所创造，其细部的绘饰点缀亦是圣明的人君所发明。当然，和黄帝创造服饰的命题一样，重要的不是真的考证出服饰或十二章纹由唐尧虞舜或其他著名的人物创造发明的，而是以他们在历史上显赫的地位和美好的名声，历史文献将此归属于他们名下便有了非同一般的意味和格局。从上一章论述便可看出，十二章纹施之于冕服，在创制者那里便赋予了它明确而固定的文化内蕴，是明显有着文化垂教的设想和功能。在常规下，天子之服以绘绣的方式用日月以下的十二章，诸侯则自龙衮以下至于黼黻，士服藻、火，大夫加粉米。不难看出，服饰章纹数量随着官位下移而依次递减，其意义就不只是一般所认为的表示身份等级，最起码还有着梳理社会秩序、熏陶理想文化人格、强化历史责任等文化意识的积淀，因而尧舜在这里有了与黄帝相提并论的辉煌地位。

在古代相当漫长的时间里，从天子到臣民颇为看重服饰之中的图案，或重教化，或重等级，或重自炫，或兼而有之，我们在《周易》和《虞书》中找到了最早的文化依据。实际上这种服饰文化观今也有之，只不过于古为烈罢了。仔细想想便不难理解。例如今天全世界军警等职业服装不同的肩饰、领饰等附件也是同样有着一定的社会文化内蕴，绝不会只是有着形式美的观赏价值。

3. **再说十二章纹饰图案绘绣**

易学家从来不谈这个问题，服饰专家谈它却不曾和《周易》联系起来。现在可以看出，十二章纹无一不是“取诸乾坤”。浅层次说，日月星辰取诸乾的系列意象，而山、华虫、宗彝、藻、火、粉米等则是取诸坤的系列意象，而龙属亦乾亦坤的神奇意象，介乎二者之间。深层次说，日月星辰等十二章纹或取其高远，或取其深邃，或取其威猛，或取其稳静，或取其刚直决断，或取其优美文丽……无一不是从乾坤二卦或自强不息或厚德载物之神韵上派生演化而来。从上章论述亦可看出，如果不从文化源头去探寻服装纹饰图案的积淀，我们如何去感知此中的独特滋味呢？

4. 它将服饰与治天下联系了起来

强化了服饰的梳理性别秩序和社会秩序的功能，从而点示出古代社会服饰重要的社会政治功能和伦理教化作用。中国人特殊的服饰治世的文化观念就是从中生发而来。

正是《周易》不仅将服饰起源追溯到中华民族的伟大始祖黄帝及完美的古代君主尧舜的身上，而且直截了当地将它与“天下治”联系起来，这种强调、认定和渲染所形成的文化氛围便笼罩中国服饰境界的博大时空。于是，服饰本身就具备了神圣感和崇高性。我们知道，服饰自古以来在中国都不仅仅是一个简单的穿着问题，而是被作为一个既定的基本国策。作为惯例，历史上每至改朝换代，都要来一次服饰改制，“改正朔，易服色”，似要在刷新天下之初先刷新人们的衣着。同时，历史上不断有天子督阵朝廷操作的种种服饰故事。

于是，我们就知道并且理解，不仅在夏商周到“中华民国”这一有着相当长度的历史时期内，服饰制度成为国家最高权力机关的重要典章之一、重要的统治手段之一。而且在任何一个朝代，服饰哪一方面的改革都须触动国家最高负责人才行，都须国君直接或间接出面支持才可能成功或见效。从赵武灵王的胡服骑射到辛亥革命的中山装，再到历史新时期的西服；从清政府血腥镇压推行的服饰改制到“中华民国”顺应民心的废除裹脚陋俗，我们看到有称孤道寡的皇帝对于服装颜色款式等的垄断，看到多少倾国权臣以服饰暗含美梦终以僭越之罪毁家灭族，看到历代皇家以赏赐黄马褂之类作为吸引臣民卖身卖命的有效法宝，看到古来更有不少人刚烈愚直不惜以身殉服。

很显然，在整体的民族心态上，特别是征服汉民族又向其文化认同的统治阶级，一旦将服饰放在“天下治”的重要位置上，那负面作用也就很突出。中国历史上每一次改朝换代，一件大事便是易服色，正衣冠，改发型，把老百姓的外表变一变，以示与前代或异域划清界限，以正观瞻。为达这一目的，往往不惜血腥镇压。这就是将治天下和服饰的关系连接紧密导致了这种现象。虽说，《周易》的上述命题并不必然导致那些令人遗憾的结局，但人们对于一种社会现象背后的文化心态作追本溯源的探寻时，如同对于生命体作遗传基因的分析化验，往往会产生惊心动魄的感受和沉重悲怆的叹息。

二、黄色的神圣意蕴

《周易》推崇黄色，以为那是太阳的光芒，火的光芒，以为那是黄土地的颜色，是大吉大利的色彩。这显然是承接神话思维，在服饰色彩方面融入了神秘而深邃的文化内涵。《周易·离》：“六五：黄离，元吉。”离即是太阳，是火焰。黄离就是太阳的光芒，火焰的色彩。火与太阳是远古崇拜的对象，黄色据此带上了神圣的味道。又《周易·坤》：“六五：黄裳，元吉。”高亨注：“元，大也。裳，裤也，周人认为黄裳是尊贵吉祥之物，代表吉祥之征，故筮遇此爻大吉……黄裳黄裙内服之美，比喻人内德之美，故大吉。”卦象占卜为黄裳何以就是大吉呢？这就要谈其中色彩文化内涵的赋予问题。可以看出，服色此时只有与《周易》文化中的五行说联系起来才可释读。

五行说是将五色与五行五方五味等对应起来并将诸多因素融为一体的文化时空模式。在这一文化对应模式中，东属木，为青色，有早晨与春天的充满希望的意味；南属火，为红色，有夏天与正午的热烈，有天堂与光明的辉煌；西属金，为白色，有黄昏与秋天的酷烈；北属水，为黑色，有夜晚与冬日的黑暗与阴沉；中属土，为黄色，是长夏，有着君临四方的显赫与明朗等。且四方各有大帝统治，东方太昊执规以治春，西方少昊执矩以治秋，南方火帝执衡以治夏，北方颛顼执权以治冬，唯独中央大帝黄帝执绳以治四方，具备了居高临下的优势地位。《说卦》中有乾为大赤的说法，似为周尚赤习俗的呼应。须知黄帝是和中央的黄色对应合一的。《周易·坤》也明确地宣布："天玄而地黄"。郭沫若释"黄"字"实古玉佩之象形"[4]，因而具有通神入幻的超自然力量。朱熹集传《诗·绿衣》："黄，中央土之正色"，再结合黄离所代表的太阳与火，黄色这一亮丽的色彩便超凡入圣，成为异常瞩目的色彩。从此以后，古今中国人对于色彩的感受便以这个文化模式为出发点和终极目标，产生了独特的生命体验与审美观念。

在西方文化中，一般从科学角度出发，讲求色彩的色相、明度和纯度等；对于色彩的象征意义，虽有受基督教文化影响的印痕，但就整体而言，仍是从理性的心理测试入手来界定，如认为白色明快、洁净、朴实、纯真、清淡、刻板等；黑色严肃、稳健、庄重、沉默、静寂、悲哀等；红色热情、激昂、爱情、革命、愤怒、危险等；黄色快活、温暖、欢乐、柔和、智慧等。而中国文化心态则与此迥异，一提起颜色，便自然而然地沿着《周易》与五行文化的框架进行体验和联想。如一说起青色，便自然联想到青葱的植物、清晨的日出、万物复苏的春天，便感受到和平与青春的气息；红色，因夏天、火焰、天堂而感受到温暖、热烈与辉煌；白色，便和西方、秋天、衰亡浑然一体而有悲凉之感；黑色、黄色也是这样，虽说在历代有着进入国境的佛教、伊斯兰教和基督教等不同文化的冲击所产生的离心力，也有一些效应，但总体思维轨迹仍摆不脱《周易》与五行文化所传统预设的轮廓和框架。这是很耐人寻味的。

值得注意的是，当黄色在《周易》中得到空前的推崇时，历史的释读中又有了创造性地转换和增益。在第一章的叙述中，我们知道，不少朝代按照不同的标准褒贬和取舍服色，如夏代流行黑色，商代流行白色，周代流行红色，并给这种颜色以正统地位。一个轮回过后，秦以为自己是水德得天下，便提倡穿用黑色，而汉高祖是南方火德兴邦，又提倡穿红……在这纷纷乱乱服饰更替的过程中，唯独经《周易》拈出的黄色在汉代便受到青睐，稍后更成为皇家的专宠，不仅平民，就是朝臣也不能轻易染指。在此，我们不仅看到了从《周易》而衍生的黄色神圣的文化源头，也看到了以历史为载体，给服饰的色彩融入了一种神秘的超自然力的因素和意蕴。也许这种神秘意蕴的积淀最初就和《周易》这部书是一本卜筮之书有关？种种猜测令人心事浩茫连广宇，但毋庸怀疑的是，经历了时间数千年空间千万里的淘洗冲刷，这种褒贬取舍服色的文化心态早早融入中华民族集体无意识之中而恒久不变。

与此同时，《周易》在服饰款式与着装位置等具体环节上确立了尊卑观念和褒贬意识，将伦理意识坐实在服饰的细节与穿着行为上。

在《周易》五行五方五色五味等的对应文化智慧模式中，黄与五行的土、与五方的中相对应，与土相对应符合坤理，与中相对应符合坤卦六五中位之说，说明坤卦六五爻以柔顺居上卦之中，地位显赫。然而，在《周易》文化思维中，黄裳之裳却象征着谦下之美德，因为古代服装是上衣下裳之制，裳在下也。上为尊，下为卑；外为尊，内为卑……便是这一占断的思维前提。所谓占断，即是《周易》中对于卦象分析理解而得出的价值判断与哲理选择。《周易正义》在解释六五爻辞时说：

> 黄是中之色，裳是下之饰。坤是臣道，五居君位，是臣之极贵者也；能以中和通于物理，居于臣职，故云黄裳元吉。

这种黄裳之爻符，在《周易》看来，首先是大吉大利的，同时又是甘居卑下的一种美善之德。在《易传》中，黄裳进一步引申成为人有修洁内美的象征。古人长衣在外，衣掩覆下裳，所以黄裳被掩覆在长衣之内，是人有内美的象征符号。故王船山说："衣著于外，裳藏于内，故曰在中是也。"中与内相通，是一种中的美，内在的美，含蓄的美。无疑，这种美学智慧渗融着浓郁的传统伦理观念。

三、贲：多向度的文饰观念

和人类生活全部内容对话的《周易》，它的美饰观念是丰富的、多向度的，确乎可圈可点。其中贲卦专论文饰，值得一读（图5–2）。

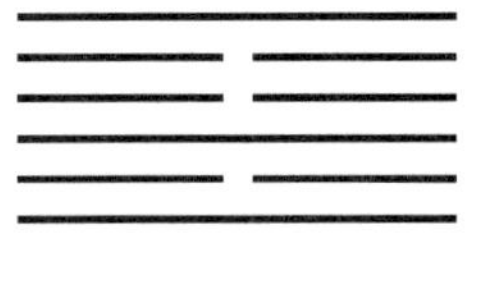

图5–2 贲卦

1. 卦名为贲

贲是贝壳的光泽，饰的意思。《序卦传》说："物不可以苟且而已，故受之以贲；贲者饰也。"意即万物的聚合，必然要有秩序和模式，而人群的交际，需要有装饰礼仪。贲的意涵就是美化，就是文饰。《说文》："贝，海介虫也。"贝在远古从海滨流入中原地区，就作为装饰品受到人们的钟爱。《说文》直训双贝为"颈饰也"，可见是将贝组串起来系颈为饰，这在古代是很普通的事情。

2. 象辞说：山下有火，贲

这是就整体卦象而言的，上为艮，主体意象是山，下卦是离，主体意象是火。山有花草，火有光热；山沉稳而历四时，似有以不变应万变的宽容与理智，火腾越而冲太虚，有着炫耀自身感染近临的激情与浪漫；火以山为背景为衬映，山以火为点缀为色彩，互相烘托，互相装饰，俨然一幅动静融通、色彩斑斓且意蕴丰厚的美饰图像。《周易·序卦》直击此卦的主题说："物不可苟合而已，故受之以《贲》，贲者饰也"。这当然是整体的感觉，具体解读，还需结合卦象一句句来看爻辞。

3. 初九：贲其趾，舍车而徒

趾是脚趾，人体的最低部分，大约也是最不起眼的部分，可一旦装饰起来，丢开那舒适排场且有一定名分的车子不去乘坐，愿意徒步而行。细细想来，贲趾，连最下位最不起眼之处也要美化装饰一番，可见人们对自身的珍爱呵护达到了何等地步！印度女性因赤脚行走便在脚板涂上红色，而《周易》所描绘的爱美者是如何扮饰的呢？我们只知有美者不甘独自欣赏，总想显露出来与众人分享，那舒适的车子恰是对装饰美的埋没，所以毫不犹豫地放弃了。孟子所谓爱美之心人皆有之，是夫子自身经历的省悟呢，还是源自贲卦的审美目光而对众生做穿透性的扫视呢？进一步来说，古人贲饰了脚趾便着意舍车而徒步行走，20世纪五六十年代亦有“穿皮鞋的爱逛街道”之说，可见无论古今，炫耀之心人皆有之。

4. 六二：贲其须

文饰脚趾至今仍是爱美的女性的功课，初九所述自然使我们融通古今，联想到这一点。可就没想到时空早已错位。六二爻辞一出，我们才恍然大悟：当时的美饰者竟是堂堂七尺男子！可见，美国服饰心理学家赫洛克所说原始人扮饰的孔雀原理，同样适用于中华先民。这一爻辞所述，既是男子美饰习俗的描写与反映，又推动了这一习俗的进一步发展。爻辞只说贲饰了胡须，就按下不表，没词儿了。其实此时无声胜有声，言外之意深着呢。美饰了脚趾头尚且给车也不坐，要在光天化日之下众目睽睽之中美滋滋地展示，那么，对具备“地利”优势的胡须给予装饰美化，好钢已经用在了刀刃上，无须着意彰示已豁然眼前，美髯飘飘，若白鹤亮翅，若玉树临风，令众生只有企羡、喟叹的份儿！况六二爻的位置，本身意味着得中得体，此时此地此情此景，美饰达到这种境地，哪还有什么可说的呢？

5. 九三：贲如濡如，永贞吉

濡是水润湿的样子。贞是持久不变。初爻是脚，次爻是头，这一爻似乎说人的整体扮饰效果。装扮得光鲜亮泽柔和温润，好像水打湿似的美丽，且能恒久地保持这一美饰效果，不就是吉祥如意的事儿么？对于饰物光鲜泽润效果的讲究与推崇，自然引发人们对金银珠玉等饰物的欣赏意趣和崇尚心态。考古发现告诉我们，先民多珠宝玉饰。看看时下，人们的审美观念仍是这样，不因数千年岁月的流逝而改变。可见先民如此敏感于贲如濡如扮饰效果，显然有着独到的发现和深刻的感悟。

6. 六四：贲如皤如，白马翰如，匪寇，婚媾

按《孔颖达疏》皤为素白之色。皤如，本指老人的头发白亮醒目，此为打扮得鲜明与光洁。翰如是像飞鸟一样快速飞翔。爻辞勾勒了一幅生活场景：天边来了一群人，人人打扮得色彩斑斑，光洁皎皎，白马似受到美的感染似的奔腾不已。农耕文明以静为美，人们见到纷乱与狂欢自然便想起强盗与战乱。爻辞便解释并抚慰道：那不是贼寇啊，是结婚迎亲的队伍。这一场景似蕴含二义：一是文饰所带来的美感给人以自由与解放，因而有内在的愉悦与外在的狂欢；二是文饰本身是文明的展示，是文饰者灵魂净化和内在素质升华

的修炼历程，虽说文饰之美可唤起自由狂放的意态，但却不会有贼寇般的越轨行为，而是欢乐祥和的灵动与活泼。《周易·序卦》所说："物畜然后有礼，故受之以《履》"。畜，假借为蓄。《说文艸部》："蓄，积也，从艸畜声。"意即生物聚积为群时，须以礼相待方能持久。说文："履，足所依也。"《尔雅》："履，礼也。"《释名释衣服》："履，礼也，饰足所以为礼也。"象辞就此卦评判说："观乎人文，以化成天下"，确乎是有针对性的表述。

说到婚嫁服饰给人以解放、自由与狂欢的感觉，归妹卦六五爻辞亦可作为补证："帝乙归妹，其君之袂不如其娣之袂良，月几望，吉。"袂指衣袖，即以局部代整体服饰。一般学者以为君指嫡夫人，所归女也；而娣指陪嫁之媵妾。如此一解即成了所归女尚德不尚修饰，故穿着简朴，诸娣尚容，反倒衣着华丽。我理解既是帝乙嫁妹，那么君自是帝乙，娣为女弟，帝乙之妹是也。妹妹地位自不能与国君相比，那么常规着装在面料、色彩、图案、款式及制作等方面应逊色于兄才对。而这里因是婚嫁大事，君主之衣袖远不及妹妹的高档漂亮！爻辞似说在婚嫁这个特殊的环境下，帝乙之妹的着装扮饰可以超过处于国君地位的兄长，这是能带来吉利祥瑞的行为。显然，这是充分肯定文饰的褒扬之辞。

7. **六五：贲于丘园，束帛戋戋，吝，终吉**

束帛是五匹一束的绢。戋戋，《孔颖达疏》为众多也；亦有显露意，如江淹《刘仆射东山集学骚》："石戋戋兮成文。"朱子《周易本义·贲》："束帛，薄物；戋戋，浅小之意。"诸解不无歧异，但可兼而有之。吝，吝惜、珍爱之意。鲜艳优美的锦帛制成的头饰、颈饰或腰饰扮饰于身，亮丽超群，自然引人瞩目。漫步于丘园，本应身心放松尽情游玩，却因盛装不得不郑重其事，小心翼翼地呵护衣着和饰物，累了不能席地坐卧，会把衣服弄脏；乐了不能彼此追跑嬉戏，那有皱的可能；热了不能脱，美饰会因此而损毁；冷了不能添衣，束帛会因此而埋没，颇为拘束，这样的游玩岂不累煞人也！但细细想来，扮饰原本自尊以尊人，炫耀也是生活氛围的美化，就是让人赏心悦目，动机是好的。最终束帛完好，美感依然，结果也是好的。

另有象辞称"贲于丘园"为"六五之吉"，以为《易》学多是在丘园与朝市对比中，从敦本履素的意向上理解此六五之吉的："不贲于朝市而贲于丘园，敦本也；束帛戋戋，尚实也。"[5]朝市是浮华的象征，丘园乃真朴之在，身在朝市而贲于丘洋溢着履素敦本的气息。贲于丘园之所以吉，是因为它不同于原始的质朴，它是在繁华浓艳中打过滚、恍然大悟后的自觉选择。这种选择与司空图《诗品》"真与不夺，强得易贫"的信念，"浓尽必枯，淡者屡深"的趣味心息相通。这一理解亦通。

8. **上九：白贲，无咎**

这句爻辞意即不加任何文饰，也没有什么坏处。似隐隐暗示文饰有着负面效应而推崇朴素之美，但只简洁一句，刚开头便煞了尾，如铜钟一击，任凭余音悠悠而撩人情思，引人遐想。想来上九已是贲卦的极点，按卦象运行原理，物到极时终必反，一切装饰走向极致就会返回淡装天然的本来面目。此所谓绚烂之极归于平淡，豪华落尽见真淳是也。刘向《说苑》说孔子卦得贲而意不平。子张问其故，孔子叹息说："贲，非正色也，是以叹之"，"吾闻之，丹漆不文，白玉不雕，宝珠不饰，何以，质有余者，不受饰也"，认定最高的美应该是本色的美，就是白贲；唐诗句有"却嫌脂粉污颜色，淡扫蛾眉朝至尊"的生活例证；刘熙载《艺概》："白贲占于贲之上爻，乃知品居极上之文，只是本色"，无疑都是认同白贲无咎这一观念的异代写真。

还可以引入其他一些卦辞，作为补证，亦可以从中看出《周易》对白贲境界的拓展与推崇。

履卦初九爻辞："素履，往无咎。"古人生活习惯，入室则脱履于户外，著则行，故履有必行之意。素履即质朴没有文饰之履，在人不易引起嫉妒；在己行为自如放松；自由自在，随遇而安，没有外在的负累。

坤卦六四爻辞："含章可贞"，意即包涵着文采，将装饰隐去，将美丽的图案花纹暗含其中，含蓄有味，隐而不发，淡淡而恒久。着意营造出没有文饰的形象来，大有万人如海一身藏的意态。这也是白贲一境。从服饰美学角度，清代李渔《闲情偶寄》自有一番妙解："宝贵之家，凡有锦衣绣裳，皆可服之于内，风飘袂起，五色灿然，使一衣胜似一衣，非止不掩中藏，且莫能究其底蕴。"此即白贲之境，亦即含章可贞之境，它意在营造美衣其内蔽衣其外的底蕴丰沛的着装效果。

既济卦六四爻辞："繻有，衣袽，终日戒，"染有彩色之缯曰繻，引申为美衣。袽，败衣也。有，此解为藏。毛传《诗·周南》："有之，藏之也。"意即把好衣服藏起来，穿起坏衣服，示人以贫、以淡，以示平庸，消弱自身过于出众的地位与形象，消解他人出自嫉妒的破坏欲望与敌对情绪，以防不测。终日戒，犹言整天谨慎小心的样子，不是心理上的忧心忡忡，而是着装打扮方面着意地自处卑下。"象曰：水在火上，既济，君子以思患而预防之。"这不就是"白贲无咎"的另一境界么？有美衣而着素淡，看来仍是不患寒而患不均在制约人们，自古而今，不敢露富的思维模式不知从何而起，在《周易》这里我们从着装心态中找到了它的原型。

一般而言，最需要形式发挥功能的地方，常常同时是内容最易流失的地方；越是需要形式发挥功能的时候，越需要"文明以止"的自觉。白贲最深刻的启示似乎是，最理想的形式即能完全被它所传达的意义所占有——使人们往往得其意而忘其形——这一道理似乎与"大音无声大器无形"之说有着深刻的内在沟通，在整个贲卦中，从贲至白贲各个不同阶段，都是内容在美饰的形式中得到圆满传达的标志。而白贲，作为目穷千里更上一层的观念，它既是对美饰的肯定，又是对美饰的超越。《杂卦》说："贲，无色也"。王弼注："无色，无定色也。""贲"而"无定"，已从规矩中脱颖而出，达到了从心所欲而不逾矩的自由境地。我们知道，传统易学每每用"贲象穷白"即白贲来替代文质彬彬，作为情采关系处理的最高典范，但谁曾注意过，它原初就是对服饰最高境界的探索与推举呢？

四、反对文饰——冶容诲淫

如上所述，《周易》在不少地方理解文饰、肯定文饰，但作为在漫长的历史过程中形成的典籍，它的观点也是多角度的，有矛盾的。比如它不仅从“天下治”的效应出发，为服饰的评判设定了政治伦理的标准和思路，而且似乎认定服饰容貌的美化或过分美化会削弱和戕害人的美德。

《周易·系辞上》有一说法即“冶容诲淫”。在这种文化目光的扫视下，既然服饰和化妆能美化人的形象，增添人体的魅力，特别是增加对异性的吸引力，于是就认为淫荡行为是美化服饰所导致的必然结果。凡是存在的都有一定合理的缘由。在当时的生活中，在既往的历史中，确也有不少帝王将相才子佳人追求服饰上的新奇和生活上的淫乱，似乎能够证明“冶容诲淫”是一条可以追寻的规律，从而成为我国数千年来人们反对服饰美化与创新的思维模式。基于这种观念，不少朝代都有从影响风化出发而反对奇装异服的政策和行动，回过头来看似幼稚可笑，而当时的人们却是多么的虔诚和严肃啊！寻其动机，无一不是想助风化，正人心。只不过不是黄帝尧舜，而是以民众作为主体从衣冠着手的“天下治”行为罢了。细究起来，它主要并非某些个人的有意操纵，而是一个民族整体的价值取向，而这正是《周易》服饰文化观的无意识表现。

在理性的视野中，“冶容诲淫”是不符合逻辑的。最起码是一种肤浅而片面的认识。生活腐败的人一般说来喜欢打扮，但是善于打扮的人却并不一定生活腐败。屈原是喜欢打扮的，春秋战国时代原本是一个新时尚流行的百花齐放的时代，服饰的讲求是从国王到平民、从诗人到哲人的普遍兴趣。了解这些，就似乎读懂了他在诗句中反复以自豪的口吻说自己穿戴如何如何漂亮的心态，然而也相当熟悉地听到了这位伟大的诗人沉重而无奈地在《离骚》中叹息：“众女嫉余之蛾眉兮，谣诼谓余以善淫。”这不就是“冶容诲淫”观念所产生的效应么？当然是典型的负面效应了。

其实在不同地域不同时代，这种思维模式会经常出现。如英国国会在1770年曾考虑制定法例，禁止女子化妆，认为化妆是“迷惑男性的巫术”，今天看来幼稚可笑，可彼时彼地似乎更带有神圣的意味。

换个角度来说，也许这是一种文明拓荒期的禁忌。它本身莫不是从反面意味着服饰的起源——如现代一些服饰史家所说——是为了吸引异性才产生了服饰，于是才有了《周易》文化中如此激烈的态度和谴责性的言辞，在中华文明拓荒期便构筑了一条以伦理道德品评服饰境界的文化思维模式。人们着装重端庄大方，仪表整齐，不喜欢奇异之服，每人在着装之前总要考虑别人有什么看法，会说些什么……这一切也许源于《周易》的教诲，也许种种猜测都归于虚妄，然而这种唯伦理型的服饰文化思维模式，不只是在历史上，也是现在我们每个人可以感知并为之困扰的客观现实。

应该承认，《周易》所营造的着装起源的神圣性，为着装社会性的普及与敬畏心态作了重要的心理铺垫。从生活实例来看，婴儿着装是经过多次哭闹、反抗成人强迫，才成为可接受的习惯，那么，人类婴儿期的着装恰恰需要神幻意味的强迫与现实权威震慑的力量，才可无遗漏地皈依顺从。将服饰创造权归于帝王这一观念，在今天看来负面效应甚多，甚至多有牵强附会之处，但在当时，却是历史性智慧的凝聚，是人类文明的重大进步。

从贲卦等可知《周易》所表述的时代，人们的文饰观念相对成熟且有多向度的阐发和理解，既对文饰产生的美感魅力有倾心皈依的肯定，又对众生普泛的炫耀心态有敏感而有一定深度的把握；既欣赏文饰持久会带来心情愉悦灵魂净化的祥瑞氛围，又点出不分场合的文饰会使人拘束有异化的负面效应；既强调文饰种种华丽之美之吉，又推崇返璞归真的无饰之美，亦有对感性沉溺的美饰的指斥……这种理解，这种表达，也许不无偏颇，但总体来说是深刻而独到的，是宽容而从容的，是与现代民主平等的美感境界相通。虽相隔数千年，我们今日读来，仍觉新鲜，仍觉有意味，大约就是这个道理。

思考与练习

1.“黄帝尧舜垂衣裳而天下治，盖取诸乾坤”一语的具体含义是什么？

2. 为什么说《周易》服饰文化观是多向度的？

3. 试述中和之美。

注释

[1] 高堂隆：魏台访议，见陈梦雷编《古今图书集成·礼仪典》卷三一七，中华书局，1987：87。

[2] 张玉春：《竹书纪年译注》，黑龙江人民出版社，2003：87。

[3] 辛介夫：《周易解读》，陕西师范大学出版社，1998：606。

[4]《甲骨文字集释》，台湾“中央”研究院历史语言研究所集刊之五十，4039。

[5] 胡炳文：《周易本文通释》卷一，影印文渊阁四库全书本。

基础理论——

悠悠万事　唯此为大——“三礼”与服饰

课题名称：悠悠万事　唯此为大——“三礼”与服饰

课题内容：规模宏大的服饰管理体系与等级秩序
冠礼：庄严神圣的成年礼仪
五服制：服装款式中天伦亲情的直觉造型

上课时间：4课时

训练目的：通过教学，使学生不仅了解古代服饰制度的建设及相关内容，而且了解服饰在梳理性别秩序和社会秩序中的重要功用，以及在人格构建层面的特殊效应。

教学要求：制度的细节、冠礼的过程以及五服制的具体规定都可或详或略地讲授，但都不以此为自足目的，而是进深一步，由此而解读服饰在梳理社会秩序与性别秩序以及在人格构建层面的特殊效应，从而感悟服饰文化超越时空生命力的深刻所在。

课前准备：阅读“三礼”原著及相关研究资料。

第六章　悠悠万事　唯此为大
——“三礼”与服饰

所谓“三礼”，即人们常说的《周礼》、《仪礼》和《礼记》。种种论述告诉我们，“三礼”在其漫长的历史形成过程中，从宏观的服饰文化观念与具体的着装惯制等层面，勾勒出了中华服饰制度文化的整体格局，从而奠定了中国礼仪文化（其中重要的内容是服饰格局、容貌仪态举止的模式、周旋揖让的艺术等）最富实践意义的行为模式与内蕴。

一、规模宏大的服饰管理体系与等级秩序

在前述章节中，我们可以看到，在神话格局中，服饰即便有等级，也多是色彩领域的整体褒贬，其他如款式质料等则多处于混沌状态；服饰的图腾巫术里，虽有狞厉之美、神圣之威，但却众神平等且人神混一，似无阶级差异；在《周易》观念中，等级意识逐步升级显化，但具体到服饰上仍多可意会而不可言传；但在三礼中，情况就不同了。这里是独上高楼望尽天涯路的一目了然，服饰的等级世界里确乎是井井有条、清清如水，没有多少可以含混的地方。

1. 建立了规模宏大的服饰管理体系

而这服饰等级制基础，就是建立在服饰管理与生产的严密组织与系统分工之上的。在《周礼》中，我们便看到了一系列因服饰而设立的专司官职：

> 司裘掌为大裘，以共（供）王祀天之服；
>
> 掌皮掌秋敛皮，冬敛革，春献之，遂以式法颁皮革于百工；
>
> 阍人掌守王宫之中门之禁。丧服、凶器不入宫，潜服、贼器不入宫，奇服怪民不入宫；
>
> 典丝掌丝入而辨其物，以其贾扬之。掌其藏与其出……凡祭祀，共黼画组就之物。丧纪，共其丝纩组文之物。凡饰邦器者，受文织丝组焉；
>
> 典台掌布纺、缕、苎之麻草之物，以待时颁功而授赍；
>
> 内司服掌王后之六服；
>
> 缝人掌王宫之缝线之事；
>
> 染人掌染组织上帛；
>
> 追师掌王后之首服；

屦人掌王及后之服屦；

夏采掌大丧，以冕服复于大祖；

司服掌王之凶吉衣服；吉服用于祀天地先王与四望山川；凡凶事服弁服；凡吊事，弁至服；大札、大荒、大灾，素服；

角人掌以时征齿角凡骨物于山泽之农以当邦赋之政令；

羽人掌以时羽翮之政于山泽之农，以当邦赋之政令；

掌葛掌以时征希谷之材于山农；

掌染草掌以春秋敛染草之物，以权量受之，以待时而颁之；

典瑞掌玉瑞、玉器之藏，辨其名物与其用事；

弁师掌王之五冕，皆玄冕、朱里、延纽、五采缫，十有二就，皆五采玉十有二，玉笄朱纮（宏）；

攻金之工、攻皮之工：函、鲍、韦、裘等；

设色之工：画、缋、钟、筐等；

刮摩之工：玉、雕等；

……

在今天看来；服饰官员设置竟是如此的繁复多样，是如此的名分清楚，是如此的分工到人、程序到位……在一条条严格规定的官职说明中，我们不难感受到从服饰材料的生产组织到服饰因人、因事、因地而异的全方位的管理安排，它起码说明了一个非常正规化的管理系统机构就此确立。如果说，我们在《周易》“垂衣裳治天下”抽象概括的话语中感受还难以到位，不免空泛的话，那么，这里则是将这一理念具体坐实到政策化、官员责任制等社会管理体制中来了。也许在历史发展的过程中，它的弊端会逐渐现出，但在人类文明史上，这一系列举措，作为服饰文化制度层面的重大创意与建设，还是值得人们注意与研究的。

为什么呢？

因为它聚拢天下之材，丰厚了营造服饰殿堂的土壤与资本。仅官职百工所提及的从布、缕、苎麻、草到齿角、凡骨、羽翮、金玉锡石……从披挂到扮饰点缀的原材料几乎都网罗在内。所有这些，过去肯定也曾聚敛过，但在这里却明确化了，政策化了，规律化了，有着社会的普及性与现实的可操作性，以及朝廷严密的控制性。对生产采集者来说，由于能够抵偿赋税，则可能会由过去的业余捎带变为专业经营，扩大采集范围，提高生产技术能力，优化材料品质；对统治者和被统治者来说，此举当属建设性的共赢意态，它有着化征讨降服为组织生产经营的共存途径。这虽然不乏聚天下珍奇之材为朝廷所有的聚敛色彩和专制意味，但在人类文明的早期，在社会统治构型还未成熟、未模式化之时，仍具有有效的社会组织与资源开发、开拓和创造的重要意义。它无疑会使服饰出现前所未有的多样化、精制化和优质化。

因为它聚拢天下服饰技艺之士于一堂，变原本各自封闭的独自琢磨为与天下同道者面对面的请教、较量、商榷与交流。在竞争中超越技艺，在协作时激活智慧，职业大门类如此明确的分工可使从事服饰创造者无衣食之虑而潜心钻研，在行业内部精细的分工也可以使人们着意于一个个细小的环节而精益求精，而不是原初阶段那样整体创制却难得面面俱到。据《考工记》所载，攻金之工、攻皮之工、设色之工、刮摩之工等周代的六种工艺就以术业专攻的姿态再做细致分工，分为三十多个工种。例如，攻皮之工一分为五：函人作甲裳、旗帜等，鲍人作兵器和皮件，韗人作鼓，韦氏治熟皮，裘氏作裘等。设色之工亦一分为五：画工专绘画衣服、旗帜等，缋工亦同绘，钟氏染羽毛，筐人设色。细致的分工使得工匠自身的技术素质与艺术潜能得以升华与发展。

因为它与服饰技艺的分工走向了服饰制度管理的分工。从远古的服饰领域信步走来，我们在这里初次看到了如此郑重其事的秩序与规范：人员组织、任务布置、生产与着装监督、检查验收、质量评定、分类收藏与分发监督等，仿佛构成了社会大系统中的一个为人所重的小系统。服饰管理官员有级别，一般管理人员有编制保证，使得服饰的一些惯制上升为社会制度可以为政府所操作，且一代代地传承下去；在生产者来说是制作程序的一种梳理与促进，且劳动分工这一使生产力内在质素突飞猛进的实践形式因之而模式化；对着装者来说是一种社会秩序与伦理的梳理与落实。这是社会文明进步的表现。

应该看到，如此庞大精致的服饰官职设置，一方面是将服饰管理作为社会统治的重要方面和特殊手段，另一方面是由于原始神话图腾模式惯性力的作用，对服饰敬畏态度的世俗表现。当然也有着因其对社会、对个人美饰点缀功能的重视。

2. 衣分褒贬与等级

在“三礼”中，看到衣装饰物不仅因人的社会地位的不同而不同，而且也因时因事因地的不同有着种种的不同（图6–1）。《周礼·春官·典命》规定：“上公九命为伯，其国家、宫室、车旗、衣服、礼仪皆以九为节；侯伯七命，其国家、宫室、车旗、衣服、礼

图6–1 宋聂崇义《三礼图》所拟各种冕服

仪皆以七为节；子男五命，其国家、宫室、车旗、衣服、礼仪皆以五为节。”《周礼·春官》中小宗伯的职责就是“辩凶吉之五服”，郑玄注：“五服，王及公、卿、大夫、士之服。”这只是宏观上的等级原则，具体展示开来就很繁杂了。

帝王服饰不仅划分凶吉，吉服还要分成九等。作为帝王服饰内在的等级，主要是视其祭祀对象的不同而定。《周礼·春官》将这一重大责任交给司服之官：“司服掌王之凶吉衣服，辨其名物与其用事。王之吉服，祀昊天上帝则服大裘而冕，祀五帝亦如之；享先王则衮冕，享先公飨射则鷩冕；祀四望山川则毳冕；祭社稷五祀则希冕；祭群小则玄冕。”意即司服这种官员的职责是掌管天子的吉服凶服，能够分辨服饰名称与色彩的异同，以及适用不同事件的用途。帝王的吉服有九种，祭祀皇天上帝则穿大裘并着冕服，礼祀五方大帝也是这样；祭奠先王则穿着衮冕，祭先公及飨宾客及与诸侯骑射则服鷩冕；祀四望山川之神则服毳冕；祭五谷之神及五色之帝则穿希冕；祀林泽坟衍四方百物则服玄冕。在这里，就服装而言，可能仅是款式的稍许差异，图案的多少有别，面料质地及用量的不同，却强有力地规范和排定了外在对象的等级与秩序。有些看来明显是非理性的活动，却在如此理性的框架与氛围中操作与运演。

至于君臣之间，上下级之间，不仅因级别而穿戴不一，而且所执所佩之饰也以等差量化来区分。《周礼·冬官·考工记》规定：

> 玉人之事，镇圭尺有二寸，天子守之；命圭九寸，谓之桓圭，公守之；命圭七寸，谓之信圭，侯守之；命圭七寸，谓之躬圭，伯守之。

玉圭，名称上不仅君臣有别，而且公侯伯等因级别不同而亦有差异；在形制上，自天子而下公侯伯等由大到小，呈现出明显的降幂式等差序列。这是玉人管理的范围。至于大宗伯呢，就要面向全社会了：

> 以玉作六瑞，以等邦国：王执镇圭，公执桓圭，侯执信圭，伯执躬圭，子执谷璧，男执蒲璧。以禽作六挚，以等诸臣；孤执皮帛，卿执羔，大夫执雁，士执雉，庶人执鹜，工商执鸡[1]。

顺便插一句，鸡作为凤图腾的主体原型之一，为殷商重要的图腾标志，为周所贬损，此当为其例证。

具体到服饰款式，《礼记》说得简洁明确：“天子龙衮，诸侯黼，大夫黻，士玄衣纁裳。”而《周礼·司服》则描述得冷静细致：“公之服，自衮冕而下如王之服；侯伯之服，自鷩冕而下如公之服；子男之服，自毳冕而下如侯伯之服；孤之服，自希冕而下如子男之服；卿、大夫之服，自玄冕而下如孤之服。”此指以官位高下而定的等差冕服。这样公与天子则可同服衮冕，侯伯可同服鷩冕等，但仍有明显的区别。例如，公虽同为衮冕，

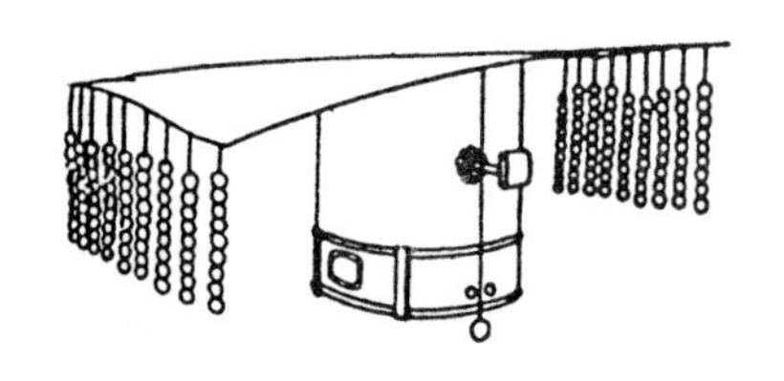

图6-2　山东邹县出土的冕冠

他所戴的冕旒虽也是九旒，但每旒是用九玉而不是王所用的十二玉，且所用玉为苍白朱三彩，这样，公的衮冕旒前后共用玉为162颗比王少126颗玉（图6-2）。以下侯伯七旒，旒用七玉；子男五旒，旒用五玉；卿、大夫则有六旒、四旒、三旒、二旒之别。因孤、卿、大夫中有属于王者，其所得命数各有不同，因此所服冕旒之数也有不同。

天子衮服有升龙、降龙的纹样，而公只有降龙的纹样。

大约从西周初年开始，帝王和官员都以冕服为朝服，即头戴垂旒的冕，身穿绘绣十二章纹的衣裳，腰束革带，下穿舄，自然依身份和用途的不同，垂旒、花纹的多少和带、舄的质料和色彩都有所不同。冕服自创立以来，经历代数百个帝王的沿用、改制和补充，在历史上流传了两千多年，直到民国才被废止。周代以后，冕服一直是历代祭服的主要形式。到了明代，唯天子、皇太子、亲王、郡王、世子可着冕服，其他公侯以下都不用冕服了；到了清代，皇帝用于祭祀的衮服仍绣有十二章纹，以示等级。

后来的朝服款式多变，但表示等差的精神却一直延续着。汉代朝服是冠服，即头冠、足履、身着深衣。等级的区别在于：官不同冠不同，如文官进贤冠、御史法冠等；冠梁多少不同；依官阶大小，佩绶的颜色与织法都不同。汉代的冠服制度为历代沿用，直至明代末年。

唐代实行品色衣制度，即以服色区分官品尊卑，皇帝赭黄，官员一品至九品以不同色彩为等差，详见第十二章。此后，品色衣一直是我国官服制度的一大特色，不过历代具体规定不同而已。革带，官员所带革上饰有不同的饰片，依官职的不同而分别以玉、金、犀、银、铁制成；章服，唐代官员出入宫门必带鱼符，作为身份的证明，且随身鱼符左右各一，左进右出，三品以上衣紫者鱼符袋饰以金，五品以上衣绯者袋饰以银，此即章服制度。唐常服制度为宋明所沿袭，明清又增加了以补服区分官品的方法。

清代分服的等级区别除补子而外，还有：冠帽上顶珠的色彩与质料不同；朝珠须五品以上及内廷官员才可用，且依品级而质料不同；腰带不同，皇帝本支用黄带，伯叔兄弟之支用红带，其他均用石青或蓝色；蟒袍纹饰不同，三品以上九蟒，四至六品八蟒，七至九品五蟒，等等。

按照礼的规定，服饰图案是区别等级的一个重要标志：

> 礼有以文为贵者：天子龙衮，诸侯黼，大夫黻，士玄衣纁裳。天子之冕，朱绿藻，十有二旒；诸侯九，上大夫七，下大五，士三，此以文为贵也。

这明确说明以文饰示贵贱，别等级，服饰的政治伦理意义淹没了其他文化蕴涵。

不仅服饰款式色彩质料与图案都有等级，在特殊情况下，就是着装先后，也有着严格的等级与顺序："天子崩，三日，祝先服；五日，官长服；七日，国中男女服；三月，天下服"[2]。意即天子死后，三天，掌管宗庙祭祀的祝官先服杖；五天，文武官员们服杖；七天，国都及其周围地区的男女民众都服丧；三月，天下各诸侯国的人都服丧。

还是汉代贾谊《服疑》一文说得好："是以天下见其服而知贵贱，望其章而知势位。"如此这般，使得天下的人们见到不同的服装款式就知道其身份的高低贵贱，看到不同的图案就能分辨出权势尊位的不同，服饰的标志功能在这里表现得多么单纯而又绝对（图6–3）。

图6–3　天子冠冕像

3. *衣饰成为社会统治手段，成为治乱顺逆的外显标志*

在"三礼"中，如此在服饰中讲究上下，上下有序，君臣有别，正是"礼"的全方位落实措施之一。服饰在这里成为礼治的物化状态。

在当时设置的所有级别官员中，几乎每人的职责都含有服饰方面的内容。大到最高官职的大司徒，有以礼治国——推广服饰之同、诛讨服饰之异——的任务："以本俗六安万民……六曰同衣服"。小到掌守王宫的阍人——如前所引述——也要注意着凶服者不得入，着潜服者不得入，奇服怪民自然也在排斥之列。至于小宗伯之职，那也免不了要在服饰范围内周旋，既要"辩凶吉之五服、车旗、宫室之禁"，又要"掌衣服、车旗、宫室之赏赐"[3]。

无一例外，服饰在这里都强调威仪庄重、富丽华贵、雍容典雅，因为它是皇权的物化象征。帝王服饰是其中的核心内容。这是因为"帝王服饰，作为一种独特的服饰文化系列，以其独具和专享的政治、文化和艺术的特性，显示皇权的巨大和高层次文化的审美效应。中国古代，帝王服饰在整个封建国家的诸多盛大、威严、神圣的政治、军事、文化活动（如祭祀、宴饮、赐宴、婚嫁、丧葬、出巡、庆典年节）中，以其自身至尊、至荣、至华、至贵、至雅的独特风格，用礼的物化状态展示在人们面前。各种系列帝王服饰的每式每件，无论在形体制式设计、色彩搭配、饰物的装潢、加工工艺上，均无一落入俗套。百官群臣和人们在各种场合中，用敬畏的目光和心情，审视其庄严、华贵皇装的同时，在其特定的服饰文化氛围下，不知不觉感受到了皇权的存在"[4]。

正因为帝王服饰和官服都渗透了等级尊卑的观念，历朝累代都对不同官品的服饰有严格的规定，不准民间和下级僭用，违制者要受到严厉地惩治。它是一种与职官制度密切相连的服饰现象，体现着那些时代特有的文化氛围。但这一切，倘要追本溯源，还是要回到"三礼"上来。既然服装饰物都是等级、分工的标志与象征，那么在"三礼"中就有了许多禁忌：

于是，“燕衣不逾祭服。寝不逾庙。”即平素的衣装不能超越祭祀的礼服，寝室的华丽应让位于祖庙的辉煌；

于是，“几杖、重素、珍絺绤，不入公门；苞屦、扱衽，厌冠，不入公门。”即拄着拐杖、白衣素装、粗疏透露装及种种衣冠不整者，不得随意进入公门；

于是，属于另类的应监督他们不能冠饰：“司圜掌收教罢民。凡害人者，弗使冠饰，而明加刑焉。”罢民即恶人，就是不从教化、为老百姓所苦而又未入五刑的人，不许他们冠饰以表明是社会的罪人；

于是，“作淫声、异服、奇技、奇器以疑众，杀！”对于奇装异服以死罪来制裁，似乎在强调既定服制不可冒犯的威严和尊位。

于是，尊贵的服饰是不能随意在社会上流通与交易的：

> 有圭金璧，不粥于市；命服命车，不粥于市；布帛精粗不中数，不粥于市；奸色乱正色，不粥于市；锦文珠玉成器，不粥于市；衣服饮食，不粥于市……禁异服，识异言[5]。

在这里，确定某种款式、图案、色彩、面料为一尊，并以之规整社会，是早期统治者的需要。客观存在确也反映出服饰从传统图腾崇拜演化为政治伦理秩序的一个轨迹。灭众神而尊一神，要的就是让天下臣服的标志，因为卧榻之侧，岂容他人酣睡？在服饰政治图腾观念模式中，选用别样的面料，染就异样的色彩和图形纹饰，裁定新颖的款型，说明其公然违背这种格局的社会秩序，且另有崇拜对象和皈依目标，执政者岂能放其一马，让其一路绿灯呢？于是我们就明白了，此时的着装虽有美化的意味，但作为评判的标准并不在于仪容的美丑，而在于人品之忠奸。因为统治者正是借助衣冠的模式化不断提醒人们应安分守己，懂得这一模式顺昌逆亡的威严。《周易》以来的衣以治天下的思维模式在这里具体细化后，又从统治层面获得了一个简单而易操作的类别模式，尽管顺依服制者并非忠臣顺民，但公然异样穿戴者，必是离经叛道者，自与统治思想格格不入，当然应在剪除之列。服饰之“礼”在这里明确表现为服饰之“厉”，它不只是对服饰多样性的剥夺，对正常的服饰美感的压抑与漠视，对人们时时涌起的服饰创造热情的扼杀，更是全面导致了服饰对人的异化。当然，负面的制裁只是底线，向上也有正面引导的，比如不同的服饰款式就有了标示特殊环境、特殊用途的功能：“有虞氏皇而祭，深衣而养老；夏后氏收而祭，燕衣而养老；殷人冔而祭，缟衣而养老；周人冕而祭，玄衣而养老”[6]。

在等级观念笼罩下，就是目光所至的范围与角度都如此明确，都会引起如此敏感的心理感悟！这里的服饰等级序列没有“排排坐吃果果”的天真意趣，也不是梁山泊英雄排座次的温良恭俭让，更不是后世文人学士相对揖让的文质彬彬，而是社会控制与梳理的方针大略中“天不变服亦不变”的既定国策，是普天之下“唯此正统余皆异类”的规范布告。

这里神圣氛围的营造，在文化渊源上一方面来自图腾崇拜，另一方面来自天子为天下大宗的宗法观念。将天地代表性的物象聚拢而来为衣着之色，为装身之饰，展示的就不只是天地之间唯王独尊的意念，而且是天地万物之美集于一身，天地万物为王所有、为王所用的象征意味。故这一意象群内蕴博大，境界高远。赵联赏认为，这里服饰既能体现人的物质占有状况、富足程度，同时还能区分人们所处社会地位的尊卑、贵贱、权势大小。服饰在此成为物质财富与精神财富的双介物，成为政治的直接造型手段。统治者为提高自己的尊严，在所规定的服饰上加以雕琢、打磨、修饰，并进而使它产生全方位的、立体的威慑效应。十二章纹就是顺理成章地将人们崇拜的事物聚拢于衣，作为特定与专用的标志，突出其神圣地位和文化的特定氛围；而且使这些特定的服饰文化语汇和标志具有权威性，仅是所崇拜之物象还不够，统治者运用手中的权力，以法律的形式和军事的手段，明确将某些服饰的色彩、款式、图案和质料规定为帝王专用。倘有僭用者，将以违制、谋反之罪，严惩不贷。于是我们看到了一系列具体入微的规范与限定："天子视不上于袷，不下于带。国君绥视，大夫衡视，士视五步。凡视，上于面则傲，下于带则忧，侧则奸"[6]，意思说臣视天子目光不能高于交领，不能低于绅带；臣视君不能高于脸面，不能低于交领；与大夫相对可平视其面；若见士远在五步之遥就可投以目光。大凡看人，若目光高于对方脸面就是傲慢，目光低于绅带就是忧郁，而一味侧视就是奸邪。看来，不只着装的款式图案上下配套有模式化的等级，这里连视线的方向、远近都做了如此严苛的要求，外在的仪容形式与内在的性情人品如此直接联系，如此僵硬的约束，自然会使下属有如临深渊、如履薄冰的顺从之感。同时，也让居于高位的统治者从具体情景中感受到了秩序、规矩与优越感。

其中，更为广义的等级，也有着华夏衣冠文明对周边落后民族居高临下的优越感：

> 中国戎夷五方之民，皆有性也，不可推移。东方曰夷，被发文身，有不火食者矣；南方曰蛮，雕题交趾，有不火食者矣；西方曰戎，被发衣皮，有不粒食者矣；北方曰狄，衣羽毛穴居，有不粒食者矣[6]。

这种文化优越感，几乎渗透在历史的整个行进过程中。在宋代王禹《北狄来朝颂》中，我们听到了那种发自历史深层的自得之声："荷旃披毳，安知五服之仪！"

当然了，服饰管理体系与等级制是一个复杂的文化问题，不是简单地以是是非非、肯定与否定就可定论的。它给我们提供了更为广袤博大的思考空间。一方面，它确实抬高衣饰的身价，增益了人们对衣饰的敬畏态度，使人们从传统的仰赖超自然力的图腾崇拜移位到世俗的政治规范中来；使得社会文明早期容易出现的回到裸态装身的荒蛮现象得到有效的遏止；使社会分工与等级责任以服饰的形式明确地得到了强调与象征；使得衣饰的社会效应得到高度体现。而另一方面，它只是从等级秩序与顺从与否的观念出发，忽略了衣饰全方位的社会功能与效应，无视衣饰与人的多角度、多层面的深层意味、美感质素与文化积淀……只简单地抽出一个角度一个层面，只知人是一个政治生物，而不知每个人都是一个独有的生命与文化创造者，而且是一个积淀着丰厚的人类文明的文化载体。服饰等级制的正面效应与负面效应在历史的长河中展现得更为突出。从正面的角度上看，直到数千年的今天，服饰管理系统与等级制不仅没有消失，还在一些特殊的部门不断得到强化与精致；从负面角度上看，它所带来的全社会性束缚随着历史进程而越来越外显，于是一般公众着装完全打碎了等级的界线和框架，走向了自主、自在与自由。

二、冠礼：庄严神圣的成年礼仪

谈到冠礼，自然会令人想到“三礼”中的种种规定：

《礼记·曲礼》规定了男女冠礼与笄礼的年龄与形式：“男二十，冠而字……女子许嫁，笄而字。”

《周礼·春官》则强调冠礼的意义：“冠则成男女之德。”

《释名·释首饰》又区分了冠与巾的社会角色与地位：“二十成人，士冠，庶人巾。”

也许由于历史的或者观念的原因，“三礼”中男子冠礼记述详备而女子笄礼付诸阙如。虽然在《宋志》所记赵宋公主笄礼的文献中，我们发现了古代女子笄礼的完整表述，虽然其内容过程与冠礼基本相同，但历史叙述的惯性似乎让女子笄礼成为被遗忘的角落而很少为人所提及。于是人们谈冠礼一般就专指男子，意即古代贵族男子，到了二十岁就要举行隆重的加冠典礼，作为成年的标志。从此，这个青年人就具有了一个贵族成员所应有的权利和义务。加冠者从此便享受本集团正式成员的权利，也应履行相关的义务，衣服及冠的更换便具有此种功能，即使权利义务明确化。看来，冠礼被推崇到一切礼仪的开始和根本的重要地位。

冠礼是一个庄严肃穆而繁杂的过程，冠礼有哪些仪式，又如何进行的呢？《仪礼》首章便是士冠礼，详细地记述了古人戴冠的礼法和制度。其中包括举行冠礼的各项准备，举行冠礼的过程，各种冠礼的变例、宾主所致辞以及冠礼的意义。

1. 举行冠礼的地点选择在祖庙

（1）庙前占卜，选定吉日：《仪礼·士冠礼》：“士冠礼，筮于庙门。”所谓筮，是指用筮草占卦来选定举行冠礼的良辰吉日。这一天的主人，即将要加冠者的父或兄穿戴玄冠、朝服、缁带、素毕，在庙门外东侧面西而立。玄冠是当时通用的礼帽，在祭祀、上朝等正式场合戴用。它是用略带赤色的墨缯制成的，夏称为毋追，殷称为章甫，周称为委貌或单称委。有关执事穿着和主人同样的服装，如此森严而庄重，在庙门外西侧面东而立，以北为上位。占卜选址于庙前，意在告知远逝的祖先，并有增强宗族凝聚力的作用。站位面东面南为尊，正是周代四方模式中以南为光明以东为希望的象征模式的世间坐实。主人的玄冠，其形制即有一冠圈套在发髻之上，称武；武上有一为宽的冠梁，从前到后覆于头顶；武的两侧各有一根系冠的丝绳结于颏下以固冠，称缨。朝服，是朝见国君或在比较庄重的场合穿的一种服装，上穿缁衣，下着素裳；缁带，是用黑缯制成的衣带，古代贵族衣袍束带，其色与衣色相同，故朝服须用缁带；毕，系于裳外的蔽膝，上窄下宽而较长，可遮住大腿至膝部，朝服所用，素毕，是用白牛皮所制以与裳色相配。占得吉日后，主人即到宾客家去告知，请届时参加。如果不吉，那就择日再行占筮，礼仪隆重如前。

（2）庙前筮宾：冠礼前三天，通过占筮，从主人的僚友中选定一位可为其子或弟加冠的礼宾，这是冠礼上的主宾。筮宾的礼仪隆重如同筮日。《礼记·冠义》明确指出："古者冠礼，筮日，筮宾，所以敬冠事。"意即在祖庙既占卜冠礼的吉日，又以筮占选择冠礼的主宾，都是敬重其事的表现。

（3）庙前告期：冠礼前一日，又要在庙前举行一个特殊的告期仪式："厥明夕为期，于庙门之外，主人立于门东，兄弟在其南，少退，北上……宾者请期，宰告曰：质明为期。"看似以庄严拘谨的形式，预告第二天将举行冠礼，实则不断以可操作的仪式为即将到来的冠礼起烘托与铺垫作用，以期营造出神圣与崇高的氛围感。

（4）庙中冠礼：第二天清晨，冠礼在庙中如期举行。各类服饰特别讲究而细节一丝不苟。为冠者备用的服装共有三套：爵弁服、皮弁服和玄端服。服装放在东房的西墙下，使衣领朝东，贵重的东西放在北边。爵弁服包括纁裳、丝衣、缁带和赤黄色的蔽膝；皮弁服包括白色而腰间褶皱的裳、缁带和白色的蔽膝；玄端服，裳用玄裳、黄裳或杂裳都可以，还包括缁带和赤而微黑的蔽膝。缁布冠的缺项，有用青色丝带做的缨连缀在它上面；缠发髻用的缁纚，宽度与用作缁纚的缯幅相等，长六尺；还有固定此弁的笄，固定爵弁的笄；用黑色而有浅绛色镶边的丝带做的系弁的纮；上述爵弁、皮弁、缁布冠各放在一只竹制的冠箱中，各由一位人员拿着，面朝南站在西边以待用。当主宾到来升堂后，就转向面朝东；主人穿着玄端服，系着赤而微黑的蔽膝，站在台阶下，正当堂东序的地方，面朝西；将冠者的兄弟们都穿着通体一色的黑衣裳，面朝西，以北为上位；礼事佐助者穿着玄端服，背对着东塾而立；将冠者身着彩衣，束着发髻，在东房中静静地朝南而立，等待着那庄严的冠礼时刻的到来。

这里的祖庙，乃是供奉祭祀祖先的处所。祖先的神灵寄附在设置的牌位之中，因而成为祭祀祈祷的直接对象。面对祖先举行象征成年的冠礼，显然具有告慰祖先，并能取得其承认与福佑的意味。看来在古人冠制或惯例中，未成年人是不得戴冠的；而进入成年想取得戴冠的资格，也需在祖先的神灵之前举行冠礼才行。

2. 冠有三加

（1）第一次是缁布冠（图6–4）：在规定的庄严、繁细的程序过后，主宾右手握着冠的后项，左手握其前部，进到将冠者席前，端正容仪，向将冠者致祝词：

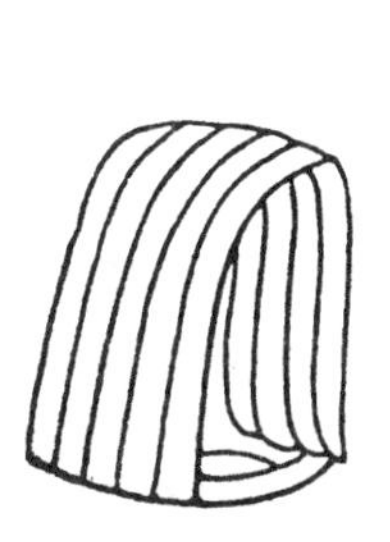
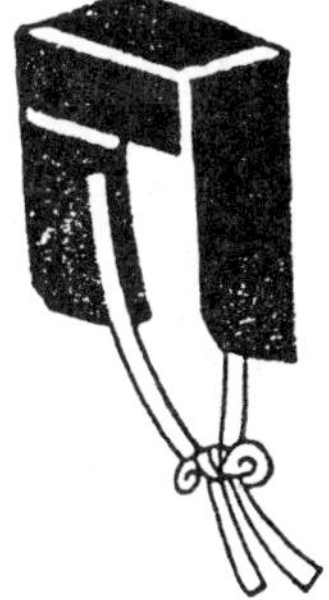

图6–4 《三礼图》所拟缁布冠

令月吉日，始加元服。
弃尔幼志，顺尔成德。
寿考惟祺，介尔景福。

意思说，在这良辰吉日，第一次给你加冠。望你从此抛弃童心，谨慎地修养成人之德。这样你就可以高寿吉祥，大增洪福。致辞后，即为将冠者加上缁布冠，完成第一次加冠仪式。

（2）第二次是加皮弁（图6–5）：主宾为受冠者加冠时的祝词：

吉月令辰，乃申尔服。
敬尔威仪，淑慎尔德。
眉寿万年，永受胡福。

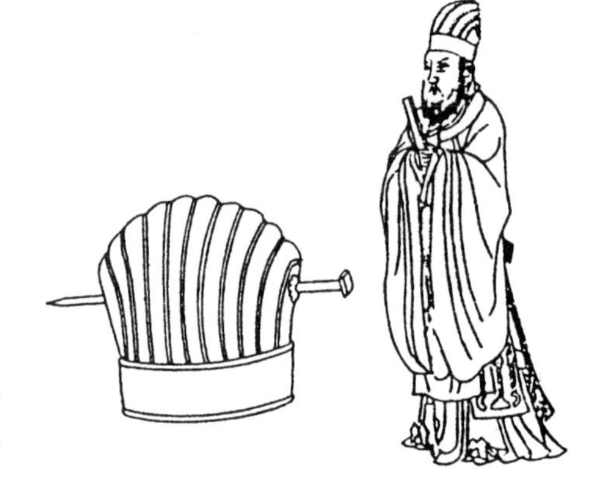
图6–5 《三礼图》所拟皮弁与山东出土皮弁

意思说，在这良月吉日，再次给你加冠。望你保持成人威仪而永不懈怠，善于谨慎地修养你的德行。这样你就可以长寿万年，永享无穷之福。皮弁是太古时代的一种帽子，戴此示不忘本之意。郑玄注《士冠礼》：“皮弁者，以白鹿皮为冠，象上古也。”《白虎通·绋冕》：“皮弁者……上古之时质，先加服皮，以鹿皮者，取其文章也。……积素以为裳也，言腰中辟积，至质不易之服，反古不忘本也。”皮弁与“鏊而拘领”的太古帽子是一脉相承的，即所谓“冒覆头，钩颔绕颈”。用以保护头部的皮弁原本是用于战斗和田猎的。

（3）第三次是加爵弁（图6–6）：祝词：

图6–6 《三礼图》所拟爵弁

以岁之正，以月之令，咸加尔服。
兄弟俱在，以成厥德。
黄耇无疆，受天之庆。

意思是，在这美好的岁月，三种冠都依次给你加上。兄弟们都来参加冠礼，以助成你的成人之德。祝你知寿无疆，永享天赐的福庆。

接着，主宾向冠者行醴礼，三致醮辞。并在客位上为冠者行醮礼，如《礼记·冠义》所说，是表示尊尚冠者已有成人之道。醮辞说：

旨酒既清，嘉荐亶时。
始加元服，兄弟俱来。
教友时格，永乃保之。

意即主宾向冠者授醴时，致祝词道：美酒是多么清澄，嘉美的脯醢适时呈上。第一次给你加冠，兄弟们都来参加。要孝敬父母友爱兄弟，这样才能永远平安。

再醮说：

> 旨酒既胥，嘉荐伊脯。
> 乃申尔眼，礼仪有序。
> 祭此嘉爵，承天之祜。

意即美酒是多么的清澄，脯醢是多么嘉美。再次给你加冠，加冠的礼仪先后有序。用这美承受天赐的福瑞。

三醮说：

> 旨酒令芳，笾豆有楚。
> 咸加尔服，肴升折俎。
> 承天之庆，受福无疆。

意即美酒多么芳香，笾豆陈列有序。三种冠依次给你加上，还有干肉折俎依次呈上。承受天赐的吉庆，享受无边的幸福。

醴礼过后，冠者来到北庭拜见母亲。值得注意的是，此刻的母亲对初行冠礼的儿子也要回大拜之礼。此举对于受冠者与母亲来说，都会产生心理上的震撼效应，并感悟出冠礼的神圣和成人的威严。然后，冠者改穿玄冠等服饰，面见君及卿大夫、乡先生。由于玄冠是一种正式的礼服，受冠者戴此出来拜访便显示其业已成人[7]。

冠礼的形式如此庄重，如此豪华，那么它的意义何在呢？且不说肃穆的庙貌笼罩在四围，且不说喜庆的亲人与宾朋排列有序，且不说清冽的美酒杯盏起落，仅听这主持者的一再响起的祝福醮辞，似乎是悠扬地歌唱，似乎又是深沉地吟咏，那庄严的四字格式，那颂诗的格调，那远离了口语的语境……此时此刻，都合力营造了神圣、神秘而又激越昂奋的氛围，仿佛加冠本身就带来了生命质的升华，触发了生命的高峰体验。

三次所加冠——缁布冠、皮弁、爵弁——分别为日常生活的普通冠、田猎战争中所戴冠、祭祀祖先和神灵时所戴冠。而缁布冠只用于这次仪式之中，一旦冠礼结束便弃而不用，刚举行冠礼的青年去会见乡绅、乡大夫，是要改戴玄冠的。有学者认为，这证明了冠礼起源很早，在太古以缁布冠为主的时代便非常流行了，但后来这种缁布冠为玄冠所取代了。不过仪式一般说来具有较为顽固的保守性，民间信仰和民间习俗成其如此。虽然冠制发生变化，但仪式过程仍循以前习惯使用缁布冠，但这种冠已成历史，其文化功能不断衰减，它的意义和价值已不为一般人所理解。而当时这个社会似以日常生活中戴玄冠为成人标志的，因此冠礼仪式结束后，已成为社会新的正式成员的受冠者便只能穿戴这种当时公认的服饰符号去会见众人，以表明身份，昭告社会[8]。在笔者看来，缁布冠的非实用性，正说明了它是作为远古历史的象征与载体，在冠礼中起着沟通冠者的生命个性与厚重历史的重要功能。

第二次所加的皮弁在冠礼中的重要地位也是值得注意的。事实上，在当时的日常生活中，佩戴皮弁是一种十分失礼的行为，必受人们谴责。因而穿着者无论地位高低，与人相见都应脱下它来。例如《左传·襄公十四年》记载，卫献公请孙文子、宁惠子来饮酒，两人均身穿朝服在朝中侍候。但天色已晚，卫献公却忘了约请一事，而独自在园中射猎。孙宁二人到园中去见他。而卫献公竟然没脱皮弁就和他们谈话。虽说面对君主之尊，但皮弁仍惹得“二子怒”；再如《左传·昭公二十年》，齐景公在沛泽狩猎，用弓招呼掌山泽的虞人，虞人却不愿上前。齐景公派人把他抓来，他不但没有谢罪的恐惧，反而从容地据理解释说：“皮冠以虞人，臣不见皮冠，故不敢进。”

可见皮弁具有某种挑衅的性质，是一个充满危险的标志。或许在更为久远的古代，举行冠礼仪式时，年轻人必须参加实际的田猎和战斗，就像今天的某些原始部落仍以斩兽来检验其获取生存所需能量的能力一样。当历史进入人文、礼乐精神开始觉醒的殷周时代，这些实实在在的生活能力考验便为“礼制”化了文明化了的程序所代替，即以加皮弁这种特殊的冠饰来象征受冠者所经受的训练和考验。

第三次所加为爵弁，这是祭祀所使用的冠饰。通过祭祀，可确保本族的延续性和本族的整合性。祭祀在古代社会集神圣与世俗于一体，既强化了本族在信仰方面的认同感，又强化了本族在政治权威方面的认同感，故备受关注。在冠礼过程中，替受冠者加上这种宗教祭祀象征的爵弁，即宣告了他从此具有参加本族宗教活动的权利，由于政教合一，此举也预示着他具有加入政治决策圈子的权利。

三种冠象征了成人生活的三个方面：日常生活、田猎战争生活和宗教生活，而给受冠者依次加上这三种冠，便是用仪式肯定其成人的身份，肯定其作为成人后所应享受的权利和必尽的义务。

倘若换个角度来看，着冠三次色彩依次为黑、白、玄（黑中带赤）三色（而这三色如前文所指出的夏尚黑、商尚白、周尚赤，加之周人多戴玄冠以示——又揉入了天玄地黄的观念）是否潜隐地象征着夏商周历史的积演与更替，于是，那漫长悠久的历史历程便以冠饰的形式让即将进入社会的青年人体验一番，感受一番，从而获得深沉的历史感与承前启后的大任？

值得注意的是，三加三醮的祝词看似大同小异，却如雅颂诗章那样一唱三叹，那抑扬顿挫的调子渲染和营造着一种浓郁而神圣的氛围，置身此中的人们似乎本能地在加冠与成人之德，在成人之德与长寿、大福之间悟出一种因果的联系来。而这种联系的基础，有学者指出，则是冠的礼法节制功能。具体展开来说：其一是着装的自觉意识。使冠者懂得“冠服相因”的道理，即冠礼中所演示的那样，不同的冠冕需与不同文饰之衣相配。其二是尊贵的自觉意识。《礼记·问丧》：“或问：冠者不肉袒，何也？曰：冠，至尊也，不居肉袒之体也。”肉袒乃脱衣露体，为古人问丧之礼。冠者悟出从此可免此礼，是因为头上戴着象征尊贵地位的冠。其三是慎重的自觉意识。古人冠冕饰填，《释名·释首饰》：“填，镇也，县（悬）当耳傍（旁），不欲使人妄听，自镇重也。”可见它意在唤醒人们非礼勿听的自觉意识。同样，冠冕上又有旒，从冠上垂下，晃动于眼前，意在提醒人们非礼勿视的自觉意识。也许成人后许多话可以不听，许多事可以不看，不可凡事当真，像小孩子那样。于是浑然不觉，少敏感式反应，一副温厚木讷的样子就成为中国式成人的典型风貌？后来孔子强调“刚毅木讷而近仁”是不是缘此而发？其四是重要场合必须戴冠的惯制。据《汉书》载，汉武帝接见臣下有时不拘戴冠之礼，但对于耿直敢谏的汲黯却不敢如此随意。一次武帝未戴冠而接待臣下，恰逢汲黯入宫奏事，武帝便急忙躲入帐中，让别人代替自己去答应汲黯所奏之事。可见冠的这种制约作用并未随着时间的流逝而风化，而且对帝王也是有效的。其五是戴冠因不同场合而异。《周礼·司服》：“祀昊天上帝，则服大裘而冕；祀五帝，亦如之；享天王，则玄冕；享先公先射，则弊冕；祀四望山川，则毳冕；祭社稷五祀，则希冕；祭群小祀，则玄冕”等。冠因不同场合而各有所宜，原初当是以特定的冠来节制人们在特定场合的特定行为，而这种做法一旦形成惯制，就会积淀为文化传统。由此可知，冠礼不是简单的一个形式与过程，而是将冠者引入一个冠制的文化场中。从此，戴不戴冠以及戴什么样的冠，与人的年龄、身份以及所着服装、所处环境都有密切的联系。这在直观上表现为人们戴冠必须遵守的种种法规，而深层含义则是以冠作为礼制的象征，时时处处来节制人们的言行举止。

难能可贵的是，在后世《宋志》记载了宋公主的笄礼。据载笄期是十五岁，程序内容基本同于冠礼。稍有区别者，公主准备的是冠笄、冠朵、九翚四凤冠，大袖长裙而已。可以说是女子版的冠礼。

冠礼的这种文化内涵，《周礼》、《仪礼》都有简括的点示，《礼记·冠义》则是明确而详尽地展述：

> 凡人之所以为人者，礼义也。礼义之始，在于正容体，齐颜色，顺辞令。容体正、颜色齐、辞令顺，而后礼义备。以正君臣、亲父子、和长幼。君臣正、父子亲、长幼和，而后礼仪立。故冠而后服备，服备而后容体正、颜色齐、辞令顺。故曰：冠者，礼之始也。是故古者圣王重冠。

意思是说，人之所以成为人，在于有礼仪。礼仪的开始，在于使容貌体态端正，表情得当，言辞和顺。容貌体态端正，表情得当，言辞和顺，而后礼仪齐备。然后君臣关系端正，父子亲密，长幼和睦。君臣端正，父子亲密，长幼和睦，然后礼仪得以确立。因此行冠礼而后服装齐备，服装齐备而后容貌体态端正，表情得当，言辞和顺。所以说冠礼是礼仪的开始，因此古代的圣王都很重视冠礼。看来，儒家传统意义上的修身齐家治国平天下思维模式，即由一己向全社会波衍辐射的广阔视野与博大胸襟，在这里正是以服饰境界具体化地向前推衍而展示出来的，而冠礼正是这一理想演出的序幕，似乎也是它的压轴节目。而这一切，都是从雕塑人、影响人的立场出发的。冠礼因此所产生的文化效应，人们在现实与历史的进程中不难感受到，甚至在今天也不能说它已全然消失。服饰的这一地位与功能，是值得推敲琢磨的。

三、五服制：服装款式中天伦亲情的直觉造型

所谓五服制，即以血缘亲属关系的远近为差等的丧服制度。

这在“三礼”中有系统表述。其中《仪礼》和《礼记》两书均设专篇讲丧服制度。《礼记》对此记载颇为详细。全书四十九篇中，专辟《曾子问》、《丧服小记》、《杂记上》、《杂记下》、《丧大记》、《奔丧》、《问丧》、《服问》、《间传》、《三年问》、《丧服四制》等十一篇论述丧服制度。与此同时，《檀弓》上、下诸篇也多涉及丧服制度。值得注意的是，“三礼”中记述有许多繁细的礼仪，大多在时间的流逝中淡隐风化了。宋朱翌《猗觉寮杂记》就说：“三代之礼，不可行于今。”而“五服”制，却是一个显著的例外。它横贯古今，无遮无碍，就是在今天，我们仍时时可看到它作为礼仪形式的基本轮廓，仍可感受到它着意于天伦亲情的基本精神。

那么亲属的远近如何确定呢?

只有一个原则，是依血缘关系来确定的。

从直系来说，一个人自身上有父，下有子，这是最亲的三代；上推到父之父，即祖父，下推到子之子，即孙，是近亲的五代；再上推到祖之祖，即高祖，下推到孙之孙即玄孙，是远亲的九代。从旁系来说，同父为兄弟，同祖为堂兄弟，是近亲；同曾祖为从兄弟，同高祖为再从兄弟，是远亲。五种服制就是由此而定的。因血缘亲情的远近不同，制作的丧服面料、款式、配件以及制作方法的不同，分别命名为斩衰、齐衰、大功、小功和缌麻（图6–7）。

图6–7 《三礼图》所拟五服款式

（1）斩衰：是用最粗的生麻布制成的丧服，衣不缉边，断处外露，以示哀痛至极而顾不得修饰。它是丧服中最重的一种，服期三年。凡儿子和未嫁女为父、承重孙为祖父、妻妾为夫等，都服斩衰。儿子与承重孙须持苴杖，即原竹做的杖。

（2）齐衰：也是用粗麻布制作的丧服，但缝边缉齐。服期是，如父在，子为母，为继母、抚育自己成长的庶母服齐衰一年，持削杖（削桐木为杖），如父已先卒则服三年；此外则为祖父母、伯叔父母等服齐衰一年；为曾祖父母服齐衰三年。后来，唐代对丧服制度作了一些修改，最主要的是父在，子为母及儿媳为公婆服齐衰由一年改为三年。到了明代，又将服母丧改为斩衰三年。

（3）大功：是丧服中的第三个等级。在五服中粗重仅次于齐衰，是用较粗的熟麻布制作的丧服。之所以被称作大功，是因为它的衰裳是用大功布来裁制，服期九个月。凡为堂兄弟、妻为夫之祖父母、叔伯父母、庶子为母等均服大功。大功服因死者是否成人，又可分为两种，一种是对于未成年人的大功服，即“殇大功服”，另一种是成人大功服。

（4）小功：是丧服中的第四个等级。用较细的熟麻布制作，服期五个月。它亦可分为殇小功服和成人小功服两种。凡为伯叔祖父母、堂伯叔父母、从兄弟、外祖父母等均服小功。

（5）缌麻：是丧服中最轻的等级，用细熟麻布制作，服期三个月。凡为高祖父母、族曾祖父母、族伯叔父母、族兄弟及亲戚中的舅父母、岳父母、中表兄弟等均服缌麻。

五服制除丧服外，冠有绳缨、布缨，带有绳带、麻带、布带，鞋有粗草鞋、细草鞋、麻鞋种种区别……规定得多么详细，区分得多么严格！而这里只是举其荦荦大者，具体到《仪礼》中，还要繁复得多。

五服制的原则是亲亲、尊尊、男女有别，明确而具体。

所谓亲亲，是说血缘关系越亲服越重，规定限制越多越严厉，血缘关系越远服越轻直至无服，细则要求也越宽松。个中道理，还是《礼记·曲礼》一语说破：“夫礼者，所以定亲疏”，亲情在这里以外在的礼制具体的服饰表现了出来。其功能之一就是定亲疏。那么，以血缘构成的亲亲关系有限度吗？有的。“亲亲以三为五，以五为九，上杀、下杀、旁杀，而亲毕矣。”意思说五服范围在一定规模的亲属的血缘之亲内，从三代扩展到五代，又从五代扩展到九代，丧服服制和守丧期限依此向上、向下、向旁系层层递减，在此之外就终止了[9]。看来，亲亲的原则在这里是以客观的血缘为准的，并不以二者间的思想异同、感情深浅为度。

所谓尊尊，就是根据身份地位的尊卑高下作为标准而确定丧服轻重的一个服丧原则。在亲属关系上，卑幼为尊长者有服或服重，而尊长为卑幼者无服或服轻；为父服重，为母服轻；妻为夫服重，夫为妻服轻。按《仪礼·丧服》的规定，不只是血缘亲情，服斩衰还包括诸侯为天子、大夫为国君、家臣为大夫这一“尊尊”系列。例如历代帝后死亡，全国臣民都得穿素，在一定时间内禁止一切娱乐活动。再如主人死亡，殡厝之前，奴仆也须素服。

那么，尊尊与亲亲是什么关系呢？《礼记·丧服四制》就此阐述道：

> 其恩厚者其服重，故为父斩衰三年，以恩制也。门内之治恩义，门外之治义断恩。资于事父以事君而敬同，贵贵尊尊，义之大者也，故为君亦斩衰三年，以义制者也。……资于事父以事母而爱同，天无二日，土无二王，国无二君，家无二尊，以一治之也。故父在为母齐衰期者，见无二尊也。

意思说恩情深厚的服丧就重，所以为父亲服斩衰，守丧三年，这是基于恩情制定的。家门之内治办丧事，亲情重于义理；家门之外办丧事，义理重于亲情。按照侍奉父亲一样侍奉国君，尊敬之心相同，重视贵者，尊敬尊者，是义理中最重要的。所以为君主也服斩衰，守丧三年，这是基于义理制定的……按照侍奉父亲一样侍奉母亲，亲爱之心相同，但天无二日，国无二君，家无二主，只能有一个最高统治者。所以父亲在世时就只为母亲服齐衰，守丧一年，体现出一家之中不能有两个尊者的观念。同样，我们在《周礼·春官》也找到了原则性的规定："凡丧，为天王斩衰，为王后齐衰"。可见中国传统社会中的家国同构、君父意识等，在丧服这一具体环节上也是毫不含糊的。

所谓男女有别，为父服重，为母服轻；妻为夫服重，夫为妻服轻；男子一以贯之，而女子则因出嫁与否便要根据宗族的归属来确定丧服的轻重；倘没有血缘关系，则应随从某一种关系人之服来确定，如夫为妻之父母服丧就轻，而妻随丈夫为公婆服丧就重。

似乎从悲哀情绪宣泄的直觉立场出发，亦似乎从教化的立场出发，古礼甚至规定了穿丧服者情绪宣泄与言行模式。《礼记·间传》表述得颇为具体：

> 斩衰貌若苴，齐衰貌若台，大功貌若止，小功缌麻，容貌可也。此哀之发于容体者也。斩衰之哭，若往而不返。齐衰之哭，若往而返。大功之哭，三曲而哀。缌麻，哀容可也。此哀之发于声音者也。斩衰唯而不对。齐衰对而不言。大功言而不议。缌麻议而不及乐。此哀之发于言语者也。斩衰三日不食，齐衰二日不食，大功三不食，小功缌麻再不食……

意思说表现在容貌上，服斩衰者面色黧黑像苴草，服齐衰者面色苍暗像麻，服大功者面色惨戚，服小功、缌麻者面色如常但不欢悦。表现在声音上，服斩衰者哭声悲痛像气绝，服齐衰者哭声悲痛断断续续，服大功者哭声时高时低，服小功、缌麻者略带悲声。表现在语言上，别人问话时，服斩衰者只应声不回答，服齐衰者回答而不主动说话，服大功者说话而主动议论，服小功、缌麻者议论而不谈游乐之来……除上述规范外，在饮食居住等方面还有细致的规定与模式，如服斩衰者三天不吃饭，服齐衰者两天不吃，服大功者三顿不吃，服小功、缌麻者两顿不吃；殡殓后，服斩衰者早晚吃稀粥，服齐衰者吃糙米饭、喝水，不吃菜蔬水果，服大功者不吃酱、醋，服小功、缌麻者不喝酒。表现在居处上，服斩衰者为父母守丧，住草棚、睡草垫、枕土块、不解麻带，服齐衰者住土屋，睡边缘剪齐的蒲席，服大功者睡平常用的席，服小功、缌麻者可以睡床……

严格的规定、详细的区分甚至想造成情感宣泄、言行举止的模式化，在今天看来也许有点过分，但它却是企图将内在的情感外在形式化，自上而下普施于大众，使旁观者悟出五服制所负载的情感情意，有所期待，且具有一定评判标准。在这里，服饰因贮满礼的文化内涵而成为一种规范，一种秩序，它赋予无形的情感与心灵一种可视且能操作的生命形式，从而呼唤着情感抒泄的顺畅与美化，对着装者有一种提醒、暗示，或者说有一个可兹参照的坐标系，从而意识到亲情离丧的悲哀宣泄的途径与分寸。也就是说，情动于中的外显然是质的行为，是内在的，而在这里却变为外在的、可量化规范的言行模式。虽说有心理学方面的依据，即合情合理的一面；然而若要标示为付诸实践的僵硬条文，就难免因流于形式化而扭曲甚至抽掉人生的真实感受了。《淮南子·本经训》一针见血地说："被衰戴绖，戏笑其中，虽致之三年，失丧之本也。"董仲舒也在其《春秋繁露·玉杯》中深深感喟："丧云丧云，衣服云乎哉？"

五服一旦成为制度，就成为人们在丧礼中运作的模式和评判的依据了。据《左传·襄公十七年》记载："齐晏桓子卒，晏婴粗斩衰，苴绖带，菅屦，居倚庐，寝苫，枕草。其老曰：'非大夫之礼也。'曰：'唯卿为大夫。'"意即齐国的晏桓子死后，晏婴穿斩衰丧服，头上腰里系着麻带，手执竹杖，脚穿草鞋，喝粥，住草棚睡草垫，以草为枕。他的家臣头子因其为大夫而行士之礼，提醒说：这不是大夫的礼仪呀！而晏婴所为仅仅是枕草与《仪礼·丧服》的规定有所不同而已。晏子只是冷冷地回应：只有您才配称大夫呢！家臣之所以敢批评晏子，而晏子似有不满而不便发作，正因为五服制早已成为笼罩社会衡量是非的文化标尺。

值得提出的是，五服中的斩衰、齐衰三年制在历史上产生了广泛的影响。孔子创造性地解释此举是对父母的感情回报，因为每个人出生后，父母怀抱三年，才能独立行走。[10]这就使得服丧三年的外在规定变为内在的情感需求。后世称之为守孝三年，或丁忧或持制。规定越来越多，越来越严厉。例如，丁忧期间不得同房、宴饮、婚嫁，士人不得应考，官员必须离职等。唐宪宗时，驸马都尉于季友居嫡母丧，与进士刘师服宴饮，宪宗闻知大怒，各打四十大板，罢了于季友的官，贬往忠州，刘师服流配连州，还连累了身为宰相的于季友之父，以不能教训儿子而受到降职处理。后唐明宗时，滑县有个官员孟升，为逃避三年丁忧，竟隐匿母丧不报，结果被处死，上下级同僚也以失察受罚。斩衰齐衰如此，其他丧服也一样。晋朝，祭酒颜含在居叔父丧期中嫁女，御史马上参奏；杨旌因服伯母丧未满期被举孝廉而遭贬；庐江太守梁龛服妻丧，在期满的前一天大宴宾客三十人，被罢官削爵，与宴官员都要扣发一个月俸禄……

不用更多地举例便可明白，此际的丧葬礼服不是随意可穿可脱的一种或数种款式，亦不只是当面批评并背后议论而不便直接干涉的伦理行为，而是近乎天不变衣亦不变的政治制度与法律准绳了。服饰的重要性强调到这个地步，应该说，既是服饰的辉煌，更是服饰的异化。

余论

如上所述，虽然“三礼”也谈到了服饰文化的物质层面、文化心理——精神层面，但其重点还在于服饰制度的确立与强调上。例如，整个社会的服饰等级制，象征成人礼的冠礼制，五服制等。可以说数千年来，在中国服饰文化发展史中，这里，只有这里，才是中国服饰文化制度层面建设中的重镇。现代人们言必称“衣冠古国”，其历史背景文化依据正在这里。服饰制度可内化为款式等形态与要求，更重要的是可外化为社会伦理的规定与框架。事实上，服饰在相当长的历史过程中作为礼治的重心而成为经国治世的重要方略之一。如《礼记·王制》所述，属于国家大礼的“六礼”以服饰为中心内容的有其二：冠礼与丧礼，其余如婚礼、祭礼、乡礼与相见礼中服饰虽未居中心位置，却也是着意讲究马虎不得的；而在国家要务的“八政”中，服饰自属核心内容。

帝王将相服饰与五服制，在不同层面都表现了服饰的等级制度。它从某种角度深刻地体现了礼制的精神。《乐记》说：“礼也者，理之不可易者也。乐统同，礼辨异。”服饰的等级制就是重在辨异，是以服饰的形式直接而又巧妙地对社会分工的肯定与强化，从而构筑了相当博大而严密的自足系统结构，它无疑是精神文明的展示，是历史进步的表现。也许在历史发展的后来，它的弊端会逐渐现出。但在人类文明史上，这一举措，作为服饰文化制度层面的重大创意与建设，还是值得人们注意与研究的。

丧礼对传统文化的意义更大，与丧礼关系最为密切的五服制度规定了中国人的整个亲属关系和家庭结构。它以其极易操作的不同服饰，在此际以强化中华民族重视天伦亲情的心理感受与情感体验而具有哲学意味。我们知道，哲学的根本问题是对待死亡的问题。丧服制正是从服饰的角度直面死亡却又超越死亡，因而有着鲜明的中国特色。它从血缘关系入手，从肯定热爱生命的角度出发，肯定生者与死者曾有过的生活情感，肯定生命的消逝能够引起生者心理的悲哀，从而规范出一套既能抒泄强烈的感情又能遵依社会理性的衣着范式。

“三礼”在种种服饰制度的建立过程中，随之而确立了两极摆荡的服饰审美原则，即以文饰为美与以素雅为美同时并举。《礼记·礼器》明确指出：“礼有以文为贵者：天子龙衮，诸侯黼，大夫黻，士玄衣纁裳。天子之冕，朱绿藻，十有二旒；诸侯九，上大夫七，下大夫五，士三。此以文为贵也。有以素为贵者，至敬无文，父党无容，大圭为琢，大羹不和，大路素而越席，牺尊疏布冥，单杓。此以素为贵也。”所谓以文饰为美者，当指天子、诸侯、士大夫服饰因等级不同，在面料、色彩、图案、款式等方面以精益求精中展示着差异、华贵与雅致；而以素雅为美者，以五服制度中的丧葬礼服，却是越粗陋简淡质木无文越显出情深义重，是另一种低回悠长的人情意味的展示与象征。它们在某种程度上同样体现了雅致、文质彬彬、温良恭俭让。

思考与练习

1. 简述“三礼”及其在服饰文化领域中的影响。
2. 试述“冠礼”的程序及其意义。
3. 简述“五服制”及其原则。

注释

[1] 引自《周礼·春官宗伯第三》。
[2] 引自《礼记·檀弓上》。
[3] 引自《周礼·地官司徒》。
[4] 赵联赏：《霓裳·锦衣·礼道》，广西教育出版社，1995：51-52。
[5] 引自《周礼·秋官司寇》、《仪礼》、《礼记·曲礼》、《礼记·王制》等。
[6] 引自《礼记·王制》。
[7] 引自《礼记·丧服小记》。
[8] 李学颖：《仪礼、礼记、人生的法度》，上海古籍出版社，1997。
[9] 郭振华：《中国古代人生礼俗文化》，陕西人民教育出版社，1998。
[10] 引自《论语·宰我》。

基础理论——

服周之冕　文质彬彬——孔子的服饰理论及其实践

课题名称： 服周之冕　文质彬彬——孔子的服饰理论及其实践

课题内容： 服周之冕，海纳百川

维护基座，峻切庄严

文质彬彬，然后君子

纳入教程，系统传承

敬畏服饰，身体力行

孔子服饰学说的文化思考

上课时间： 4课时

训练目的： 通过本章教学，应使学生了解孔子的服饰文化思想及其在中国服饰文化史上的地位与影响；能运用孔子的服饰理论解读相关服饰事象；理解孔子服饰理论及其实践的多重效应。

教学要求： 孔子论服饰多针对具体而指涉玄远，因而本章教学似应借鉴这一方法，试用孔子的理论与方法解读历代乃至今日服饰现象，在仿古融通、多方错位的服饰事象与智慧碰撞中感悟孔子服饰思想之利弊。

课前准备： 阅读《论语》、《孔子家语》及相关的文献资料。

第七章　服周之冕　文质彬彬
——孔子的服饰理论及其实践

在先秦诸子中，对服饰给予特别关注的，当数孔子。从服色到款式结构，从制作衣料到穿着态度表情，不只是反复论说，而是尽可能地身体力行，并用于教学过程，用于人际交往，用于品评人物，辨别是非，梳理历史……这里似乎有着值得推究琢磨的服饰思考轨迹和思想蕴涵。不管后人对此如何评价，一个不容置疑的事实是，孔子的服饰言说早已穿越时空，在当时及后世这相当长的历史过程中产生了极大的影响。即便是今天，在我们或隐或显的着装心态中仍可感受到孔子服饰言说的巨大投影和印痕，还可感知这一言说渗透现实与辐射未来的巨大潜力与魅力。

当然，提出并探讨孔子与服饰这个命题，是轻慢不得的。问题不在于孔子曾是传统意义上的圣人，而且因为在现代意义的观照中，孔子是举世公认的中国文化的代表。他的学说在中国文化史上和世界文化史上有着举足轻重的地位。研究孔子学说者，古今中外层出不穷，但在笔者提出之前[1]，孔子与服饰这个命题却毫无例外地被忽略了。而这里所做的梳理与思考，很大程度上是想将这个命题提出来，引起关注与讨论。

一、服周之冕，海纳百川

孔子曾一往情深地说过：“周监于二代，郁郁乎文哉，吾从周”。[2]意即周代积累和总结了夏商两代的经验成果，礼乐制度多么完美文雅，遵循周代。或许从这里开始，一旦将自己的文化使命定位于“吾从周”，便决定了孔子终生的奋斗都出自对于周文化服膺皈依与复兴追求。孔子的服饰观念就是在这个大前提下推衍开来。

据《论语》所述：“子夏问为邦，子曰：行夏之时，乘殷之车，服周之冕……”问怎样治理好国家，回答却是出乎意料的具体事宜。简言之，行夏之时的着眼点是时间管理，它伸出了社会管理坐标的时间之轴；乘殷之车，着眼点是社会管理坐标的空间之轴（强调车辆与道路和统一模式，我们甚至可以从中推衍出秦始皇施行车同轨的思想源头来）；而服周之冕，则是在这个坐标之上，为社会秩序的梳理以及人的形象塑形找到了出发点与皈依处。于是知道了孔子服饰观就是在周代礼乐文化格局下的社会形象雕塑。遵从周代冠冕堂皇的服饰制度，质美饰繁，等级规范，富有文彩，这不就是“黄帝尧舜垂衣裳而天下治”思想在新时期的具体延伸和落实么？服饰格局竟然成为治国三大法宝之一，这在今人看来似乎大而无当或斧出偏刃。其实作为一个思想家，孔子相当精准地道出了社会秩序梳理的核心文化建构。这是孔子服饰文化言说的出发点与核心价值区，将服饰走向坚决纳入周文化的既定框架之内，以之展开理想社会总体与个体的塑形活动。孔子也据此荡开了一个格局庞大的服饰言说空间，建构了一个服饰文化坐标系。如此这般，自是起点高，来头大，即便谈及细微琐碎之处也容易引向崇高与博大。孔子的这种言说范式，似乎也是古今中外的政治家和伦理家多采取的言说模式。但孔子却并没有因此而峻切严厉起来，而是语言平易随和，思维开阔且富有弹性。

面对着服饰领域礼崩乐坏的种种现状，若服饰现象虽越轨但却不违背大原则，孔子就宽容大度，给予灵活而圆融的解释，使之以崭新的姿态进入具有人文意味的礼制框架之中。试举几例。

1. 对麻冕丝织的宽容

传统的冠冕是麻织的，在孔子的时代里，人们为了美观精巧而将它改为丝织了。倘若机械地理解，当然是违背礼的行为了。谁知孔子却表现得很豁达：

> 麻冕，礼也；今也纯，俭，吾从众。[3]

冠冕以葛麻编织，是礼仪的规范；纯是黑色的丝。现在人们却用纯来编织，怎么办呢？谁都心知肚明，以丝换麻是随着社会的文明进步而出现的材质优化与奢侈美饰，但孔子没有从伦理意义上给予否定和谴责，以挪移焦点的越轨之致，认为它从制作程序上更为简单明快，且这一改变没有影响礼的实质。是呀，顺着这条思路走下去还真的头头是道呢。若用麻织礼帽，按规定，要用二千四百缕经线。麻质较粗，必须织得非常细密，这比较费工；若用丝，丝质细，节约人力而容易织成，这不就顺理成章地得出麻改丝就是节俭的结论么？所以孔子明确宣布自己从众随俗。也就是说，在不放弃原则的前提下，孔子从来都是随和的、亲切的、乐以从众的，从不僵滞生硬。再说，这种随和本身就是对变异了的新局面的重新驾驭与疏导。

2. 对婚服僭越的默认

在周代时，冕服的使用，只限于特别隆重的场合，如祭祀天地、五帝，享先王、先公，祀四望山川，祭社稷等。可是春秋时代，人们婚姻上也放肆地使用冕服了。据《礼记·哀公问》，鲁哀公对此不满且困惑，向孔子请教：这样是否过分，是否违礼？孔子别出心裁却又斩钉截铁地说道："天地不合，万物不生，大昏，万世之嗣也，君何谓已重乎？"即是说婚姻是人类得以万世承传生生不已的大事，像天地合谐万物生息一样的隆重自然，仅仅穿戴一下冕服，怎么就能说过分呢？难道婚姻不能承受如此之重吗？冕服作为祭服，就其实用功能而言，渗透的是重传统重祖先重既往的文化信息，且有《周礼》等规定的经典依据，随意僭越者很难找到自圆其说的文化依据。而孔子此时却撇开这一点存而不论，从人的繁衍决定社会发展的可持续性着眼，从重子嗣重婚姻着眼，使之具备了重未来的文化意蕴。这一洒脱的目光自然源于他重视世俗生活的实践理性精神。世人只知孔子讲君君臣臣等级序列，哪知在服饰方面竟有如此平易变通的眼界，特别是以其大胆融铸改造传统的智慧，从而使越级非礼的婚礼服饰有了名正言顺的地位和尊严呢？这自然是从全局出发、重视伦理精神重建伦理格局的大眼光与大境界，显示了贤者开明和亲切的姿态。后世因此有了新郎着官服新娘戴凤冠霞帔的习俗，甚至有了称新郎新娘为新郎官新娘子的种种现象。我们不仅在孔子这里找到了文化理论依据，而且感受到孔子在理性的宽容大度中，仍能巧妙地将出格者归拢于礼仪之中的天才与智慧。

3. 对大禹衣着简陋的高度评价

我们知道，孔子是主张君子美饰的。那么，他对于衣着简陋的上古圣君大禹该有所批评了吧？然而没有。灵活缘于随时随事而变，他不得不采取了多重标准。孔子很圆通地说：

> 禹，吾无间然矣。菲饮食而致孝乎鬼神，恶衣服而致美乎黻冕，卑宫室而尽力乎沟洫。禹，吾无间然矣。[4]

间指空隙，此指就其疏露而批评；菲指菲薄；黻冕是祭祀时所穿的衣服和帽子。孔子意思是说，禹啊，我对他没有批评了。他自己吃得很不好，却把祭品办得极丰盛；穿得很破旧，却把祭服做得极华美；住得很不好，却把力量完全用于沟渠水利一类公益事业。大禹啊，我对他还有什么可批评的呢！在这里，与其说大禹在着装等方面重祭祀重伦理而轻自身的“大公无私”等美德，引得孔子如许高度的评价，不如说是孔子以多重标准的呵护为衣着粗简的大禹打了圆场。

4. 对管仲的评价

如前所述，对于一般著名历史人物，孔子往往从其他方面的优势来掩匿服饰方面的越礼或不足。但他并非因此看轻服饰。如对于管仲，则是从服饰角度去掩匿其他方面的弱点。管仲原为公子纠的大夫，齐桓公杀纠后，管仲不但未能以死相报，反倒过来作了齐桓公的宰相。据《论语》，孔门弟子认为管仲不仁。而孔子则从尊王攘夷的春秋大义出发，对管仲充分地肯定：“微管仲，吾其被发左衽矣。如其仁，如其仁！”衽就是衣襟，古代上衣的款式，是交领斜襟，华夏族向右掩，称为右衽；夷狄向左掩，称为左衽；华夏束发，夷狄披发。管仲曾辅佐齐桓公尊王攘夷，遏制夷狄势力，巩固了华夏族在中原的统治。在这里，左衽与右衽，束发与披发，都成了夷夏的重要判别标志。所以孔子称赞说若没有管仲，那我们早就披头散发左衽着装成为夷人了，算是仁吧，算是仁吧！从对管仲的评判中，我们看到，在孔子的心目中，服饰独特的款式一旦演绎为惯制，上升为文化传统，往往会成为一个民族存在的外在标志，成为一个民族尊严的寄托与象征，款式的变化自然也是政治成败文化存亡的标志，应该十分重视的。值得注意的是，在孔子如此表态仿佛成为原型判断，在后世的表述中反复出现。如战国以降的文献将此语扩大应用在周边的其他民族身上，使得“被发、左衽”等标记，加上“椎髻”、“文身”等少数词汇，成为刻板印象式的标签：

《战国策·赵策二》："被发文身，错臂左衽，瓯越之民也。"

《韩非子·说林上》："越人被发。"

《礼记·王制》说东夷西戎均"被发"。

《淮南子·原道》："九疑之南……民人被发文身。"

《说苑·善说》林既见齐景公，说："西戎左衽而椎髻。"

扬雄《蜀王本纪》："蜀之先称王者有蚕丛、折权、鱼易、俾明。是时椎髻左衽，不晓文字。"

《后汉书·西羌传》："羌胡被发左衽。"

《后汉书·南蛮西南夷传》谓西南夷"其人皆椎发左衽"，筰都夷"被发左衽"

……

不仅如此，更为突出的历史事实还在于，后世民族矛盾激烈的时候，胜利者往往将自己的服饰强加在失败者身上，作为征服的标志。失败者也以坚持原有的服饰作为反抗、不屈的表现。追本溯源，我们在孔子这里找到了这一思维模式的原型。

5. **对老子主张披褐怀玉的巧妙解释**

据《孔子家语·三恕》载：

子路问于孔子曰："有人于此，披褐而怀玉，何如？"

孔子曰："国无道，隐之可也；国有道，则衮冕而执玉。"

这一段是说，子路问，有人主张着装应内怀美玉而外披葛麻，怎么评价呢？孔子答道，若国家失去常规了，这样穿着去隐居是可以的；而国家理顺了，那就应该冠冕堂皇地执掌笏板，立于朝廷担当大任。很明显，子路所问指的是如何评判老子的服饰理念。老子主张披褐怀玉，其服饰理论往往与孔子有针锋相对的意味（详见后章，此不论）。但孔子却大度而从容，既暗示出此论与自己主张的歧异，又从审势的角度给予了一定的肯定，将这一服饰理念归拢于昏浊无道的乱世与隐者无奈的选择。以疏导性地理解、同情与尊重，避开了外显的争执与冲突。从客观效果来看，这不只是理论上化敌为友的论辩机巧，同时还强化了以服饰梳理社会秩序的神圣言说。这样，不仅因宽厚而将对方置于一个相对逼仄的境地，而且也为自己服饰理论的发展与传播铺平了道路。

二、维护基座，峻切庄严

倘若对这一思想基座呈现颠覆意态，孔子就会断然否定，表现为"是可忍孰不可忍"

的激烈反弹。自然，以周文化为旨归的孔子的宽容、宽厚、宽松并不是一味温吞水般的随和，既有坐标系，就有不同的象限，就有正价值和负价值的数轴与标尺，决不会一任着装行为的“胡作非为”。倘若有击破这一底线者，他确乎也表现出更为严肃甚至严厉峻切的一面。这里有几例。

1. 斥齐桓公尚紫

春秋时，齐举国上下风行紫服色。齐桓公穿上紫袍，流风所及，紫色纺织品价格猛涨，以致五素换一紫。孔子明确地抨击这种离经叛道的行为，在《论语》中公开宣布自己的立场是“恶紫之夺朱也”！应该看到，孔子对此深恶痛绝之处，并不在于朱红与紫色的纯色彩审美上的好恶与取舍，而恰是敏感于紫色夺去了周代以来朱红受尊崇的正统地位。孔子曾正面论述道：

> 绂者，所以别尊卑、彰有德也。故朱赤者，盛色也。是以圣人法以为绂服，欲百世不易也。[5]

绂服正是朱赤色的款式，在孔子的视野里，这就是区分尊卑彰示美德的形式载体。而以朱赤为正色，唯朱赤为尊的观念，源于传统神话特别在周代确立的四方模式，仿佛成为这一个朝代的徽标及其文化的象征。“朱赤者盛色”的说法，直接道出了周代所崇尚的色彩光明崇高吉祥神圣的意蕴。自然为圣人所效法而百世不易。现在齐桓公竟然向它挑战，这是一个礼崩乐坏的典型表现，是一个根本性的大是大非的问题，岂能漠然听之任之呢！用孔子惯用的话来说，如果这个可以容忍，那天地间还有什么不能容忍的呢！

2. 斥原壤箕踞

据《论语·宪问》载：“原壤夷俟。子曰：‘幼而不逊悌，壮而无述焉，老而不死，是为贼。’以杖叩其胫。”一向从容温厚的孔子突然火冒三丈，愤愤不平地斥责老友原壤：小时候不谦让，长大了无作为，老了不死，这样成为祸害。说着说着又拿拐杖去敲原壤的小腿……为什么发这么大的火呢？因为原壤“夷俟”，即箕踞，即两腿叉开来，身体如平放的簸箕那样坐下去。我们知道，先秦时代下体衣物仅有胫衣而无浑裆相连，人若不跪坐而箕踞，就会裸露下体有伤大雅。从孔子的话语看来，箕踞是他最为深恶痛绝的现象。周文化笼罩下的服饰本身就是羞见人体的遮蔽文明。原壤受到如此抨击就是因为他撞破了这一文明维系社会秩序和性别秩序的文明底线。

真的，孔子对此很敏感。甚至走向极致而回避人体之美的话题。这也是先秦诸子的共同话语禁忌。即使谈及，或作为崇尚德行的反衬：“已矣乎吾未见好德如好色者也”[6]；或作为孝道的具体落实：“人之体肤，受之父母，不敢损毁”[7]……无一不是伦理层面的旁证与反证，而不是像古希腊哲人那样将其作为纯客观的研究对象或是崇拜倾慕的欣赏对象。终于有了一次正面讨论容貌之美的话题，也让孔子巧妙地绕开了。据《论语·八佾》载：

子夏问曰："巧笑倩兮，美目盼兮，素以为绚兮。何谓也？"
子曰："绘事后素。"
曰："礼后乎？"
子曰："起予者商也！始可与言诗已矣。"

这是一段含蓄而有味的谈话。子夏拿出一段描写美女容貌的诗句来问：说美的笑容酒涡微动，美的眼睛顾盼黑白晶莹，洁白啊就是灿烂的颜色，是什么意思啊？孔子不便直言，拐弯抹角地以绘画为喻：就像绘画应以洁白作底一样。子夏的思绪仍回到人的容貌之美上来，问那么（是说人的容貌之美）应以礼仪作后盾作底色么？孔子高兴地说，启发我的是你呀。这样才可以和你谈诗了。看，一个好端端的谈论容貌或人体之美的话题，就这样在孔子与其得意门生的推衍下，轻而易举地进入到伦理框架之中了。且不说引伸绘画须素色作底的联想，就算默认了女性白肤色衬映出了容貌美，那也要将主题抽象到容貌美须以礼仪规范为底蕴上来。于是乎，孔子师生所谈论的人，就迥异于今日谈论服饰人本性的"人"，而是伦理观念所渗透的抽象的"人"。也许，在孔子对容貌与人体话题的躲闪回避的微妙与敏感中，我们感悟到了文化的沉重意味。人类禁抑性乱的历史经验为人类自身建立了社会伦理与道德，建立了与之相应的裸体羞耻的价值观念。于是，在孔子这里，仿佛作为一种文化模式的日常言行示范，有关人体的话题往往被有意悬搁起来，裸体甚至肌肤在社会空间的无意展露都会遭到禁抑与否定。因为作为此前夏商而来服饰文化的集大成者，周代服饰文化大厦的基座是建立在疏离裸态装身的底线之上的。孔子的维护，着眼虽具体，视域却宽阔。

从服饰角度看，这里连带的还有几个问题，其一是服饰起源说中的遮羞说。这引起了中外服饰家的争论，一般认为羞耻感是服饰的结果而不是原因。而孔子恼怒于原壤，认为他此刻连服饰遮羞的底线也突破了。其二是裸露体肤的是与非问题。在对原壤的贬损斥责中，我们知道早熟的远古中华文化与古埃及、古印度、古希腊文化是如此的不同，它注重男女之别，不能容忍任何人的裸露体肤，对己是不知羞耻，对人是无礼与侮辱。孟子形容柳下惠的洒脱时曾说，"虽袒裼裸裎于我侧，尔焉能浼我哉。"可见孟子亦认为谁能在人面赤身露体，谁就是自侮且辱人。这种观念在历史的演进中成为民族特有的文化心态，如先秦时代廉颇向蔺相如肉袒负荆，表示自辱；三国时祢衡裸身击鼓骂曹，意在借自辱以辱曹。倘若与西方比较一下，也是很有趣的。在希腊化时代，亚历山大东征到西亚，来到阿喀琉斯墓地，为了庄严的祭奠，向这位英雄——特洛伊战争中的希腊联军统帅表示敬意，亚历山大国王率领臣下裸体环绕陵墓赛跑。其三，由于畏惧而对人体观察不足，中国古代一直缺乏具体写实的人体造型的艺术眼光。孔子一再所强调的，后世所形成的服饰惯制，无论是礼服还是便装，大都在遮蔽身体各个部位上大做文章。这自然有充分的理由，但走向极致，往往导致狭隘的道德敏感摒弃了人体与服饰的审美趣味。

上述两例是负面的现象，正面的做到极致行不行呢？孔子亦有鲜明的立场，即：

3. 大俭极下

据《盐铁论·通有》记载："昔孙叔敖相楚，妻不衣帛，马不秣粟。孔子曰：'不可。大俭极下'"[8]在孔子看来，过犹不及，还是不允许的。因为着装的严整不只是一个社会形象的观赏问题，更有着一个社会秩序的梳理与社会心理平衡的问题。如果一个地位较高者追求大俭而着装简陋，妻子只着葛麻而不染布帛，那就是对于下级的逼迫，使得下级左右为难不知如何穿着是好，心理难免失衡，着装没有分寸。所以说，一个人不能因为有超越世俗享受的观念而放弃着装追求就值得肯定，因为服装从来就不是就简单地个人品质而论的孤立现象，而应该在梳理社会秩序与性别秩序中来点击评判。当一个人成为公众性人物时，人们的言行模式包括着装都可能以他为坐标系来校正，就更应是这样。因而在孔子看来，孙叔敖妻简陋着装是不能许可的事情。

这与孔夫子所处的时代特征有关。

我们知道，孔子所处的春秋时代，周天子失去了控制天下的实际权力，诸侯纷起，争城夺池，人心不古，礼崩乐坏，这不就是一个社会动荡思想动荡的混乱之世么？在服饰领域，以《周礼》为代表的传统制度与习俗受到了前所未有的冲击：周代贬损的白服色此刻似乎成为引人注目且令人敬重的时髦服色，在《诗经》中我们不断地听到对白服色近乎崇拜般的向往与歌颂；周代尚赤的传统屡遭践踏；冠冕等级制度自然很难有效地约束和推行了，人们在种种服饰上多有僭越。对于如此这般的"礼崩乐坏"，对于种种服饰领域的逾礼行为，在孔子看来，也许有着"是可忍，孰不可忍"的忧虑与愤怒，但在直接面对时却更为冷静和从容。他似乎觉得凡事应吸取鲧禹治水的经验教训——堵截不如疏导更为有效而长久。于是他对于种种按僵硬的教条应予制裁的行为给予变通的解释，凡是在大原则上不违背传统礼仪的前提下，孔子对于服饰种种改制甚至僭越的解说与评判相当灵活，充分表现了实践理性精神的大度与宽容。但这种大度和宽容又是有原则和底线的坚持和笼络。试想一下，倘没有孔子这一博大的眼界和非凡的魄力，如何能使违背传统的服饰行为以灵活的姿态进入更有人文意味的礼治框架之内呢？他对于服饰现象灵活多样的既宽泛又严格的评断态度，也只有在这里才能找到最恰当的解释。

三、文质彬彬，然后君子

如果说，宏观层面孔子着意将服饰笼罩在周代礼乐文化格局下，那么微观层面上他就要将服饰文化的建构落实到具体的人身上。服装只有现实地穿着在人体上才能实现它的价值，孔子显然对此有充分地自觉意识。他强调服饰观念就是要塑造理想的人格，即所谓的君子风度。孔子服饰理论的又一核心层面即着意于探讨君子风度的服饰塑形与建构。

首先，孔子以比德思维模式预设了衣人合一的理论前提。虽然《礼记》中有"古之君子必佩玉"、"君子无故玉不去身"之说，但只是泛论而未仔细展开。玉饰，世人或觉其昂贵以炫耀富有，或慕其晶莹以衬映衣物，或尊其珍奇以彰示地位。而在孔子眼中却是别一番境界，他将玉器与人格人品进行系统的联类比拟。《礼记·聘义》具体记述了孔子论君子比德于玉之义：

> 子贡问孔子曰："敢问君子贵玉而贱珉者何也？为玉之寡而珉之多欤？"
>
> 孔子曰："非为珉之多故贱之也，玉之寡故贵之也。夫昔者君子比德于玉焉，温润而泽，仁也；缜密以栗，知也；廉而不刿，义也；垂之如队（坠），礼也；叩之，其声清越以长，其终诎然，乐也；瑕不掩瑜，瑜不掩瑕，忠也；孚尹旁达，信也；气如白虹，天也；精神见于山川，地也；圭璋特达，德也；天下莫不贵者，道也。诗云：言念君子，温其如玉，故君子贵之也。"

意即子贡问孔子说，请问君子看重玉而轻视珉，是为什么呢？是因为玉少而珉多的缘故吗？孔子说，并非珉多就看轻它，玉少就看重它。从前，君子用玉来比喻人的德行：玉的温和润泽，像仁；质地缜密而纹理清楚，像智；有棱角而不刺伤它物，像义；悬垂如同下坠的样子，像谦卑有礼；敲击它音调清纯悠扬，结束时又戛然而止，像乐；它的瑕疵与美好之处互不掩匿，像忠；色彩外露而不隐藏，像诚；光耀如同白虹，像天；精气显露于山川，像地；圭璋不凭借它物而单独送达主君，像德；天下没有人不看重玉，像道。《诗》说，想念那君子，温润如美玉。所以君子看重玉啊！

孔子的这种玉人异质同构的说法，即使不无大胆夸张随意联想的意味，但却仍是当时人们尚玉的美饰心态的概括与剖析。《左传·僖公二十八年》所载的故事可以作为旁证：楚国主帅子玉制作了琼玉缀饰的冠缨，还未曾佩戴，就在城濮之战爆发前，梦见了黄河之神来请求说，给我吧，我可以给你宋国的土地。子玉拒绝了。部下纷纷谏诤，亦不听。子玉作为楚国的当权者、主帅，竟抛却神赐的大战胜利之果而不舍玉石装饰的冠缨。再说河神也不惜屈尊入梦以求之，可见玉饰的四射魅力了。人们或许对子玉有别样的评价，但是若将孔子关于玉的比德论述笼罩在这个故事之上，我们就会对楚国主帅子玉有着深一层的理解：既然玉与人可以合而为一，它成为君子的化身，特别是君子美德的寄托与象征，那么，谁愿意重利轻义，能够抛却自身的种种美德以换取外在的物质利益呢？

如果说衣人合一的观念能够成立，衣装具备着与人一样的地位和尊严，那么试想，一旦出现对衣装的强制剪割或肆意亵渎，沿着这一思维模式推演，那么就自然会被理解为对人的严惩与侮辱。事实上古代相传的象刑，就是这一思维模式下的产物。相传上古无肉刑，仅用与众不同的服饰加诸犯人以示辱，这就是所谓的象刑。奇怪的是，孔子对此未曾提及评论过，也许与他一直喜欢从正面提倡的思维模式有关。不少历史文献都描述了这一文化现象，至少《尚书》上的记载孔子应该看过。《尚书·益稷》："皋陶方祗厥叙，方施象刑，惟明。"后世的学者也不断提及这一独特的文化现象。《荀子·正论》："治古无肉刑而有象刑，共艾毕，菲对履，杀赭衣而不纯。"杨倞注："象刑，异章服，耻辱其形象，故谓之象刑也。"《尚书大传》卷一："唐虞象刑，犯墨者蒙皂巾，犯劓者赭其衣，犯膑者以墨蒙其膑处而画之，犯大辟者布衣无领。”晋葛洪《抱朴子·诘鲍》：“象刑之教，民之莫犯；法令滋彰，盗贼多有。”《旧唐书·李百药传》：“是以结绳之化行虞夏之朝，用象刑之典治刘曹之末，纪纲既紊，断可知焉……”

或许，上古有了象刑的传统或传说，孔子以异质同构的联想思维将其整合成为衣人合一的理念。或者倒过来说也行，也许在历史的演进中，是孔子衣人合一的论断成为滋长象刑传说的思想土壤。这一点，现在只能作为一种假说。倘要定论，仍需要文物文献提供更多的依据。但无论如何，作为服饰文化的观念与现象，它们都曾经历史性地存在，并产生着巨大的影响。象刑实践与衣人合一学说的互补互助，相辅相成，筑造了中国传统衣与人内在沟通的特殊文化心理结构。不仅如此。衣人合一，也为后世衣冠冢这一文化现象奠定了的重要心理依据。这方面例证很多，似成惯例与常识，就不列举了。

其次，孔子提出了“君子正其衣冠”的命题。这不只是一个温善老者作纯美饰意义上的着装叮咛，而是一个耐人寻味的服饰伦理命题。它不只是一般意义上的穿衣戴帽整整齐齐，以示有文化教养，而是着力强调衣冠的周正本身就是成为君子的起码礼节和必备条件。

倘若再展开来谈，君子正其衣冠的命题，从道与器的层面都意味着重容饰，即外在形式上衣冠端庄周正，符合礼仪规范，才在内蕴上显示为君子。《孔子家语·致思》中说：

> 故君子不可以不学，其容不可以不饰。不饰无类，无类失亲，失亲不忠，不忠失礼，失礼不立。夫远而有光者，饰也；近而愈明者，学也。

类似的说法，还有《孔子集语》引《大戴礼·劝学》中孔子的话语，只是更为简洁有力罢了：

> 见人不可以不饰。不饰无貌，无貌不敬，不敬无礼，无礼不立。

可知孔子在仪容服饰要求严格到了这种地步，竟毫不犹豫地以直线思维的推衍，从一个人服饰的正与不正看出他能不能立足于社会。

君子正其衣冠的命题，还表现在着装者的自觉意识，即只有君子才能意识到着装所蕴涵的衣人合一的重要性。因为一定的服饰，代表一定的社会身份，象征着一定的人格品位，因而衣冠不正，君子是引以为耻的。孔子说：“志于道，据于德，依于仁，游于艺”[9]，又说：“兴于诗，立于礼，成于乐”[4]。礼之所以被看作可操作演练的艺，是因为礼的实行，包含着仪式、服饰等的安排以及对左右周旋、俯仰进退等一系列琐细而又严格的规定。孔子对服饰穿着配套展示人格理想的作用是颇为重视的，因为这些穿戴技艺并非可有可无的纯形式上的装饰，而是直接与治国齐家平天下的制度、才能、秩序有关；同时，在孔子看来，服饰本身的形态及其穿着讲究，既是志道、据德、依仁的补足，又是前三者的完成。这颇像黑格尔所说的美是绝对理念的感性显现，服饰在这里正也是以感性的形态显现了孔子所认定的伦理情感的绝对理念。只有自觉地意识到这一点，并在现实中身体力行，甚至作为重要的修炼内容，才能真正在服饰上、在展示人格上，达到“从心所欲而不逾矩”的理想境界。据《说苑》记载了这么一个有趣的故事：

> 孔子见子桑伯子，子桑伯子不衣冠而处。弟子曰：“夫子何为见此人乎？”曰：“其质美而无文，吾欲说而文之。”孔子去。子桑伯子门人不悦，曰：“何为见孔子乎？”曰：“其质美而文繁，吾欲说而去其文。”[8]

孔子带着弟子去访问子桑伯子。子桑伯子素不讲究，既不戴冠，也不穿迎客的衣服。孔门弟子颇多不满，而孔子则是推己及人，想以此来唤醒子桑伯子的自觉意识。既然子桑伯子身为君子，怎能不觉悟而正其衣冠呢？岂不料子桑是另一套思维模式，私下评说孔子是“质美而文繁”。彼此特征鲜明，彼此相知敬重且欲改造对方。从言说的概念看，这里所谓的文与质，在孔子的语境中是确指服饰境界的，这一对概念如后世的注家那样可以推衍，但不应脱离它的原汁原味意涵。另，古今中外的学生们往往会沿着师长的言说思维走向极端，这也是极有趣味的一例。

对于君子正其衣冠的命题，若从逆向考虑，自然会推出衣冠不正者即非君子的结论。那么，作为君子，无论在任何环境下，保持衣冠之正就成了第一要务。子路就是一个典型的例子。在孔子服饰人格观念的教育下，就是在死亡与正冠的选择面前，子路也有着我们常人不能理解的一丝不苟的从容与认真。公元前480年，卫国发生了一次政变。当时子路和另一个孔门弟子子羔，都在卫国执政大夫孔悝手下做邑宰。卫国有一个已经失位的太子蒯聩，他曾因图谋弑母未遂，逃亡在外十五年。此时买通人混回来，用五个全身甲胄的武士挟持孔悝，逼他立下盟约，登台宣布立自己为国君。子羔见势不妙，奔鲁国回到孔子身边去了。子路听到这个消息，不顾个人安危，进门直入公庭，扬言要焚台使蒯聩放下孔悝。蒯聩一看着了慌，忙派两个武士来对付子路。双拳难敌四手，子路一下子就吃了亏，被武士挥戈打断了缨带。缨带一断，冠就要掉下来。子路高叫：“君子死，冠不免！”在穷凶极恶的对手面前一不还击，二不逃逸，第一要紧的事竟是结缨正冠。因为孔子曾谆谆教导说“君子正其衣冠”，师命不可违，人格不能失，子路就只好为冠缨、为服饰的伦理观念而从容就义了。

虽然不无负面影响，但遍观古今中外服装史，君子正其衣冠的命题仍是深刻而有价值的。对于这一命题，《论语·学而》有类似的说法：“君子不重则不威”，即君子倘若没有盛装美饰，往往会失却尊严和威风，斗转星移几千年，我们至今不是仍然感到这一命题沉甸甸的分量么？不可忽视的是，正是孔子，在这里创造性地以君子正其衣冠的理想人格观念，置换了原始图腾巫术礼仪所积淀于服饰之中的超自然意蕴。如果借用天人合一的思维模式，在这里仍是“衣人合一”的思维模式。于是乎，服饰的讲求和人格联系起来了，和人的生活环境、交际场合联系起来了，和道德礼仪联系起来了……可见，孔子在这里谈服饰，就并非不可捉摸的定性化的抽象概念，而是具体细致的可操作可依循的种种量化要求。相对于《周礼》中具体僵硬的服饰规定来说，这里有着恰如其分的生活氛围感和促膝谈心般的亲切感。因为看似一穿一脱的简单操作，一衣一饰的寻常装扮，其实都是维护周文化的大是大非，是大格局，是基本原则。所以任何一个试图突破这一文化底线的细节都不能放过。别出心裁另立名目不行，箕踞露体不行，就是衣物粗疏透露肌肤，也是极不合适的，应遮蔽才是。孔子此刻从容淡定，心平气和，循循善诱，细语叮咛：

君子不以绀緅饰，红紫不以为亵服。
当暑，袗絺绤，必表而出之。
缁衣，羔裘；素衣，麑裘；黄衣，狐裘。
亵裘长，短右袂。
必有寝衣，长一身有半。
狐貉之厚以居。
去丧，无所不佩。
非帷裳，必杀之。
羔裘玄冠不以吊。
吉月，必朝服而朝[9]。

意即君子不用近乎黑色的天青色和铁灰色作镶边，近乎赤色的浅红色和紫色也不用来作家居服。暑天，穿着粗的或者细的葛布单衣，出门时一定要裹着衬衫，使它露在外面——春秋时代无棉织布，丝绸极少，一般人多穿着粗疏的葛麻衣物。大热天葛布衣，多网孔多缝隙，在家通风凉快，可出门去就有透露肌肤之嫌了，还是罩起来为好。黑色的衣配紫羔；白色的衣配麑裘；黄色的衣配狐裘。衣服内外的颜色应相称才觉庄重。古代穿皮衣，毛向外，因之外面一定要用罩衣。这里的缁衣、素衣、黄衣的衣指的正是罩衣。古代的羔裘都是黑色的羊毛；小鹿毛是白色；居家的皮袄身材要长，可是右边的袖子要做得短些，以便劳作。亵裘长保暖且不易露体。古代男子上面穿衣，下面穿裳即裙，衣裳不相连。因之孔子说在家的皮袄要做得比较长。右袖短，为着做事方便，免得干活先脱衣服。睡觉须有睡衣，须半身之长，以期蔽体。用狐貉的厚皮作坐垫。丧服满了以后，什么东西都可以佩戴。不是上朝和祭祀穿的用整幅布作的裙子，一定要裁去一些布，以期活动利落，即免去做事前后穿脱的麻烦，又保持着覆盖装身的尊严。不穿戴紫羔和黑色礼帽去吊丧。羔裘玄冠都是黑色的，古代用作吉服。丧事是凶事，因之不能穿戴着去吊丧。大年初一，一定穿朝服去朝贺，以示郑重其事。就是斋戒时，也一定要有特制的斋前沐浴后穿的浴衣。因为孔子明确说过："齐，必有明衣，布"[9]。

再次，文质合一与文质互饰。应该看到，在百花齐放的春秋时代，虽说孔子在理论上认定衣人合一，但在现实情境中衣与人并非水乳交融浑然一体，有时甚至为矛盾状态。而孔子一方面看重并思考盛装美饰的精神性内涵，另一方面又要从人品人格的角度梳理衣人关系，提出文质互补的美饰原则。他说：

> 质胜文则野，文胜质则史，文质彬彬，然后君子[10]。

质是内在的资质，包括形体与智慧；文指外在的文饰，古来一般学者从引伸意义上说文即文才，我意孔子原意直指服饰境界，从上文子见子桑伯子例可证。倘若一个人的资质超过文饰，就显得粗陋、卑俗；若外在的文饰掩匿了资质，则显得呆板僵硬，如史官的文字套式枯索而没有灵气；只有资质与文饰互助互补，相得益彰，则是完美的君子风度了。

从主张文质彬彬来看，孔子一味主张美饰吗？是的。但又不那么简单。孔子往往很辩证地运用这一命题。我们可以举出一个相反的例子：子路喜欢盛装美饰，甚至着雄鸡冠，但却受到了孔子的批评。据《荀子·子道》载：子路盛服见孔子，孔子曰：

> 由，是裾何也？昔者，江出于岷山，其始出也，其源可以滥觞。及其至江之津也，不放舟，不避风，则不可涉也，非惟下流水多耶？今汝服既盛，颜色充盈，天下且孰肯谏汝矣？

意即子路华衣美饰地去见孔子。孔子说：由啊，为什么穿得这么华美呢？过去长江发源于岷山，源头之水可以泛起酒杯，等流到水大的地方，不把两只船并在一起，不避开风就无法渡过。不就是因为下游的水太多了吗？现在你的衣服既华美，神情又自得，天下谁还肯规劝你呢？子路听了，赶快走出去，换了一身合适的衣服进来，人显得谦和了。此事《韩诗外传》、《说苑·杂言》也都有记述。需要特别强调的是，在孔子看来，穿着过于讲究，就容易与别人造成距离感，影响人与人之间的和谐关系与融洽气氛，这样你不容易听到别人的意见。这一点从着装心理上看是对的。一个人如果着装过于突出，与别人相差过多，周围的人反倒不愿承认你的美。而孔子的本意只是以此说明服饰中和观，即着装不要过于突出，要适可而止，要以文雅为美。孔子甚至将服饰的节制有度提升到人品的优劣和社会稳定的高度来看了：

> 中人之情，有余则侈，不足则俭，无禁则淫，无度则失，纵欲则败。饮食有量，衣服有节，宫室有度，畜聚有数，车器有限，以防乱之源也。[11]

衣服有节，即是说在理性的框架下有限地变化。有节制的活泼，有分寸地开放，有约束的自由。看似简单，事实上孔子一语穿透了人类着装的千古现状。服饰治天下的道理在这里一语道破。服饰的彼此悬殊，自然会引起彼此关系的淡化。这里包容了不少服饰文化命题，如服饰的交际功能，服饰的个性与共性的协调幅度，服饰浓淡的心理效应，服饰兼顾方方面面的中庸观念……，这些不只在当时，就是今天，也仍然能给人们以深刻的思想启迪。

很明显可以看出，孔子既要说服子桑伯子穿戴要讲点文饰，着眼点是使人的美质得到服饰的衬托和象征；又批评子路穿戴太气派，着眼点是着装的过分豪华会影响群体的和谐与亲近。其实孔子的服饰审美观，正表现在这矛盾的统一之中。正所谓质胜文则野，文胜质则史，文质彬彬，然后君子。在他看来，子桑伯子是“质胜文”的粗野荒蛮，而子路盛服矜色是“文胜质”的呆滞拘谨，都不符合他的审美要求。作为君子，作为统治者，着装不能原始简陋，亦不能繁修美饰。从理性精神来衡量，无过无不及、恰到好处大约就是孔子孜孜以求的理性的服饰理想境地吧？也正是在服饰讲求中体现出来的中庸之美，作为一种亲切的富有情感色彩的理性之美，显示了孔子将服饰作为治国之大业的深刻性。《论语》载有子曰：“礼之用，和为贵。”意即礼的作用，以遇事都做得和谐恰当为可贵。孔子说的立于礼，意即礼使人在社会上站得住脚。结合对于子桑伯子和子路服饰的评价，再结合“服周之冕”的说法，我们从中可以感知孔子给服饰赋予了多么浓厚的社会内容，多么温馨亲切的理性意识。

当人与衣冲突，亦即质与文矛盾时，孔子似乎更着意于人格风范。一个典型的例子是与鲁哀公论舜冠。据《孔子家语·好生》：

> 鲁哀公问于孔子曰：“昔者，舜冠何冠乎？”
>
> 孔子不对。
>
> 公曰：“寡人有问于子，而子无言，何也？”
>
> 对曰：“以君之问不先其大者，故方思所以为对。”
>
> 公曰：“其大何乎？”
>
> 孔子曰：“舜之为君也，其政好生而恶杀，其任授贤而替不肖，德若天地而静虚，化若四时而变物。是以四海承风，畅于异类，凤翔麟至，鸟兽驯德。无他也，好生故也。君舍此道而冠冕是问，是以缓对。”

意思说鲁哀公问过去舜戴的什么冠饰，孔子默然不答。哀公好生奇怪。孔子说你不先问重大的，所以我就思索该怎么回答。那么什么是大呢？孔子说舜作为一个国君，他执政时珍爱生命而厌恶诛杀，他将职务授予贤者以替代那些不肖者。德行象天地一样静虚空阔，笼罩并承载一切，教化象四时一样滋生万物。由此四海之内领受风化，不只人类，就是鸟兽等异类亦觉舒畅，于是凤凰环绕麒麟来归，鸟兽无不驯顺于舜的德行。这没有别的，只是珍爱生命的缘故。您舍弃此道而唯冠冕是问，所以不答。在这一具体情境中，孔子有意延缓哀公的服饰问题不答，意在说明人大衣小，人本衣末。当然这里的“人”，不是形体容貌，而是人格，特别是品德政声。同样，据《大戴礼记·哀公问五义》，在鲁哀公问如何选取国士时，孔子也从这一角度谈到服饰问题：

> 鲁哀公问于孔子曰："吾欲论吾国之士，与之为政，何如者取之？"孔子对曰："生乎今之世，志古之道；居今之俗，服古之服。舍此而为非者，不亦鲜乎？"哀公曰："然则今夫章甫、句屦、绅带而缙笏者，此皆贤乎？"孔子曰："否！不必然。今夫端衣、玄裳、冕而乘辂者，志不在食荤；斩衰、简屦、杖而歠粥者，志不在饮食。故生乎今之世，志古之道；居今之俗，服古之服。舍此而为非者，虽有，不亦鲜乎？"

孔子一方面强调居今之世而服古之服；另一方面又深知服古服者并不一定就是贤者。在一次教育子路时孔子又延展了这一思路。据《孔子家语》载："子路戎服见于孔子，拔剑而舞之，曰：'古之君子，以剑自卫乎？'孔子曰：'古之君子，忠以为质，仁以为卫，不出环堵之室，而知千里之外。有不善，则以忠化之；侵暴，则以仁固之。何持剑乎。'"意思说子路着军装来见孔子，拔剑而舞，说古代的君子，是这样以剑自卫的吗？孔子说，古之君子，以忠贞为质，以仁义为护卫，不出居室，而知千里之外的是非胜败。若遇恶，就以忠贞来化解它；若侵犯，就以仁义来固守，还用得上持剑吗？其实孔子如此将话题推向绝端，并非否定他一直主张的盛装美饰，而是有所针对地从群体伦理本位来界定服饰的位置。在衣与人的关系中，强调人之质的根本性与决定性。

孔子将服饰看成人格上的投影的观点，对于他的弟子影响极大。如前所述，子路便是身体力行并以身殉服的第一人。我们知道孔子曾批评过子路的盛装，可后来也特别褒扬子路简装的从容潇洒。《论语》中孔子说："衣敝温袍，与衣狐貉者立而不耻者，其由也与？"意思说穿着破烂的旧丝棉袍子和穿着狐貉裘的人一道站着，而坦然不觉羞愧的，恐怕只有仲由（子路字仲由）罢。

子路是这样，曾子也是这样。《庄子·让王》说曾子住在卫国时十年没做新衣，以致一正冠那冠带就拉断了，一拉衣襟臂肘就露出来了，一穿鞋鞋跟就裂开了。《说苑·立节》说曾子穿了破旧的衣服种地。鲁国的国君派人送上俸禄，让他添置服饰。曾子不接受。使者第二次又去，说："先生并不是向人求的，是别人送上门的，为什么不接受呢？"曾子说："我听说：拿了人家的就怕人，送了人家的瞧不起人。即使赏赐给我并不因此瞧不起我，我收下了能不怕吗？"孔子听了给予高度评价说："曾参的话，足以保全他的节操。"孔子讲究文质彬彬，但在扮饰与人格的冲突时，他仍然坚定不移地推崇独立的人格。因为一般的人，衣服破了旧了便不自在，别人主动送上门来赠衣就更会喜不自胜。而孔门弟子却是例外。因为孔子教育他们"士志于道，而耻恶衣恶食者，未足与议也"[11]。一个有责任感的知识分子，只要有志于道，穿戴破旧点并不可耻。

事实上质文关系在当时就已引起困惑和争论。如《论语·颜渊》所载："棘子成曰：

‘君子质而已矣，何以文为？’子贡曰：‘惜乎，夫子之说君子也！驷不及舌。文犹质也，质犹文也，虎豹之鞟犹犬羊之鞟。’”意即棘子成说，君子只要质就行了，还要那些文饰干什么？子贡说，你如此理解，真可惜了夫子的君子之说！须知一言既出，驷马难追。倘若资质就是文饰，文饰就是资质，那么虎豹的皮毛便同于羊狗的皮毛了。子贡的反驳是对的。孔子总是叩其两端而取乎其中，避免极端，兼顾两面。一方面是为象征人格而讲究服饰仪表的美化，如前面种种美饰论述；另一方面又反复强调让服饰服从而不是支配或破坏人格的构建。《孔子家语·好生》甚至说：

吾闻丹漆不文，白玉不雕，何也？质有余，不受饰故也。

当质美到炉火纯青的地步，自身就是文的极致而无须外在的扮饰。这大约是孔子兼顾两面的而向往的服饰境界吧。再结合他称赞颜回粗衣陋巷的态度来看，孔子大概认为在重品质的前提下，服饰的讲求如同西子一般，是浓妆淡抹总相宜的。我们似可以再延伸一步，这种人格与服饰合而为一的视角会不会自觉不自觉地引发出人为衣之主，衣为人之奴的观念呢？从某种角度说来，古今中外不少名人的简淡着装，时下在西方街头及体育明星中流行的乞丐服，与孔子的观点也是吻合的。

值得注意的是，所谓君子风度，所谓衣人合一，在孔子这里，不是冷峻严肃的形而上抽象思辨，而是和人的生活环境、交际场合等具体情境联系起来的细语叮咛。因而我们听孔子谈服饰，即便像前边谈玉那样带有普遍性的命题，也并非不可捉摸的抽象概念。在一般情况下，孔子不离开具体情境，自然明确地指出或者是暗示出其中所蕴含的伦理规范和礼仪原则。

四、纳入教程，系统传承

既然服饰在梳理社会秩序、雕塑理想人格方面有着如此重大作用，以教育为职业的孔子自然在随处可见的教育环境中将服饰内容纳入其中。孔子有这样的自觉意识，有着普天之下舍我其谁的担当。试想，倘一味任其自然传承，或许随着时间的推移，周冕系统这一服装范式，以及所积淀的意蕴会慢慢地淡化模糊，拖腔走板，转换变形，甚至脱落风化而消失于时间的河流之中。而教育平台所形成的文化传递，则是薪火相传，系统拷贝，因为它能钩沉厘清，梳理既往；它能答疑释惑，照亮理论与现实实践衔接错位的黑暗部位；它所展示的对谈所阐释的观念会给社会着装以明晰的导向；它所凝聚的思想会向社会进行更大的时空辐射与渗透。

于是我们看到，面对请教的各色人等，无论是为国君辩难还是为学生释惑，孔子始终处于深思熟虑的状态，处于面对社会前沿问题发言的立场，随时随地认真思考，慎重表达，言辞斟酌，话语厚重。他会讲服周之冕，会讲君子风度，更会讲服饰的塑心塑形的作用。

在《礼记·曾子问》中，我们看到了孔子不厌其烦，从容答复学生所问五服之礼的各种困惑：

曾子问曰："将冠子，揖让而入，闻齐衰大功之丧，如之何？"

孔子曰："内丧则废，外丧冠而不醴。彻馔而埽，即位而哭。如冠者未至，则废。"

曾子问曰："如将冠子而未及期日，而有齐衰大功小功之丧，则因丧服而冠，除丧不改冠乎？"

孔子曰："一辈子赐诸侯大夫冕弁，服于大庙。归设奠，服赐服，于斯文乎有冠醮，无冠醴。父没而冠，则已冠，埽地而祭于祢。已祭而见伯父叔父，而后飨冠者。"

曾子问曰："祭，如之何则不行旅酬之事矣？"

孔子曰："闻之小祥者，主人练祭而不旅，奠酬于宾。宾弗举，礼也。昔者鲁昭公练而举酬行旅，非礼也。孝公大祥，奠酬弗举，亦非礼也。"

曾子问："大功之丧，可以与于馈奠之事乎？"

孔子曰："岂大功耳！自斩衰以下，皆可礼也。"

曾子曰："不以轻服而重相为乎？"

孔子曰："非此之谓也。天子诸侯之丧斩衰者奠，大夫齐衰者奠士则朋友奠。不足则取于大功以下者，不足则反之。"

曾子问曰："小功可以与于祭乎？"

孔子曰："何必小功耳！自斩衰以下，与祭礼也。"

曾子曰："不以轻丧而重祭乎？"

孔子曰："天子诸侯之丧祭也。不斩衰者不与祭。大夫齐衰者与祭。士祭不足，则以取于兄弟大功以下者。"

曾子问曰："相识有丧服，可以与于祭乎？"

孔子曰："缌不祭。又何助于人！"

曾子曰："废丧服，可以与于馈奠之事乎？"

孔子曰："说衰与奠，非礼也。以摈相可也。"

曾子问曰："昏礼既纳，有吉日，女之父死，则如之何？"

孔子曰："婿使人吊。如婿之父母死，则女之家亦使人吊。父丧称父，母丧称母。父母不在，则称伯父世母。婿已葬婿之伯父，致命女氏曰：某之子有父母之丧，不得嗣为兄弟，使某致命。女氏许诺而弗敢嫁，礼也。婿免霄，女之父母使人请，婿弗取而后嫁之，礼也，女之父母死，婿亦如之。"

曾子问曰："亲迎女在涂，而婿之父母死，如之何？"

孔子曰："女改服，布深衣，缟总以趋丧。而女之父母死，则女反。"

曾子问曰："如婿亲迎，女未至，有齐衰大功之丧，则如之何？"

孔子曰："男不入，改服于外次。女入，改服于内次。然后即位而哭。"

曾子曰："除丧则不复昏礼乎？"

孔子曰："祭，过时不祭，礼也。又何反于初？"

曾子问曰："大夫士有私丧，可以除之矣。而有君服焉，其除之也，如之何？"

孔子曰："有君丧，服于身。不敢私服，又何除焉？于是乎有过时而弗除也。君之丧除服，而后殷祭，礼也。"

这里林林总总列举许多，我们看到的是吉服与丧服冲撞，公丧与私丧错位，问题拐弯抹角，事态千奇百怪，情境变幻莫测，但都是生活中曾经发生过的、可能会发生的，每个人都须直面应对而推诿不掉。因为这些困惑都有着现实情境的规定性与变异性，有着实践操作的可能性与细节性。一般静态的规定容易照办，但多种情境下的着装冲突如何化解，则需要高超的智慧与富有穿透力的目光。这种教育传授不只是一种传道解惑，一种挫万端于一体的包容与疏导，更是一种现实与历史责任的揭示与提醒。也就是说，只有理性地解除服饰之礼与现实情境的各种冲突，才能真正使理想的服饰建构落实在千百万人的着装实践之中，成为共时性的壮观，而且也可凝为可操作推广的有效模式而代代传承，成为历时性的风景。孔子充满爱心与耐心，循循善诱。他选择典型例证将服饰纳入正规教育环节之中。这里有知识谱系的系统传授，有师生对谈的切磋琢磨，答辩释疑，钩沉提玄，智慧碰撞，道器结合，使道不再超脱地高高在上，亦可寄寓在穿着的色彩款式图纹上，器亦不是卑微地拘于实用一隅，而能高扬精神之一端。道器互融，一片苍茫。将服饰纳入教程功莫大焉，向前系统梳理传统，向后直线传播智慧与规范，薪火相传，代代不息。

《史记·孔子世家》载晏婴批评孔子的话说："孔子盛容饰，繁登降之礼，趋详之节，累世不能殚其学，当年不能究其礼。"可见包括服饰在内的种种礼仪到了孔子手里，加工得细密繁琐，成为自成体系的礼学，成为可以教授传承的课程。《史记·儒林列传》说："孔子闵王路废而邪道兴，于是论次《诗》、《书》，修起《礼》、《乐》。"可为参证。《孔子世家》亦说："孔子不仕，退而修《诗》、《书》、《礼》、《乐》。"《礼记·杂记下》："恤由之丧，哀公使孺悲之孔子学士丧礼，《士丧礼》于是乎书。"在上述孔子整理研习的诸多典籍中，《礼》、《乐》多涉及服饰内容，特别是《礼》，服饰更是其核心内容之一。其中十几个章节大都是孔子对学生不同情境中如何着装的答疑。可见孔子确曾用服饰礼的学问来教育学生。讲授时学生心记，再演习以巩固，最后再整理记录下来。所以详细描述服饰内容的冠礼、婚礼、丧礼等的《仪礼》，被认定为孔子的教材。学者杨天宇经考证得出的结论是："孔子所编定的用作教材的《礼》，就是《仪礼》的初本。"[12]

面对学生提问各种角度的着装情境的疑惑，孔子的教学是基于干预生活，提升生活的意识。孔子并不以封闭状态讲求理论的纯粹性和思维的单一性，而是以开放的格局着眼于事情的具体性和可操作性。于是在孔子的教学中有了灵活的思维与态度，有了亲切的口吻与立场，使得服饰礼仪的规定性与生活情境的多样性在不失原则的前提下彼此相融而和谐。在孔子看来，服饰因超形而上的文化氛围萦绕其间，意味变得神秘而凝重。事实上，不只服装的种种款式色彩面料，就是佩饰也带有浓浓的远古图腾印痕和巫术文化的投影。而这样的服饰，自有特定的内涵与能力，在仪容举止的展示过程中，它往往能居于主体地位，起主导与支配作用，能够唤醒穿着者特有的思维模式与言行规范。也就是说，一定的服饰所积淀的历史传统与文化观念自然会在穿着时释放出来，这要求穿着者以特定的仪容、言谈、举止相适应。

孔子曾说过："克己复礼为仁。……为仁由已，而由人乎哉？"意即抑制自己，使自己的言语行动包括着装实践都要合于礼，就是仁。实践仁德，全凭自己，还凭别人吗？在着装行为中他似又进一步，一切举止规范，行为模式仿佛早已凝结在服饰之中了。这一观念在与鲁哀公的对话中表达得更为明确而直接。据《荀子·哀公》载：

> 鲁哀公问于孔子曰："绅、委、章甫有益于仁乎？"
>
> 孔子蹴然曰："君胡然也。资衰苴杖者不听乐，非耳不能闻也，服使之然也。黼衣黻裳者不茹荤，非口不能味也，服使然也。"

意思说鲁哀公问孔子：系着腰带、戴着帽子、穿着礼服，对仁有益吗？孔子迅即答道，君王怎能这样问呢？穿着孝服、拄着教杖的人不听音乐，并非耳朵听不见，而是丧服使他们这样的；穿着黑、白、青色相间花纹的祭服的人不吃荤，并非口舌辨不出滋味，是祭服使他们这样的。类似的例子还有《论语》中著名的宰我问丧。当宰我以为三年之丧太长时，孔子虽不同意，但还是从容地说，"食夫稻，衣夫锦，于汝安乎？……汝安则为之。"孔子是说，在服丧期间有丧服的文化氛围的笼罩，倘若食美餐，穿丝绸，人们的内心是会不安宁的。倘若你坦然淡然漠然，那就放任自己美衣美食去吧。这意味着，服饰因积淀着缅怀逝者寄予哀思等一定的文化符号或密码，对穿着者的行为有强烈的暗示与框束作用。你如果未感悟到这一暗示，不愿遵循这一框束，那就放任自流吧。孔子虽未曾明确说过服饰就是艺术品，但他似乎悟出服饰就是一个意象，可展示为一种意境，有着感情的质的规定性与导向性，自然对人的言行举止起着引导、规范、催促等作用。这就是衣对人明显的反作用。就是在今天，我们也可以找到大量例子印证这一观点。据有关资料介绍，日本妻子若穿西服，就可以抬头挺胸和丈夫并行；若穿和服，就只能跟在丈夫后面，低头碎步急急奔走了。西方美学家鲍桑葵和桑塔耶那都认为感情为事物的第三性质。他们认为大小薄厚等客观特征为第一性质，红绿冷暖等感知特征为第二性质。这二位学者是从普遍意义上谈美学问题。且不说事物第三性质的看法是否正确，倘将此看法落实在服饰层面，就会发现他们与孔子的看法几近一致，即以情感为中心的倾向性主题作为服装中蕴含着的真实存在。

五、敬畏服饰，身体力行

值得注意的是，服饰的种种讲究，在孔子看来并非仅仅是口头与书面传授的高台讲章，而是亲自研究并付诸实践的行为准则。也许在孔子看来，礼者履也，就是要身体力行，做出表率来，且有意营造这种师生互动的氛围来激励自己。据《尸子》记载："仲尼意志不立，子路侍；仪服不修，公西华侍。礼不习，子贡侍；辞不办，宰我侍；忘乎古今，颜回侍；节小物，冉伯牛侍。曰：'吾以夫六子自励也'。"[8]或许人们在着装上理论严格相对容易，但在实践中，特别是独处时难免会有松弛懈怠的地方，这就需要融入到群体中去，需要有互动的对象，如学生来监督、提醒与劝谏，才使得着装风貌得以坚持。

不只在学生面前，就是在平民百姓面前着装也毫不马虎。如《论语》所载："乡人傩，朝服而立于阼阶。"傩是古代一种迎神以驱逐疫鬼的风俗，是一种带有原始图腾色彩的古老文化礼仪形式。从文字学上讲，傩字的本义就是"行有节也"[9]。《诗经·卫风·竹竿》有"佩玉之傩"就保存了它的本义。周代的傩已由天子传令执行，由有司执掌，已经归入于礼的范畴。阼阶是东面的台阶，是主人迎送宾客站立的地方。孔子在此际穿着庄严肃穆的朝服，表现得如此郑重其事。从他对鬼神一般表现的怀疑与回避态度来看，显然是出于对乡人自发地演习治国安邦的文化礼仪的敬重，对其以礼仪形式所造成威严热烈的崇高氛围的理解与欣赏。这里没有悠悠望白云怀古一何深的自在，却以着意穿戴的服饰融入了那样的深情和庄重。

孔子特别注意君臣间服饰礼节，就是卧病在床也不肯马虎。有一次孔子病了，国君来探视，他便马上头朝东，在身上加盖朝服和大带，连那束在腰间的大带也要拖带着，丝毫不能马虎。《论语》著录了这一非常事件：

> 疾，君视之，东首，加朝服，拖绅。

东首指孔子病中仍旧卧床而言。古人卧榻一般设在南窗的西面，国君来，从东边台阶走来，所以孔子以面朝东来迎接他。生病卧床是如此，正规上朝就更不用说了。孔子明确强调说："朝服而朝"[4]。上朝就要穿朝服，除非国君恩准，否则穿便装觐见有不敬之罪。他以自身有着内在标准的服饰言论，自身笃诚不二的着装实践，强调的是出以自觉的政治伦理意识，是服饰本身散发出的社会性合理秩序氛围。

《论语·乡党》详细记述了孔子在种种社交场合的风度仪态，从中可以看出他对于服饰充满了内在的谦恭与敬畏：

孔子于乡党，恂恂如也，似不能言者。其在宗庙朝廷，便便言，唯谨尔。朝，与下大夫言，侃侃如也；与上大夫言，訚訚如也。君在，踧踖如也，与与如也。君召使摈，色勃如也，足躩如也。揖所与立，左右手。衣前后，襜如也。趋进，翼如也。宾退，必复命曰："宾不顾矣。"入公门，鞠躬如也，如不容。立不中门，行不履阈。过位，色勃如也，足躩如也，其言似不足者。摄齐升堂，鞠躬如也，屏气似不息者。出，降一等，逞颜色，怡怡如也。没阶趋，翼如也。复其位，踧踖如也。执圭，鞠躬如也，如不胜。上如揖，下如授。勃如战色，足蹜蹜，如有循。享礼，有容色。私觌，愉愉如也。

是说孔子在乡亲中间恭顺谦逊，似不会说话。在朝廷宗庙讲话雄辩，但很谨慎。上朝与同级谈话，直率畅快；与上级说话，温和恭顺；国君在时候，敬畏不安，态度严肃。国君命他迎接外宾，面色马上变得庄重，起步快速。向站着的人们作辑行礼，或左或右，他的衣服前后飘动，都很整齐。很快地行走，像鸟儿展开翅膀一样。宾客走后，一定回来报告说：客人已不回头了。孔子走进国君的大厅，弯着腰，好像容不下自己似的。不站大厅中间，行走不踩门槛。走过国君座位时，面色庄重，行步快速，话也好像没有了。提着衣襟走上台阶，弯着腰，轻声呼吸而不喘气。出来，走下台阶，就放松容貌，一种舒适愉快的样子。手拿圭玉，弯着腰，好像负担不起。上举，像作揖，下举，像交接。面容庄重，战战兢兢。用紧凑的小步行进，像一条直线一样。献礼时，容色凝正。私下想见，则轻松愉快。强调在社交中注意仪容举止，取得一种符合人的地位尊严的、有教养的和令人愉悦的形式。因而，《论语》讲孔子给人的印象是"温而厉，威而不猛，恭而安"。在《论语·颜渊》中孔子说过"出门如见大宾"，想到这一表述是对仲弓问仁的答复，再结合孔子在生活情境中的着装仪态，可知孔子认为大凡出门就应该像面见贵宾一样衣冠楚楚。不只是君臣同僚父老乡亲，就是陌生路遇者的特殊着装，也应认真对待，给予尊重。孔子在《论语》中说："见齐衰者，虽狎，必变；见冕者与瞽者，虽亵，必以貌。凶服者式之。"这段话看似对别人的叮嘱，其实也是夫子自道。因为，同书中还有类似情景的记述："子见齐衰者、冕衣裳者与瞽者，见之，虽少，必作；过之，必趋。"等等。意即见到穿丧服者，即使是很亲近的人，也一定要改变表情，表示哀悼。见到戴礼帽礼服的人和盲人，即使是很熟悉的人，也一定要有礼貌。在车上遇见穿丧服的人，便俯身伏在车前横木上。相见的时候，即使是年轻者，孔子也一定要站起来；走过的时候，孔子一定快走几步。对于别人特殊服饰如此深切的关注、同情与尊重，一方面说明孔子在服饰境界中注入了厚重的人文情怀；另一方面也表现出孔子谈服饰论古今，不只说说而已，而是笃诚相待，身体力行的。自己着装的严谨，对他人着装的敬畏，都保证了他的服饰谈论不是口是心非的敷衍，不是居高临下的说教，而是形神兼备，心口一致地营造并沉浸在所认定的理想服饰境界之中。

这样就会引来一个问题，孔子自己着装如此一丝不苟，那他是否有意营造儒服的经典制式？事实上当时就有人注意到这个问题了，而孔子本人则是否认的。据《礼记·儒行》载："鲁哀公问孔子曰：'夫子之服，其儒服与？'孔子对曰：'丘少居鲁，衣逢掖之衣。长居宋，冠章甫之冠。丘闻之也；君子之学也博，其服也乡。丘不知儒服。'"意即鲁哀公问先生所穿是儒者的服装吗？孔子回答说自己少年居住在鲁国，穿袖子宽大的服装；长大后住在宋国，戴章甫之冠。我听说，君子的学问要广博，衣服要随俗。我不知道什么是儒服。可见孔子着眼点从不在于有无儒服，更不在于其款型色料的具体化，而在于从众随俗，以群体伦理性和情感性为本位，营造自身的服饰境界。

六、孔子服饰学说的文化思考

如果说《周礼》将垂衣治天下的命题创造性地转化为世俗伦理政治的等级服制，那么，在孔子奠定的衣人合一的比德思维模式中，则将《周易》服饰说的神秘命运感与《周礼》僵硬的外在规定融化为内在的情感需求了。翻阅中国服饰文化史，我们可以看到，先秦诸子特别是孔子以其解放自由的主体精神，以实践理性精神，各持颇多歧异的服饰观念，彼此争鸣，为中国服饰文化拓展出相对多样性发展的格局，也在不同层次上挖掘出了多样性服饰美学的文化的命题，甚至自觉不自觉地窥见服饰境界中可以"意识到的历史内容"，为衣冠王国的服饰发展奠定了坚实的理论基础。在这方面，孔子不愧是一位中国服饰文化的思想大师。

在孔子的服饰故事和服饰论述中，一些重要的命题还可以提出很多：如讲究文质彬彬衣人合一的服饰人格观念；重视服饰本身积淀的人类文明，视衣为有意味形式的敬畏态度；着装讲究场合讲究对象的礼貌意识和环境原则；尊重他人因衣动情的着装心理原则和人道主义；强调服饰标识类别的观念；着装重在群体和谐和内心笃诚的群体伦理本位与情感本位。

从上述种种便可看出，孔子的服饰学说有着充分的理性精神。他的服饰学说，不像《周易》那样笼统，不像《周礼》那样外在与僵硬，而是有着具体的生活情境，有着外在服色、款式、面料和政治背景、历史事件及个人道德修养的内在联系，它更具体，更容易操作，更有人情味和亲切感。这不仅对他自己而言有着固定的价值体系和评判原则，构成了一定范型的思维模式，而且以其巨大的影响穿透时空，奠定和铸造了中华民族服饰文化心理结构。这里既没有纯抽象思辨的高深玄理，也没有神秘的教义，孔子的谈论却比一般礼的规定解释更平实地符合日常生活，更能吻合一般人着装时的心态及其在不同场合中的心理体验，因而也就具有更普遍的可接受性和付诸实践的有效性。在这里他没有把服饰所蕴含的人的伦理情感社会心理引向外在的崇拜对象或神秘事物，而是把它消融并满足于人与人的世间关系之中，使构成服饰文化的情感、观念和意识统统环绕和沉浸在这一世俗伦理和日常心理的综合统一体中，而不必去建立另外的服饰文化理论大厦。

孔子的着装观念中颇多理性色彩，尽管更多的时候不直接说教，但骨子里渗透着政治伦理意识，处处体现着一种礼仪的规范，特别强调中和而遏制突出的个性，在孔子心中，这就有了一个度，有了一条线，使着装的讲求如同戴着镣铐跳舞，不能自由充分展示人之美与衣之美。但不可忽视的是，孔子以伦理的目光扫视服饰境界，从而为服饰开掘出丰厚的伦理内涵。就后世影响而言，孔子赋予服饰以非常浓厚的伦理内蕴，是以实践理性精神为前提为先导的。具体表现在他的服饰观完完全全融入社会生活天地之中。这里，以伦理为起点，以伦理为现实评判标准和终极目标。在孔子这里，服饰似乎成为伦理意识的感性显现，成为伦理情感的直觉造型。他进入了世俗人生观览服饰，既没有外在规定式的僵硬死板，又没有原始神话图腾的虚幻怪诞，从而使人们对于服饰礼仪规范的外在被动式的遵循，一变而为积极主动的内在欲求和具体情境中定性定量化的理解与把握。

当然，在今天看来，孔子的服饰学说本身有着不容忽视的历史局限性，对于中国服饰发展有着不容低估的负面作用。如重伦理轻美感：一件衣服一种色彩一种质地一种款式摆在面前，首先不是想到是否适合人体，是否漂亮好看，而是想到是否合乎身份，是否违背了礼仪，是否合群……以伦理的氛围来笼罩服饰的全部境界，即为善伤真伤美；再就是重秩序轻自由，重继承轻创新，重共性轻个性，重外因轻内因，重文化轻工艺等。

从思想意义上来看，孔子的服饰伦理学说，也就是孔子所认定的表现在服饰层面上的礼，它原本是基于孔子的仁学结构。笔者曾经设身处地地推测，也许以克己复礼为己任的孔子，以为服饰是周礼的重要内容，悠悠万事唯此为大，不可不注重；讲仁是侧重于内心和主观感受方面的，而礼如服饰则是侧重于外在的客观造型的，不仅可以具体衡量把握，而且它本身就是心情意绪的直觉造型，因而就更符合孔子所倡导的实践理性精神？

思绪放开一点来看，也许人类刚刚从荒蛮境界走出不多久，而当时服饰材料的获得又颇为艰难，服饰款式的制作、服色的染取都非轻而易举，随处可遇的裸态装身会给新的社会秩序、伦理讲求带来诸多消极影响，所以以天下为己任的孔子就把它作为文明教化的重要议题？也许生产的发展，经济的繁荣，使得社会逐渐从质朴走向文饰，作为先知先觉者，孔子敏锐地感应着时代的脉搏，以服饰的讲求引导人们求雅求美，从而在“百家争鸣”的基础上更进一步，展开了先秦时代“百花齐放”的文化氛围？

也许由中国神话以及《周易》等文化原典所赋予服饰的严重的命运感和社会治乱的象征功能，使得以天下为己任的孔子对此有着特别的兴趣和热情？而后世人们在服饰问题上所表现出来的伦理层面与道德积淀，是集体无意识的表现呢？还是世俗的教诲？孔子在这服饰积淀的文化创造工程中，是设计师呢，还是如他所说属于介乎拓荒者与后来者的述而不作的文化传递人呢？

思考与练习

1. 为什么说孔子在服饰问题上“服周之冕”？

2. 如何理解孔子的“质胜文则野，文胜质则史，文质彬彬，然后君子”这一服饰文化命题？

3. 试举例解读“服使之然也”这一命题。

注释

［1］张志春：《孔子与服饰》，原载《饰》，1997。

［2］引自《论语·八佾》。

［3］引自《论语·子罕》。

［4］引自《论语·泰伯》。

［5］李殿元，等：《周易·乾凿度/论语外编》，四川人民出版社，2001：352。

［6］引自《论语·卫灵公》。

［7］引自《孝经》。

［8］李殿元，等：《论语外编》，四川人民出版社，2001：276，51，54。

［9］引自《论语·乡党》。

［10］引自《论语·雍也》。

［11］引自《说苑·杂言》。

［12］杨天宇：《仪礼译注》，上海古籍出版社，1994：8。

基础理论——

被褐怀玉　养志忘形——老庄服饰思想初探

课题名称：被褐怀玉　养志忘形——老庄服饰思想初探

课题内容：被褐怀玉，养志忘形

质文错位：发现服饰的装扮或欺骗

服色的异化及神化

素淡之美：大音希声

平等与宽容：服装模式的多样性

服饰舒适性原则

形全形残，任纯自然

无拘无束，自由自在

上课时间：4课时

训练目的：通过本章教学使学生了解并掌握老庄的服饰思想及其思维方法，并能在一定程度上运用到服饰作品解读与创作设计中去。

教学要求：老庄论及服饰多指涉玄远，故教学中应将此思维理清讲透，并能联系到服饰中来；可展开与《周易》、孔子服饰理论的比较。

课前准备：阅读《老子》与《庄子》及其相关文献资料。

第八章　被褐怀玉　养志忘形
——老庄服饰思想初探

从前几章的叙述中可以看出，从原始巫术礼仪到世俗政治伦理生活，服饰始终是中心话题之一。原始神话、巫术图腾有它神圣的出处，世俗的伦理政治有它显赫的身影。也许人类从裸态装身到覆盖装身的过程本身就是一项伟大的工程，大到关乎国家的盛衰，小到涉及个人的存亡与荣辱，任谁也难以推诿。因而，在这个相当长的历史过程中，在服饰领域，那宏观而外在的制度建设与微观而内在的礼仪设定，都会和国家的政治格局以及每个人的日常生活息息相关。在这种背景下，服饰就成为不止一个时代的中心话题。而这些时代的精英人物都会自觉不自觉地卷入到这一话题中来。

此时此刻，服饰就是时代的命题，谁要思考这个时代，谁也就无法回避服饰这一命题。和儒家学派奠基人孔子一样，作为道家奠基人的老子与庄子，对服饰同样有着极大的兴趣，且有着一系列独到而有穿透力的见解。老庄是先秦时代最早用反省的态度面对现实与历史的哲学家。他们也在服饰文化各个层面中发现了它的负面影响，并以多样的方式将它表达出来。本章将老庄服饰思想初步梳理出来，或分列或综述，采取相提并论的方式，一为行文方便，二也是沿袭旧俗。因为前有司马迁将其并列立传的先声，历史上也有以老庄并称的惯例，而更为重要的是，他们观照服饰的立场方法大多是相同相似，每每似有“心有灵犀一点通”的通感和共鸣。

一、被褐怀玉，养志忘形

在《道德经》中，老子提出了“圣人被褐而怀玉”这一重要的服饰美学命题。

所谓被褐怀玉，既是内持珠玉外着粗褐陋装的真实写照，又是注重人的内在美质忽略外形美饰的人格象征。庄子认同并追步这一命题，并将其发展为“养志忘形”的境地，意即服饰境界可达到一种生命的高峰体验——陶醉于心灵的满足而不知此身何在。可见，老庄在服饰境界构建中有意淡化或者消解外在的美饰，重视的是人的精神、气韵与风度，强调的是人的内在美质。

应该想到，老子主张被褐怀玉，是有多方面原因的。作为前任西周守藏史，他出于职业的方便与内向沉思的个性，自然对历代人们处理内美外饰的经验教训给以较多地关注；同时，多少年来，作为《周礼》规范下等级服制的一员，他对于冠冕堂皇的朝廷官署礼服的束缚与空洞，应有切身的体验与感受，想来是别有一番滋味在心头吧！再说，生于春秋乱世而久萌退隐之志的老子，即便积攒有薪金足以盛服美饰，他也不会这样炫耀摆阔，这不符合他隐居的心志，也不宜真正实现长久地淡然隐居。可知这一命题既是洞察服饰境界的智慧闪光，也是老子着意身体力行的夫子自道。

而庄子做过短期的漆园吏，此后便一直是逍遥自在清静无为，高傲地拒绝王侯的聘任，疏离了高官厚禄。他的素简风貌，则是贫穷的哲学王子另一角度的自我写照与彰示。所幸的是，他因雄勃且彻底的思想而底气丰沛，所以谈论寒素不是畏缩自卑而是超然自傲，往往带有炫耀的意味。于是，被褐怀玉的境界在庄子的表述中不是抽象的概念，而是一个个活生生的甩袖无边清风明月式的高人，他们不为名缰利绳所缚，无一不是粗服乱头，率意着装。首先出场的便是庄周本人的形象：

《庄子·山木》说，庄子穿着一件打着补丁的粗布衣服，用麻绳绑着破鞋子去见魏王。魏王说先生怎么这样疲困呢？庄子借机发挥说：是贫穷啊，并不是疲困。读书人有理想却不能施行才是疲困呢；而衣服破旧鞋子破烂，仅是贫穷而不是疲困啊！言下之意此刻粗服乱头的庄子正处于实施理想的良好状态之中。甚至在孔子看来不能容忍的箕踞，竟能无拘无束地出现在庄子身上。《庄子·至乐》：“庄子妻死，惠子吊之。庄子则方箕踞鼓盆而歌。”在这些貌似粗放简陋的服饰行为中，却最为深刻地表现出老庄渴望重估服饰文明价值的意愿。在庄子看来，如果以传统礼仪作底的服饰惯制算是文明，那么文明不如不文明，也许不文明才是最好的文明。

不仅如此。就是叙述孔门弟子的行迹，庄子也使其带有道家的风采。这里虽不无儒道相通之处，旨趣却在被褐怀玉、养志忘形，与儒家的安贫乐道迥然有别。《庄子·让王》：

> 曾子居卫，温袍无表，颜色肿哙，手足胼胝。三日不举火，十年不制衣，正冠而缨绝，捉襟而肘见，纳履而踵决。曳综而歌商颂，声满天地，若出金石。天子不得臣，诸侯不得友。故养志者忘形，养形者忘利，致道者忘心矣。

这里是说曾子住在卫国，絮衣破烂，面色浮肿，手足生茧。三天不生火煮饭，十年不添置新衣；倘正戴帽子帽带便断了，拉着衣襟手臂便露出来，穿着鞋子脚跟就突出来。拖着破鞋口吟商颂，声音充满天地，好像金石乐器演奏出来一样。天子不能使役他为臣子，诸侯不能附庸风雅地与他交朋友。庄子据此而歌颂道，理想的人生就像这样啊，养志者忘了形骸，养形者忘了利禄，求道者忘了心机了。

同样，《庄子·让王》中，庄子塑造了一个拒受天下的高人善卷。他也是被褐怀玉养志忘形的典型人物。虽隐居山林，冬穿皮毛夏着粗布，却充满优越感，以俯瞰的姿态，对欲将天下让与自己的尧说，可悲啊你不了解我！我日出而作，日落而息，春种秋收，既劳作又安舒，逍遥自得于天地之间，还要天下的位子做什么呢（图8-1）？

……

图8-1　西安唐墓壁画中的古代隐士

这类形象，在庄子的寓言中还可以举出许多，这就是他自觉塑造的被褐怀玉的风范，这就是他着意宣扬的养志忘形的风范。

从更大范围来看，这种被褐怀玉、养志忘形的观念影响久远，深入人心。甚至影响了整个文景之治的时代风貌。汉文帝无为而治23年，如《史记·孝文本记》所云："上常衣绨衣，所幸慎夫人，令衣不得曳地，帏帐不得文绣，以示淳朴，为天下先。"而深受儒家服饰观影响的贾谊在《新书·服疑篇》中提出："制服之道，取至适至合以予民，至美至神进之帝。奇服文章，以等上下而差贵贱。"即民众服饰实用适体即可，而帝王则要美且神圣。君臣服饰观的对立冲突便是儒道服饰观冲撞的现实展演。后人深受李义山《贾生》一诗影响，却不知贾生命运早就颠覆在老庄的服饰理念中了。

后世道家隐士多粗服乱头，有老子学说的影响，但庄子也是一个榜样。例如，以老子为教主的道教所推崇的八仙，几乎无一不是心地善良，身怀绝技的人物，可他们的形象呢，在传说中，铁拐李蓬头垢面，袒腹跛足；张果老衣着俭素，倒骑白驴；蓝采和衣衫褴褛，一脚着靴，一脚跣行，夏披絮，冬卧雪，常醉踏歌，似狂非狂；甚至那名贯古今的济公活佛，摇一把破扇儿，似也染上了道家的风采，鞋儿破、帽儿破、身上袈裟破，却逍遥天地间……如果说传说中的人物还有一定虚拟性的话，那么，从不同的朝代，从现实生活中走来的一群隐士，则是老庄这一服饰观念的真正履行者了。在历史文献记载的隐居山林的高人韵士中，有披览不尽的简陋衣装：

《高士传·善卷传》："冬衣皮毛，夏衣希葛。"

《高士传·披裘公传》："五月披裘而负薪。"

《高士传·林类传》："春披裘。"

《高士传·严光传》："披羊裘，钓泽中。"

《高士传·袁闳传》："首不着巾，身无单衣，足着木屐。"

《高士传·管宁传》："常着衣裙貉裘。"

《晋书·孙登传》："夏则编草为裳。"

《晋书·郭文传》："鹿裘葛巾。"

《晋书·公孙凤传》："冬衣单衣。"

《晋书·石垣传》："衣必粗弊。"

《南史·翟法赐传》："以兽皮及结草为衣。"

《宋史·苏云卿传》："布褐草履，终岁不易。"

《诗话总龟》："寇莱公镇洛，暇日写刺访魏野，野葛巾布袍。"

《明史·张介福传》："家贫冬不能具夹襦。"

《国朝先正事略·李筠叟先生事略》："方袍角巾，屏迹郊野。"

《国朝先正事略·八大山人事略》："尝戴布帽，曳长领袍，履穿踵决，拂袖蹁跹市中……"

当然，重要的并不在于自古以来的高人隐士如何遵循老庄的服饰教诲，而是作为一种思维模式或文化心理结构，它在人的整体形象的观照中，着眼于内在的充实，灵魂的坦然，淡漠且超然于服饰的粗率陋简，这一观念从某种角度普泛地影响了中国人的着装意识，积极而有效地构筑了中国人的服饰风貌。

二、质文错位：发现服饰的装扮或欺骗

如同发现了道德伦理的欺骗性一样（从老子《道德经》揭示的"仁义出，有大伪"，到《庄子》嘲笑的"彼窃钩者诛，窃国者诸侯，诸侯之门仁义存焉"），在与鲁哀公谈儒服者是否真儒者的故事中，庄子提示人们应注意服饰的欺骗性与扮饰性。《庄子·田子方》绘声绘色、一波三折地勾勒了这个著名故事的全过程：

> 庄子见鲁哀公。
>
> 哀公曰："鲁多儒士，少为先生方者。"
>
> 庄子曰："鲁少儒。"
>
> 哀公曰："举鲁国而儒服，何谓少乎？"
>
> 庄子曰："周闻之，儒者冠圜冠者，知天时；履句屦者，知地形；缓佩玦者，事至而断。君子有其道者，未必服其服也；为其服者，未必知其道也。公固以为不然，何不号于国中曰：'无此道而为此服者，其罪死！'"
>
> 于是哀公号之五日，而鲁国无敢儒服者，独有一丈夫儒服而立乎公门。公即召而问以国事，千转万变而不穷。
>
> 庄子曰："以鲁国而儒者一人，可谓多乎？"

故事是说庄子去见鲁哀公。哀公说，鲁国多儒士，很少有学先生道术的。庄子说，鲁国的儒士很少。哀公说，全国都穿儒生的服饰，怎么说少呢？庄子说，我听说了，儒者戴圆冠的，知道天文；穿方鞋的，知道地理；用五色丝带系玉玦的，事到而决断，君子有这种道术的，未必穿这种衣服；穿这种衣服的，未必懂得这种道术。你既不以为然，为什么不号令国中说，不懂得这种道术而穿这种衣服的，要处死罪。于是哀公下号令五天，而鲁国一般无人敢穿儒服了，独有一人穿着儒服站在朝门。哀公召来询问国事，千转万变而对答不穷。庄子说，整个鲁国只有一个儒者，能够说多吗？

问题不在于这个故事是否真实，具有文献性，而在于它洞穿了服饰功能的一个重要侧面，具有思想的穿透力。衣装与人品的关系并非一定如孔子所说的合二而一，有时竟可以南其辕而北其辙——服儒生装者并不一定就是儒生，并不一定就是有知识的学者，更不一定就是“仁义礼智信”的信仰与实践者——也许这些现象才是深刻而有意味的存在吧！可以说，这一服饰命题的发现与提出，为庄子的反异化学说提供了强有力的证据，使他想象中的情景及形而上的妙论有了质实的人间色彩。

服饰功能意义欺骗性的提出，在服饰文化建设上的价值是不可低估的。倘作为中性表述，服饰的欺骗性可命名为服饰的扮饰性。作为常规现象，服饰的美感很大一部分建立在遮掩与矫饰人体的缺陷与不足上，这就自然而然地借助并强化了服饰的装扮功能，腿曲者必长裙垂地，肩宽者当领阔如巾，矮个子会穿有鞋跟的鞋拔地而起，秃顶者以帽巾包裹严实……作为特殊领域，如表演艺术的扮饰效果很大意义上是要借助于服饰的欺骗效应的。我国古来也有着“优孟衣冠”的典型例证和这一穿透古今的成语。倘若联想到侦察员、间谍、地下工作者的衣着扮饰，更觉庄子此论穿透生活的深刻意味。

不同生活角色在不同的生存环境下，要有相应的服装扮饰。孔子也主张这样，但他是正面引导，主张衣人合一论者，虽然他也看到衣与人的不和谐之处，如他所说的质胜文或文胜质等二者的偏正状态。庄子却进一步将窗纸捅破，衣与人清楚地分开，指出了质文错位，即二者常常悖谬的黑色幽默现象。在庄子的心目中，衣饰在某种程度上有着相对的独立性，且不是固定的，一成不变的。这一点有着深刻的思想意义和丰厚的社会蕴涵。

庄子这一发现的意义在于，他冷静地捅破了服饰与人的更深一层关系，即服饰装扮所造成的视觉效果往往与着装者本人的内在资质并无必然联系。倘若这一点能够成立，那么，孔子所着意构筑的质文互饰、君子正其衣冠的思维模式中可能会带来的负面效应，就会显得异常醒目。试想想后世千百年来反复出现的看衣待人、以衣观人的黑色幽默与闹剧，再想想“衣冠禽兽”、“金玉其外，败絮其中”以及“沐猴而冠”等所描述的现实与这些流传千百年的语汇，我们便可悟出庄子的提醒是现实的提醒，也是历史的提醒。

三、服色的异化及神化

老庄不但像孔子那样对色彩敏感，甚至还相当反感呢。请听老子那一句斩钉截铁的判断，冷不丁会吓人一跳：“五色令人目盲”[1]！

这就有趣了。从前文我们知道，五色代表五方正色，以其庄严神圣而在当时颇受推崇。问题是，老庄素来讲自然，在色彩方面何以不喜欢源于自然的天青、云白、花红、地黄、发黑的颜色？也许，从当时的现实情态中，可以发现老庄特有的色彩审美观得以形成的根本原因。

我们知道，在商之甲骨、周之金鼎中很少能找到表示颜色的专名专字，而到了成书于汉代的《说文解字》，陡然增加了几十个表示颜色的字。依据先实后名的原则，起码可判定春秋战国时代是一个色彩大发现、大创造、大制作的时代。“色调的数量随着文化程度的增加而增多……越复杂的社会所需要的颜色词汇可能越多，这是因为他们拥有的可以为颜色区别开来的装饰品，或者是因为他们拥有更为复杂的制备各种染料和涂料的技术”[2]。查阅《周礼》，除了设置服饰官吏，还专设染人、设色之工等技术工程人员，可见染色需求之众，染色工艺要求之精，染色种类之多。《考工记》还专门记述了将布匹七次投入染缸，每次可染就不同的色彩来。服饰文化学家沈从文在《中国古代服饰研究》一书中提醒人们，在注意先秦“百家争鸣”的同时，别忘了那也是一个“百花齐放”的时代，即色彩图案大发现、大发展的时代。当时的色彩繁杂富丽，美不胜收。历代君主对色彩有尊崇，色彩的不断发现与染色技艺的普及与提高，上层社会对色彩的热衷，往往会引起全社会的模仿流行，并很快走向极端与异化。色彩，具体说来是服色，此刻也明显成为“礼崩乐坏”的重要层面。孔子强调“黑当正黑，白当正白”以及“恶紫之夺朱”便是这一现状的反映之一[3]。但孔子只是顺着政治伦理的路径延伸而去，想整顿梳理服色的秩序。而经多见广、深思熟虑的老子则洞察出色彩的过分美丽会诱发主体的迷失，便作如此惊人的当头棒喝。的确，人类一旦迷失了自我，再绚丽的色彩又有什么意义呢？

应该注意的是，老子说五色令人目盲之后还有一段话，具体是这样的：

> 五色令人目盲；五音令人耳聋；五味令人口爽；驰骋田猎，令人心发狂；难得之货，令人行妨；是以圣人为腹不为目，故去彼取此。

这里所谓的目盲，并不是指生理意义上的视觉丧失，而是因追逐花花绿绿的外在文饰造成的空落，引发主体的迷失，思绪纷乱的茫然。老子并用五音五味的反常效果叠加来强化这一思路。五色是一种美饰，如同驰骋田猎一样会引发生命的高峰体验，令人心灵产生癫狂般的欢乐；五色彩绘与织绣种种美饰是精致的，难得的，贵重的，往往会妨碍人们的行动，更不用说和氏璧、侯氏珠会让人易以城池，诱发涂炭生灵的杀戮与战争了。所谓为腹不为目，在老子这里，只是被褐怀玉的另一种说法，意即圣人只在意精神家园的营造而淡化目光所及的外在美饰。

老子这样说了，庄子全然认同地再重复一遍：“五色乱目，令目不明”[4]。如此的前后一致，除却他们深深厌恶的那五方正色间色所寄寓的服饰等级伦理秩序与观念以外，还会有色彩学上的原因吗？比如，从根本观念上来看，老庄会崇尚远古人的单色，总体主张向单色回归吗？

果然，我们看到，深邃的玄黑色，在《道德经》中不断受到多角度多方位的礼赞：

“玄之又玄，众妙之门。”玄，略带红的黑色，作为天的象征性色彩。天玄地黄，是从《周易》以来相对固定的说法。

“知其白，守其黑，为天下式。”知道明亮鲜艳，却甘愿素淡，作为天下的示范与模式么？

“谷神不死，是谓玄牝。玄牝之门，是谓天根。绵绵若存，用之不勤。”

“生之畜之，生而不有，为而不恃，长而不宰，是谓玄德。”

玄色为众妙之门，知白守黑，玄德可颂等，都是从玄的观念出发，经阴阳解释万物。在阴阳（黑白）之中，黑为众色之主。“玄之又玄，众妙之门。”而道为万物之本，可见在老子心目中，道是以黑色为象征色的。于是黑色在《道德经》中有了崇高的地位，从而黑色在中国服饰文化中有了特殊地位。显赫的阴阳太极图以黑白对照而横贯古今，且不时展示在道者的服饰上。后世道家遂以黑色为常服色。《诗经·郑风·缁衣》中，不断地听到了黑衣的颂扬之声：“缁衣之宜兮”、“缁衣之好兮”、“缁衣之席兮”……意即穿着黑衣是多么舒畅，多么漂亮，多么挺阔啊！

选择黑色作为一种精神体现，不只是因为先师的影响和文献的记述，更主要的是对于人的心理，黑色能产生深层影响，生出神秘、静寂的感受。作为无彩色，黑色的无光对人的视觉有种消退之感，这种规律恰也暗合了道家清静无为的远尘避世、淡泊无为的思想。庄子仿佛在弹拨无弦琴中感受到美妙的旋律一样，他甚至想象无彩色的黑色是一个内蕴丰厚的世界：“无色而五色成焉”，“澹然克极而众美从之”[5]。这样的色彩及其美感自然是意念中的产物了。于是有学者这样分析道，“道家的色彩美学思想建立在‘自然’无为思想基础之上，他们所寻找的色彩反映不追求眼观到的色彩表面。虽说他们视色彩与大自然的现象有关联，但他们注意的是自然的整一大势，或者说是自然人心理意念中的色彩之真”[6]。应该说，这样的剖析是深刻的，符合老庄的色彩观的实际。

需要补充的是，在服色方面，有一种特殊的神化色彩。它对中国服色影响深远，出于老子却并非他本人论述或提倡所致。这便是神奇的紫色。

翻开不少文献，可以看到，紫色成为老子的象征而兼备了神圣的意味。《史记·老庄申韩列传》、《艺文类聚》、《初学记》、《太平御览》等书都记载了老子“紫气东来”的故事。说在周昭王二十三年，老子骑着青牛，准备过函谷关而西。这时，随着老子的临近关口，关令尹喜望见紫气从东方而来。当尹喜得知老子即将隐退，遂借机求道。老子见其虔诚，便留下五千真言的《道德经》。此后，紫气便和老子结下不解之缘。在古代的文献中，在古人的观念中，这位圣哲头上常有紫气萦绕。后世人们遂以紫气表示祥瑞和美好的希冀。如杜甫《秋兴》诗：“西望遥台降王母，东来紫气满函关。”

老子是个历史人物，又被道教神化而崇奉为太上老君。受此教主（庄子此际也作为南华真人享配祠地位）地位影响，道家普遍崇尚紫色。他们奉最尊贵的神为紫皇；神女为紫姑；且所信奉尊神之名多与紫色有关，如列为第一等级的中位尊神号“玉清紫虚高上元皇太上大道君”，协助玉皇大帝执掌天经地纬、日月星辰和四时气象之神“中天紫微北极大帝”，还有“玉清紫道虚皇上君”、“南极上灵紫虚元君”等。另外，道教还称仙书为紫书等。

看来，这个当时就广为传播的故事，以及后来道教的崇尚紫色留给了我们许多想象的空间。也许，齐桓公着装喜好紫色是否在这里吸收并寄寓了神圣的意蕴？齐国举国仿效而紫色大为流行，也许其原动力并不是国君主名人效应而是超自然的氛围感？而人情练达的孔子为有效地贬抑紫色，而着意避开“紫气东来”这一富有魅力的话茬，只是简单而生硬地宣布讨厌紫色夺去了朱红色的地位，从而有效地捍卫了朱红色的尊严？而一直让人们不可理解的是，以孔子的身份出面贬斥，在当时，在漫长的中国古代历史范围内居然未能损伤紫色的崇高地位——从齐桓公尚紫到秦汉之后官职三品以上服紫色——总让人觉得其中另有缘故。而现在，人们大约从这里可以窥探出些许消息。

紫色备受推崇且被神化，虽非老子直接而自觉地提倡，但却因附丽于他而平添出浪漫而祥瑞的文化内涵。倘说这是历史合力的结果，那也有老子的因素，因为毕竟是借助他的形象和历史地位而传播开去的。有趣的是，老子是一位生卒年月都不为人知的山林隐者，因他而神化的紫色，作为服色的显赫与辉煌却一直活跃在庙堂之上。这也是中国服饰文化深厚而微妙的一种表现吧。

四、素淡之美：大音希声

老庄对于美饰的认知视野是宽阔的。一方面，他们从反异化的角度，谴责统治者在人民苦难的基础上骄奢美饰。如《道德经》所指斥的：

> 朝甚除，田甚芜，仓甚虚，服文采，带利剑，厌饮食，财货有余，是谓盗竽。

意思是说那些统治者让朝廷宫殿很洁净，田园却荒芜了，国库很空虚，自己却打扮得冠冕堂皇，美衣盛装，佩带宝剑，饮食贪得无厌，财物绰绰有余，这就叫强盗头子啊！另一方面，《道德经》认为在理想世界里，服饰之美是可以存在的：

> 至治之极，甘其食，美其服，安其居，乐其俗。邻国相望，鸡犬之声相闻，民至老死，不相往来。

从对朝政腐败而“服文采，带利剑”奢侈行为的愤怒谴责，到对“美其服”理想王国的深情向往，我们发现，老子的目光在历史与现实之间来回摆荡。老子远离政治，亲近自然，他往往从巨大的历史坐标系中来观察现实，以切身的现实感来总结历史。但这两种服饰风貌，前者虽近在眼前却令老庄深恶痛绝，从心理上拒之于千里之外；后者虽心向往之却远在天边，可诉诸想象与眺望而不能亲近与感受。且老子尝遍人间忧患的滋味，谈论起来总是欲说还休，刚开头就又煞了尾，不像太平盛世的人们那样，总是滔滔不绝，将美酒兑成白开水。这就让我们费心琢磨，那么，到底何种风貌的服饰才能获得老庄的首肯与推崇呢？

是素淡的服饰境界。

“知其白，守其黑，为天下式。”老子《道德经》的这一命题，如果不止狭义地理解为色彩选择，那就可展示为服饰风貌的自觉追求：知道明亮鲜艳，却甘愿素朴暗淡，作为天下的范式。后世道家多处江湖，以特殊的风貌与朝廷遥遥对峙，在漫长的历史流程中，有意无意地助成了“花富贵，素贫贱”的传统服饰风格分野。

老子不是说过“朴素而天下莫能与之争美”么？这一命题在老子，在根本意义上当然是界定服饰。但它却有老子更为深厚的哲学铺垫：从认识论的角度讲，为学日增，为道日损，外在修饰往往会淹没了人自身的美感力量；从辩证法的角度讲，物壮则老，盛装美饰过度就会走向自身的对立面，反倒不如无饰；从人法自然的角度讲，像狂风暴雨那样的威势与绚烂之美只能宣泄于一时，只有天地日月那样淡远才能恒久：“希言自然。故飘风不终朝，骤雨不终日。孰为此者，天地。天地尚不能久，而况于人乎？”[1]倘认真说来，老子这些言辞并非针对具体的服饰，但作为哲学理念，作为对于生活全方位的系统反思，服饰自应在老子的哲学视野之内。或者说，我们试图在老子发现的人生方程通式中代入服饰这一数值，结果发现这一方程式仍能成立。特别是《道德经》这些论述中所蕴涵的辩证色彩以及对于柔弱胜刚强、无为而无不为的褒扬，恰恰吻合了素朴淡雅风格服饰的审美意蕴：

> 曲则全，枉则直，洼则盈，敝则新，少则得，多则惑。
>
> 圣人后其身而身先，外其身而身存。
>
> 天皆知美之为美，斯恶矣；皆知善之为善，斯不善矣。有无相生，难易相成，长短相形，高下相盈，音声相和，前后相随，恒也。

从“大音希声”、“大器无形”的哲理认识出发，老子就是不让人去追求表现的铺排与华丽，而在朴素自然中给心理意志留下更大的活动余地，更大的想象空间，更多的回味之处。他甚至从人格构建角度提出美饰之类感性之物妨碍人心灵的安宁，如“难得之货，令人行妨”、“不见可欲，使民心不乱”等等，是说引发行为种种不便的，不就是绫罗绸缎金玉珠宝这些难得之货么？一般人若见了可欲的美衣美饰，不就是失却宁静淡泊的心态了么？当然了，这些思想并不是直接谈服饰，但作为一种思维模式，作为一种评判原则，作为一种风格推崇，显而易见是有助于构筑素淡之美的服饰境界的。

从人际关系角度来看，素淡不会引起嫉妒和伤害。当孔子前来请教有关礼仪问题时（图8–2），老子不客气地教训道：

吾闻之，良贾深藏若虚，君子盛德，容貌若愚。去子之骄气与多欲、态色与淫志，是皆无益于子之身[7]。

图8-2 汉画像石中的孔子问礼图

这里且不谈孔老之间有着多大范畴的分歧，仅从某种角度看，何尝不是老子对孔子服饰境界的批评呢？所问内容为礼，而服饰的讲求原被孔子当作礼的中心内容之一；老子的数落虽涉抽象，但前面明指盛德的君子特征是貌愚，后边一连串地数落孔子什么骄气呀、多欲呀、态色呀、淫志呀，是指责孔子有狂妄的态度吗？恐怕不是。让我们设身处地地想象一下，孔子，一个温良恭俭让风范的倡导者与笃行者，平素喜欢向一切人请教，一直主张“三人行必有我师焉”。而这次请教，又是礼仪的问题，能莫明其妙地一反常态，不知好歹地目中无人么？设想一下当时的场景，很大的可能是孔子仍是一贯的盛装美饰，引起了老子深深的反感与厌恶。但在孔子并非挑衅，首先是示敬，盛装自尊以尊人；其次孔子主张衣人合一，以为华衣繁饰都是君子风度的展示，是美德的象征。后世的韩非子在《解老》篇中不是明确指出“衣食美则骄心生”么？再说，孔子当年去见子桑伯子以同样盛服美饰，不也引发了子桑伯子及其弟子不好的评价么？[3]孔子的盛容美饰不也曾引起晏子的反感么？[8]在这一背景下，不难理解，孔子的服饰风貌越是精心营构，在老子的价值体系面前，越是接近南辕北辙的表演。对于服饰境界有着另外一套标准的老子，这正是浅薄而可笑的表现罢了。他冷冰冰地教训道：我听说，富商善藏钱财，仿佛囊中羞涩；君子美德，容貌却似愚拙，抛弃您那美衣盛装显示的骄气和奢望、态色与俗烂的志趣吧，这一切都对您的身体毫无益处。在老子看来，“上善若水。水善利万物而不争，处众人之所恶，故几于道。夫唯不争，故无尤”[1]。最高的美德像水一样。水惠利万物而不与相争，水总是安于人们所弃的低洼之处，所以近乎道了。只因不争，所以没有忧患啊。而美饰盛服却恰恰相反，不就是在外貌衣饰上与人较劲么？不就是在衣料的精粗、饰品的优劣以及服饰象征地位的高低比试么？孔子本人一直说国人不患贫而患不均，怎么看不到盛服触发的不平衡心态，而且会带来种种后患呢？再说美饰的发展是无止境的，它诱发人们着迷于其中，而世俗着装却颇多限制禁令，虽无近虑能无远忧么？

对于这个问题，《庄子·山木》有一段深刻的象征文字：“丰狐文豹，栖于山林，伏于岩穴，静也……然而不免于网罗机辟之患，是何罪之有哉？其皮为之灾也。”肥狐美豹，本来自自在在，处于山林石洞，但却不免遭到捕杀，使它们倒霉的原因就是那美丽而豪华的皮毛。可见美饰有什么用呢，反倒成为生命的累赘与祸害。古语有人为财死，春秋时代不少人为衣而死。庄子看似远离人间谈禽说兽，其实是带着痛切的现实感受写下这些醒世文字的。

五、平等与宽容：服装模式的多样性

老子喜讲辩证法、相对论，讲美恶、长短、高下、古今、巧拙、华实等的互相依存互相转化关系，也就是说，这一系列看似霄壤的两极，在互相就是对方的矛盾运动中构成了平等互补关系。在服饰领域，庄子往往将这一相对论演绎为服饰模式的多样性与地域文化性。

《庄子·逍遥游》举了一个意味深长的例子：

> 宋人资章甫，而适诸越，越人断发文身，无所用之。

是说宋人到越国贩卖礼帽，谁知那越人剪光头发，身刺花纹，根本用不着它。在庄子貌似冷静超脱的叙述中，我们看到的不是中原优越论者目光下的越人荒蛮可笑，而是愚蠢的宋人不知天下服饰并非一律的见识。在先秦，吴越一带临海，颇似古希腊着装境界，但却被当时作为文化中心的北方视为蛮夷愚昧的表现。而庄子在这里却反其道而行之，肯定它的合理性。惜乎道家思想一直处于社会的边缘，在中国从来未成为主导思想，只能在潜隐层面与儒家互补。否则，中国人对于人体美的欣赏，对于服饰美的讲求，将会是另一种景象了。

在物我齐一的庄子看来，美与丑是相对的，没有区别的：

> 毛嫱丽姬，人之所美也；鱼见之深入，鸟见之高飞，麋鹿见之决骤，四者孰知天下之正色哉[9]？

图8-3　宋聂宗义《三礼图》所拟的章甫

例如毛嫱丽姬这样的美女，是人们所喜爱的，可是鱼鸟麋鹿见了却躲得远远的。它们哪里知道这正是天下的美色呢？用异质同构的方法挪移一下，冠冕堂皇的宋人又哪知吴越一带的断发、文身就是庄严神圣的美饰呢？甚至从庄子“道”的观点来看，美丑原本没有什么区别：“厉与西施，恢恑憰怪，道通为一”[10]。倘若同样处于褊狭的态度，那处于衣冠文明中心的宋人所赖以自重的章甫礼服（图8-3），在断发文身的吴越之人看来，不就是莫名其妙的东西么？

其实着装模式不止有地域之别，更有古今之异。要紧的是肯定各自的特点和个性，不可盲目地将对方的直接套用到自己身上。庄子说：“故礼仪法度者，应时而变者也。今取猿狙而衣以周公之服，彼必龁齿挽裂，尽去而后慊。观古今之异犹猿狙之异乎周公也。故西施病而矉其里，其里之丑人见之而美之，归亦捧心而矉其里。其里之富人见之，坚闭门而不出，贫人见之，挈妻子而去走。彼知矉美，而不知矉之所以美"[9]。意即可见礼仪法度是随着时代而变的。现在让猿猴穿上周公的礼服，它一定咬破撕毁，脱光而后快。看古今的不同，就像猿猴不同于周公一样。西施心病，在村里皱着眉头，邻里的丑女看到觉得很美，也在村里捧着心皱着眉。富人见了，闭门不出；穷人见了，带着妻子走开。她知道皱眉之美，却不知道皱着眉头为什么美。这里虽谈礼仪的古今之变，但举例却一再是服饰境界。从针对性来说，为道家抨击的儒家谈礼仪多落实在服饰上；从修辞习惯上来说，人们一般所用的喻体都是自己非常娴熟的内容，即是说庄子对服饰有自己明显的向背，并在此中置入了服饰价值的隐形结构。服饰的模式是多样的，不止因地域而异，还会因时代而异，因人而异，这些富有特性的模式各有各的价值，应公允地理解、欣赏与尊重，不可一味沿袭，一味模仿。否则，就会盲目否定，像猿猴着周公之衣那样，或盲目模仿如东施效矉那样。而到了汉代，深得老庄精髓的刘向在《说苑·善说篇》中则更为具体而犀利地表达了这一服饰价值取向：

林既衣韦衣而朝齐景公。齐景公曰："此君子之服也，小人之服也？"林既逡巡而作色曰："夫服事何足以端士行乎？昔者荆为长剑危冠，令尹子西出焉；齐短衣而遂偞之冠，管仲、隰朋出焉；越文身断发，范蠡、大夫种出焉；西戎左衽而椎结，由余亦出焉。即如君言，衣狗裘者当犬吠，衣羊裘者当羊鸣。且君衣狐裘而朝，意者得无变乎？"

这里继承了孟子的犀利与庄子的深刻。历时性与共时性的服装现象并列比照，一种不容置疑的思想理念凝铸其中，即服装质料、色彩、款式等都是平等的，也是多元共存的。服装本身不能左右着装者的思想与行为，其本身并无君子服与小人装之别。否则，当朝的君主着狗裘、羊裘、狐裘，将作何解说？

事实上，老子的辩证法、相对论，在庄子的演绎中，一跃而为矛盾双方在瞬间就会变为对方的相对主义："彼出于是，是亦因彼。彼是，方生之说也。虽然，方生方死，方死方生；方可方不可，方不可方可；因是因非，因非因是"[10]，等等，即是说任何一个彼方，都是出于此方相对而来的，此方也因着彼方相对而成立的。彼和此都是相对而生的。虽然这样，但是任何事物随起就随灭，随灭就随起；刚说可就转向不可，刚说不可就转向可了；有因而认为是的，就有因而认为非，有因而认为非的，就有因而认为是。春秋代序，物质变化。事物间质的规定都是相对而言的，且互相间还不断转化不断变异呢。

据此，庄子创作了一个有趣的寓言。《庄子·山木》：

阳子之宋，宿于逆旅。逆旅人有妾二人，其一人美，其一人恶，恶者贵而

> 美者贱。阳子问其故，逆旅小子对曰："其美者自美，吾不知其美也；其恶者自恶，吾不知其恶也。"阳子曰："弟子记之，行贤而去自贤之行，安往而不爱哉！"

意思说阳子到宋国，住在旅店里。店主有妻妾二人，一美一丑，但丑陋的受尊宠，美丽的被冷落。阳子问原因，店主说，那美者自以为美，可我并不觉其美；那丑者自以为丑，但我不觉其丑啊。阳子让弟子们记住，行为良善而能去除自我炫耀的心态，到哪里会不受喜爱呢？在庄子看来，倘若美者被自恃其美的意识所笼罩，时刻有着傲慢居高临下的优越感，不肯平等容物，不肯平等待人，那就会沦落到人不知其美的卑贱地位了。稍稍联想一下，而那位资章甫到吴越一带的宋人，不就是与此中美者异质而同构，同样品尝了遭受冷落的滋味么？

远古传统多以中原衣冠文明而自豪，孔子对这一点给予强化与强调，而庄子却觉得彼此只有相异而无高下之分。也就是说，在孔子强调服饰政治伦理功能的礼仪之美时，庄子却敏锐地发现这种美并不一定是美的极致，且并非是唯一性的。服饰之美是多样的，层出不穷的，美的标准应是兼容性的，也不可能是单一的。若一味确定某种美为唯一，那么就会限制人的身心自由，对人带来压抑和束缚。沿着这一思路联想下去，那么天下服饰各美其所美，彼此平等容物，不知定天下于一尊为何物，那不就是百花齐放的境界么？而且，应该清楚地看到，在整个社会普遍讲等级论地位的时候，讲平等、讲宽容就是一种对现存秩序直接而宽阔的挑战；当前者成为着装观念的主体而负面效应不断累积时，后者的提倡就成为一种跨越时空的进步与向往，一种人文关怀的诗意表达。从美学上，从文化上，古今中外都是如此。这也是老庄学说在现今世界仍有广阔市场的原因之一。

六、服饰舒适性原则

庄子要求人们"堕肢体，黜聪明，离形去知，同于大道"[11]，达到所谓坐忘的境地。这里所表述的种种：如遗忘了自己的肢体，抛开了自己的聪明，离弃了本体忘掉了知识，和大道融通为一等，正是进入生命高峰体验的忘形、忘象状态。细究庄子的本意，坐忘并不是根本不要形象之类，而是超越形象，在精神庄园中逍遥游。而坐忘的基础，是要建立在形体舒适上。

《庄子·达生》提出了一个重要的服饰命题：

> 忘足，履之适也；忘腰，带之适也；忘是非，心之适也。

这段话意思是说，使人忘却脚的存在，必是最合脚的鞋子；使人忘却腰的存在，必是最舒适的带子；能让人忘却是非，必是最安适的得道之心。不管是否出于自觉，庄子这里将心灵的舒适与履带的舒适相提并论，显然是将舒适性放在了评判服饰的最高标准的位置。从而人们可以在着装行为中，洞见了礼仪规范之外一番别样的天地，遵循一种亲切诗意的标准，追求一种得意忘形的生命体验。可以想见，能使人在可居、可行、可卧、可游的生活中忘却身体的存在，是怎样宽松舒贴的衣装啊！能够深刻体验并准确表达生命个体对于服饰舒适的感受，又是怎样的一位珍爱人生、敬重生命的人文思想家？何况他出现在中华文化构型的初期，出现在中华服饰文化构型的初期。古往今来，有心境逍遥而不知身何在的体验者不知多少，但只有庄子如此冷静地揭示了它。

可以比较一下，孔子在着装问题上，总是考虑别人是否称心如意，政策礼仪上是否允许，公众情理上能否接受，将着装的裁判权交给了社会；而庄子则从主体角度切入，服饰是否带给自己肢体的舒服，并给定了理想效果的标准，将着装的裁判权留给了自己；在孔子那里，是人人都应克制自己顺从社会秩序的总体模式，而在老庄这里，则有着个人着装的生命体验与自由；孔子服饰学说适合礼服系列，老庄着装命题吻合休闲时尚……这二者确乎有着矛盾与冲突，但也可以理解为并非一个层面，故而都是服饰文化格局内建设性的构筑，虽然有各自的群落，各自的样式与标准。

七、形全形残，任纯自然

服饰是依赖于人的形体的。形体有全有缺，在老庄看来，应以自然为好。如《庄子·德充符》主张“全德全形”为形体美的最高境界。全德是指具有道家精神——平常从容，虚静谦冲，追求个性人格和生命的自由；全形就是在形体上保持完整，不因修饰而破坏形体或者因劳神劳力而使形貌衰敝，要保持形体的天然美色，反对雕饰：

> 天子之诸御，不剪爪，不穿耳。

认为穿刺耳孔、剪削指爪，会破坏形全，失去了天然美。结合当时盛传的楚王好细腰，宫中饿断肠，国人多饿死的俗谚，便知庄子此论的疏导技巧、批判力度与现实意味。在人类服饰史上，剪爪穿耳者可说贯穿古今，披覆中外。这种为美伤身的异化潮愈演愈烈，不同的国家、不同的时代曾有过束腰、裹足、扩唇等骇人听闻的血腥举措，就是今天全球化的手术美容与瘦身运动仍方兴未艾。于是我们不由自主地回到了庄子自然全形的反省境界上来。

为了与强大的流俗相抗衡，庄子曾用大量篇幅论述“以美害性”，因为修饰违反自然，而迷失本性。他在《骈拇》中说：“彼至正者，不失性命之情。故合者不为骈，而枝者不为歧；长者不为有余，短者不为不足。是故凫胫虽短，续之则忧；鹤颈虽长，断之则悲。”意思说那些合于事物本然实况的，不违失性命的真情，所以结合的并不是骈联，分支的并不是有余，长的并非过剩，短的并非不足。故野鸭腿虽短，续添一段便忧伤，野鹤腿虽长，截断一节就悲哀了。所谓“常然者，删节者不以钩，直者不以绳，圆者不以规，方者不以矩，附离者不以胶漆，约束者不以墨索”，意即自然本性就是，曲的不用钩，直的不用绳，圆的不用规，方的不用矩，黏合的不用胶漆，束缚的不用绳索。那是自然的形态，是生命本来的形象，倘要将如此丰富多彩、变化无穷的世界纳入某种固定的模式，无疑是对世界本身的摧残，是对万物本性的破坏。在庄子看来，倘若真的要以钩、绳、规、矩来修正事物，无疑会削损了事物的本性；要等待绳索胶漆来固着的，却是侵蚀了事物的自然本性。如善治马变成了对马本性的摧残，善治木变成了对木本性的破坏。

为说明这一道理，庄子还虚构了一个奇幻的寓言，说南海之帝倏与北海之帝忽相遇，因同受到中央之帝混沌的善待，便想怎样来报答混沌的恩情。他们商量说人都有七窍，而混沌居然没有，我们来帮他凿窍吧。耳啊、目啊、口啊、舌啊美轮美奂地逐步显现出来，不再是那原始的混沌一片。“日凿一窍，七日混沌死。”谁料七天凿成了，而混沌却死了[12]。此一寓言虽是就整体的人生境界而言，但作为一种服饰思想也是颇为深刻和得体的。倘着意修饰改制，破坏了自然淳朴的状态，那混沌状的鲜活生命就消失了。在庄子看来，正确的选择是不要用人为代替天然，不要用造作改变本性，不要用天性去作名分的牺牲品。后世李白“芙蓉出清水，天然去雕饰”实质就是老庄的这一美饰境界。现代一小诗：“小女的镜子，把少女弄丢了”大约可做庄子“以美害性”命题的经典注释。当代素面朝天的美饰理念大约可以和老庄挂起钩来。

形全有肯定自然美的意味，但在老庄更多的是顺其自然无为而治的意思，并不怎么关注形体之美。他们往往将平常淡泊的精神美看得重于形体美，甚至忽略、贬损形体美，因而就容易把两者弄到对立的地步上去。如《道德经》一再推崇“婴儿”、“赤子”的境界，庄子就有形残而神全之说。

我们知道，生活实境中，婴儿也好，赤子也好，无一不是超凡脱俗之辈，高兴了笑，烦躁了闹，不看旁人的面色，漠视场面与体统……老子以此作为批判反省当时文明弊端的思想资源。但这些婴儿哪有美丑观念，哪管自己裸体还是着装，哪有关注形体的自觉意识呢？这就与老子被褐怀玉的境界合拍了。庄子更有趣，他在《人间世》、《德充符》一文中一口气就歌颂了一批形体残缺而道德高尚的人物。他们是支离疏、兀者王骀、兀者申徒嘉、叔山无趾、哀骀它、支离无唇、瓮央大瘿等，或是驼背，或是罗圈腿，或是脚残，或是缺唇，或是脖子上长着盆瓮大的肿瘤，或是相貌奇丑……但却出乎意料地受到了全社会的欢迎：女人都爱他们，男子都敬重他们，国王想重用他们。在庄子看来，一个人外形的协调、匀称、美观并不是最重要的，重要的是内在的德，即所谓“德有所长而形有所忘”。甚至还可以发展成一个思路，即人外貌的奇丑，反而可以更有力地表现其内在精神的崇高和力量。受此影响，荀子在《非相》一文里几乎将历代伟大的人物如尧、舜、禹、文王、周公、孔子等人都描写成畸形人。试以孔子为例，在荀子《非相》、司马迁《史记》、王充《论衡》等著作以及后世诸说勾勒出这么一个圣人异相：身高九尺六寸，人皆以为长人而惊怪。高是高矣，合今1.91米罢了。他却上身长而下身短（修长而趋下），背微驼（末偻），胳膊长（修肱），腰围大约一米（腰大十围），双足为平板脚（地足），两肋并生（骈肋）等，这是躯体四肢。容貌呢，就更奇特了。《孔子世家》说：“生而首上圩顶”。王充《论衡》说：“孔子反宇”。即是说头顶像翻过来的屋顶那样中间低四周高。不仅如此，据说“眼露白”——不像平常人那样黑眼珠两旁是眼白，而是眼白露在黑眼珠的下方；“耳露轮”——两耳向后平贴，将下面轮廓显露于外；“口露齿”——不用启唇也能看见几颗牙齿，还有的说两个或两个以上的牙齿并边在一起，和帝喾、武王一样，名曰“骈齿”；“鼻露孔”——两个鼻孔上翻外露，等等。仅如此已经很丑陋了，但后世陆续增补并网罗诸说集成“四十九表”就更奇异了，如“反首、洼目、月角、日准、耳垂、珠庭、龟脊、龙形、虎掌、胼胁、参膺、河口、海目、山脐、林发、翼臂、注颜、隆鼻、阜夹、堤眉、地足、谷窍、雷声、泽腹、昌颜、均颐、辅喉、骈齿、眉有十二彩、目有六十四”云云，可谓信集古今中外众丑于一身。然而这里竟无丝毫贬损意味，而毋宁是以丑示尊[13]。想想看，连我们堪为万世师表的圣人，代表一个民族的伟大形象的孔子都被改造成这般模样，一般人还会有什么形体观赏观念呢？当丑陋被强调渲染而不是遮掩的时候，服饰境界中的人仿佛成了披衣衫的雾、穿裤子的云，还有多少需要形体因素呢？

值得注意的是，这里所举之例，大都是为当时及后世所敬重的帝王将相，在以人格感召的时代里，他们始终是整个社会所崇拜的偶像。其智慧风神，其文教武功，为代代歌颂不已，而这里举出他们不仅貌不惊人，而且从形体外观的角度来说仍是“丑陋”的一群。指出这些被一代代崇敬得近乎神化了的人物容貌并不美，甚至还有这样那样的丑陋和残疾，但却无妨于他们做出万世不朽的功勋，也无妨历代人们对他们的敬意。中国人对人的欣赏重心灵而轻形体，重精神而轻容饰，在孔子老子那里都有一定的倾向性，但却没有庄荀这样明确地提出来。这一观念极大地影响着中国相人意识。且不说春秋时的丑女仲离春自荐为王后，诸葛帝娶丑妇成大业，甚至有近乎变态的心理以为智慧才能与美貌成反比似的（这一心态培根论及人生时曾谈过，也许是人类的通病吧）。

应该清楚地看到，老庄这一思路，歪打正着，与儒家回避人体美的思想合流，使服饰与人体的关系不能成为正当的学术问题而展开讨论。服饰境界中人体美的观念，在中国服饰文化中处于半遮半掩的尴尬境地，严格说来，它是不能步入大雅之堂的。只能在能工巧匠的心领神会中，在世俗此起彼伏的服饰流行潮中暗示出来，流露出来。从高级精神的角度讲，因为缺少哲学思想的支持呵护，服饰中人体美的问题在历史上屡遭贬抑，而且在相当长的历史时期内在中国服饰文化中的表现是非法的，是“低级”的。服饰设计，不是为了表现人体的美，而是上下两极摆荡，上线着意迎合礼制的规范，底线着意防范露体的丑。在制作工艺上，则回避或无视人体而一直在面料、图案上大作文章，一直满足于平面剪裁的模式，而未能突围、创造、寻找多样化的途径，自然不能想象西方着意人体美那样的立体剪裁模式。

八、无拘无束，自由自在

老子讲“人法自然”，讲“无为而治”，就是讲无拘无束的自然美。而庄子看似滔滔不绝异想天开，但却每每将老子抽象而概括的哲思，经创造性地发挥，虚构成个体生命面临的种种境遇。老庄认为美是一种生命自然本原的流露，而不是人工的雕饰；而人工雕饰恰好造成了对人的束缚和伤害。他们总是反对千篇一律，千人一面，反对一切违背自然之理、违背万物的性命之情的做法。

例如，庄子认为外在的修饰往往导致内在精神的泯灭，人的穿戴过分就会使精神受到限制，陷入不自由境地。《庄子·田子方》讲了一个故事，说宋元君想画图，先来的一个个画师衣冠楚楚，受揖而立，恭敬拘谨，而晚来的画师从容不迫，受揖不立，随即返回住所。国君派人去看，见他解衣裸身叉脚，随意而坐。国君说好啊，这才是真画师呢。因为他不同于众画师，以平常心剥落了服饰与礼俗的束缚，让生命的灵气、个性自然地张扬了出来。

对于服饰的束缚，《庄子·天地》有一段激烈的批判言辞：

> 且夫趣舍声色以柴其内，皮弁鹬冠缙笏绅修以约其外，内支盈于柴栅，外重墨缴，皖皖然在墨缴之中而自以为得，则是罪人交臂历指而虎豹在于囊槛，亦可以为得矣。

这里是说好恶声色充塞心中，冠冕服饰拘束体外，内心塞满了栏栅，体外束缚了绳索；眼看在绳索捆缚之中还自以为得意，那么罪人反手被缚，虎豹囚在兽槛里，也可以算作是自得了。将衣之束缚与罪犯之受缚、猛兽之被囚相提并论，如此挖苦与嘲讽，可见庄子对服饰外在的规矩是多么的厌恶与不屑。这种观念在魏晋时代阮籍等人那里得到了延续与释放，详见第十一章。

《庄子·至乐》为这一批判增加了反异化的重量与厚度：

> 夫天下之所尊者，富贵寿善也；所乐者，身安厚味美服好色也；所下者，贫贱夭恶也；所苦者，身不得安逸，口不得厚味，形不得美服，目不得好色，耳不得音声；若不得者，则大忧以惧，其为形也，亦愚哉！

意即世上所尊贵的，就是富有、华贵、长寿、善名；所享乐的，就是身体的安适、丰盛的饮食、华美的装饰、美好的颜色、悦耳的声音；所厌弃者，就是贫穷、卑贱、夭折、恶名；所苦恼的，就是身体不能得到安逸、口腹不能得到美味、外表不能得到华丽服饰、眼睛不能看到美好颜色、耳朵不能听到动人声音，如果得不到这些，就大为忧惧，这样的为形体，岂不是太愚昧了吗？

余论

综上所述，可以看出，老庄的服饰思想有着历史的厚重感。老庄在反省历史中，从多侧面发现了服饰与人本末倒置的异化现象。他们虽在思维方式上有一切从反面立论的特点，但由此看到了服饰文化发展中大量的消极影响和负面效应。他们在反对人在美饰中的异化行为与观念之中，突出地强调了人的主体精神。在时装潮流漫卷全世界的今天，在服饰文化发展同样有着消极影响和负面效应的今天，老庄放射着先知光芒的服饰反异化思想，确乎有着思想启迪意义和警世色彩。

从表达形式上看，老庄好像超脱不涉世事，老子抽象简括，庄子神奇虚构，但若体会其精神，就会发现，他们的服饰思想有着强烈的现实针对性。如果说孔子从正面提倡的角度，着意对服装整体进行政治伦理意义上的建构，那么，老庄则是从个性意义上对其弊端给予解构；孔子着意于着装的社会规范与群体和谐，试图从服饰角度建设一个展示君君臣臣、父父子子的理想伦常秩序，他认定个人着装应是顺遂而不是忤逆或破坏这一庞大的体系构建；而在老庄，他们着眼于个体生命的自在随意，看到了着装惯制中群体霸道与虚伪专制的一面，将孔子津津乐道的那些服饰礼制视为对人身心的束缚和伤害，从而给予无情的嘲讽与诅咒。他们的服饰思想虽不无偏颇之处，如过分夸张简陋着装的风貌等，但对当时从君臣到平民普遍关注服饰的时代来说，有了这一批判反省的意识，就多了一个梳理服饰命题并将这一思辨活动引向深入的对谈者，就多了一份剔除俗滥、倡导健康的清醒力量。

在对服饰的文化思辨中，老庄提出了一系列值得珍重的服饰命题，如被褐怀玉、质文错位、服色异化、全形自然等，深化并拓展了服饰的文化内涵，从而丰富了中国服饰思维的空间。值得注意的是，老庄有些思想虽未直接涉及服饰，或者仅为喻体而词锋所指并非在此，但由于其思维面向生活全域，自然可涵容服饰，或因触类旁通，产生作者未必然读者未必不然的阅读联想效应，而令其思想意蕴对中国服饰产生了深刻的影响。我们必须从服饰文化的大格局中正视这一点。

思考与练习

1. 试解释“被褐怀玉，养志忘形”的含义。
2. 老庄与孔子服饰思想异同?
3. 倘以老庄服饰思想为主题，服装将如何设计?

注释

[1] 引自老子：《道德经》。
[2]（美）C.恩伯，M.恩伯：《文化的差异》，辽宁人民出版社，1988：132。
[3] 请参阅本书第七章《文质彬彬，然后君子》。
[4] 引自《庄子·天地》。
[5] 引自《庄子·刻意》。
[6] 李广元：《东方色彩美学》，黑龙江美术出版社，1996：33-34。
[7] 司马迁：《史记·老子韩非列传》。

[8] 引自《墨子·非儒》。
[9] 引自《庄子·天运》。
[10] 引自《庄子·齐物论》。
[11] 引自《庄子·大宗师》。
[12] 引自《庄子·应帝王》。
[13] 孔令朋：《孔裔谈孔》，中国文史出版社，1998：8-9。

基础理论——

取情以去貌　好质而恶饰——韩墨的服饰文化观

课题名称： 取情以去貌　好质而恶饰——韩墨的服饰文化观

课题内容： 衣服的定义：适身体，和肌肤

唯用是尊的评判模式

取情以去貌，好质而恶饰

行不在服

至高的权势：流行的策源地

反对拘泥：服饰应随时而变

衣必常暖，然后求丽

上课时间： 4课时

训练目的： 通过本章教学，使学生对墨韩服饰理论有所了解和把握；对服饰文化理论探讨中的"偏颇而深刻"的思维方法有所认知；并能用来解读中外服饰事象。

教学要求： 讲透墨韩服饰理论；并以开放的姿态，将其置于与先秦诸子服饰理论比较的平台上，或置于实用主义视野的世界格局中予以阐述。

课前准备： 阅读墨子、韩非子相关著述以及中外关于实用主义的文献资料。

第九章　取情以去貌　好质而恶饰

——韩墨的服饰文化观

我们从神话图腾以至政治礼仪的思路梳理下来，可以看到，服饰的起源与发展，从款式到图案的演变，从文化观念层面上，都有着从神圣向世俗变化的过程。而对这一演变过程进行思考的思想家，如孔孟荀、老庄等，一般承认服饰的精神性与物质性的双重特征，而墨子、韩非子却是一对鲜明的例外。服饰的本质，他们从物质性来界定；服饰的价值，他们从功利性上来评判。很明显，在春秋战国这一中国文化的轴心时代，在先秦诸子对此展开的百家争鸣中，墨子和韩非子同样也对服饰问题投注了极大的热情。他们同样以与人类生活进行全方位对话的视野，以无所依傍自铸伟辞的姿态，对这一时代命题做出了自己的回答。他们似乎更执著，更务实，构筑了自成体系的服饰文化理论。他们虽然分属墨家和法家这两个不同的学派，对于服饰，从观察角度、思维方式到推衍立论虽不无歧异，但在总体上有着惊人的相似之处。

一、衣服的定义：适身体，和肌肤

从发生论的角度来说，人们创造衣服时，为它构拟了哪些功能呢？或者说，相对于人而言，衣之为衣所依赖的价值是什么呢？也许，当先秦诸子在服饰领域见解不一、争论不休的时候，这个问题自然会泛上每个人的心头。对此，孔孟老庄自然也考虑过，也应有自己相对固定而成熟的看法，但没有直接表达出来。而墨子直接切入了这一问题。

《墨子·辞过》简单明快而斩钉截铁地说：

> 古圣人之为衣服，适身体、和肌肤足矣，非荣耳目而观愚民也。

意即圣人制作衣服只图身体合适、肌肤舒适就够了，并不是夸耀耳目、炫动愚民。即只以实用便利为标准，从不去追求赏心悦目之美。这就让人联想到，当处于礼崩乐坏的时代，《周礼》、《仪礼》等所设定的服饰伦理价值观念及其具体程式都遭受到了贬损、冷落或亵渎。孔子痛心疾首，做卓有成效的补救与建设。老庄居高临下，为反异化对服饰礼仪作形而上的批判。而墨韩则完全从实用理性角度扫荡了服饰上丰厚且神秘的文化积淀，在自己营构的文化殿堂里，试图颠覆《周礼》以来的服饰文化观念。这种否定是明快的，坚决的，彻底的，却也不无简单与肤浅之处。

韩非子虽说没有这样定义式的表达，但他论述服饰的字里行间渗透着同样的理念。《韩非子·外储说左下》：

人无毛羽，不衣则不犯寒……故圣人衣足以犯寒，食足以充虚，则不忧矣。

意即人没有兽毛鸟羽，不着装就难抵挡寒冷。所以圣人穿衣只求用以御寒，吃饭只求用以充饥，这就没有什么忧愁了。他还讲了一个故事，说鲁国一人善织草鞋麻鞋，妻子善织生绢，因而想搬到越国去。有人说：你肯定要穷了。他问为什么？人说：做鞋是为了穿它，而越国人却光脚走路；织生绢是为戴它，而越人却愿披散头发。凭你的特长，到用不着它的地方去要想不贫穷，可能么？[1]在韩非子这里，做鞋是为穿它走路，戴生绢为束发，除此之外便没有别的目的和价值，若人们都去光脚走路，披头散发，那鞋帽的价值就显示为零了。这正是从另一角度对墨子这一定义的强力证明。

应该看到，墨子的定义，前半句是从呵护身体的角度切入，从积极方面说，他抓住了服饰实用意义上最本质最关键的地方。服饰的物质功能就是以此为人服务的。服饰的人本性在物质层面也恰恰体现在这一点上，即衣服只有穿在人身上才能现实地成为衣服。古今中外著名人物连绵不断的粗服乱头现象，以及现代社会休闲装、牛仔服、乞丐装运动的不断高涨就含有这方面的动因（当然还有精神层面的多方动因，但服饰的精神功能与效应却是为墨韩所排斥的）。而中外服饰发展史上此起彼伏的异化浪潮，不就是使服饰走向了舒身体和肌肤的反面么？例如我们所熟知的裹脚、束腰、扩唇等，哪一桩哪一件不是在扭曲身体摧残肌肤呢？从这个角度来看，站在历史上游的墨子对服饰核心实用功能的揭示，对服饰文化的建设功不可没。他又强调说："衣服节而肌肤和"[2]。衣服平朴简约到只剩下实用价值，肌肤才会感觉到舒适。在今日休闲装乞丐装热潮中都可见出墨子这一呼吁的回声来。但问题在于，他将这一点绝对化了。再说，后半句否定以服饰为虚浮的荣耀耳目、炫动愚民的行为，语态中有斥责的意味，或许是针对儒家的服饰主张而言的，但如此没有回旋的余地，没有缓冲的机会，而将服饰的精神功能一笔抹杀，显然是不妥当的。古今中外，人们那借华衣以尊人且自尊，凭美饰以悦己且悦人，或欲炫耀以骄人的意兴，都是有价值的文化创造，有意味的美感形式。

墨子不惜依托古圣王，用更多的篇幅，一再从发生论角度强调服饰只是实用的工具，它的作用只不过增暖助凉而已。例如《节用上》：

其为衣裘何以为？冬以圉寒，夏以圉暑。凡为衣裳之道，冬加温，夏加清者，芉䱉，不加者，去之。

意思说人们制造衣服是为了什么呢？冬以御寒，夏以防暑。凡是缝制衣服的原则，冬能增暖者，夏能助凉者，就增益它，不能者，就去掉它。仿佛好话不厌反复说，他稍微换个角度又重复了这个问题："古者圣王制为衣服之法，曰：'冬服绀緅之衣，轻而暖；夏服絺绤之衣，轻且清，则止。'诸加费不加于民利者，圣王弗为"[2]。意即古代圣王制定做衣服的法则是冬穿天青色之衣，轻便暖和；夏着粗细葛布之衣，轻便凉爽，这就可以了。其他种种只增加费用而不利于民用的，圣王不去做。在先秦诸子整体向后看的思维背景下，墨子也只能假托古圣王以传导自家主张，以显其说的来源，以增益其权威感与历史纵深感。也许在他看来，服饰之上的崇高与神秘氛围即从此而来。

墨子的这一服饰观念，若与乌托邦中的服饰联系起来就有趣了。托马斯·莫尔的《乌托邦》一书对想象中的理想王国是如此描述的："关于服装，也请注意消费劳动力多么少。首先，他们在工作时间穿可以经用七年的粗皮服，这是朴素的衣着。他们外出到公共场所时，披上外套，不露出较粗的工作装。外套颜色全岛一律，乃是羊毛的本色……在别国家，一个人有各色的毛衣四五件，又是四五件绸衫，不觉得满足，更爱挑挑拣拣的人甚至有了十件还不满足；而在乌托邦，只一件外套就使人称心如意，一般用上两年。"请注意，我们若将原书完整的名字翻译出来则是《关于最完美的国家制度和乌托邦新岛的既有益又有趣的金书》。看来，墨子意念中的服饰是古圣人的创造，乌托邦的服饰则是理想中最完美国家制度的体现；墨子是对服饰功能定性的表述，乌托邦里则是对服饰实用性的量化概括；两者都是只论实用而不论其他，既有益又有趣……不用更多地展开，简单地比较也会让人们展开广阔的想象空间，产生复杂的思想感受。

二、唯用是尊的评判模式

如果说，墨子、韩非子认为服饰的全部价值在于舒身体和肌肤，那么，有用与无用就自然而然地成为他对于服饰的评判标准了。比如，珠宝美饰被视为天下之宝，在孔子看来是因为它象征着人的种种美德。可墨子压根儿不理这个茬，在《墨子·耕柱》篇中，他自有一番妙论：

> 子墨子曰：和氏之璧，隋侯之珠，三棘六异，此诸侯之所谓良宝也。可以富国家、众人民、治刑政、安社稷乎？曰：不可。所谓贵良宝者，为其可以利也。而和氏之璧、隋侯之珠、三棘六异，不可以利人，是非天下之良宝也。

这里需要解释一下。和氏璧人人皆知。而隋侯珠。则起源于一个美丽的传说。说的是西周隋侯某日外出巡礼，在河畔发现一条被拦腰砍断的大蛇。隋侯疑其灵异，命随从为之敷药包扎后放生。一年后，大蛇从江河衔来一颗宝珠放在隋侯家门口，以示报答救命之恩。这颗珠直径一寸，纯白耀眼，夜有光明。后人称其为"隋侯珠"、"夜明珠"、"明月珠"、"夜光璧"等。这二者是人们梦寐以求的珠宝美饰，是驰名天下的良宝，墨子却要问它能否对天下有用处，比如说造福国家、团结人民、治理刑政、安定社稷？若不能，怎么能说是天下良宝呢？即使是印染，墨子看到的也是为天下之用。《墨子·所染》：“子墨子言见染丝者而叹曰：染于苍则苍，染于黄则黄，所入者变，其色亦变；五入必而已则五色矣。故染不可不慎也！非独染丝然也，国亦有染……”，结论或许判然霄壤，但这里就其思维模式而言是近乎儒家，是明显的治天下的思维。见染丝不思技艺精进，不念布料是否适应，不辨审美趣味或雅或俗，而是跳开一步，作异质同构的联想，着眼于社会的治理、人格的陶冶。不同的是儒家重伦理观念，重精神作用，墨子重实际效用。在劝说卫国的公良桓子的时候，墨子延续了这一思维模式，他说，您彩饰车辆数百，穿文绣的女人数百。倘拿饰车马绣锦衣的钱财来养士，可超千人（图9-1）。危难时，这千余士与几百妇人站在前后比较，哪个更安全呢？[3]

图9-1　西安秦始皇陵兵马俑

汉刘向《说苑·反质篇》曾记有一段著名的问答：

> 禽子问于墨子：“锦绣絺纻，将用之？”
>
> 墨子曰：“恶！是非吾用务也。……今当凶年，有欲予子隋侯之珠者，不得卖也，珍宝而以为饰。又有欲予子一猩钟粟者，得珠者不得粟，得粟者不得珠，子将何择？”
>
> 禽子曰：“吾取粟耳，可以救穷。”

意思说禽子问墨子：绫罗绸缎，准备用它吗？墨子答道：讨厌它！这不是我所用的……现今若是灾年，有人想给您隋侯珠，不许卖掉。珍宝可以作为美饰。又有人想赠一些粟，若得珠就不能得粟，得粟者不能得珠，您将如何选择呢？禽子说：我要粟啊，它可以救穷。在这里，墨子有意设置并强调饥荒年月的背景，再来个珠宝与粮食不可兼得的规则，然后选择你要哪个，判断哪个有用？美饰不是显得毫无价值了吗？在这里，墨子有意将实用的物质性、有效性推向唯一，将美饰的精神性、超越性推向虚妄，不惜营造极端的情境。看似逻辑清晰，实则用特殊笼罩日常，用个别覆盖一般，用斗争思维笼罩生活全域，使得否定美饰的大前提有了人为的随意性，造成以个别、特殊的情境运演普遍性命题的偏差。墨子历来以讲逻辑著称，这里只能似是而非了。

无论前提是否成立，推理是否规范，墨子一直坚持唯实用为尊的立场来判别事物，这不只否定了美饰，实际上也抹杀了审美价值。无独有偶，韩非子也持相似的观点。和墨子一样，韩非子也主张一切只能是满足生存需求的实用考虑。如《外储说右上》：

> 堂奚公谓昭侯曰："今有千金之玉卮，而无当，可以盛水乎？"
>
> 昭侯曰："不可。"
>
> "有瓦器而不漏，可以盛酒乎？"
>
> 昭侯曰："可。"
>
> 对曰："夫瓦器至贱也，不漏，可以盛酒。虽有千金之卮，至贵，而无当，漏，不可盛水，则人孰注浆哉？"

韩非子很奇绝地让无底玉卮和瓦器来比赛盛酒水，意在说明美饰的虚飘和无用。这就与古希腊美学家的观点东西相对而遥遥呼应了。据色诺芬《回忆录》，苏格拉底甚至把美与有用、有益完全等同起来，说"每一件东西对于它的目的服务得很好，就是善的和美的，服务得不好，则是恶的和丑的。"比如粪筐从效用的意义上来说，就是美的，因为它"美丽地适合它的目的"；而黄金盾牌则是不美的，因为它不具备应该有的效用。苏格拉底当然是博大的，但不幸在这一点上，与韩非子无缘类同了。

人的需求是多层面的，物的功能也是有所偏侧的。墨韩却不顾物性之所限，却要求其具备无限的实用功能，这从学理上是违背常识的，从逻辑上是不能成立的。同时，任何一种创造物都会具备精神意义上的功能，在文化信息积淀密集的服饰上更是如此，墨韩却对此视而不见，一味否定与抹杀。倘若人类没有了精神活动，那么不就是对人类总体境界上的大贬损么？

三、取情以去貌，好质而恶饰

所谓"取情以去貌，好质而恶饰"，虽语出韩非子，但却也可以说是墨子服饰立场的活写真。墨韩对此曾展开有多层面的论述。

1. 在墨韩看来，真正的美质是不需要文饰的

墨子一再列出尧举舜、汤用伊尹、武丁识傅说的史例，还特别强调那些被赏识者粗衣烂衫的样子，以暗示取情去貌、好质恶饰是通行天下的大道理[4]。试想想，这些英明的君主，根本不在乎他们穿粗布衣、围系绳索以及容貌美丑而直接予以擢拔重用，不就充分

说明了对人的欣赏与器重依据的是智慧与才情，而不是容貌、华衣、美饰么？

而韩非子不止用事实说话，还从理论上更明快地阐述这一主张。如《解老》：

> 礼为情貌者也，文为质饰者也。夫君子取情而去貌，好质而恶饰。夫恃貌而论情者，其情恶也；须饰而论质者，其质衰也。何以论之？和氏之璧，不饰以五彩，隋侯之珠，不饰以银黄，其质至美，物不足以饰之。夫物之待饰而后行者，其质不美也。

意思是说，礼仪是情感的外貌，文采是质地的一种装饰。君子抓住真情而不管其外貌，注重质地而厌恶外表装饰。那些靠外貌来让人判断情感的人，其内心肯定是丑恶的；那些等外表修饰以后才让人来论断其质地者，其质地定是衰败不堪的。为什么说呢？和氏璧不用五彩扮饰，隋侯珠不用银黄烘托，它们的质地好到极致，任何物都不足以去修饰它。那些要等到装饰以后才能流行的东西，它们的质地肯定是不美的了。

韩非子此际所说的质，是人与物自身质地的美；而所谓的饰，指外在的扮饰。在韩非子看来，如果质地原本就美，何必扮饰？那不是多余无用么？若须经过扮饰才成其为美，并引起模仿流动，那岂不是恰恰说明它原本不美，质地出了问题么？应该看到，这一揭示从某种角度看是深刻的，有一定醒世作用。但问题是，绝对了，偏颇了。情貌并非敌对，质文亦可兼得，为什么偏偏将它们置于不共戴天的位置上呢？若沿着这一轨道向前推衍，那屈原在《离骚》、《涉江》等诗歌中一再说自己美貌美饰，如“众女疾余之蛾眉兮”、“余幼好此奇服兮，年既老而不衰”云云，那岂不是“恃貌而论情者，其情恶也”？

2. 大凡美饰都是有害之举

《墨子·辞过》有一段服饰长论，抄录于此：

> 作为衣服带履便于身，不以为辟怪也。故节于身，诲于民，是以天下之民可得而治，财用可得而足。……古之民，未知为衣服时，衣皮带茭，冬则不轻而温，夏则不轻而清。圣王以为不中人情，故作诲妇人，治丝麻，梱布绢，以为民衣。为衣服之法，冬则练帛之中，足以为轻且暖；夏则絺绤之中，足以为轻且清。谨此则止。故圣人之为衣服，适身体，和肌肤，而足矣。非荣耳目而观愚民也。当是之时，坚车良马不知贵也，刻镂文采不知喜也，何则？其所道之然。……当今之主，其为衣服，则与此异矣。冬则轻暖，夏则轻清，皆已具矣，必厚作敛于百姓，暴夺民衣食之财，以为锦绣文采靡曼之衣，铸金以为钩，珠玉以为佩，女工作文采，男工作刻镂，以为身服，此非云益暖之情也。单财劳力，毕归之于无用也，以此观之，其为衣服非为身体，皆为观好，是以其民淫僻而难治，其君奢侈而难谏也，夫以奢侈之君，御好淫僻之民，欲国无乱，不可得也。

君实欲天下治而恶其乱，当为衣服不可不节。

意思是说，圣王开始创制衣裳带履，只为便利身体，而不是为了奇怪的装束。所以他自身节俭，教导百姓，因而天下民众得以治理，财用得以充足……上古人民不知道衣服的时候，穿兽皮围草索，冬天不轻便又不暖和，夏天不轻便又不凉爽。圣王认为这样不符合人情，所以开始教女子治丝麻，织布匹，以它作为人的衣服。制造衣服的法则是：冬天穿生丝麻制的中衣，只求其轻便而暖和；夏天穿葛麻做的中衣，只求其轻便凉爽，仅此而已。所以圣人制衣只图身体合适、肌肤舒适就行了，并不夸耀耳目、炫动愚民。当这时候，坚车良马没有人知道贵重，雕刻文采没有人知道欣赏，为什么呢？这是教导的结果……现在的君主制衣却与此不同，冬天轻便而温暖，夏天轻便而凉爽，这早都具备了，他们还要向百姓横征暴敛，强夺百姓的衣食之资，用来制作锦绣文采华丽的衣裳，拿黄金做成衣带钩，拿珠玉做成佩饰，女工做纹饰，男工做雕刻，用来穿在身上。这并非真的是为了温暖，耗尽钱财费尽民力，都为无用之事。由此看来，他们做衣服，不是为了身体，而是为好看。因此民众邪僻而难以治理，国君奢侈而难以进谏。以奢侈的国君治理邪僻的民众，却希望国家不乱，是不可能的。国君若真的希望天下治理好而厌恶混乱，做衣服时就不可不节俭。

墨子这一段论说涵容量大，可析出两点结论。第一，历史地肯定了创造服饰的进步性，以为原始状态的披兽皮、围草索是不能满足人的生存需求的（不知能否作为服饰起源众说中的一家之言：舒适说？）。第二，服装的美饰是有害的。后者是论述的重点。

墨子是以古今对比的模式展开他的论述。在他看来，在衣服目的方面，古今君主的歧义判若霄壤。况且这里的差距不是量的多少，而是质的是非。古代圣王为了实用，今主却为了好看。墨子明确指出，今主的作为后患无穷，亦即美饰之衣物的后患无穷。它不止劳民伤财，而且会引起人格的堕落，它使民众邪僻，使君主奢侈，最后导致天下混乱，这就在思想源渊上与《周易》的“冶容诲淫”认同了。

韩非子亦然。他断言：“衣食美，则骄心生”[5]。直接认定衣食美感的追求就会带来灵魂的失重，人格的溃败。他还讲了一个为美饰引来杀身之祸的故事：“季孙好士，终身庄，居处衣服常如朝廷。而季孙适解，有过失，而不能长为也。故客以为厌易己，相与怨之，遂杀季孙。故君子去泰去甚”[6]。意即季孙喜欢读书人，一生庄重，日常衣着也像在朝廷一样。但一次他疏忽了一下，衣着上有差错，没能够一直保持那样做。门客们便以为他是在讨厌轻慢自己，因而一起怨恨他，于是就杀了季孙。闲居朝服固然死板，但偶然着装散乱引起诧异便罢了，谁知竟会激发众怒，招来杀身之祸，真是匪夷所思的事。可见韩非子的思维方式也近似墨子，不时有意将某一特征夸大，甚至不惜违背逻辑与生活常识而将其推向极端，以证明美饰有害，来警示君子要去掉这一极端的做法与过分的行为。

如果说韩非子从不同角度来谈论美饰之害的话，那么，墨子则始终将美饰之害聚焦到今主的奢靡上。从服饰角度对当今之主的抨击，在墨子的不少篇章都可读到。如《非乐》中认为当今之主过着“厚作敛于百姓，暴夺民衣食之财”的奢靡生活，“为锦绣文采靡曼之衣，铸金以为钩，珠玉以为佩”。墨子说，正是统治者的华衣美饰，造成了民众的三“巨患”：“饥者不得食，寒者不得衣，劳者不得息”。于是，他进一步抨击当今之主津津乐道的乐舞不仅违背了人生存的本能，而且劳民伤财。因为人不同于飞禽走兽，它们有羽毛自成衣服，有蹄爪自成裤子鞋袜，而人需得劳作才能获得衣食；若演奏钟鼓就要聪慧敏捷的强壮劳力担任，就会误了男耕女织。特别是演奏歌舞的人，必须保持丰润美丽的身容体态，否则王公大人也不会喜欢，因之要高消费来供养他们。“昔者齐康公兴乐，万人不可衣短褐，不可食糠糟”，就是这个道理。因为“食饮不美，面目颜色不足视也，衣服为美，身体从容丑羸不足观也。是以食必粱肉，衣必文绣。此常不从事乎衣之财，而常食乎人者也。”而他们的美饰华衣则要机声轧轧不盈尺的贫女去织绣，所以《墨子·辞过》喟然长叹：“女子废纺织而修文采，故民寒。”作为对墨子的认同与声援吧，韩非子也说“处其实不处华。”事实上，不止批判统治者，也批判儒家所倡导美饰的繁文缛节和礼乐仪式，墨子在非儒中批评儒家“繁饰礼乐以淫人”，并直接指责“孔某”（即孔子）“盛容修饰以蛊世”，贬损的字里行间似也积郁着愤怒的情绪。

作为武士之流出身的墨子（冯友兰语），他自觉地站在这些不得食不得衣不得息者的立场上来，他的服饰文化命题充满道德义愤，有着正义冲动的色彩。自然也会泼水带婴，带来偏颇和狭隘。如果说，墨韩以批判否定的姿态对待他们认为是祸患的美饰，那么在欧美世界，另一著名的空想社会主义著作，康帕内拉的《太阳城》则以肯定褒扬的态度明确指向并落实了这一思维运行的轨迹：“太阳城的人民穿白色衬衫，衬衫上罩着一件连裤的无袖衣服……他们在一年中要换四次衣服……每月用强碱液或肥皂洗一次。”对于女性，“那里的人认为体态匀称、富有朝气就是她们的美。因此，那些愿意把美的基础建立在脸上涂脂抹粉、穿高跟鞋来显示身材、穿长裙来遮掩粗腿之上的妇女，都要处以死刑。”看来，无论是对丑陋的现实发出正义冲动的批判，还是憧憬建设最完美的国家制度，若将服饰仅限于物质与实用的层面，并将这一点神圣化，那么，作为空想社会主义的服饰观，与墨韩相同，结局都可能导致反历史、反文化、反人性的野蛮行为。

古今中外，凡饥寒交迫又被剥夺了文化教养的民众，生活的目的和要义就是为温饱条件的实现（图9-2）。而对于过分的美饰，大都本能地报以反感和敌意。受这一历史性的局限，作为民众的代言人，或想站在民众面前发言者，如墨韩、托马斯·莫尔与康帕内拉，自然会一致感到服饰美不但是完全多余的奢侈，而且是有害于争取生存的东西。当然，这里还有区别，如墨子可能在自设的兼爱宗教中流连忘返；而韩非子，由此导向的则是冷酷无情的君主专制；托马斯·莫尔与康帕内拉憧憬的则是群体专制。其实，即使是自命站在饥寒交迫的平民一边，岂不知平民着装也自有精神境界的强烈需求呢。山顶洞人怕是温饱难继，仍执意撒红粉雕颈饰；半坡先民生存何其艰难，仍不忘脸上绘饰文采；后世那四处躲债的杨白劳，竟不忘给心爱的女儿买二尺红头绳呢。

图9–2 汉农夫陶俑
左、中为宝成线出土的汉农夫俑；右为四川大学藏汉农夫俑

如前所述，在遥远的爱琴海，古希腊哲人曾提出“美是有用”这一观点，与墨韩的观点不谋而合。这不奇怪，在人类社会早期，普通平民中处于温饱线以下的人们，产生这样的看法是正常的，含有合理的要素。乌托邦、太阳国等早期空想社会主义者的理想圣境，在服饰上也是以实用为美好、以华美雕饰为丑恶犯罪的认识，正是这种文化观念的激烈表现。但我们有条件地肯定它们的同时，不要忘记其历史局限性。

3. 美饰会埋没、损害实用价值

《墨子·非儒》借晏子之口否定孔子：“宗丧循哀，不可使慈民；机服勉容，不可使导众。孔某盛容饰以蛊世，弦歌鼓舞以聚徒，繁登降之礼以示仪，务趋翔之节以观众；博学不可使议世，劳思不可以补民；累世不能尽其学，当年不能行其礼，繁饰邪术，以营世君；盛为声乐，以淫愚民。”意思说孔子崇力丧事，不能使他们慈爱百姓；着异服而做出庄重表情，不能使之引导众人。孔某人盛容修饰以惑乱世人，弦歌鼓舞以召集弟子，纷增登降的礼节以显示礼仪，努力从事趋走、盘旋的礼节让众人观看。学问虽多而不可让议论世事，劳苦思虑而对百姓没什么好处，几辈子也学不完他们的学问，人到壮年也无法掌握他们繁多的礼节……累积财产也不够花费在音乐上，多方装饰他们的邪说，来迷惑当世的国君；大肆设置音乐，来惑乱愚笨的民众。

可见墨子以实用原则来评判孔子的服饰理论与实践。孔子将礼仪落实在日常生活之中，落实在服饰的讲究与周旋揖让上。在墨子看来，这不过是虚浮形式，以文害用而已。

同样的道理，在《韩非子·五蠹》着意讲的寓言中也可见出：

昔秦伯嫁其女于晋公子，令晋为之饰装，从文衣之媵七十人，至晋，晋人爱其妾而贱公女，此可谓善嫁妾而未可谓善嫁女也。楚人有卖其于郑者，为木兰之柜，薰以桂椒，缀以玉，饰以玫瑰，辑以羽翠，郑人买其椟而还其珠，此可谓善卖椟矣，未可谓善鬻珠也。

在韩非子看来，饰美会使人忘记实用目的，是有害的行为。你看，嫁女的秦伯为了排场、点缀与烘托，竟把随嫁的侍妾打扮得很漂亮，结果使晋人爱妾而贱其女；同样，卖珠的楚人把珠盒装饰得很美，结果使人买其椟而还其珠。这不是美饰导致的本末倒置么？这不是以文害用的典型例证么？韩非子此说能否成立另当别论，而他却据此认定美饰与功利目的是南辕北辙，难于相容的。

4. 美饰会妨害人格的建构

《韩非子·喻老》举例说：

宋之鄙人得璞玉而献之子罕。子罕不受。鄙人曰："此宝也，宜为君子器，不宜为细人用。"

子罕曰："尔以玉为宝，我以不受为宝。"是鄙人欲玉，而子罕不欲玉。故曰："欲不欲，而不贵难得之货。"

是说宋国有个农人得到璞玉，将它献给子罕。子罕不收。农人说：这是珍宝啊，适宜为君子做饰物，不宜细民使用。子罕说，你以玉为珍宝，我以不收玉为珍宝。所以老子说把不追求当作自己的追求，因而不珍重那些难得的饰物。韩非子此刻以解释老子为旨归，借肯定子罕淡泊无欲的人格操守，否定了儒家比德于玉、君子玉不离身的传统美饰观念。

四、行不在服

毋庸讳言，看似温厚的墨子服饰言论有着强烈的论辩性，它是以儒家服饰学说作为批判对象来立论的。当孔子持衣人合一的观点，并将服饰与人的正名联系起来，与一个人能否在社会上立足联系起来时，很自然会带来许多弊端和认知上的困惑。据此，超脱的庄子以嘲笑鲁儒的办法举重若轻地揭示出服饰的欺骗性。而尚实用、重逻辑的墨子则想细细推敲琢磨，想剔出这个命题中潜藏的悖论：一个人有了君子的作为才能被正名呢，还是穿上了所谓君子的衣服就可以被正名？若一个人想做一个君子，那他应先穿上君子的衣服呢，还是先做属于君子的事情之后再穿君子衣冠呢？一个人的所作所为与服饰到底有无内在的必然联系？……但他似不愿以抽象辩驳玄空对阵，更愿以生活情境融理入情。于是，《墨子·公孟》中有一段情景描写，也是论述服饰的一波三折的有趣文字：

公孟子戴章甫，搢忽，儒服，而以见子墨子，曰："君子服然后行乎？其行然后服乎？”

子墨子曰：“行不在服。”

公孟子曰：“何以知其然也？”

子墨子曰：“昔者齐桓公高冠博带，金剑木盾，以治其国，其国治；昔者晋文公大布之衣，牂羊之裘，韦以带剑，以治其国，其国治。昔者楚庄王鲜冠组缨，绛衣博袍，以治其国，其国治。昔者越王勾践剪发文身，以治其国，其国治。此四君者，其服不同，其行犹一也。翟以是知行之不在服也。”

公孟子曰：“善！吾闻之曰，宿善者不祥，请舍忽，易章甫，复见夫子，可乎？”

子墨子曰：“请因以相见也。若必将舍忽，易章甫，而后相见，然则行果在服也。”

意思说公孟子戴礼帽，插笏板，着儒装来会墨子。问道：君子穿戴一定的服饰，然后有所作为呢？还是有一定作为后，再穿一定的服饰呢？墨子答道：有作为并不在于服饰。公孟子又问：你为什么知道这样呢？墨子说：从前齐桓公戴着高帽子、系着大带、佩金剑木盾而治国，国家得以治理；过去晋文公着粗布衣服、披母羊皮大衣、佩韦带剑以治其国，国家也理顺了；先前楚庄王戴鲜冠、冠下系丝带、着大红长袍以治其国，国家也得到了治理；越王勾践剪发文身来治国，也治得不错。这四位国君虽服饰不同，但作为却是一样的。我因此知道有作为不在服饰。公孟子说：“好！我听人说过，使好事停止的人是不吉利的。那让我现在弃笏换帽，再来见您，可以吗？”墨子说：“就这样面谈吧。若一定在丢弃笏板换了礼帽再相见，那就显得有作为真的在于服饰了。”

将人之有无作为与服饰全然划分开来，是有一定深刻性与合理性的，庄子就有这方面的妙论。墨子以不同国君异服而其国大治为证，论述自己的观点。证据确凿而有力，立论严谨且推导合理。可以说，这一观点是对孔子衣人合一学说强有力的批判、校正与补充。后又在公孟子是否换装再来交谈问题上，表现出豁达的胸襟，大有庄子得其意而忘其形的超脱，亦真是取其情以去其貌，好其质而忘其饰的典型表现了。

五、至高的权势：流行的策源地

墨韩很早就注意到了服饰的流行现象，也着意挖掘了它所以流行的心理动机。他们在这方面积累了不少生活资料，并对此做出自己的分析判断。

《墨子·兼爱》描述了臣下模仿君主的服饰现象：

昔者晋文公好士之恶衣，故文公之臣，皆牂羊之裘，韦以带剑，练帛之冠，入以见于君，出以践于朝，是其何故也，君说之，故臣为之也。昔者楚灵王好士细要，故灵王之臣，皆以一饭为节，胁息然后带，扶墙然后起，比期年，朝有黧黑之色，是其何故也？君说之，故臣能之也。

意即从前晋文公喜士人着粗陋之衣，于是臣下皆毋羊皮裘装，系牛皮带来挂剑，戴熟绢做的帽子，进可拜君主，出可步朝廷，这是什么缘故呢？因君主喜欢，臣下就能这样做。从前楚灵王喜欢细腰之人，臣下就吃一顿饭来节食，收着气然后系腰带，扶着墙才能站起来。一年过后，满朝臣皆面呈深黑色。这是什么缘故呢？因君主喜欢这样，臣下就能做到这样。这里连续列举了晋文楚灵之所好引起模仿流行潮的例证，这起码说明，在墨子看来，在服饰方面君主影响并左右全局是不证自明的公理。上有所好下必甚焉的现象在服饰领域最为突出。

细细分析一下，服饰的亲和心理，甚至是变态畸形的邀宠心理，君主的霸道行径与支配欲望等，在这一例中亦可得到充分的体现。韩非子观点与此相通，显然受到墨子影响。墨子在《兼爱》下篇中重又举这个例子，以为穿粗陋之衣是难以做到的事，可文公喜欢，没过多长时间，民风就可以转移，而这一切只不过是迎合君主罢了。

作为一个思想家，韩非子也敏锐地看到，作为统治权力的核心，帝王的服饰往往是举国上下模仿的对象，是流行的动力源。当时齐国服色的流行，就是上有所好下必甚焉的典型一例。也许他所认可的专制国家模式就是全国任一人思想，其余都只能是这一思想命令下的行为，而不能有别样的思维模式及其行为。

《韩非子·外储说左上》描述了齐桓公的好恶而引发整个齐国紫色衣饰大流行与大收敛的喜剧效果：

齐桓公好服紫，一国尽服紫。当是时也，五素不得一紫。桓公患之，谓管仲曰："寡人好服紫，紫甚贵，一国百姓好服紫不已，寡人奈何？"

管仲曰："君欲止之，何不试勿衣紫也。谓左右曰吾甚恶紫之臭。于是左右适有衣裳而进公者，公必曰：'少却，吾恶紫臭。'"

公曰诺。

于是日，郎中莫衣紫；其明日，国中莫衣紫，三日，境内莫衣紫也。

在这里，紫色之美与不美都是无所谓的，紫色织物的获取难易程度也并非注意的焦点，要紧的是国王之好恶，这才是时尚的晴雨表，取舍的标准度。国王喜欢紫色，紫色就一夜暴富，显得不美也美了；国王瞬刻间变脸不喜欢紫色了，紫色就失势一落千丈，再美也不美了。在孔子那里敏感的是紫色以间色的卑妄夺朱红正色的犯上作乱行为，而韩非子在意的却是君主有意无意地咳嗽会引起天下普遍感冒这一醒世法则。类似的故事韩非子一讲再讲，前提仍是君主展颜天下晴、君主皱眉天下阴的思维定式。齐桓喜紫衣的故事，据韩非子说还有另一个版本，便不厌其烦地再讲一遍："齐王好衣紫，齐人皆好也，齐国五素不得一紫。齐王患紫贵。傅说王，曰：'《诗》云：'不躬不亲，庶民不信。'今王欲民无衣紫者，王以自解紫衣而朝。群臣有紫衣进者，曰：'益远！寡人恶臭。'是日也，郎中莫衣紫；是月也，国中莫衣紫；是岁也，境内莫衣紫。"当然，这里不同的是，借太傅之口引诗讽谏，有了劝勉君主以身作则的动因。也许这一发现使韩非子极为兴奋，便一再提及。同质同构的故事《韩非子》又讲了一个：

> 邹君好服长缨，左右皆服长缨，甚贵。邹君患之。问左右，左右曰："君好服，百姓亦多服，是以贵。"君因先自断其缨而出，国中皆不服长缨。君不能下令为百姓服度以禁之长缨，出以示先民，是先戮以莅民也。

意即邹君喜欢戴长帽带，身边侍从都佩用长帽带，于是帽带价值昂贵起来。邹君为此而发愁。问侍从，侍从说，您喜欢这样戴，百姓也跟着喜欢，因此就贵了。邹君因而率先把自己帽带割断然后去巡视，于是国内都不再佩戴长帽带了。君主不能采用发布命令给百姓定佩戴标准的办法来禁止他们佩用长帽带，却自己割断了帽带出巡来表示自己为人民做出了表率，这是在使用先侮辱自己的方法来统治管理民众啊。

在墨韩的服饰视野中，可以毫不夸张地说，服饰的流行不是美感的诱因，不是传统图腾承袭而来的服饰惯性与惯制，不是自我形象的美饰与炫耀，不是家世门第的标榜，不是财富地位的彰示，不是一般意义上偶像崇拜带来的模仿流行，不是群体认同的衣着显现……而只是君主权势与臣民邀宠氛围的弥漫和笼罩，这固然不无道理，有一定合理的内核，但仅仅局限于此，却是多么狭隘多么逼仄的思路与眼界啊！井口上面固然就是天，但天并不是井口那么大的规模啊。可以说在他们面前，中国服饰文化自远古以来所积淀的那么丰厚的蕴涵被悬置了，被漠视了。实用理性成为这里不可违抗的圣旨，没有宽容，没有弹性与回旋，一切的一切均以眼前的现实功能为衡量标准，一切的一切都以君主的权势为转移，为取舍砝码。人类社会生活业已证明，这种思维方式，若用来支配社会与生活，即使是在服饰领域，那也带来的不是美感的波澜，只能酿制可怕的悲剧。

《韩非子·外储说右上》中吴起休妻的故事便透露出这个消息：

> 吴起示其妻以组，曰："子为我织组，令之如是。"组已就而效之，其组异善。
>
> 起曰："使子为组，令之如是，而今异善，何也？"
>
> 其妻曰："用财一也，加务善之。"
>
> 吴起曰："非语也。"使之衣归。
>
> 其父往请之，吴起曰："起家无虚言。"

这个故事说吴起拿一条丝带给他的妻子看，说："你给我织条丝带，使它像这个样子。"丝带织成了，便验看它，那丝带织得异常的精美。吴起说："让你织丝带，使它和这条一样。现在却异常精美，为什么呢？”妻说：“用材料一样，只是特别花了功夫才使它精美的。”吴起说这违背了我的吩咐。就休了她，让穿戴好后回娘家去。她父亲来求吴起，吴起说：“我家没有不实行的空话。”

作为法家的集大成者，韩非子对法家的先驱吴起是认同的赞赏的。在吴起休妻的故事里，织绣的美饰美感，以及美感中所积淀的亲情与爱意，都是不存在的，不足道的，更是有害的，要紧的是家国同构所需要令下如山倒的专制威权与不折不扣的服从。让你拷贝式地模拟，你却独出心裁地青出于蓝使之更美，在吴起（实际上也就是韩非子）看来，这不是说一不二的顺从而是自逞其能的发挥，这不是漠视权威犯上作乱么？只能从重惩罚了。

诚然，吴起非君主，织绢亦非模仿流行现象，但这一事件与君主的权势作为、流行的策源地有着内在的关系，或者说深层次的沟通？当齐桓明确宣布厌恶服紫色，当邹君明确宣布讨厌戴长缨时，追风献媚邀宠者自不必去说他，一般人谁还敢出于喜爱而穿紫衣、佩长缨呢？倘若敢有顶风美饰者，无论是出于悦己悦人还是美化环境，那他们的命运遭际大约与吴妻一样，同为天涯沦落人了。因为当专制的权势横蛮地笼罩了审美的裁判权力时，不只我们，大凡稍有美感的人们，都会在这里感受到专制独裁下的窒闷、恐怖和无助。

六、反对拘泥：服饰应随时而变

《墨子·非儒》率先向在服饰领域里主张泥古的儒者挑战：

> 儒者曰：君子必古言服，然后仁。应之曰：所谓古之言服者，皆尝新矣，而古人言之服之，则非君子也？然则必服非君子之服，言非君子之言，而后仁乎？

儒者说，君子必须说古话穿古衣，才能成为仁。对此的回击是：所谓古话古衣，都曾经在当时是新装。而古人穿它，就不是君子了吗？难道必须穿那非君子的衣服，说那非君子的话语，而这样才能为仁吗？墨子在这里以类似坐标平移的方法，拆毁了君子必穿古衣然后仁的前提与结论，再以归谬法反驳，显出了深刻而精彩的思想方法和辩驳技巧。

《墨子·公孟》从另一角度重提这一问题：

> 公孟子曰：“君子必古言服，然后仁。”
>
> 子墨子曰：“昔者商王纣，卿士费仲，为天下之暴人；箕子、微子，为天下之圣人。此同言，而或仁不仁也。周公旦为天下之圣人，关叔为天下之暴人，此同服，或仁或不仁。然则不在古服与古言矣。且子法周而未法夏也，子之古，非古也。”

意即公孟子说，君子定要说古话着古装，才能称得上具有仁的修养。墨子说过去商纣及其卿士费仲，是世上有名的暴虐者；箕子微子是天下有名的圣人，同说古语而德行迥异；周公是圣人，关叔是暴虐者，这又是同穿古装而德行不同的例子。可见具有仁德修养，不在于说古语着古装。况且你效法的是周朝，而没有效法夏朝，你的古，其实并不古老。墨子这里的辩驳明快犀利，老辣从容，仅凭两点就将对方逼到墙角而无招架之力：其一，你不是说着古装才能仁么，那些历史上有名的圣贤与暴人同穿古装，仁义该向何处寄托？又该如何解释？其二，儒家所谓的古装只是效法周代的冠冕而已，比起夏代来又算得了什么古呢？那所谓的古装之古岂能成立？

在墨子这里还是相对朴实的论辩，批驳对方仍平等相待，凭着思想的穿透力与形式的逻辑性去征服对方；而韩非子就没有那么大的耐心了，他只以夸张到极致的寓言，嘲讽漫画化的服饰泥古泥书者，极尽刻薄讽刺之能事。也许此际的儒者在争城争战的环境下已贫弱空泛得不堪一击了。《韩非子·外储说左上》串珠般地抖落了一个个让人忍俊不禁的小故事：

> 郑县人卜子使其妻为绔。其妻问："今绔何如？"夫曰："象吾故绔。"妻子因毁新，令如故绔。
>
> 书曰："绅之束之。"宋人有治者，因重带自绅束也。人曰："是何也？"对曰："书言之，固然。"
>
> 郑人有且置履者，先自度其足而置之其坐，至之市而忘操之。已得履，乃曰："吾忘持度。"反归取之。及反，市罢，遂不得履。人曰："何不试之以足？"
>
> 曰："宁信度，无自信也。"

第一个故事，是说郑县人卜子让妻子为他做裤子。妻问，这裤怎么做？回答是像我的旧裤子一样。于是妻将新裤撕毁，令其如同旧裤一般。基于生活常识，人们往往会在笑声中怀疑卜妻的智慧。但这个幽默更深一层的含义，也许是继承传统也要有所扬弃，不可全然复制与克隆，否则不仅违背了生活的情理，而且会把事情弄得一团糟。如果这一臆解可以成立，那么作为韩非子的一种服饰思想，则非常珍贵，是值得重视与研究的。

第二个故事，是说古书要求系上腰带约束自己。宋人有研究此书的，就用重叠的带子把自己束裹起来。人问这么笨重为什么？他说：书上这么说的，本来该这样做呀。孟子曾说尽信书不如无书，韩非子列举的这位宋人在服饰上就犯了这个毛病。岂不知服饰应随时随地随事而变，君不见书中才数月世上已千年的格局，而只知一味演绎迂腐的服饰故事？

第三个故事，是说郑国有一想买鞋的人，先量好自己的脚并把尺码放在座位上，上集时却忘了带上。在集上挑鞋子时才说：我忘了带尺码了。就回家去取。返回时集市已散，鞋也没买成。有人说为何不用脚试呢？回答是：只能相信尺码，不能相信自己的脚。

三个故事虽情节各异，但拘泥于传统、拘泥于书本、拘泥于外在规矩的思维模式是一样的，无论作为服饰现象还是引申为人生境界的象征，都成为韩非子嘲笑抨击的对象。

七、衣必常暖，然后求丽

看到墨韩的服饰重用恶饰的文化观念，人们可能会产生疑问，难道他们真的对服饰的美感没有感觉么？孟子所说的爱美之心人皆有之，难道他们会成为显著的例外？

似乎不那么简单。

从《墨子·公输》记录的一段情景看，墨子对于服饰的美感并非没有感觉。他与楚王对谈，说假如一个人要放弃自家的锦绣衣冠而想去偷邻居的短褐，那定是患了盗窃病（“舍其锦绣，邻有短褐，而欲窃之……必为窃疾矣”）。说明墨子从价值判断甚至包括审美判断上，认为锦绣自然优于短褐。这是对事物认知的基本点。至于否定锦绣，显然是伦理上的缘由。

汉刘向《说苑·反质篇》记载墨子的一段话：

> 故食必常饱，然后求美；衣必常暖，然后求丽；居必常安，然后求乐。为可长，知可久，先质而后文，此圣人之务。

衣必常暖，然后求丽，符合人情物理。先质而后文的说法，与儒家相吻。是墨子点出自己未能展开描述的服饰另一层面的命题呢，还是在与儒家的抗争中不自觉地吸收了对方的观点？这两个结论很好，与他上述种种服饰观念截然不同。仅凭这两句，墨子也不愧为一个服饰思想家了。单列出来都是很有穿透力的服饰思想。在这里，墨子似乎认为功能要求满足之后，可以进而求美。其潜在的逻辑就是服饰的实用功能是基本的、普遍的、低层次的，而美饰功能则是升华的、特殊的、高档次的。从这一论述来看墨子对美饰并不否定，似乎认定他所在的历史阶段应是雪中送炭而不是锦上添花，所以求美求丽只能悬搁起来，等到有相当时间长度的未来再说。这是一个重要且有价值的服饰文化命题，可惜未曾展开。

韩非子在《五蠹》中也有相似的精彩说法：

> 糟糠不饱者不务粱肉，短褐不完者不待文绣。夫治世之事，急者不行，则缓者非所务也。

意即酒糟谷糠都吃不饱者不会想米饭鱼肉，粗布衣服还不完整者不会期待绣有花纹的华丽服装。好像完全进入了生存的初级阶段，连短褐都不能保证能否穿上，哪里还顾得上去讲究美饰文绣呢？将精致美饰置于温饱问题解决之后，是有道理的。韩非子似乎并未设身处地从未解决温饱问题的农夫角度出发，而只是从专制君主角度切入，以为文绣之事属“缓者非所务也”！

但清醒的韩非子忘记了天下并非全然属于饥寒，作为社会人谁能一日不衣呢？且饥寒者并不会放弃美饰，甚至还会强化服饰的精神功能的。自从山顶洞人骨针缝衣、石贝美饰以来，随着文明的进步与积累，服饰早就兼备了物质与精神等多重功能，有着丰厚的文化积淀。而墨韩却在这一领域的探索研究中，一再贬损且无视服饰精神功能的存在。他们悬搁了美饰这一了不起的服饰文化命题，甚至在更多的表述中淹没且扭曲了它的巨大包容与文化价值。却始终以饥不择食、寒不择衣的法则来框束衣的发展。

虽如此，矛盾仍不可避免。韩非子有时也认为美饰是必要的，不可缺少的。如：

> 故善毛嫱、西施之美，无益吾面，用脂泽粉黛则倍其初。

意即如果光去赞美毛嫱、西施天生的美，并不能使自己的面貌也随之美丽起来，但若能施以粉黛脂泽，就会比原先的面貌美丽一倍。看来，中外历史上像韩非子这类着意事功的人，总是以眼前功利为原则为准绳，他对于思想是否连续、逻辑是否一贯往往是无所谓的。他甚至以昨日之我与今日之我作战为乐事，因而在其表述中，前后不符、矛盾百出是习以为常的。韩非子还好，他大多时候属于主观倾泻型的思想家，虽然其思想体系已融入中国专制统治者的骨髓，但历史毕竟没有给他什么机会，他还未真正转入指导其学说的实践就被当日的同窗陷害入狱了。所幸这样的矛盾表述是不多的。

余论

墨韩还有一些服饰文化观点，如借孔子之口说，管仲穿帝王穿的青色衣服，他的奢侈放纵威胁到了君主，而孙叔敖相楚，冬裘夏葛，但他的节俭威胁到了下级——说明着装不能不顾及等级与群体和谐关系；再如借杨布素衣出、缁衣归引起家犬吠咬的故事，说明服饰有明显的标志作用；借古人劝谏说“穿虽穿弊，必戴于头；履虽五采，必践于地”，暗示人体头尊脚卑及其一身之衣上尊下卑的服饰文化观念[6]……所有这些，都未及展开阐述，甚至与他们其他论点相冲突，也许他们受其他各家影响而未来得及整合，也许他们重实务而不在乎前后矛盾。但这些观点历两千余年而不失其敏锐，仍能给人们以智慧的冲撞与思想的启迪。

从时代大势来看，也许那个时代对个人风貌之美的欣赏成为潜隐的时潮，服饰的计较成为整个世俗生活的重要内容。例如《战国策·邹忌讽齐王纳谏》中，身为国之重臣的邹忌却以与人比美的话题遍询数人，可见比美已成为自觉意识。于是先秦诸子从不同角度给予肯定、否定或淡化，从而引导潮流的涨落与方向。还可以来比较一下，就人的心理需求层次而言，儒家着重就人的亲和需求来规范服饰，要求从衣装上显示人与人之间的和谐，社会秩序的规整，从而达到人的理想实现的境地；道家从人的安全需求与自尊需求来规范服饰，以为过盛的美饰会对人造成妨害，服饰规范的讲究影响人身心的自由；那么，墨韩则是从生存需求的角度来规范服饰的，他们以为华衣美饰是不现实的，它的展示应在深不可测的未来，现实的人们只应将服饰当作遮体蔽寒的手段罢了。如果说儒道两家虽从不同角度出发，或从正面建设着手，或从反面批判着眼，但还有从整体人格构建方面考虑服饰，以求得人的全面发展的格局，那么，墨韩则是将服饰逼向狭窄的物欲一隅，这当然是一种历史退化和落后的服饰文化观。然而由于历史、经济、文化的种种原因，墨韩的这一看法在漫长的历史时期乃至延续到现在，都有一定的市场，这不能不引起我们的深思。

从另一方面来说，墨韩与孔荀老庄，他们不只是平面上拉开了距离，而是从观察角度评判标准，思维模式、选择命题、导致结论等方面都是格格不入，互相对峙冲撞的，从而形成了服饰文化极具张力的一个立体结构网。人们倘若接触或进入其中，思维就会被激发而极大地活跃起来，在彼此判若霄壤的命意与立论中寻找参照与路标，从而逼近服饰殿堂以窥其奥秘。例如将服饰完全视为无情无义的物质形式，虽弊端百出，但也有助于服饰完全个人化，有使之或从神话图腾或从世俗伦理的笼罩下解脱出来的作用。况且强调服饰的实用功能仍有生活的基础，合理的因素。实用性毕竟是服饰重要的功能之一。

值得注意的是，墨韩“取情以去貌，好质而恶饰”的观念虽然绝对，但与先秦诸子不无相通相近之处。孔子虽主张文质彬彬，但仍有好质而略饰的倾向，如对于子路盛装的批评与劝阻，对颜回、曾子及子路等人简陋衣装的赞扬；老子主张被褐怀玉，庄子更是洒脱地甩袖无边，甚至推崇系列丑陋残疾者作为崇拜对象，仿佛将美饰践踏在脚底下了……但在总体倾向上，孔子仍是主张美饰的，且有一整套周旋揖让的形式礼节。他的好质略饰，只是在质文矛盾不可兼得时有舍鱼而求熊掌的权宜之计；老庄从社会批判的角度出发，从追求心灵的自由自在，反对内外在束缚的角度来否定服饰之美，立足点并非因其无用，而是认为一般人对于服饰之美的追求已经达到了有害于人发展的地步，不惜为这种追求而伤损自己的生命；相对说来，墨子、韩非子虽有对服饰之美悬置起来的历史眼界，但大量的否定型论述仍是基于肤浅的实用思维。虽不无合理的因素，特别是深刻地揭示了文饰与质美的消涨关系，但他们更多是从一个固定的视点看服饰，缺乏宽阔的眼界，宽容的精神，在红尘万丈的世俗中作偏颇僵硬的限定，于是服饰只成了崭新的工具或破旧的垃圾，完全没有了精神的超脱，思想的飞升，审美的愉悦。而老庄则远为深刻和博大，着力于反对审美和艺术领域中人的异化现象。

简括地来说，墨韩在衣必温暖然后求丽，质美而不待文饰等方面的立论是深刻的。他们搜集或虚构来的大量服饰故事，对因讲究服饰伦理而走向极端的弊病如泥古不化、迷信书本教条、以衣看人等仍有校正与思想解放作用。在强调服饰实用性的同时，也注意到了舒适性问题，在一定意义上有现代感。即是说，他们的某些论断在当时乃至相当长的历史阶段都有着充分的积极意义。从这个角度来说，他们当然也是中国服饰文化大厦的重要奠基者了。

思考与练习

1. 简述墨韩服饰思想的命题内容。
2. 简述墨子服饰定义的独到与偏颇之处。
3. 试述“随时而变”服饰观的意义。
4. 试述“衣必常暖，然后求丽”与墨子一般服饰学说的关系。

注释

[1] 引自《韩非子·说林》。
[2] 引自《墨子·节用》。
[3] 引自《墨子·贵义》。
[4] 引自《墨子·尚贤》。
[5] 引自《韩非子·解老》。
[6] 引自《韩非子·外储说左下》。

现象研究——

服制之道　多极摆荡——贾谊、刘安与董仲舒的服制建构

课题名称： 服制之道　多极摆荡——贾谊、刘安与董仲舒的服制建构

课题内容： 贾谊：改朝更易服色，提倡制服之道
刘安：衣服礼俗者，非人之性也
董仲舒：天人同构，其可威者以为容服

上课时间： 4课时

训练目的： 向学生讲授汉代诸家在服饰建制方面的不同理论思考，引导他们逐步把握中华服饰思辨多向度的理论张力。

教学要求： 使学生了解汉代三家服饰理论的要点及其彼此的区别所在。

课前准备： 阅读相关汉代历史文献、考古文献及相关的服饰文献，特别是贾谊、刘安、董仲舒的传记资料。

第十章　服制之道　多极摆荡

——贾谊、刘安与董仲舒的服制建构

如果说先秦是中华文化根脉萌生的轴心时代，那么汉代就是其根脉稳固、枝杆茁壮、花叶繁茂的奠基时期。在服饰领域也是这样。如贾谊、刘安、董仲舒等人在国家服制方面有着各具特色的理论建构，从而为服饰文化新层面拓展了一个开阔的文化空间。

图10-1　贾谊

一、贾谊：改朝更易服色，提倡服制之道

文帝元年，贾谊（图10-1）上书《论定制度兴礼乐疏》。他批判了西汉初期礼乐废弃的现象，并强烈建议恢复礼治。作为体制内的一个新锐官员，一个基于儒家立场的思想家，他对礼仪褒贬兴废的推敲琢磨带有很强的现实性。倘获皇帝恩准，其对策性、政策性与实践性就会大放光芒，会在全国推广开来。贾谊不同于先秦诸子稍带清纯、那样与现实有一定超脱关系的思辨。贾谊所讲恢复礼治的内容，据《史记·屈原贾生列传》载，即“改正朔，易服色，法制度，定官名，兴礼乐……色尚黄，数用五，为官名，悉更秦之法。”[1]

以易服色来彰显朝代之更替，是值得琢磨的。因为既有《周礼》“同衣裳”统治术的遥远投影，又有《吕氏春秋》的“五德终始说”在服色层面上的观念凝聚和理论提炼。它明确提出了以服色作为社会演进与朝代区隔的文化符码。毋庸置疑，倘以其理论的功能与效果而论，贾谊的改正朔易服色之论影响中国历史两千余年。他将服饰看作一个时代的标志性符码，一个软实力的展示。将社会政治性的向背以最为感性与显性的服装色彩表现出来，正是在一个最容易把握的层面将周易垂衣治天下之论落实在实处，使得服饰梳理社会秩序的功能呈现为最为简洁而有力的方式。他试图建构新的服饰管理制度，让天下归拢为服饰与政治向背融而为一的观念形态。而这一观念，向上承接吕不韦“五德终始”说，而向下则直接催生了董仲舒更为简洁的三统说。

贾谊看到了汉初服制混乱的现状，便在《治安策》中谏诤道：

> 今民卖僮者，为之绣衣丝履偏诸缘，内之闲中，是古天子后服，所以庙而不宴者也，而庶人得以衣婢妾。白縠之表，薄纨之里，緁以偏诸，美者黼绣，是古天子之服，今富人大贾嘉会召客者以被墙。古者以奉一帝一后而节适，今庶人屋壁得为帝服，倡优下贱得为后饰，然而天下不屈者，殆未有也。且帝之身自衣皂绨，而富民墙屋被文绣；天子之后以缘其领，庶人孽妾缘其履：此臣所谓舛也。

当然，作为一个政治家，他没有停留在治表层面，而是向更深处追溯，试图根治这种状况。他想从人的自然性与社会性的区隔来入手。在贾谊这里，不只是以易服色要造成朝代区隔的历史性群体差异，即历时性差异；而且要造成横向的个体性差异，即共时性差异。

> 人之情不异，面目状貌同类，贵贱之别非人天根着于形容。所持以别贵贱名尊卑者，等级、势力、衣服、号令也。
>
> ——新书·等齐

在贾谊看来，人的情感相似，面目状貌相似，如同在洗澡堂里观人，从生理层面是无法区隔的；而社会层面的等级、势力与号令也难以感性地显现出来，既看不见，又摸不着，只有以服饰等作为载体，人人披挂在身，种种文化信息蕴含于内而展示于外，一目了然。人的生理之同需要服饰的扮饰以强化其社会之异。因此，贾谊便提出了“制服之道”，以期呈现与梳理纷杂的社会分工与等级。分工明晰便于管理与社会监督，等级判然既满足高层自尊需求，又引发基层的奋斗意识。值得注意的是，这里的制服之道，并非如孔孟老庄墨韩那样面对着蓝天面对着历史空阔而自由地思辨，而是直接沿袭《管子·制服》的思维模式与话语策略，着眼现实，沟通地气，面对皇帝，希望诉诸政策以刷新举国上下、大江南北。这是直接以服装梳理社会秩序的方略与理论。

> 制服之道，取至适至和以予民，至美至神进之帝。奇服文章，以等上下而差贵贱。是以高下异，则名号异，则权利异……则冠履异，则衣带异，则环佩异……是以天下见其服而知贵贱，望其章而知其势，是人定其心，而各着其目。
>
> ——新书·服疑

贾谊明确指出，制服之道所选取途径应因对象不同而歧异。就整体风格而言，平民服饰达到舒适与和谐就行了，对于皇帝则应力臻至美至神的境界；就款式图纹而言，只有构筑梯状的等级序列才能区隔贵贱之别；而服饰的种种——冠履衣带环佩的不同不只是纯形式的区隔，而实质上展示的是等级的高下，名号的歧异，权利分工的不同；就客观效应来说，天下一见服章便对其贵贱与势位一目了然，人们因社会层级明晰而心灵安定，各

图10-2　汉文帝

自执着于本职所事。倘若着装彼此平等没有差别呢，在贾谊看来，这就是僭越。所以便一再通过服饰来讲僭越现象所造成的恶劣影响，说明这是对礼治社会的一种破坏。他认为，社会治理的关键就在于别贵贱明尊卑。这样一来，高高下下堆叠而建构起来的金字塔结构，能够使社会保持稳定。而礼只是把大家所承认的这种事实，用服饰等形式表达出来罢了。在贾谊的心目中，既然一个社会的等级秩序，无法靠肤色、身段、性别来区隔，那么就应该靠人为的礼来建立、来维持。由衣服所表现的等级，贾谊认为更有普遍而特别的意义。

贾谊所述从学理上可追溯儒家服饰观念的传统。在现实上有需要对策性地梳理社会秩序和性别秩序的问题，自然有他所认定的道理。但切莫忘记，文帝时代是史称文景之治的开端（图10-2），其治理观念的核心是无为而治，与民休息。史书上记载，连皇后着装亦简易朴素。它确会形成一定时间段上主流话语的格局与氛围，或者为社会意识形态的主旋律。而贾谊却不合时宜地对着干，主张恢复礼制，主张皇帝打扮得至圣至神的样儿，不繁文隆饰如何能达到这般效果呢？在贾谊的建构框架中，礼制建设的目的就是强固国家、安定社稷，使君主成为民众围绕的中心；君主具备威德之美，是礼的职分；而尊卑大小、强弱有位，是礼的核心作用；而等级分明了，君臣各就其位，国家才能稳固安定下来……然而真如后世李白杜甫诗中所感叹的“自古圣贤皆寂寞”、“生前寂寞事，身后万古名”那样，令贾谊遗憾和痛哭流涕的是，作为时代先知者的他，眼睁睁看着自己设计编导的以服饰为中心为亮点的精彩节目只能擦肩而过，留待后人搬上现实的舞台演出。一直等到了汉武帝时代，董仲舒如此这般地重复了贾谊的话语，而获得了巨大成功。此是后话。自然，这是贾谊理论先天下之声的历史性超前造成了个人的悲剧。平心而论，贾谊与文帝各自持有历史与现实的合理性，他们彼此间的冲突带有二律背反性。而我们的一般印象仍可能停留在李商隐诗歌“可怜夜半虚前席，不问苍生问鬼神”的投影里，仍暗合臣明主昏的认知模式，而忽略了他们之间的治国方略是迥然不同的两极角力。用现在的观点来说，这似乎是国家主义与自由主义的对峙。这一点在服饰观念上更为突出。虽说贾谊洋溢的才气令文帝刮目相待，但治国方略的歧异也使得君臣不可能相亲相近。须知自《周易》垂衣治天下的观念传播以来，《周礼》同衣裳的方略颁布以来，服饰问题在九州方圆从来就是经国治世的原则问题。

二、刘安：衣服礼俗者，非人之性也

如果说贾谊试图以儒家的美饰观念诉诸服饰世界的话，那么，稍后的刘安也对服饰的理论与制度建构提出了自己明晰的看法。我们知道，淮南王刘安（图10-3）主持门客撰著的《淮南子》涉猎广泛，思想多元，却似更倾向于老庄墨诸家，至少在服饰的思考方面是这样。在汉武帝即位之初，建元二年，淮南王刘安隆重地向朝廷进献了这部著作，意在说明它并非仅仅是闲室月窗的文化思辨，而有着执政方略的指导思想及其理论基础的期待。

1. 它以实用理性的态度追溯了服饰的起源

伯余之初作衣也，緂麻索缕，手经指挂，其成犹网罗。后世为之机杼胜复，以便其用，而民得以掩形御寒。

——淮南子·泛论训

图10-3 淮南王刘安

这种思维方法相对理智而客观。追溯服饰起源，没有超自然意象的神圣联想与虚拟建构，而是近似科学考察般冷静叙述。你看，伯余做衣，葛麻成丝，手经指挂，布如网罗，机杼织造，衣以蔽体……在这里，服饰的产生是一个系统创造的社会工程，也有着相当时间长度的历史演进程序。因为有创始者，有质料，有网状的布帛形态，有纺织工具，也有推广于民众的流行心理前提，以及着装的蔽体的功能和与之相应的着装动机……于是我们看到了服饰起源实用说的理论建构，在完成了自身历史叙述的字里行间充盈着先秦实用理性精神。汉代还有沿袭这一理性思维的服饰思考，如班固《白虎通·衣裳》：“所以名为衣裳何？衣者，隐也；裳者，障也。所以隐形自障闭也”；刘熙《释名·释衣服》：“凡服上曰衣，衣，依也。人所依以庇寒暑也；下曰裳，裳，障也。所以自障蔽也。”等，都有着学术思维的宽博、冷静与从容。类似于墨韩的话语也清楚地展示在刘安这里。

圣人食足以接气，衣足以盖形，适情不求余……

——淮南子·精神训

故明主制礼义而为衣，分节行而为带。衣足以覆形，从典坟，虚循挠，便身体，适行步，不务于奇丽之容，隅眥之削。带足以结纽收衽，束牢连固，不亟于为文句疏短之鞻。故制礼义，行至德，而不拘于儒墨。

——淮南子·齐俗训

这就是从实用理性的层面走向了极端。仿佛理想的人生境界被他一语道破了：饮食只为护生，穿衣只为蔽体，满足基本需求即可无须再求别的了。衣服嘛，若按照《典》、《坟》的古法，有选择而遵之，便利身体，适合行走就行了，何必讲究奇丽样式与衣角处的刻意镂裁呢？衣带足以扎紧衣襟即可，何必添绣圆的方的种种图纹呢？这是承接着墨子韩非子实用服饰论的续谈。只是更具体更多样而已。如此斩钉截铁地描述，凸显了服饰最基础的实用功能，而屏蔽了其社会历史文化功能。作为一种理论观点，自有其立足之处。若作为服饰制度的智力资源，从同一类型的墨韩服饰思辨的解读中也有所感知，它所导致的服饰政策及其制度建构，对于这一领域繁文缛节的减少或许有用，但破坏文化建构的负面效应也很突出。刘安自然不这么认为，他还顺势举出远古贤君的例子：

> 文绣狐白，人之所好也，而尧布衣掩形，鹿裘御寒。
>
> ——淮南子·精神训

在中国思想界以向后看为习惯模式的氛围中，刘安建构尧的意象应该说是有意味的，也是有感召力的。虽说人们本能地世俗地喜爱纹彩与白狐裘衣，但崇高的尧帝却超脱这一切，仅仅麻布鹿皮蔽体御寒而已。这里虽述说远古，却并非发思古之幽情，而字里行间似乎能透出与现实对谈的语感，甚至能感悟出文景意象的微妙比附，而不仅仅是老子“披褐怀玉”观念的浓浓投影。

2.《淮南子》认为服制的建构是违背人性的，是社会动乱的根源

在这里，《淮南子》认为衣服礼俗非源于人的本能，而是外在社会因素的强加所致。《淮南子·齐俗训》：“衣服礼俗者，非人之性也，所受于外也”；“乃有翡翠犀象、黼黼文章以乱其目……”开门见山便作定性之论，直截了当地破除服饰神圣论。在世人看来不可违背如金科玉律的服饰礼俗，而在刘安看来，却与人性本能无涉，只不过外在的强加而已。因而以建构制服等级来统治社会，如同老子所说“五色令人目盲”那样，是违背人性的，会导致人性异化，引发社会秩序混乱。不能不说，这是给人震撼式启蒙的服饰束缚论的简洁表达。当前辈贾谊一再提倡服制如何建立社会文化的新秩序效果，刘安在这里则以多重负面的效应给予针锋相对的回应：

> 夫三年之丧，是强人所不及也，而以伪辅情也。三月之服，是绝哀而迫切之性也。夫儒墨不原人情之终始，而务以行相反之制，五缞之服。
>
> ——淮南子·齐俗训

不只是官场服制会带来异化与混乱，就是人们似乎觉得温情脉脉的五服也值得反思。如果说三月服期还是符合人性的话，那么服期三年的硬性规定，则是违背人性的强迫行为。他进一步从人性与社会层面阐述这一立场：

> 饰职事，制服等，异贵贱，差贤不肖，经诽誉，行赏罚，则兵革兴而分争生。
>
> ——淮南子·本经训

刘安认为一切都会相辅相成的。看似表层的服制，却会带来深层的祸患：着意强化贵贱，区隔贤与不肖，经营褒贬，社会整体性的不公与纷争包括战争由此而起。然而，当服饰的违背人性与其社会实用性发生冲突时，刘安仍能换个角度看问题，并非只图语言狂欢而一味推其到极致。

人性便丝衣帛，或射之，则被铠甲，为其不便，以得所便。

——淮南子·说林训

特殊服饰并不源于人性本能，但社会需求也是其诞生与传承的土壤。对于士兵来说，铠甲穿戴相对日常衣着来说固然不方便，但这种种的不方便却基于保护士兵的生命而设计，因为这种种的不方便恰恰给士兵们带来了预防伤害的方便和从事活动的各种方便。辩证思维进入到服饰层面，是这样的简单、幽深又有趣。

3. 应以服饰多元化的立场来治理天下

这是刘安服饰思辨的目的与关键所在。历史延续到这里已有丰厚的积淀，前人思辨对此也有漫长的铺垫。他在《淮南子·齐俗训》中沿袭着墨子的路径，对服饰典故如数家珍，勾践断发文身却南面称霸；胡貉匈奴箕踞缠衣而国势延续；楚庄裾衣博袍、晋文粗布羊皮，威立海内……这一切能用儒家的礼仪来衡量吗？如此多的例子，各种奇特或怪异的服饰穿着者之所以能成大事，居高位而影响深远，恰恰说明了无论服饰款式也好，礼仪也罢，与事功无关，与人格迥异，与成败无缘。任何地域时间的服饰都有其合理性和独有的价值。真正通达的道理就是入乡随俗，尊重不同传统与不同样式的服饰。在此基础上，刘安的归纳从容而自在：

古者有鍪而绻领，以王天下者矣。其德生而不辱，予而不夺，天下不非其服，同怀其德。当此之时，阴阳和平，风雨时节，万物蕃息。乌鹊之巢可俯而探也，禽兽可羁而从也。岂必褒衣博带，句襟委章甫哉？

——淮南子·氾论训

譬如极为普通的头盔与翻毛皮衣，而拥有王位者穿着会为天下所服膺，为什么？因为人们所服膺的是那“生而不辱、予而不夺”的美德。有了这些，岂止人人相善，还会风调雨顺，万物繁荣，人兽相亲……何必一定要着意讲究褒衣博带呢？于是我们看到了刘安服饰治国的建议与谏诤：

淮南王安上书谏曰：“越，方外之地，剪发文身之民也，不可以冠带之国法度理也。”

——资治通鉴·世宗孝武皇帝上之上建元六年

图10-4　汉武帝刘彻

于是我们知道了，贾刘服饰观念的冲突不是审美观念的歧异，不是道统源流的迥异，而是治国方略的区隔。刘安是肯定多元，直面现实，坚守文化相对观念，着意打破天下一统的一元化模式。既然天下服饰不一，那么梳理社会秩序和性别秩序的方式就不能整齐划一。这里我们仍能明显看出老庄思想的浑厚投影。有趣的是，适合汉文帝的服制主张的刘安却遭遇到意趣迥异的汉武帝（图10-4）。和贾谊一样，思想的辉煌与境遇的悲惨在这里重演了一回。

三、董仲舒：天人同构，其可威者以为容服

如果说同样策划服制，贾谊碰到汉文帝、刘安遭遇汉武帝是一种历史的错位，那么董仲舒（图10-5）作为历史的幸运儿却是适逢其时。他不只提出了为汉武帝所采纳“罢黜百家、独尊儒术”的指导思想，而且在服制方面有畅通于世的理论。但董仲舒所主张的服制不只有前人的思想复述，还有着他自己独有理论建构，独有的观念创造，独有的叙述方式。

图10-5　董仲舒

1. 董仲舒建构了人的形体与天相似形的关联系统，即天人同类的身体学说

如同西方文化源头的二希神话中说人是上帝或普罗米修斯按照自身形象塑造的一样，董仲舒这里也创造性地说人是拷贝而成的天的副本，即天完全依照它自身的模型塑造了人。人的形体乃至精神、道德品质等，都被说成是天的复制品，与天相符的。这是一种全新的身体意识。他不只是大胆设想，更在《春秋繁露·人副天数》中有不厌其烦地罗列与求证：

> 人有三百六十节，偶天之数也；形体骨肉，偶地之厚也。上有耳目聪明，日月之象也；体有空穹进脉，川谷之象也；心有哀乐喜怒，神气之类也。……成人之身，故小节三百六十六，副日数也；大节十二分，副月数也；内有五藏，副五行数也；外有四肢，副四时数也；乍视乍瞑，副书夜也；乍刚乍柔，副冬夏也；乍哀乍乐，副阴阳也……

若从这个角度想来也是，成人骨节360节，与一年天数相符；大骨12节，与一年月数

相符；体内五脏与五行相符；体外四肢与四季相符……如此巧合，如此不可思议，神圣、神奇、神秘，联想丰富却又落到实处，朦胧迷离却又具体入微。先秦诸子唯恐躲避不及的人体话题在这里自然敞开，如同外科手术室的展示一样，一一列举且述其来龙去脉。形体骨肉、四肢五脏……直面表述却丝毫没有传统想象中的色情或亵渎的氛围。今天读来或许有着人类早期神话的童趣与稚气，但字里行间弥漫着难以言说的雄浑博大与混沌之感。董仲舒在这里庄严宣告了人与天的血缘关系：“为生不能为人，为人者天也。人之为人本于天，天亦人之曾祖父也。此人之所以上类天也。”[2]

当时及后世的学者更多关注董氏由此推导出的天人感应学说。这当然是有道理的。但我们从服饰文化的角度来看，似应更看中这一学说中所建构的人体与天体的同构关系与血缘联系。而且将人体上下半身而分褒贬尊卑的观念在这里找到了明晰的源头。《春秋繁露·人副天数》中说：“天地之象，以要为带，颈以上者精神尊严，明天类之状也。颈以下者丰厚卑辱，土壤之比也。足布而方，地形之象也。”人体象天，以腰为界，腰以上象天，尊严高大上；腰以下象地，卑下低辱俗。天尊地卑的基因就自然而然地投影到人体的价值评判上了。

在董仲舒这里，天是有意志有目的的人格神。人体与天同类同构，多少使得充分感性的人体滋生了形而上的意味。中国哲学中一直相对欠缺的身体表述在这里有了突破与进展。这让我们联想到希腊神话中普罗米修斯神按照自身的形象造人，希伯莱神话中上帝按照自身的形象造了亚当。董仲舒在这里将人的形体与天的形体以相似形的结构融而为一了。其理论建构与二希造人神话相近相似。但不同的是，中国神话从整体上始终没有得到充分地发展，在古代没有得到哲学层面到位地阐释。而且，在西方文化格局中，神不只是普世可信仰的超自然意象，而且是人人可感知的与人同构同样的生命体原型，每个生命个体在承担祖先亚当原罪的同时，自然会分享自身形体与生俱来的崇高与圣洁。但在董仲舒这里，天的形象虽威严神圣，与人的身体同类同构却仅是相似形态，天体博大高远无边而难以为普通人直觉把握，且有一定抽象意味而难以捉摸。自然只有威严崇高的皇帝自比才顺理成章。而在深隐层面，董仲舒这一理论建构的旨趣就在于，只有作为君权至上的天子身体，才能与天同类同构，彼此互训而相得益彰。人体与天体是相似形，服饰也会取法于天，以天为原型。他明确指出：“服制象天，服制以天为象”；“天地之生万物也以养人，故其可适者以养身体；其可威者以为容服。”（图10-6）[3]也只有这样的身体与身份，其扮饰才能与天相似，与四方四神相得相称：

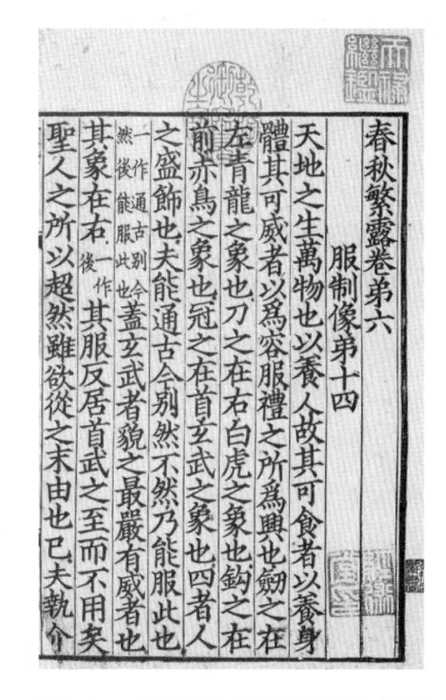
春秋繁露卷第六
服制像第十四
天地之生萬物也以養人故其可食者以養身體其可威者以爲容服禮之所爲興也劒之在左青龍之象也刀之在右白虎之象也鈎之在前赤鳥之象也冠之在首玄武之象也四者人之盛飾也夫能通古今別然不然乃能服此也（一作通古別今然後能服此也）蓋玄武者貌之最嚴有威者也其象在右（一作後）其服反居首武之至而不用矣聖人之所以超然雖欲從之末由也已夫執介

图10-6 董仲舒《春秋繁露》书影

剑之在左，青龙之象也；刀之在右，白虎之象也；韨之在前，赤鸟之象也；冠之在首，玄武之象也。四者，人之盛饰也。夫能通古今，别然不然，乃能服此也。

——春秋繁露·服制

于是乎，贾谊所憧憬的皇帝至圣至神的美饰形体，在董仲舒这里以天人同类的神话建构巧妙铺筑了付诸实践的理论预设。真是“向来枉费推移力，而今自在水中行”啊。

比如《礼记·深衣》以为深衣是最为完善的服装而颇为推崇，以为其“故可以为文，可以为武，可以摈相，可以治军旅，完且弗费，善衣之次也。”什么原因呢？“古者深衣，盖有制度，以应规、矩、绳、权、衡……制有十二幅，以应十二月。袂圆以应规，曲袷如矩以应方，负绳及踝以应直，下齐如权衡以应平。”看似解释具体，其实更多朦胧含糊，而且引伸到人的道德品质上去：“故规矩取其无私，绳取其直，权衡取其平，故先王贵之。”文中深衣的能指与所指之间跨度甚大，如此断线珍珠如何串连起来呢？董仲舒的《淮南子·天文》篇揭开了谜底：

东方木也，其帝太昊，其佐句芒，执规而治春；南方火也，其帝炎帝，其佐朱明，执衡而治夏；中央土也，其帝黄帝，其佐后土，执绳而治四方；西方金也，其帝少昊，其佐蓐收，执矩而治秋；北方水也，其帝颛顼，其佐玄冥，执权而治冬。

执规治春的是东方大帝，执矩治秋的是西方大帝；南方炎帝执衡以治夏，北方帝颛顼执权以治冬；执绳治四方的是威风凛凛的中央黄帝了，衣装款式及细部因为吻合规矩绳权衡，便有资格与天地五方图腾帝王崇拜联系起来了，天人合一在这里表现得直接而具体。是否牵强附会姑不论，但这一理解的介入，在古人那里，衣着的内制度（如款式、细节等）因为超自然因素的介入和积淀，因为形而上的理解与赋予，变得神秘而凝重起来。当然，相对于典型的图腾文身，这里多了一些理性色彩，但联系到后来的“黄帝尧舜垂衣裳而天下治”的思维模式，这里确又有一些神话色彩、原始图腾的意味。这大约是从原始宗教的图腾文身向世俗理性的服饰过渡。

2. 董仲舒顺理成章地建构了以天人感应为基座的服制系统

既然人的身体是与天异质同构的相似体，那么着装的种种讲究都是顺应天志的具体行为，如“易服色者，无他焉，不敢不顺天志而明自显已……”[4]那么天子所统领的服制便自然带有“天统”的意味了：

王之必受命而后王。王者必改正朔，易服色，制礼乐，一统于天下……是以朝正之义，天子纯统色衣，诸侯统衣缠缘纽，士大夫以冠，参近夷以绥，遐方各衣其服而朝，所以明乎天统之义也。

——春秋繁露·三代改制质文

而这个服制也是从实用层面更上一层楼，而进入伦理层面。即虽起源于蔽体保暖的衣裳，但服色与图纹的创设却因够满足区隔上下的社会伦理需求，从而形成各有规矩禁忌的等级序列：

> 凡衣裳之生也，为盖形暖身也。然而染五色，饰文章者，非以为益肌肤血气之情也，将以贵贵尊贤，而明上下之伦……故天子衣文，诸侯不衣燕，大夫衣襐，士不衣缦，此其大略也。
>
> ——春秋繁露·度制
>
> 虽有贤才美体，无其爵，不敢服其服；……散民不敢服杂采，百工商贾不敢服狐貉，刑余戮民不敢服丝玄纁乘马，谓之服制。
>
> ——春秋繁露·服制

服装作为一种社会制度的建立，其目的不在于整体社会形象的美观，不在于生命个体着装品位的提升，而是着意于梳理社会秩序。借用现代学科界定，不是服饰美学，不是服饰心理学，而是服饰政治学在这里占有主导地位。董仲舒这里的衣着讲究与穿着者才华无关，与其身材无关，与其财富无关，而与其爵位密切相关。不仅无其爵者不敢服其服，而且社会各个阶层，特别是平民百工以及刑余之民，都有特别的服饰禁忌。这里一再出现“不敢”之辞，说明服制的叙述不是哲学思辨、心理求索与文化探讨，而是附带着惩罚行为的政策与法令。看来董仲舒所建构的服制，并非提供生命个体选择自由的美饰现象，而是一种梳理社会秩序的文化现象，是一种讲求等级权位的服饰政治制度。他对所要达到的社会治理效果序列基础上的大一统直言不讳：“贵贱有等，衣服有别，朝廷有位，乡党有序，则民有所让而民不敢争，所以一之也。”[5]于是我们也听明白了他对君子形象的设计：“君子衣服中而容貌恭”[6]，但须明白他所强调的君子已不是先秦那些浩然正气指点王侯导引天下的圣贤，而是在君权威压下着装中和得体、毕恭毕敬的顺从者。他真的是把先秦儒家的服饰思想发展为专制帝国的服装政治学了。

余论

今天来重新审视贾谊、刘安与董仲舒彼此相左的服饰思考是别有意味的。他们既有共同点，也有相异处。他们都是广义的垂衣治天下的思维模式，都是自诩为社会统治的智库人物，都是着意当下、有所担当而与现实对话的思想家、政治家，都精心地在梳理社会秩序的平台上展开自己的服饰文化空间的建构。所不同的是，前两者思绪虽两极摆荡但却都怀才不遇：贾谊是超前者，可谓念千古之悠悠而后不见来者；而刘安是滞后者，亦是叹宇宙之浩浩兮而前不见古人。而董仲舒则适逢其时，怀才有遇。值得注意的是他们所遇都是历史上大有作为的明君而非昏庸之辈。可见一种制度的设计与实施，不只是思想的深透与程序的完备，是否拥有话语权与支配力可能是关键的一环。

若粗略地归类，似可将贾谊与董仲舒归于一极，而将刘安归于一极，这两极的对峙与摆荡看似遥远，作为一种梳理社会秩序的方略，其实在中国漫长的历史过程中，都或显或隐地融合在不同文化层的着装实践之中。从管理机构来说，秦设郡县制以来，古代历来都是皇权不下县的统治格局，即县以下没有朝廷派出机构而任由民众自治；从管理模式来说，自先秦以降都遵从的是“刑不上大夫、礼不下庶人”的观念，而服饰就是礼治的核心内容。而贾谊、董仲舒的设计恰也是针对这自朝廷到地方官宦的金字塔结构的。这就是说，普通民众的着装从未纳入朝廷的具体设计与管理之中，只是有一些大框架式的禁忌与限制而已。于是求其谨严的大一统与尊崇个性的自由度，在不同的文化层面都得以展开与绽放。即如今天，虽说社会治理结构与过去迥然相异，但这对峙冲撞的服饰观念仍然鲜活地存在于我们的服饰生活中，存在于我们的心灵深处。

思考与练习

1. 比较贾谊和刘安服制思想的异同。

2. 董仲舒的天人同构观念在服制方面是如何表现的，为什么说这是从原始宗教的图腾文身向世俗理性的过渡呢？

3. 对于服制的多极摆荡现象，你是如何理解的？

注释

[1] 引自司马迁：《史记·屈原贾生列传》。

[2] 引自董仲舒：《春秋繁露·为人者天》。

[3] 引自董仲舒：《春秋繁露·服制象》。

[4] 引自董仲舒：《春秋繁露·楚庄王》。

[5] 引自董仲舒：《春秋繁露·度制》。

[6] 引自董仲舒：《春秋繁露·为人者天地》。

基础理论——

人之所弃　受而后著——中国佛教服饰文化观

课题名称： 人之所弃　受而后著——中国佛教服饰文化观

课题内容： 人之所弃，受而后著

最胜衣服最胜香

辩难袒服

刷新衣装

上课时间： 4课时

训练目的： 向学生讲授佛教服饰文化观念及其中国化的历程，引导他们学会换个角度解读服饰的思维方法。

教学要求： 使学生了解佛教服饰文化观；使学生了解异域服饰文化对中华服饰文化领域的拓展。

课前准备： 阅读佛教经典中相关的服饰文化资料，去相关佛教寺院作相关访谈等田野作业。

第十一章　人之所弃　受而后著
——中国佛教服饰文化观

倘若没有佛教进入中国这一重大的跨文化传通事件，那么秦汉以来的中国服饰格局可能只会在儒道墨几家划定的圈子里变化。然而随着佛教进入，一种全新的服饰文化现象便铺展开来。无论从理论思辨还是着装实践层面来看，它都有着超越历史串通古今的超稳定意态。宗教团体的着装制度与实践或许和日常生活有一定距离，但服饰观念却在更广大的范围内渗透辐射，甚至深隐层次相融相通。然而在相当长的历史时期，这个服饰命题却被忽略。[1]

一、人之所弃，受而后著

人类服饰自创制以来，除去功能之外，更多的是在精神文化层面的建构。而这种精神文化层面的建构大多与个体、群体的社会追求相关，体现在衣料、款式、图纹、色彩层面的如名誉、地位、理想、信仰等。我们在前章看到，墨韩曾以实用思维对服饰简化，对纷乱繁复的服饰文化世界进行刷新与重构，而佛祖释迦牟尼（图11-1）创立的佛教，恰恰从更彻底的反省角度对既往文化予以解构与颠覆。而在服饰方面更趋极端。在《十诵律》、《四分律》和《五分律》等佛典中，记录着释迦牟尼对服饰特殊而系统的理解与表述。

图11-1　释迦牟尼

其一，穿世间抛弃的最脏烂的衣服。《大智度论》云："如初度五比丘。白佛当著何等衣？佛言：应著衲衣"。衲是补缀的意思，所谓"衲衣"，就是用从垃圾中或从坟墓等处拾来的，沾染污渍或脓血的废破旧布片和人们丢弃的破旧衣服加以拆洗缝补改制成的衣服，故衲衣又称为"粪扫衣"（图11-2、图11-3）。《十住毗婆沙论》卷十六中说，粪扫衣是"人所舍弃，受而后著"。粪扫衣是就衣料来源而说，衲衣是就其制作方法而言。若就来源而论，不同佛典对粪扫衣各有说法。《四分律》："1.牛嚼衣；2.鼠啮衣；3.烧衣；4.月水衣；5.产妇衣；6.神庙中衣，若鸟衔风吹离处者；7.塚间衣；8.求愿衣；9.受王职衣；10.往返衣"。《根据本论一切有部显奈耶》卷第十七记载：道路弃衣、粪扫处衣、河边弃衣、妳母弃衣……《十诵律》提出四种粪扫衣："一塚间衣，二出来衣，三无主衣，四土衣四种"云云。

图11-2　着粪扫衣的虚云和尚

着粪扫衣并非是为了穿烂而穿烂，也不是布施无获时的无奈之举，而是一种带有宗教信仰意味的自觉行为。在释迦牟尼看来，这是信仰与修道的起步。服饰符合戒律的生活，是成佛八正道之一。释迦牟尼教导弟子们，凡收纳新的比丘，在授戒后要强调"四依止"。依是依靠，止是住的意思，就是说，佛教比丘应依靠四种简单的生活方式来维持生命。一是依乞食；二是依粪扫衣；三是依树下住；四是依陈弃药治病等。[2]在佛教徒这里，粪扫衣的重要性固然因它为人所弃而容易获得，也因它粗陋简烂而有着解构人们穿着时炫耀竞美虚荣心的功能，但主要因为释迦牟尼将它列为信仰修持的仪轨门槛和象征之物。于是乎，粪扫衣在身并非粗服乱头，并非另类扮饰和炫耀，而是进入了衣烂不知身何在的信仰晴空境界。随之焕发出神圣氛围与异样光彩，不难想象，神圣的意义空间自然展开。《十住毗婆沙论》卷十六："穿粪扫衣袈裟，最为殊胜，最受尊重。着此衣有十利：1.惭愧；2.障寒热毒虫；3.表示沙门仪法；4.一切天人见法衣，尊敬如塔；5.非贪好；6.随顺寂灭，非为炽然烦恼；7.有恶易见；8.更不须余物，庄严故；9.随顺八圣道；10.精进行道，无染污心。"《释氏要览》中云："此衣有十利：一在粗衣数；二少所求索；三随意可坐；四随意可卧；五浣濯易；六少虫衊；七染易；八难坏；九更不余衣；十不失求道。又云：体是贱物，离自贪故；不为盗所贪，常得资身故；少欲者须济形苦，故上士著之。"所述种种，尽数粪扫衣穿着之优越：御寒热，阻毒虫，少求索（可随意捡到或轻易乞得），在粗衣之列（穿着平易近人），易洗染，少虫蛀，不怕坏（本来就是人们穿过弃置之衣），可随意坐卧（心境自由不为衣所拘），穿着生惭愧心（非美衣滋炫耀心），沙门仪法的象征（须遵守，亦是标志），素简而庄严，顺随八圣道而无污染心等。粪扫衣的内涵从物理到心理，从世俗到神圣逐步升华，通过僧人穿衣的方式，达到断贪、断嗔、断痴的修行目的，潜佛教理念于人们的日常生活之中，佛教徒的主体性因此而突现出来。粪扫衣所展示的不是羞为人言寒不择衣的窘迫，而是坦荡自如与信仰并在的博大空间。如此粪扫衣的浑厚境界，岂是世俗一眼简陋衣装所能看透了的！

图11-3　着粪扫衣的摩诃嘉叶

不只是理论上的明晰界定与区分，不只是一般意义上落在现实穿着的具体践行，重要的还在于这是佛教僧团在组织制度层面的讲究与程序。这才是一种服饰文化有效传承的举措。据记载，大迦叶为释迦牟尼的十大弟子之一。他固守四依止生活，总是身着粪扫衣，端着乞食的钵盂，按照比丘的规矩行化于各地，得到释迦牟尼的赞许和僧众的尊敬。释迦牟尼称他为“头陀第一”，并曾给他分予半座的礼遇。[2]

其二，塑造中性形象，淡化男女性别特征。具体措施是：一是无论僧、尼，自出家之日起，必须落发，僧人要剃掉胡须。《佛祖统记》卷五“摩诃迦叶尊者”中载：“我今亦当随佛出家，即著坏色衲衣，自剃须发”。在人体最醒目的部位消除性别形象，使僧、尼对头部的妆饰成为不可能，这实际上消解爱美的天性。似乎只有这样，才利于僧人身心清静，专心修行。二是在款式和服色上尽量掩盖男女的生理特征，使其趋于中性，以避免男女之间的互相吸引。在建立僧团的早期，无论僧、尼都穿同样的“三衣”，没有质料、款式、颜色之别。如果仅看服饰，男女几无差等。佛教认为人生就是痛苦，而痛苦的根源之一是男女之间存在着情爱。求而不得，爱而别离，都会陷人于痛苦的深渊。要想从中解脱出来，就必须从断除对爱的贪念入手。在僧团中，佛祖定有戒律，情爱为五戒之一，犯者严惩。释迦牟尼在世时，就曾先后有几个犯了“淫戒”的比丘从僧团中被驱逐出去。释迦牟尼还认为，男女之间产生情爱的根源是因为受、触与六处，即眼、鼻、耳、舌、身、意对外界事物的反映与感受。淡化了受、触、六处对认识对象的感觉，情爱自然会淡化与消解。因此，从服饰和形象上消除人的性别特征，消除男女之间性别上的互相吸引，被认为是很必要的。

其三，推崇“坏色”和“点净”的服色观念。真正的坏色衣，是佛陀教导弟子们用树皮煮汁，或用污泥渍污；且在新衣之上，必定另外加旧衣的“贴净”，就是用旧衣碎片为新衣加贴一块，以示坏色。还有一种坏色的方法，叫作“点净”，即在新衣的任一已染就的颜色之上，另用其他色点上一块色渍。戒律中规定，比丘的衣服，允许有青、黑、木兰（近似熟桑葚色或咖啡色）三种颜色，仍非旧色，必须以本色之外的两种颜色点净之后，方始算是坏色，如果是青色衣，须以黑与木兰色点净；如果是木兰色衣，须以青与黑点净。《毗尼母经》卷八中说：“诸比丘衣色脱，佛听用十种色。十种色者：一泥，二陀婆树皮，三婆陀树皮，四非草，五乾陀，六胡桃根，七阿摩勒叶，八佉陀树皮，九施设婆树皮，十种种杂和用染。是等所应染者此十种色。是衣三点作净法，一用泥，二用青，三用不均色。用此三种三点净衣”（图11-4）。

图11-4　披坏色衣的僧人

关于“坏色”，《五分律》卷二十中说：“不听著纯青、黄、赤、白、黑色衣”，还特别强调说，黑色衣服若是产妇穿了，就犯了“波逸提”（应忏悔）的过错。若穿用其他四色，则犯“突吉罗”（小过）的过错，后果很严重。《摩诃僧祇律》卷二十八说上色衣不异俗人，所谓丘佉染、迦弥遮染、青染华色等，如是等皆不着一切上色。《菩萨戒本疏》卷下解释：“言坏色者，坏彼正色或不正色。”因色以称衣，“袈裟”色才是“如法”（符合佛教法规）之色。至于僧服须用坏色之由，《梵惘经》卷下说：“佛言，与人受戒时……应教身所著袈裟，皆使坏色与道相应。”很清楚，这里强调使用朴素暗淡的坏色，与信仰相关，与修持相应，自有神圣神秘的意味。

其四，以服饰作为众僧平等的实证，呼唤人性，倡导平等。释迦牟尼时代的印度，是以婆罗门教为主的多宗教国家。释迦牟尼以佛教的众生平等论否定婆罗门教的种姓天生论，不但从理论上否定婆罗门祭司“人间之神”的地位，而且在僧团内进行众僧平等的实践。释迦牟尼说：“四大河入海已，无复本名字，但名为海。此亦如是。有四姓。云何为四？刹帝利，婆罗门，长者，居士种。于如来所剃须发，著三法衣，出家学道，但言释迦弟子。”[3]即不管是什么人，不管其原来是什么社会地位和种姓，只要出家，都必须接受同一个仪式：首先剃去须发，然后穿上袈裟衣，上衣复一肩，向比丘行触足礼，跪在地上双手合十，将“我皈依佛陀，皈依佛法，皈依僧伽”连说三遍。在佛教僧团中，不仅有原来的王子、贵族、富商，也有首陀罗种姓的奴隶、乞丐和妓女，以及社会地位最卑贱的所谓“不可接触者”。只要加入了僧团，就同样穿袈裟，出家以前的社会地位、种姓区别一律作废，只按受戒的先后分出长幼之序。可以看出，释迦牟尼用粪扫衣将王子、贵族、富人同前种姓奴隶的地位拉平。僧衣在这里有着改造社会的潜在力量。

其五，袈裟神圣。据《释氏要览》卷上载，袈裟能成就五种功德：“一佛弟子虽犯种种邪见，然若能敬心尊重袈裟，必可达声闻、缘觉、菩萨等果位，得不退转；二天龙、神、鬼、人及非人，若能恭敬袈裟，则可于三乘解脱道上，得不退转；三若有鬼神、诸人，为饥渴、贫穷等所迫，得袈裟小块及至四分，即可饱含充足；四若众生共相冲突，起怨贼之想，如念及袈裟之神力，便生慈悲之心；五若持有袈裟小块，恭敬尊重，则一是在兵阵，常得胜于他人。”《悲华经》卷八，《大乘悲分陀利经》卷六说，佛之袈裟能成就至圣功德。《大方广佛华严经》卷第十四中说：“脱去俗服，当愿众生，勤修善根，捨诸罪轭；剃除须发，当愿众生，永离烦恼，究竟寂灭；著袈裟衣，当愿众生，心无所染，具大仙道。”在这里赋予袈裟厚重的宗教意蕴，从而使信徒们意识到其强大的心理暗示功能，如孔子所说的“服使之然也”。袈裟的神圣地位在此见出。

其六，施舍衣物“种福田”的服饰观念。接受施衣施食，是比丘们宣扬业力因果和轮回学说，劝人行善的一个重要途径。释迦牟尼在为一位叫作首迦长者的人开示业报时，就曾说：“若有众生，礼佛、塔、庙，得十种功德；奉施衣服，得十种功德；奉施靴履，得十种功德；这是略说世间诸业差别法门……又有十业能令众生得端正报，一者不生嗔恨，二者布施衣裳……凡向三宝奉施宝盖、幡、钟、铃、衣服、器皿、饮食、香花，包括恭敬合掌，都会得到殊妙的功德，福寿绵长。”[4]据《施分别经》记载，释迦牟尼的姨母有一天拜见释迦牟尼，送给他两件新做的衣裳。释迦牟尼收下一件，另一件则替她布施给了其他僧人，并向她讲述了十四种可以施舍的对象，上至释迦牟尼本人，下至畜牲类。

释迦牟尼在僧人服饰款式的设计上，也体现了劝导善行，“种福田”以利功德的思想。据《摩可僧仾律》记载，有一次，释迦牟尼住在帝释石窟前，看到一块块、一方方的耕地沟洼整齐分明，心有所动。他对随侍弟子阿难说，以前诸佛的衣服都是这种一格一格的样子，以后就按照这种田字格的样子来制作僧人的服装吧。并且说，这种衣服样子其形如田，比丘披着就像水田成长禾苗一样，能使僧侣智慧增长，也有利于信徒供养种福。同时，把整块的布裁割分裂，即使被盗贼偷去，也没有什么用处，可以减少比丘的损失，使信徒们的布施不至于白费。阿难很聪明，很快就按释迦牟尼的要求把衣服做成了。从此以后，这种如同田畦格局排列而成的款式，成为佛陀的发明的佛教徒独有的标志。人们也把它叫作“福田衣”。

其七，关于比丘穿衣应少欲奢足的观念：据《四分律》载，佛陀亲自在寒冷的冬天作试验，最后得出了僧人只著三衣即可的结论。因此，佛陀宣布：“当来世善男子不忍寒者，听蓄之衣足。我听诸比丘蓄三衣不得过。”从这条戒律的过程来看，佛陀是以满足生活和生理上的最低需要来规定比丘拥有衣物的数量的。《大般若波罗蜜多经》卷第五百六十八载：“为世间故，但蓄三衣。何以故，心喜足故更不多求，即是少欲。不求乞，故无所积蓄，不积蓄，故无所丧失。无丧失，故则不忧苦，无忧苦，故则离烦恼，离烦恼，故则无所著，无所著，故则为漏尽。”《行事钞》卷下三亦载“三衣十利”：一於三衣外无求受被苦；二无守护疲苦；三所蓄物少；四唯身所著为是；五细成行；六行来无累；七身体轻便；八随阿练若处住；九处处往无顾惜；十随道行。可见，对僧伽衣物数量的限制规定，为佛教持戒修行，“少欲知足”的理念是一致的。

这里的种种着装要求，都是将世俗所讲求的着装扮饰性缩减排斥到极致。不讲究面料的高档与齐整，不尝试款式的新异与多样，不计较服色的亮丽与美艳，不寻求图纹的丰富与级差……岂止是不追求，而无宁是着意追寻世俗所抛弃所厌恶的着装模式，世俗所追求的服饰种种形式与其所积淀的意涵在这里被一声决绝的态度喝断而全然归零，显得毫无价值可言。《道德经》所述“处众人之所恶，故几于道”，挪来描述这一境界，似也恰如其分。

我们知道，释迦牟尼自成道之日起，传道达四十五年之久。佛教当时就渗透人心，颇具影响，今日更成为世界三大宗教之一。在这个发展过程中，除了其他各种因素的作用，也得力于他独特的服饰观念和僧衣制度。

二、最胜衣服最胜香

我们知道，佛教服饰观念的进入并非只是纯理论的跨文化传通，而是伴随着信仰者僧团群体的着装风范同时呈现于中华大地的。

诞生于异域的佛教其信徒裸肩袒胸的着装风貌，既出于南亚次大陆炎热天气而形成披挂式着装的传统，亦出于佛教宗教美学。佛学主张四大皆空，否定人体，这就在学理上自然导入直接面对人体思考人体的问题，且以平常心超脱地对待，没有儒家那种忌讳人体的敬畏感羞怯感。古代印度人早已盛行对人体形貌的鉴赏，对人体的各部位都有理想的标准。佛教吸收了古天竺人体美学的合理部分，并将佛教的宗教理念融于其中，归纳形成了佛教的人体美学，即三十二大人相和八十种随形好。佛教把这些人体美学的理想标准悉数用在了佛陀和其他诸佛身上，使其成为人们崇拜的美学偶像并用妙、胜、庄严、圆满、清静等各种美好的言辞来赞颂诸佛之美。佛经中对诸佛人体美的描写比比皆是。释迦牟尼佛的形象夸张为“长者美豪相，形容他身高丈六，眉间白毫八稜中空，白如珂雪，长一丈五尺，右旋周围五六。”（出自《佛教美学》）《大方便佛报恩经》形容佛陀之美：

一者足下平，二者足下千辐轮；三者指纤长；四者足跟臃满；五者指网缦；六者手足柔软；七者臃膊肠如伊尼延鹿王；八者踝骨不现；九者平立手摩于膝；十者阴藏相如马王；十一者身圆满足，如尼拘陀树；十二者身毛摩；十三者一一右毛旋；十四者身真金色；十五者常光各一寻；十六者皮肤细软，尘垢不若；十七者七处满；十八者上身如师子；十九者臂肘臃圆；二十者缺骨平满；二十一者得身臃相；二十二者口四十齿；二十三者齿密不疏，观而平齐；二十四者齿色白；二十五者颊车方如师子；二十六者味中得上味；二十七者肉髻相；二十八者广长舌相；二十九者梵音声；三十者目绀青色；三十一者眼如牛王；三十二者眉间白毫。如是八十种不可思议相好，一一相好。

佛家的审美境界是很崇高的，《游行经》中说：

遥见世尊在巴连树下，容貌端正，诸根寂定，善调第一，譬如大龙，如水清澄，无有尘垢，三十二相，八十种好庄严其身。

《大方广佛华严经》卷第十四：

若身晃耀如金山，则相庄严三十二；若相庄严三十二，则具随好为严饰……

《华严经普贤行愿品》中记载：

各以一切音声海，普出无尽妙言辞。尽于未来一切劫，赞佛甚深功德海。以诸最胜妙华鬘，伎乐涂香及伞盖……最胜衣服最胜香。

既选择最简陋的衣料，似乎又不在乎肌肤与线条的裸露，如此着装岂不是粗服乱头一片混乱么？不！佛教的着装是认真的，是讲究威仪与庄严的。《游行经》中说："于是比丘可行知行，可止知止，左右顾视，屈伸俯仰，摄持衣钵，食饮汤药，不失仪则……是为比丘威仪。"威仪，就是重视给人带来尊严感的整体形象。比丘专职修行，是指点迷津的人生导师，有威仪，才能获得敬服。如施钩钮的过程也是来自对比丘威仪的讲究。最初，僧伽们着衣的方式，只是将一片长方形的衣简单地围裹在身上。但这样僧衣易从身上掉落，感到尴尬。据《毗奈耶杂事》中说："佛在室罗伐城时，时有比丘入城乞食，上衣堕落，置钵于地，整理上衣，居士婆罗门见之已生嫌。佛言：'为护衣，应安钩钮，于肩上安钩胸前缀钮。'钮有三种，一如蘡奥子，二如葵子，三如棠梨子。"《四分律》卷四十载："舍利佛入白衣舍，患风吹割裁衣，堕肩。诸比丘白佛，佛言：'听得角头安钩钮。'"可见，佛祖特别强调为僧衣安钩钮就是要固定僧衣，以免衣服滑落，影响比丘威仪和庄严。

佛教对服饰的评判也并不总是低调的，并不总是追求晦暗的色调，也有追求靓丽美好的时候。只不过，这种追求不是表现在现世，而是在天国——"佛国净土"。在大乘佛教的天国里，不止是一层天，而是有三十三层天，各层天具有不同的档次。天国里每个佛都有属于自己的领域，如阿弥陀佛的西方极乐世界，弥勒佛的兜率天宫等。佛国里的宫殿极尽奢华，楼阁宫室不是用黄金白银，就是用水晶、珍珠、白玉砌筑而成，富贵无比。《弥勒成佛经》中云："其地平净如琉璃境，大金叶华，七叶宝华，白银叶华，华须柔软，状如天缯，生吉祥果，香味具足，如天绵。丛林树华，甘果美妙……人身悉长一十六丈，日日常受极妙手乐，游深禅定以为乐器。"佛教也为信徒们描绘了一个服饰的理想世界。《佛说弥勒经》中说："自然树上生衣，极细柔软，人取诸之。""自然树上生衣"是说数量极多，取之不尽；"极细柔软"言其衣料质地甚佳。《妙法莲华经》中说，在佛国净土里，有"释提桓因梵天王等，与无数天子，亦以天妙衣、曼陀罗华、摩诃曼陀罗华等，供养于佛，所散天衣，任虚空中而自迴转。""於虚空中，化成四柱宝台，台中有大宝床，敷百千万天衣。"《大方广佛华严经》卷第六十一中说："复有衣树，名为清静，种种色衣，垂布严饰。"《观弥勒菩萨上生兜率天经》曰："一一华上有二十四天女，身也微妙，如诸菩萨庄严身相；手中自然化五百亿宝器……左肩荷佩无量璎珞，右肩复负无量乐器，如云住空，从水而出，赞叹菩萨六波罗蜜。"《无量寿经》上卷："佛告阿难，无量寿国，其诸天人，衣服饮食，华香璎珞……随意所欲，应念即至。又以众宝妙衣，遍布其地，一切天人践之而行。""国中天人，欲得衣服，随念即至，如佛所赞应法妙服，自然在身。"衣服如此之好，来得如此容易，难怪世俗人对佛国的净土世界如此地向往。大乘佛教还告诉人们，善恶有因果，生死有轮回，每个人进入西方极乐世界的机会是均等的，只要生前信佛，勤作善事，去世后就会被佛和菩萨接到西方极乐世界，享受美好的佛国生活。《地藏菩萨本原经第四》中形容道："若能志心归敬及瞻礼赞叹香花衣服，种种珍宝；或复饮食，如是奉事者，未来百千万亿劫中，常在诸天，受胜妙乐。"《观无量寿佛经》中说："若有众生，愿生彼国者……一者慈心不杀，具诸戒行；二者读诵大乘方等经典；三者修行六念，回向发愿，愿生彼国。具此功德，一日乃至七日，即得往生。生彼国时……阿弥陀佛，放大光明，照行者（指去世后灵魂往生天国者）身，与诸菩萨，授手迎接。"

三、辩难袒服

南朝四百八十寺，多少楼台烟雨中。魏晋时期佛教开始兴盛，我们在刘义庆笔记小说《世说新语》中可以看到中外僧人与上层官吏及文人学士交往的情景。从服饰文化角度来看，这些从异域引入的观照人体美感的学说与铺天盖地的服饰新风貌自然会与本土文化产生冲突。原因就在于人体审美观念的差异。佛学主张四大皆空，否定人体，所以在学理上自然导入直接面对人体思考人体的问题，敢于正视人体美的存在，欣赏胴体美。作为一种神圣的象征，佛教认同的人体造型美为古天竺人所接受。他们强调人体的肉感，坦诚接受并歌颂肉体的存在，敢于表露性征。我们所见到的历代佛教雕刻几乎都是不着衣物或者着衣甚少，这种服饰审美的特殊现象，在印度炎热的气候条件下，显然是顺理成章的。佛教人体审美观念建立在古天竺人牢固的审美标准之下，而对佛陀外貌的塑造，就充分体现了佛家关于人的形貌审美理想。古代天竺人早已盛行人的形貌美鉴赏，对人体各部位都有理想的标准，后来逐渐形成了固定模式的三十二种大人相，佛家悉教借用在佛陀身上。这些形象尽管少数带有一定的夸张，但基本上是现实中人体形象美的集合，比较接近古天竺人中上层贵族富态健美的理想形象。事实上，人们在魏晋南北朝时代所能接触到的儒释道三家宗教中，唯有佛教对人体较为崇尚，在佛教传统的着装上也没有什么特殊禁忌，佛教弟子视袒身露体为平常事情。而在中国古代哲人看来，人是形和神的统一，即肉体与精神之间的统一，这是一个不可分割的整体。不论是中原本土的道教还是儒教几乎都主张精神与肉体兼并，美与善合璧，都有一种忌讳人体的敬畏兼羞怯感，以此形成遮蔽的文明底线。所有有关人体的话题在传统观念中都被有意悬搁起来，裸体甚至肌肤在社会空间的无意展露都会遭到禁抑与否定。

据《理惑论》[5]记载，东汉末年的佛教居士牟融曾经受到过这样的质问："《孝经》言：'身体发肤，受之父母，不敢毁伤。'……今沙门剃头，何其违圣人之语，不合孝子之道也。吾子常好论是非，平曲直，而反善之乎？"[6]"夫福莫逾于继嗣，不孝莫过于无后。沙门弃妻子，捐财货，或终身不娶，何其违福孝之行也。自苦而无奇，自极而无异矣。"[6]"黄帝垂衣裳，制服饰。箕子陈《洪范》，貌为五事首。孔子作《孝经》，服为三德始。又曰：'正其衣冠，尊其瞻视。'原宪虽贫，不离华冠。子路遇难，不忘结缨。今沙门剃头发，披赤布，见人无跪起之礼仪，无盘旋之容止，何其违貌服之制，乖搢绅之饰也。"[6]牟子的答复是"三皇之时，食肉、衣皮、巢居、穴处，以崇质朴，岂复须章黼之冠，曲裘之饰哉！然其人称有德而敦庞，允信而无为。沙门之行，有似之矣。"[6]敦庞意即敦厚朴实。孔融《肉刑议》："古者敦庞，善否不别。"诘难者从沙门剃发有违孝道、毁家捐财或终身不娶而寂苦无后、违背服饰礼仪、无绅士风度来指责，但颇为聪明的牟子没从佛理上着眼，而是以越轨的思维展开，从国人信古好古层面入手，追溯中华历史，三皇时代人们推崇质朴哪里用得着冠冕堂皇的扮饰呢？而其道德高尚着装简陋却一直为人所称道，现在的沙门着装与之相似相近，难道不好吗？

图11-5　何无忌将军

儒释两家的服饰文化理论冲突在六朝就尖锐起来，明朗化了。约在东晋安帝义熙五、六年（公元409年—公元410年），江州刺史、镇南将军何无忌（图11-5）撰《难袒服论》，与佛学大师、高僧慧远讨论佛门袒服事，对沙门袒服习惯表示异议。因为儒家的传统礼制是借服饰体现等级差别，象征吉凶，而佛门袈裟却是偏袒右肩，与儒家礼制相悖。何无忌提出的反对理由主要有两条：一是“三代殊制其礼不同，质文之变，备于前典。而佛教出乎其外，论者咸有疑焉。”即是说袒服与中国历代典籍规定不同，无案可稽，自然缺乏文化依据，属于不伦不类的东西。二是佛教和儒家、道家虽有内外隐显的区别，而不应是逆顺的差异。比如“《老》明兵凶处右，《礼》以丧制不左”都以左为吉利，而沙门袒露右肩，是拂逆民族服饰文化心态而行的举动，是“寄至顺于凶事，表吉诚于丧容”，这样一来，就使得原本祥和的着装虔诚的意态，却让人一下子联想到凶险战乱、死亡丧葬的氛围，显然是不可取的。

于是，慧远作《沙门袒服论》和《答何镇南书》（图11-6），阐述沙门袒服的缘由，回应何无忌的质难和挑战。其一是从印度与中国的风俗不同来论证。他认为问者囿于我国世俗礼教的束缚，虽说中国没有袒服，但在印度早就有这种“异俗”了。“所谓吉凶成礼，奉亲事君者，盖是一域之言耳，未始出于有封，有封未出，则是玩其文而至未达其变。若然，方将滞名教以殉生，乘万化而背宗，自至顺而观，得不曰逆乎？”[7]儒家的礼制只是限于世俗领域的规定，如果只按照儒家礼制去做，而不懂得进一步去追求宇宙的宗极，这从佛教的观点来看是悖逆的。其二是从内外之教即佛教和儒教的相互关系来

图11-6　慧远法师与道士陆修静、陶渊明交游图

说明。慧远说：“上极行苇（忠厚）之仁内匹释迦之慈，使天下齐己，物我同观，则是合抱之一毫，岂直有间于优劣，而非相与者哉？然自迹而寻，犹大同于兼爱，远求其实，则阶差有分，分外之所通，未可胜言。故渐兹以进德，令事显于君亲。从此而观，则内外之教可知，圣人之情可见。但归途未启，故物之莫识。若许其如此，则祖服之义，理不容疑。”[7]实行儒家的仁爱和佛教的慈悲，宇宙万物也就齐同而没有优劣的区别了。循着事物的踪迹去寻求，万物是互相一致彼此兼爱的。追求它的真实，则有等级名分的差别。名分之外的通达，则难以言明。所以先要使人讲功德，奉行忠君孝亲。由此看来，佛教和儒家内外两教是明白的，圣人是清楚的，但是皈依佛教的道路没有启明，所以人们也往往认识不清。若是这样，那么，沙门袒服的道理是不容怀疑的。其三是从沙门和世人的区别来阐明。慧远认为，古代儒家先王是根据世人悦生惧死、好进恶退，即重视和珍视生存的本性而制定礼制的，“原夫形之化也，阴阳陶铸，受左右之体，昏明代运，有死生之说。人情咸悦生而惧死，好进而恶退，是故先王既顺民性，抚其自然，令吉凶殊制，左右异位。由是吉事尚左，进爵以厚其生；凶事尚右，哀容以毁其性。斯皆本其所受，因其以通教，感于事变，怀其先德也。”[7]“沙门则不然，后身退己而不谦卑，时来非我而不辞辱。卑以自牧谓之谦，居众人之所恶谓之顺，谦顺不换其本，则日损之功易积，出要之路可游。是故遁世贵遗荣，瓜俗而动，动而返俗者，与夫方内之贤，虽貌同而实异。”[7]佛教与世俗以左为贵的礼教不同，沙门是遁世以求道，遗弃世间的荣辱，违反世俗礼制而行动的。其四是从袒服有助于佛教修持来论证。慧远认为，人的动作多在右半身，右袒有助于动作顺当。形的左右和理的邪正相互关联，右袒有助于事感心悟，气顺体诚，“是故世尊以袒服笃其诚而闲（防）其邪，使名实有当，敬慢不杂”。[8]释迦牟尼是以袒服来使人们坚定佛教信仰，坚持修炼，防止邪恶，使名实相当，敬慢有别。因而，袒服是沙门修持来世成佛的必要条件。袒服是沙门出家的重要标志，放弃袒服形式，就失去沙门的独特面貌。信奉佛教，出家为僧，就要袒服。在这方面，慧远鲜明地坚持了佛教立场[9]。

慧远之说，就其本意而言，是维护佛家尊严与习俗，但对于整个社会的着装风貌，特别对于以儒家学说占统治地位的汉文化心理，是一种解放和冲击。因为慧远不是作为社会边缘人的低声悄语，而是就一个社会热点问题在醒目的地方，以国师之尊据理以争，自然会影响到社会，这种影响也是不能低估的了。

四、刷新衣装

佛教服饰观念带来的，不只是僧尼群体的着装新风貌，而是渗透与辐射到整个社会的不容低估的影响。从某种角度来说，人们的着装观念被刷新了。

1. 唐人的浪漫着装

在唐墓绘画或陶俑中，以及敦煌壁画上的佛教故事中，有许多唐代服饰是受印度佛教的影响。敦煌壁画飞天造型中袒露肚腹的衣裙和眉间的红印都与异域的佛教服饰观念有着密切关系。隋唐宽松开放的文化氛围，在服饰上打下了深刻的时代烙印，尤其是妇女服饰，式样之繁多，袒露程度之空前，均大大超过前代。唐代女子漠视儒学礼教，敢于大胆显露自己的身体，展现身体的曲线美，出现了空前绝后的袒露装，尤其是上身不穿内衣，仅以轻纱蔽体的装束在当时更是创举，为整个封建社会所罕见，这是唐代服饰的一大特色，并对五代时期有一定影响。唐代诗人施肩吾《观美人》中“漆点双眸鬟绕蝉，长留白雪占胸前”，方千《赠美人》“朱唇深浅假樱桃，粉胸半掩疑晴雪”，就是对这种袒露装束的生动写照。从中国传统服饰观念的角度来看，这种袒胸露体的妇女衣装绝对是对传统儒家礼教的一种思想解放与冲击。

2. 推助白服色的圣洁地位

唐士子还没有进入仕途时，都着白袍。《唐音癸笺》：“举子麻衣……”，麻衣即白衣。唐制新进士皆着白袍，唐时亦有不经考试而由岁贡进入官场的人，常称之为白布公卿或者一品白衫。可见在周代以来的历史四方色彩模式中作为死亡与悲哀象征的白色，在现实品色衣系统中地位低微的白色，在这里仍有着非同寻常的优宠境遇。

从历史层面讲，这里固然有商代尚白的遥远传统，有“白贲无咎”的周易服饰文化宣言，从现实层面讲，或许还有少数民族尚白的参照，也许还有汉代文人士大夫多着素白的鹤氅以象征人品的纯真无瑕等，但在精神层面，仍需追溯到佛教对色彩的文化观照。佛教的色彩美学有象征性的一面，亦有装饰性与自然性的一面。例如，《俱舍论》卷十六把恶引起的果报称为“黑”，把善所引起的果报称为“白”，可见“白”色在佛教那里有特殊的地位。白在这里是圣洁的象征，释迦牟尼的代表色彩就是白色。据说释迦牟尼“往胎”之相为白象。释迦“八相成道”之三则有白莲花，之六有白马；佛画中往往由白来表示菩提之心，比如观音菩萨的衣饰多用白色；《大日经疏十》中对于“白处”有如下解释：“白者，即是菩提之心。住此菩提之心，即是白住处也。”《维摩诘经》说维摩诘居士“虽为白衣，奉持沙门清静律行”；《礼忏起止仪》：“名曰普贤，身白玉色”；《弥勒成佛经》写弥勒下降人间，人间美不胜收，“其地平净如琉璃镜，大金叶华、七叶宝华，白银叶华，华须柔软，状如天缯……”华即花，这里相提并论的是黄花与白花，它们作为典型的满贮着佛学内蕴的意象，则是人所共知的了。当历史发展到了唐代这个非常时期，现实应该提供更为充分的理由，让这些志在千里心比天高的举子们将白色穿得底气丰沛而胸臆昂然。

3. 汉化僧服色彩的演变

东汉明帝时代，印度佛教部派法藏部的僧人来到中原传教，据《大比丘三千威仪》卷下、《舍利弗问经》等说法藏部是服赤色袈裟，所以在汉魏时，中国僧人都穿赤色僧衣。《弘明集》载汉末牟融的《理惑论》中说：“今沙门披赤布，日一食，闭六情，自毕于世。”

大约在东晋之时，佛教借着名人高士的玄学清谈之风而兴起，由于佛教兴盛，汉人僧侣的增多，那时便出现了不同于袈裟的僧服“缁衣”。所谓“缁衣”，是在汉地原有的那种宽袖大袍的传统服装基础上，稍微改变其式样而成为僧人们日常穿着的服装，只是在颜色上作了规定。据宋赞宁《大宋僧史略》卷上引《考工记》云："问：缁衣者色何状貌？答：紫而浅墨，非正色也。《考工记》中三入为纁，五入为緅，七入为缁。以再染黑为緅，緅是雀头色。又再染乃成缁矣"。缁色，即现在所说的红青色，是微带赤色的黑色。因衣色而称人，"缁衣"成为当时沙门的代号。当时道教最初的服色即为缁色，因而僧人在常服上也是用此色。魏郦道远《水经注》卷六称即称道士为"缁服思玄之士"。释道之分只用冠、巾之不同，结果"黄冠"成为道士的专称，"缁衣"成为沙门的别号。其后佛教发展，僧徒众多，穿缁衣者越来越多，道家不得已改变服色，而缁服就成为僧人专服色。齐初锦州竹林寺僧法献与玄畅，就被称为黑衣二杰。唐诗人韦应物《秋景诣琅琊精舍》诗中有："悟言缁衣子，潇洒林中行"。卢纶《秋夜同畅当宿藏公院》诗："将祈竟何得？灭踪在缁流。"但这说的只是一般的情况，并非全部。实际上，随着佛教的兴盛，印度大德高僧陆续到中原传法，印度各部派衣着颜色不同的情况，早在佛教传入中国的初期就传播过来了，而且在汉族僧侣服饰中也有表现，因此才有《法苑珠林》卷三十五中记载南朝刘宋泰始年间"见一沙门著桃叶布裙，单黄小被"的事。梁时僧人慧朗"常服青衲"，被称为"青衣大士"。东魏末年，高僧法上被朝廷任命为主管僧事的昭玄统，着手改变僧俗服装混杂的状况。《续高僧传》卷十《法上传》说："自上（法）未任以前，仪服通混。一知纲统，制样别行，使夫道俗两异，上有功焉。"

据《僧史略》载，北周武帝因为社会上流传有"亡高者黑衣"的谶语，禁僧人穿缁衣，令改服黄。此后，僧人服色就五花八门了。中国地域辽阔，一旦放开，各地不同，再统一起来就不容易了。唐道宣和尚《续高僧传》中指责过僧、俗"仪服通混""身御俗服，同诸流俗"的现象。唐载初元年，僧人法朗等重译《大云经》，假托符命之言，为武则天登基造势。于是武则天赐给法朗等九位僧人紫袈裟，开僧人服紫之先河。唐玄宗时，僧人崇宪因为医术高超而荣赐绯，唐肃宗也给僧人道平赐予紫袍。我国自古以来就以紫色和红色作为高级官吏的朝服颜色，并设朱、紫、绿、皂、黄等绶绦，以区别官位的高低。唐宋两朝，三品以上官员的公服为紫色，五品以上为绯色。但是官位不及而有大功者，或者因皇帝宠爱，都可以赐紫或赐绯。因此，朝廷就对一些得道高僧赐紫赐绯以示奖赏。唐宋时期的僧人，都以得到朝廷赐授的紫衣为最高荣誉。五代、北宋以后，朝廷为了拉拢僧人，将赐紫衣的范围放宽，凡是从事译经之外国三藏，或负有外交使命来朝的僧人使者，都赐予紫衣。到了北宋开元二年至太平兴国四年（969—979），每当皇帝诞辰，朝廷就招天下僧人愿意应试者至殿庭，以三藏经、律、论之奥义十条为题，举行国家最高级考试。全部通过者赐予紫衣，被赐予紫衣的僧人称为"手表僧"。后来紫衣渐滥，朝廷废止了考试的办法，改由从亲王、宰臣、地方官推荐的高僧中选出优秀者，再由门下省授予"紫衣牒"（即准予披紫衣的官方证明文件），称为"帘前紫衣。"在元代，朝廷屡屡向高僧颁赐黄衣以示荣耀。按照佛教制度，是不允许将紫色、绯色、黄色用于僧衣的，但佛教僧团为了争取朝廷的支持以利于弘法传教，将此作为例外。由此也引起了僧侣忽视戒律的规定，随意选用紫衣或其他颜色的僧衣，特别是出现了常服颜色任意改变的现象。宋赞宁《僧史略》卷上说："今江表多服黑色赤色衣，时有青黄间色，号为黄褐，石莲色也。东京关辅尚褐色衣，并部幽州尚黑色。"又说："昔唐末豫章有观音禅师见南方禅客多搭白衲，常以瓿器盛染色劝令染之。今天下皆谓黄衲为观音衲也。"由于"赐紫"、"赐绯"，与"赐黄"这些僧服的颜色现象都是由于非佛教的世俗强权者们强加给佛教僧侣的着装形制，所以后来随着封建王朝的告终而宣告结束。

明太祖是沙弥出身，有感于沙门服装的混乱，重新规定了僧服的颜色。明《礼部志稿》说："洪武十四年令凡僧道服色，禅僧茶褐常服、青绦、玉色袈裟。讲僧玉色常服、绿绦、浅红色袈裟。教僧皂常服、黑绦、浅红袈裟。"《山堂肆考》中说："今制禅僧衣褐，讲僧衣红，瑜伽僧衣葱白。瑜伽僧，今应赴僧也。"云栖的《竹窗二笔》记载："衣则禅者褐色，讲者蓝色，律者黑色。"可见，一直到了明末时期，汉化佛教僧衣的颜色演变才算基本完成。在佛教戒律中，虽然禁止用上色、纯色的僧服，但是用得最多的是赤色。《大唐西域记》卷二说："那揭罗曷国有释迦如来的僧伽胝袈裟，色黄赤。"《大唐西域记》卷一中说：梵衍那国有阿难弟子商诺迦缚婆的九条僧伽胝衣是绛赤色。《一切有部毗奈耶杂事》卷二九说，佛祖的姨母大世主着赤色僧伽胝衣。《善见律毗婆沙》卷二中说，印度阿育王时代，大德末阐提身着赤衣。而印度佛教僧服中袈裟的颜色，均非原色，以与红、黄等正色相区别。不正色即青、泥、木兰三色。青是青铜色。泥色亦作皂色、黑色、若黑色。木兰色亦作黄色、乾陀色，即赤黑色，用木兰树皮之汁染制成色，所以得名。南京宝华山寺是佛教律宗的祖廷，现在每当传戒之时，住持仍然遵守明朝时期的服色制度，穿着黑色常服、红色袈裟，受戒者则着黄色常服、黑色袈裟。现在各地的汉传佛教出家人的常服一般是褐、黄、黑、灰四种颜色；袈裟颜色多为褐、黄、灰三种颜色；地位稍高一些的出家人，如方丈一般都穿烈火红色的袈裟。红色和黄色原是佛律所不允许使用的上色和纯色，但却是佛学在地化的过程中，汲取融合了中国服色而形成的新风貌。

至于助益皇帝服色宠黄，也是中国服饰文化史上醒目的现象，容后再叙。

余论

佛教服饰理论与着装实践的跨文化传通，是中国服饰文化历史性的扩容。如释迦牟尼所强调的服饰理念不只在僧尼信众中有着训示意义，而且对普通人也有一定的启示意义，仍有着可以深掘体悟的蕴涵。如着粪扫衣与坏色，不仅极大地拓展了服饰的审美疆域，而且强化了着装中人的主体性位置；僧尼同一扮饰与今日普遍的中性装概念潜隐相通；历代高僧如慧能如弘一等的服饰思辨与实践至今仍影响着僧俗两界；源自佛教八种法器的"八吉祥"亦是中国服饰古今盛行的图纹。所有这些都需要多学科介入，细细梳理，笔者只是轻轻走来，在这叹为观止的宝藏洞口窥探而已。

思考与练习

1. 试述释迦牟尼的服饰观。
2. 中国传统文化与佛教人体审美观差异何在?
3. 佛教文化对中国服饰带来了哪些影响?

注释

[1] 温礼硕士毕业论文:《佛教服饰文化研究》未刊稿,西安工程科技学院,2007,导师:张志春。

[2] 弘学:《人间佛陀与原始佛教》,巴蜀书社,1998:18-32,78-86。

[3] 崔连仲:《释迦牟尼——生平与思想》,商务印书馆,2001:87-89。

[4] 王惕:《释迦牟尼传》,宗教文化出版社,1999:162-165。

[5] 学术界对此文的产生年代曾有争议,梁启超、吕澂等人以笔力浮乏、间有晋宋习用之语等认为是南北朝所作;而汤用彤、周书迦等人则据文间所述事实考之正史,谓其可信,且可补正史之不足,主张为汉末所作。本书从汤用彤等人之说。

[6] 牟融:牟子理惑论,《弘明集卷1》,大正藏卷52。

[7] 慧远.答何镇南难袒服论,弘善佛教网:法师专栏http://www.liaotuo.org/view-28850-1.html

[8] 慧远.沙门袒服论,弘善佛教网:法师专栏http://www.liaotuo.org/view-28850-1.html

[9] 方立天:《慧远及其佛学》,中国人民大学出版社,1984:159-162。

现象研究——

齐民与俗流　贤者与变俱——论胡服骑射与孝文改制

课题名称： 齐民与俗流　贤者与变俱——论胡服骑射与孝文改制

课题内容： 胡服骑射：衣当顺势而变

孝文改制：衣亦为时而变

上课时间： 4课时

训练目的： 通过本章的教学，使学生对胡服骑射与孝文改制这两例服饰运动的社会性、文化性、多重因素等有所了解；并能触类旁通，能够解读中外服饰运动的深层动因。

教学要求： 讲清胡服骑射与孝文改制各自前后的服饰状貌；梳理这两次服饰改制运动的社会与文化动因；联系更多相似类型的中外服饰运动展开比较，让服饰事象在蒙太奇式的组接中不断产生启发性。

课前准备： 阅读胡服骑射与孝文改制的相关文献资料。

第十二章　齐民与俗流　贤者与变俱
——论胡服骑射与孝文改制

在战国时期，在南北朝时期，先后发生了史称为“胡服骑射”与“孝文改制”的两大服饰改制事件。这是值得庆贺且应大书特书的。因为，它们在中国服饰文化史上，在中国历史上，都有着重要地位和重大影响。古人似乎早就意识到了这一点，在文献资料上，从《战国策》、《史记》以降，记述、考证者蜂起，可谓史不绝书[1]。本书之所以重提，是因为它们整体的轮廓值得在更大范围的扫描中拓展与勾勒，它们的前因后果值得审视与琢磨，特别是它们内在的服饰文化内蕴值得探索与追寻。

一、胡服骑射：衣当顺势而变

公元前307年是一个特别的年份。中国服饰文化史应该特别珍视它。《史记·六国表》著录了一个重大的事件：“赵武灵王十九年初胡服。”标示的就是这一年。

赵武灵王，是战国末期赵国一代君主，名赵雍，在位27年。所谓胡服，泛指古代北方及西域少数民族的衣冠服饰。由于地理环境及生活方式的影响，这些服装质料较为厚实，冬季以皮毛为多，颜色以间色为主，形制是紧身窄袖，长裤革靴，方便利索，便于乘骑射箭，与中原地区褒衣博带、高冠浅履式的服饰形制有较大区别。

那么，越武灵王为什么要实施胡服骑射呢?

说来话长。当时赵国所处位置比较靠北，与北方的东胡（今内蒙古南部、河北北部及辽宁的一部分）、楼烦（位于今山西西北部）等一些强悍的少数民族统治地区接壤。东胡、楼烦等处于偏远山野，善于骑射且常来骚扰。而赵国却无法设防与追击，因为中原一带使用的传统战车不能驰骋于崎岖山谷之地。再则士兵所着深衣大袖，虽然《礼记》中说如此“短毋见肤长毋被土”的款式“可以治军旅”，但与能骑便射的胡服相比，仍显拙笨。对此，顾炎武在《日知录》中明确指出：“春秋之世，戎翟之杂居于中夏者，大抵皆在山谷之间，兵车之所不至。”并进一步指出赵武灵王选择胡服骑射的直接目标与诱因：“骑射所以便山谷也，胡服所以便骑射也。”说得不错，导致赵武灵王想出胡服骑射决策的直接原因确乎就是抗敌御侮。

上述的分析当然不无道理，只是被动强迫的成分多了些。在我看来，就赵武灵王自身而言，主动的因素也不少。因为，引发胡服骑射决策更为内在而深刻的原因是强兵富国，实现统一的理想。这是历史的趋势与时代的主题。战国时代，统一中国成为一代共识。任何一个想有所作为的国君都会自觉感知这一“意识到的历史内容”，从而奋起争城夺地，以期称霸于天下，实现统一的理想。赵武灵王便是顺应这一时代发展趋势的先知者之一。他自觉地选择接受胡服，并以此作为切入点来开启通往理想途程的大门（图12-1、图12-2）。稍后的历史随即证明这一点。

图12-1　故宫博物院藏战国青铜壶上习射的武士

赵武灵王决意换穿胡服，看似简单，好像君主令行禁止，举国上下似乎只是穿脱之间的举手之劳罢了。其实不然。在两千年前，不同文化圈内服饰是有很大差异的。《列子·汤问》：“南国之人祝（断）发而裸，北国之人鞨（帕）巾而裘，中国之人冠冕。”且不要说抛弃中原一带自视甚高的大国冠冕，而去仿效陌生奇异的胡装会引发多么大的心理震荡；仅从服饰突变渐变规律而言，渐渐变化时人们容易适应也容易接受；如果服饰发生急骤变化时，一般人在生理和心理上一下子不易适应，便很难接受，不仅看不惯，反感，而且会伴随着程度不同的抵触与抗拒。须知，服饰不只是实用之物，它一旦成立，就是一种文化产物，代代沿袭，便形成不易改动的惯制与传统。一种款式，一种具体的文化创造物可以拿得起而放得下，但拿得起而放不下的是传承而来的着装观念，是积淀在服饰中颇为密集的文化信息。若突然要全盘改制，那么，在这种文化滋养中成长起来的人们，为这种文化所熏陶笼罩的人们必感痛苦而难以接受。

图12-2　传洛阳金村古墓出土的战国胡服士兵图

其实，赵武灵王也深刻而敏感地意识到这一点。据《史记·赵世家》记载，在赵武灵王提出“胡服骑射”构想时，他自己也惴惴不安，忧虑重重：“吾不疑胡服也，吾恐天下笑我也。”“今吾将胡服骑射以教百姓，而世必议寡人，奈何？”

果然，最初仅试探性地提出“吾欲胡服”，而“群臣皆不欲”；继而赵武灵王毅然穿上胡服，并请求他的叔父公子成也胡服上朝，而公子成不同意；再则是王族公子赵文等人纷纷反对。公子成自有一番底气丰沛的大道理：

臣闻中国者，盖聪明徇智之所居也，万物财用之所聚也，贤圣之所教也，仁义之所施也，诗书礼乐之所用也，异敏技能之所试也，远方之所观赴也，蛮夷之所义行也。今王舍此而袭远方之服，变古之教，易古之道，逆人之心，而怫学者，离中国，故臣愿王之图也。

意即我听说，中国是文明人所居，万物汇集之地，圣贤推行教化之处，习用的是诗书礼乐，技术发达，本是蛮夷倾心学习的榜样。现在君主舍弃这些而穿胡服，改变古圣贤的教导，更改古时的规矩，违背百姓意愿，伤害学者，背离中国传统，所以希望君主慎重考虑这件事。王族公子赵文、赵造、赵俊和大臣周召都劝赵武灵王不要创什么新路子，穿什么胡服，还是依照旧办法，轻车熟路比较顺当。

应该看到，公子成等人在胡服骑射面前的思想障碍，除了中原优越感的自尊心、虚荣心以及服饰突变不易适应的因素外，很大程度是认为它前无古人，离经叛道，有点大逆不道。这种心态值得注意与剖析。因为它就是我们民族文化心理结构的典型表现。中国人重视过去的经验，这个传统也许是出自占压倒多数的农业人口的思想方式。农民固定在土地上，极少迁徙。他们耕种土地，是根据季节变化，年复一年地重复这些变化。过去的经验足以指导他们的劳动，所以他们无论何时若要试用新的东西，总是首先回顾过去的经验，从中寻求先例。这种心理状态，对中国哲学影响很大。所以从孔子时代起，多数思想家都是诉诸古代权威，作为自己学说的根据。孔子的权威是周文王、周公；墨子虽主张历史进化论，但为比过孔子，他便诉诸传说中的权威大禹，大禹据说比文王周公早一千年；孟子要胜过墨子，更远走高飞，回到尧舜时代，比禹还早；而道家为取得自己的发言权，取消儒墨的发言权，就诉诸伏羲、神农的权威，据说他们比尧舜还早若干世纪；法家虽然器重现在进行时态，有着时过境迁的变化史观，但因其学说刻薄寡恩、冷酷无情，被历代统治者吸收成为渗透骨髓的权术而不再张扬。于是在整体思维向后看，在既往寻先例以壮胆识，助尊严，寻找可资借鉴的坐标系，成为自古以来文化心理模式。现在，公子成等人对胡服的重重顾虑与反感，正是这一宽厚文化心理的典型反映。冷不丁一下子要主张胡服骑射，那么，开天辟地以来有先例吗？古来圣哲有这样的表述吗？你的依据是什么？

既然反对者都以古为参照，那么赵武灵王也就从古立论。他认为先王习俗不同，哪种古法可以效法呢？帝王互不沿袭，哪种礼仪可以遵循呢？总体上他是以理服人，而并非以势压人，虽然他的身份有着某种优势。他居然为服饰下定义了：

夫服者，所以便用也；礼者，所以便事也。圣人观乡而顺宜，因事而制礼，所以利其民而厚其国也。

意思是说，服装是为便于穿用，礼法是为便于行事。圣人观察时势趋向而顺应所宜，依据现实制定礼法，以此来便利百姓而益于国家。这不是名正言顺地谈圣贤么？从第九章可看出，这里说的就是墨子服饰观的翻版。墨学时称显学，墨子也被尊称为圣贤。赵武灵王在反击对立面时，一再强调圣人主张利身便用谓之服，这正是依托墨子服饰观的简洁表述。它清楚地说明赵武灵王的服饰思想源于墨子。他再从古代的着装习俗谈起：

> 夫剪发文身，错臂左衽，瓯越之民也；黑齿雕题，却冠秫绌，大吴之国也。故礼服莫同，其便一也。乡异而用变，事异而礼易，是以圣人果可以利其国，不一其用；果可以便其事，不同其礼。儒者一师而俗异中国同礼而教离，况于中山之便乎？故去就之变，智者不能一；远近之服，贤者不能同。
>
> 圣人利身谓之服，便事谓之礼。夫进退之节，衣服之制者，所以齐常民也，非所以论贤者也。故齐民与俗流，贤者与变俱。

意思是说剪发文身，臂膀绘画，衣襟左开，这是瓯越的民俗；染黑牙齿，额头刺字，戴鱼皮帽，穿粗布衣，是吴国的习俗。虽然礼制服装不同，但取其方便是一致的。时尚不同，物品自然要变化；情况不同，而礼法当然要改变。因此圣人认为有利于国家，方法不必一致；假如便于行事，礼法不必相同。儒生的师承同一，而礼俗互相殊异，中国的礼制相同，而教化千差万别，更何况穿胡服是为出入山谷地带的方便呢？所以事物的取舍变化，即使聪明人也不能使它一样；若要穿亲疏迥异的服装，即使圣贤也不能使它相同……更何况圣人以为有利于身体才称衣服，便利于行事才称礼制。进退的礼节，衣服的制度，是用来规范百姓的，并不是用来约束贤人的。百姓总是与旧俗同流，贤人却要和旧俗俱变。

值得注意的是，赵武灵王这里有着相当精彩的论述。其一，吴越服饰习俗的不同并无多大的歧义，它们实属异形同质，它们只是为取其方便而已。言下之意，边远的胡服与中原冠冕不也是同质异构么？其二，一切人为的创造物都要顺应客观变化而设置。服饰亦然。物品因时尚而变，礼法因情势而变，方略因利国而变，而胡服作为适应山区征战的权变举措，不是顺理成章的么？更何况远古还有“舜舞有苗，禹袒裸国”的著名先例。其三，不要用既存的服制来约束圣贤，须知只有凡人才随波逐流，而所谓的圣贤就是不断变革旧俗的人！有此胆略，有此见识，赵武灵王不愧是服饰改制的策划者。如此脱落时俗的语言，非大英雄者断不能道。倘若赵武灵王作为一个服饰设计师，那当时的历史又会出现怎样的一个场景呢？

既然说到贤者与变俱，那么自己算得上圣贤吗？支持胡服骑射的大臣肥义递来了的理论武器，即目标的纯正性。他适时地提醒并强调此举“非以养欲而乐志也”，即自己主张改穿胡服并非悦耳悦目、娱情乐志之类无聊的消遣，而是为国建功立业的手段。这就自觉地树立起了一个有为之君的形象，与荒淫昏君划清了界线。但初穿胡服，在中原君臣看来一定是新奇怪异的，甚至出于思维的惯性而去怀疑着装者的人品操守。赵武灵王必须从理论上给予厘清：

且服奇者志淫，则是邹鲁无奇行也。

意思是说，如果服装奇特就心志淫荡，那么邹鲁一带皆是端庄的儒服，就不会有离奇古怪的行为了。其实怕未必吧。虽说将衣与人截然分开有老庄思想的印痕，但赵武灵王说这句话时的潜台词却极为丰富，他也是别有一番滋味在心头的。且不说朝廷内外的汹汹议论，单想想《周易》“冶服诲淫”的谴责与《礼记》对奇装异服的仇恨，便不难感知赵武灵王出以偏锋的辩驳中那抵御传统与流俗的强大冲击力。

在众多的反对派面前，赵武灵王雄辩滔滔。他有与世推移的历史观念，有衣以为用的文化思想，因而显得底气十足，从容自若。可见他所展示的胡服骑射方略，不是酒后茶余的突然闪念，不是赳赳武夫的一时血性之勇，不是权力极峰时无法无天的逗趣试验，而是有圣贤作为表率的非常举措，是汲取了丰厚的思想渊源的系统反思，是经过深思熟虑之后即将付诸实践的策划与安排。

公子成折服了。随即穿胡服上朝。赵文等反对者理屈词穷。于是公布改穿胡服之令。于是穿胡服并招募士卒训练骑射。在赵武灵王不懈的努力下，终于使中国历史上一次大规模的服饰改制获得了成功。

赵武灵王所采用的胡服，主要是窄袖短衣与合裆长裤。窄袖短衣便于射箭，合裆长裤便于骑马。与之配套，当时流行于西域的冠帽、腰带以及鞋履也一并被采用。关于这些，在后世的文献中不断被提及：

“赵武灵王赐周绍胡服衣冠具带，黄金师比。”[2]具带是胡人的钩络革带。师比是胡语带钩的意思。

“赵武灵王有袴褶之服。”[3]

“古者有舄而无靴，靴字不见于经，至赵武灵王始服。”[4]胡靴便于乘骑，便于跋涉水草沙石之间。

“靴者，盖古西胡也，昔赵武灵王好胡服，常服之，其制短腰黄皮，闲居之服。”[5]

我们知道，最初导致胡服骑射的深刻矛盾，是重伦理主义的华夏服饰款式受到了服饰功能性的挑战，争疆夺土的战争本身提出了服饰与骑射的彼此适应问题。服饰款制作为一种既有的文化建构需要突破与更新，内敛式的自我封闭只能导致自我衰弱与灭亡，而只有不断地输入异域的新鲜文化成果，激活自身的优势与活力，才能发展壮大，在激烈的竞争中立于不败之地。赵武灵王的敏锐与深刻正在于他认识到了这一点，并承受住了极大的精神压力和克服实际中的种种困难，终于从传统的惯性和世俗的氛围中脱颖而出。“胡服骑射”的效果可以说超过了预期。赵国因此扫除边患，并不断开疆拓土，迅即成为战国七雄之一。甚至因骑兵作战逐步在中原一带普及而影响了战争方式的改变。比如以步兵和骑兵为主力的野战与包围战，逐渐替代了传统的战车长阵。

着胡服有如此立竿见影的效果，自然会在列国间产生轰动效应，产生模仿行为。王国维《胡服考》一文指出：“战国之季，他国已有效其服者。”但这主要针对军队服饰装备而言，似未影响到民间。如《战国策·齐策》载齐童谣说："大冠若箕。"大冠即武弁。这里是说冠式与簸箕相似。以童谣唱出，足见其属舶来品而新奇惹眼。同书又载齐将修剑"黄金横带而驰乎淄渑之间。"王国维认为黄金横带即黄金师比具带。这些均发生在齐将田单攻狄之时，约在赵武灵王易服30年后。一般学者将其归于赵国流风所及，应是可信的。再从河南汲县山彪镇出土的水陆攻战纹铜鉴上的武士形象来看，胡服作为军人新装已相当普及，可以说是展示了一代新风貌（图12-3）。

图12-3　战国水陆攻战纹铜鉴上的武士

二、孝文改制：衣亦为时而变

"孝文改制"，是继胡服骑射之后，又一次以平和的方式在服饰上作跨文化传通而成功者。所谓的服饰跨文化传通，是指服饰及其文化观念，跨越不同的文化背景进行传播与发展。

孝文即北魏孝文帝拓跋宏（后改汉姓为元宏），467-499年在位。当时北魏统一了中国北方，虽因不同民族杂居融合而渐渐出现服饰互动互渗现象，但各族一般仍按旧俗而穿自己传统的装饰。太和十八年（494年）魏孝文帝自平城迁都洛阳，全面推行汉化政策，着意改革鲜卑旧俗，服饰自是其中重要一环。这次重大的改革，史称"孝文改制"。

1. 为什么要展开如此重大的改制

有下述几点原因。

其一，改制的根本动因是为了强化对中原一带的统治。北魏建国立朝，其统治者清楚地看到，从北方少数民族的游牧区进入广大的以汉族为主体的农耕区，马上得之不可马上治之，必须接受更为先进的礼仪文化才可维持统治。汉族推崇礼仪之邦，而鲜卑族却相对蛮勇而落后。在服饰方面，鲜卑族人的习惯是头发打成辫子称为索头，男女服装便于骑马，而汉族则以衣冠自诩，当然看不惯游牧人的习俗而视其为野蛮。这里有现实的原因，也有历史文化的原因。

捷克学者彼得波格达列夫在《作为记号的服饰——在人种学中服饰的功能和概念》一文中说："服装的穿着者不仅关心他自己的个人趣味，而且也顺应地域的需要，以符合他的环境的标准。每个人不仅在语言上也在服装上使自己与环境相适应。"[6]像彼时彼地的赵武灵王因冠冕堂皇的传统服装遇到不能适应的环境一样，此时此刻魏孝文帝的鲜卑胡服也遇到了不能适应的新环境。作为一代有所作为的国君，他们都清醒地意识到，实现理想的途径不是消极拖延，不是莽撞出击，而是改变、升华自我以适应环境。这里的环境，不仅是自然环境、社会环境，还包括历史文化环境。

我们知道，自夏商周以来，汉族（包括其前身华夏族）就不断强调服饰的政治伦理功能（详见本书第五~第七章），人们在不同的时间地点参与不同的社会活动时，要求遵守规定，穿戴不同的服饰，如祭祀天地神灵祖先时所穿礼服为祭服；皇帝百官朝会所着礼服为朝服；官员礼重者用朝服，礼轻者用公服；人们在日常生活中所穿普通衣服为常服。这些都要清清楚楚，不能含糊错位。这确乎构成了悠久的传统，也形成了着装的习惯与素养。而一直处于游牧生活状态的北方少数民族，在服饰文化方面，缺乏这方面的文化积累，也缺乏这方面的敏感与计较。他们被统称之为胡服的衣款与此迥然有异。一般说来，胡服重实用功能，兼有审美功能和伦理功能，而比较缺乏中原汉民族的悠久传统、强烈的社会政治等级意义和社会礼仪功能。这大约是魏孝文帝服饰改制的重要原因。例如《史记·匈奴传》叙述匈奴的服饰惯制："无冠带之饰，阙庭之礼。自君主以下，咸食畜肉，衣其皮革，被旃裘。"看来没有中原汉族等级分明的冠带之饰，又缺乏区分尊卑贵贱的朝廷礼仪，因为君臣食物衣装几乎相同。《盐铁论·论功》说匈奴的服饰器用仍在原始质朴阶段："匈奴车器无银黄丝漆之饰，表素成而务坚；丝无文采裙袆曲襟之制，都成而务完；男无刻镂奇巧之事、宫室城郭之功；女无绮绣淫巧之贡、纤绮罗纨之作；事省而致用，易成而难弊。"车器无华丽的装饰，只求朴素而坚固；纺织品及衣服，没有绚丽的文采和复杂的形制，只求合体实用而已。这种服饰只宜随意自在地穿用，作为社会统治的手段就逊色多了。或者说在游牧文化区还可以，到了农耕文化区便缺少了"垂衣裳而天下治"的政治伦理功能。因为传统的衣冠制度在形制、质料、图案花纹、色彩及各种装饰品上都有严格区分而不许僭越，是以体现并强化尊卑贵贱有别的政治等级制度。而这种制度，恰是北魏统一中国北方后建立统治秩序的迫切需求。

其二，北魏统治者为长治久安，想借汉魏衣冠来改造本民族相对落后的着装习惯。胡人多裸俗，鲜卑自不例外。天苍苍野茫茫的辽阔草原上，更多的时候千里无鸡鸣，在生态上是与自然的亲近，在甩袖无边的天地间人是任性的，甚至可以狂吼大跳倒在草地上打个滚儿，不像农耕为主的中原内地，人口稠密，彼此的交往有种种伦理的防范与要求。但从游牧区进驻农耕区，作为长治久安的考虑，且不要说处于相对优势地位的汉文化的渗透，有作为的统治者自会想到这一点。

这里不能不考虑到家庭传承的影响。如魏孝文帝的祖母与母亲都是有教养有文化的汉族女子，且游牧民族中女性地位一般比较高。她们的言传身教对魏孝文帝的服饰改制也有着潜移默化的影响。

因为胡人原本就有袒裸之俗。《北史·魏本纪第三》太和十六年正月："甲子，诏罢袒裸。"魏孝文帝专门下诏取消袒裸，可见其普遍性的风俗与习惯。紧接着全面推行汉化政策，可见禁止袒裸原本是服饰改制的前奏和内容之一。拓跋氏原本是荒原野蛮部落，袒裸是他们随时可见的陋俗之一。如《北齐书·王昕传》记载，魏孝武帝"时或袒露，与近臣戏狎。每见昕，即正冠而敛容焉"。作为皇帝竟然乐于和鲜卑族近臣裸态装身随意嬉戏，而见了汉族大臣王昕则不得不衣冠齐整，似乎心虚而有所收敛。从中可以看出袒裸陋俗的惯性力量，亦可见汉胡着装观念的明显冲突。王昕身为臣子对君主的袒裸行为竟然有震慑性的影响，可见汉民族的传统着装观念在此际居高临下，明显处于优势地位。

又，北齐文宣帝高洋是鲜卑化的汉人，亦时常袒裸。《北齐书·文宣纪》："（帝）或袒露形体，涂傅粉黛，散发胡服，杂衣锦彩……盛暑炎赫，隆冬酷寒，或日中暴身，去衣驰骋。从者不堪，帝居之自如。"披散头发，涂脂抹粉，胡服奇装，随意裸裎，或裸晒于光天化日之下，或裸骑于众目睽睽之中……随从者似觉不堪入目，尴尬难耐，而齐文宣帝却坦然自若。作为一个受异域影响的汉人尚且如此，那鲜卑族的裸裎习俗就可想而知；作为一个皇帝尚且如此，那平民百姓的着装风貌就不难想象了。

从另外一个角度来说，服饰改制，改造鲜卑着装旧俗，在魏孝文帝潜在的意识中，恐怕还有争正统的意味。我们知道，自孔子以来，华夷之辨的重要辨识点就是服饰问题。南北朝时，对峙的南北双方都自称中国，而将对方视为夷狄。既然有争中华正统名分的意图，那么，服饰的汉化则因强调服饰的文化意味而成为目光高远的国策了（图12-4）。

2. *孝文改制在服饰方面的具体作为*

其一，是以汉魏衣冠为模式制定了冠服制度。魏孝文帝太和年间，正式制定出冠服制度。虽难免有粗疏之处，但毕竟是冠服制度开始建立、服饰汉化在政治伦理层面的具体落

图12-4　大同北魏司马金龙墓彩绘屏风中汉化前的服装

实。细细说来，官服的汉化特别是建立冠服制度，也是北魏立国以来的既定方针，至魏孝文帝时代才真正将它付诸实践了。

据《魏书・礼志》，北魏制定冠服有着艰辛而漫长的历程：

> （太祖天兴）六年，又诏有司制冠服，随品秩各有差，时事未暇，多失古礼。世祖经营四方，未能留意，仍世以武力为事，取于便习而已。至高宜太和中，始考旧典，以制冠服，百僚六宫，各有差次。早世升遐，犹未周洽。肃宗时，又诏侍中崔光、安丰王延明及在朝更议之，条章粗备焉。

意即史书说得明白，北魏制定冠服的目的，就是要依照汉族统治传统，使服饰随品秩而各有等差，成为严格区分和表明政治身份的式样和标志。且这种意识在建国之初就意识到了，虽战乱不已，仍着手操作。但鲜卑族缺乏汉族的冠服传统，不仅没有穿着的习惯，不易搜寻完整的资料，就是思想观念上也不易顺利接受。虽皇帝下诏，但制定之服仍多失古礼自不成体统了。太武帝着力武力征战，也许只有胡服才适用于骑射，便又将冠服之事放在一边。且冠服亦非鲜卑传统，长久丢弃而不会引起内心强烈的反应。直到孝文帝太和年间，才开始正式制定冠服。仍难免有粗疏之处，直到孝明帝时才大致完成。倘若不设身处地去体会，后人就很难理解，这样一个冠服制度的建立前后竟经历了113年。可见，北魏冠服制建立得很晚，这也是鲜卑族服饰本身缺乏严格等级制象征与标志的证据之一。而魏孝文帝改制的功绩此中可以看出。冠服饰建立后，一时间“群臣皆服汉魏衣冠”，尤其是祭祀与朝会之服，几乎完全采用汉魏制度。

事实上，冠服制度的建立是中国北方的民心所向，是一个时代的潮流。魏孝文帝只不过是先天下之声的引导者罢了。据载一次孝文帝在华林园大宴群臣，刘芳和王肃在宴会上为服饰问题争论起来了。所辩的是古代男子有没有笄的问题，王肃认为古代只有妇人才有笄，男子是没有的。而刘芳则认为古代妇人和男子都有。双方都引经据典来证明自己论点的正确。刘芳最后引用了《礼记・内则》的原文，使王肃心悦诚服。这说明当时朝廷舆论的氛围是以华夏传统儒学经典为最高准则的。不少史书记载了北魏之后的官服汉化趋势。《旧唐书・舆服志》说北齐君臣虽平素多穿胡服且颜色形制各异，随各人所好，但在最隆重的正月初一朝会时，仍需穿正规的朝服；《隋书・礼仪》述北周服制：“宣帝即位，受朝于路门，初服通天冠，绛纱袍。群臣皆服汉魏衣冠。”《通鉴》陈宣帝太和十一年亦记此事。胡三省：“以此知后周之君臣，前此盖胡服也。”此前穿胡服，此后却着汉魏冠服了。

其二，服饰的全盘汉化。从冠服制度的建立过程中可知，魏孝文帝的服饰汉化改制，是有前人铺垫的；他只是在其数代前任构想的框架下踏踏实实地干了起来。也许是鉴于冠服制度建立的艰难与迟缓，也许鉴于服饰所寄存的民族自尊心与虚荣心会影响服制的贯彻落实，魏孝文帝便决意服饰全盘汉化，以期在全社会营造亲近汉装的思想氛围和文化土壤。

全面汉化的过程特别是服饰改制，并非一帆风顺。特别是作为鲜卑族的执政者要全体官民放弃旧裳而改穿汉装，这与赵武灵王的胡服骑射决策一样会激发社会强烈的心理动荡。对于这一迅猛而来的服饰改制，不同阶层所产生的抵触、反感、反对等心理模式除前面分析相同之外，还有民族自尊心、虚荣心以及多少代承传而来的生活习惯和心理习惯等原因。不同的是，赵武灵王仅限于军装改制，范围相对较小，而魏孝文帝则是举国一致服饰汉化，触及面就很大了。出头露面的反对者往往是最信赖与最亲近者。早在迁都洛阳之初，太子元恂就率先发难。据《南齐书·魏虏传》记载：

宏初徙都，恂意不乐，思归桑干。宏制衣与之，询窃毁裂，解发为编服左衽。

意即魏孝文帝起初迁都洛阳时，太子恂内心极不乐意。他一心想回到故都平城。拓跋宏赐给的汉化服装，恂私自将它撕裂毁坏，因为他不愿意着汉魏衣冠，仍为编发，仍着左衽的鲜卑服。可见太子恂作为这一决策反对者的代表，表现出来的狭隘和固执，不满将国都迁徙到远离游牧区的中原一带，抵触并破坏穿戴汉衣装。

有人反对并不能停止服饰汉化的推进步伐。太子受到了严厉的惩罚。魏孝文帝要达到的目标是全国上下的服饰全然汉化。他不仅制定冠服制度，自己穿戴并赐给臣下新装，就是平民百姓的服饰汉化实践，也一直在他的监督与强调之中。据《通鉴·卷一四〇》：太和十九年，在一次洛阳城出行中，他偶然看到有妇女仍着窄衣小袖，就将洛阳守臣训斥一番："昨望见妇女，犹服夹领小袖，卿等何为，不奉前诏？"意即你们都是干什么的呢，为什么不按照我先前的诏令去做呢？作为皇帝，将检查与督促的视野扩展到国土内目光所及的任何一个角落，任何一个人物，且发现问题绝不放过，让人们自然联想到赵武灵王"齐民与俗流，贤者与变俱"的格言来，魏孝文帝确是一个将服饰改制进行到底的人物（图12-5、图12-6）。

图12-5　大同北魏司马金龙墓彩绘屏风中穿汉化衣裙的贵妇

图12-6　北魏宁懿暨妻郑氏墓窟画中孝文改制后的着装风貌

余论

胡服骑射与孝文改制的成功告诉我们，服饰的发展，不只是纵向的沿袭承传，很多时候是横向的变异与改制。一般说来，往往前者是历史积习的延续，出于惯性思维故多守成，后者因为是不同文化背景下人们的交流与碰撞，故多变异与创造。服饰是不需翻译的人类共通的艺术语言。但它内在的积淀每每打上某种文化深刻的烙印，在不同的文化激流碰撞时，往往会出现传统的解构与创新的开始。赵武灵王和魏孝文帝正是敏感于不同文化的交流与碰撞，分别写下了中国服饰改制的精彩一页。

胡服骑射的实践，也证明了战争往往是跨文化传递最为简捷有效的途径。人们出于保卫自身、削弱并消灭敌人的实用目的，使得服装的功能性得到了空前的强调。此时此刻，竟没有一丝心理障碍，会以短平快的方式，全心全意地学习研究对方的文化成果，拿来为我所用。赵武灵王的胡服骑射，正是这一历史规律的典型示例。

魏孝文帝服饰改制的汉化政策，是占据统治地位的鲜卑族意识到了应全盘接受汉文化，便以朝廷提倡的方式，营造了一个民族之间融乐亲近而不是怒目相对的文化氛围。彼此的欣悦与亲近中便多了互动式的服饰跨文化传通。这是一种良性的流行互动。当北方民族着意衣装改制而向汉装认同的时候，中原一带则心平气和地从对方服饰中汲取了不少，如将衣装裁制得紧身适体，以致到北齐时胡服竟成为更大范围的着装行为。这一历史趋向如沈括《梦溪笔谈》卷一所指出的："中国衣冠，自北齐以来，乃全用胡服。窄袖绯绿，短衣……长腰靴，皆胡服也。"而《朱子语类》更将这一服饰跨文化传通的功绩溯源到北魏："今世之服，大抵皆胡服，如上领衫、靴鞋之类。先王冠服扫地尽矣。中国衣冠之乱，自晋五胡，后来遂相承袭，唐接隋，隋接周，周接元魏，大抵皆胡服。"应该说，这从表面看来似是一种有趣的反弹行为，但究其底里，仍是魏孝文帝改制方略所带来的服饰良性互动现象。

试比较一下，胡服骑射与孝文改制是有趣的：两者都是国君倡导，以政府行为操作而强有力地推开。都涉及服饰改制，属华夏族国君者想穿胡服，属鲜卑族国君者想服饰汉化。两者虽从形式上换了个位置，但改制的性质却是一致的。在如此大规模的服饰改制背后，都有着深厚的文化动因。区别也是有的，如赵武灵王重在军装，追求服饰的实用功能；而魏孝文帝则全国普及，着意服饰的文化效应。作为服饰的跨文化传通，以和平而宽容的模式来运作，赵武灵王与魏孝文帝是成功的，是值得称颂的，因为它是中国服饰文化实践中的大步飞越。然而，若要换个角度来看，如此的模式却值得反思，它说明在帝王专制的时代，服饰变迁的深刻原因不幸被墨子、韩非子所说中，即只有在极权中心的人物运作下才能成功。衣帽、鞋袜变点花样也要君主亲自出面才行，国家事务千条线绾一根针，上面不点头下面不可轻举妄动。中国历史前进步伐的沉重与滞缓，也在此际可以看出。

思考与练习

1. 试析胡服骑射产生的社会背景。

2. 简述赵武灵王服饰改制的文化依据。

3. 简述孝文改制的文化原因。

注释

[1] 对于赵武灵王的“胡服骑射”，《战国策·赵策》就有描述。司马迁《史记·赵世家》记载更为详备。此事一直为史家所关注。例如唐代张守节作《史记正义》考释服饰改制的款型；朱熹《朱子语类》曾论及胡服在内地的发展流变；王国维曾写过一篇《胡服考》专论其事，等等。对于魏孝文帝的改制，《通鉴》、《北齐书》、《北史》等史书都有不同程度的描述；近人陈登原《国史旧闻》特别将其拈示出来，以与胡服骑射相提并论。

[2] 引自《战国策·赵策》。

[3] 引自《事物原会》，转引自《舆服杂事》。

[4] 引自刘熙：《释名》。

[5] 引自《中华古今注》。

[6] 引自《戏剧艺术》，1992（2）。

现象研究——

严装·淡装·粗服乱头——魏晋风度与服饰

课题名称： 严装·淡装·粗服乱头——魏晋风度与服饰

课题内容： 魏晋风度的社会文化背景

严装：魏晋风度的初始境界

粗服乱头：魏晋风度的浪漫境界

淡装：魏晋风度的玄远境界

上课时间： 4课时

训练目的： 通过本章教学，使学生了解魏晋风度的社会文化背景以及多重境界的服饰展示；对男子服饰事象及其着装心态有所了解与把握。

教学要求： 对魏晋风度的背景及所展示的三重境界要梳理清楚，并能对中外相关的服饰事象展开联系与对比。

课前准备： 阅读描写魏晋风度的相关历史与文学资料。

第十三章 严装·淡装·粗服乱头
——魏晋风度与服饰

古来文史界多谈魏晋风度，谈者听者大多是会心地一笑。或说魏晋人物是古代垮掉的一代，或说他们是时代的苦闷者，或说他们是思想解放的先锋……千般说法也好，万般感悟也罢，总的来说，这里似有一个明显的误区，即一般论者说起魏晋风度，总有意无意地将服饰看得很淡，以为彼时彼地的容貌仪态服饰行为仅是皮毛而已，即便是其思想感情余波自觉非自觉的宣泄吧，那也只是擦边球一类可提不可提的事情。

而我以为，魏晋风度的核心内容和深刻内涵恰恰就是服饰境界。

为什么呢？

粗浅说来，魏晋风度一词的自身描述亦可透出此中消息。

什么是风度？不就是直指人的风姿意态么？想想看，服饰境界不就指的是人与服装融而为一的风姿意态么？倘进一步说来，魏晋时代的特点，不就是人的发现与文的自觉么？人的发现，就是对于生命的个体从形体到意态的关注与欣赏；文的自觉，一方面固然表现在文学追求的辞藻华美，但另一方面最突出的感性显现，则表现为服饰境界的修饰美化与特别关注。可以说，它不仅是中国男子服饰美的一次创新、发现与尝试，也是中国古代服饰史上空前绝后的一次浪漫主义狂潮，而且其自身具有独特的丰富性与变异性。一般，魏晋风度的时间段局限于“竹林七贤”活动的时期，而本书则将其放大延长，上溯至东汉乃至西汉末期，下延至东晋时期。当然了，如同唐诗可分为初盛中晚一样，魏晋风度也在不同的历史时期，展示为迥然不同的层面，不同的境界。

一、魏晋风度的社会文化背景

作为一种时尚潮流，作为一种社会文化现象，魏晋风度不只有着瞬刻轰动性的社会效应，而且有着相当长的时间过程。可以说，在纵向横向上有如此强力辐射的魏晋风度的出现，绝非偶然和随意。

1. 是时代的氛围在此中积淀

在魏晋时代，社会动荡，政治污浊，几乎是无休止的战乱与纷争，不断地改朝换代，先是曹魏代汉，继则司马晋伐魏，更不用说八王之乱，五胡乱华，灾难叠起，死亡无数……霎时间城头变幻着种种大王的旗号，真可谓乱哄哄你方唱罢我登台，一切都只是瞬息的存在而已，传统价值、外在功业一瞬间由神圣庄严变为虚伪可笑，过去敬仰、崇拜的人、事、物顷刻灰飞烟灭……能不给人以人生幻梦的感觉么？梦醒过后依然如故，只有自己是真实的，只有活着是真实的，只有感情感受是真实的，那么为什么不好好地珍爱自身的生命本体，不忠于个体的生命体验呢？这就是后世所珍视的“人的自觉”的社会思潮。而《世说新语》记录了那么多的讲究容貌、着意扮饰的轶闻趣事，不就是当时人们走向回归自身呵护自体的最恰当的途径么？

2. 是对人物容仪品评的理性铺垫

对人物仪容的品评，其源头可以说和人类的历史一样久长。我们从春秋时“楚王好细腰，宫中饿断肠”的歌谣中不难悟出世俗中仍有着一定的形体审美的经验与准则。但自先秦以来，作为显学且随着时间的推移成为中国文人士大夫的指导思想与思维武器的儒道两家却有意疏远冷落了这一领域：老庄学派重心灵自在而不重形体美饰，孔孟学派重礼仪规范亦不重视形体自身。于是在上流社会，形体的审美与仪容的品评就不能成为殿堂讲章，很难进入理论层面，不能像古希腊那样成为哲人思辨的对象和命题，更不能进行系统的反思使之达到哲学的高度。虽然民间世俗在这方面积累着丰富的经验与感受，虽然邹忌有过与人比美的世俗心态，但终被自己纳入了政治类比模式[1]，虽然被后世儒生讥为“露才扬己”的屈原对自身的仪容美饰有过炫耀与感喟[2]，虽然宋玉对倾国之美的东邻之女有过“增之一分则太长，减之一分则太短，著粉则太白，施朱则太赤”的赞叹[3]，虽然《诗经》中也不乏对女性美“巧笑倩兮美目盼兮”的褒扬，但毕竟是文学家充满激情的浪漫咏唱，而不是哲人从容冷静的思辨。

于是，宽衣博带的哲人们，经国济世的君子们不屑于在公开严肃的场合谈论这一问题了；

于是，对人物仪容的品评就有了更多的盲区与误区。然而到了魏晋时代，这一格局被突破了。

其代表性的成果，便是刘邵所著的《人物志》。这部著作分上中下三卷，总计十二篇。他不仅系统地总结了汉末以来的品评人物的经验和理论，而且将其发展和提高到了哲学的高度。他由五行与人体的骨、筋、气、肌、血的联系中，看到了人的个性智能其自然机体的内在联系。他便着意探寻从人的形质发现其内在精神风貌的观察方法与途径。刘邵不仅提出了“著乎形容，见乎声色，发乎情味，各如其象”的观点，而且具体区分出仪、容、声、色、神五个方面。展示如下：

仪：“心质亮直，其仪劲固；心直休决，其仪进猛；心直平理，其仪安闲。”

容：“夫仪成容，各有态度。直容之动，矫矫行行；体容之动，业业跄跄；德容之动，颙颙印印。”

声：“夫容之动作，发乎声气。心气之征，则声变是也。夫气合成声，声应律吕。有平和之声，有清扬之声，有回衍之声。”

色：“夫声扬于气，则实存貌色。故诚仁必有温柔之色，诚勇必有矜奋之色，诚智必有明达之色。”

神：“夫色见于貌，所谓征神。征神见貌，则情发于目。故仁目之精，悫然以端；勇胆之精，晔然以彊。”

在这里，刘邵所谓的人物品藻，直面切入了欣赏个体生命的才情、思理的话题，特别是切入了人们时时感知却又不登大雅之堂的话题，即从理论层面论述包括形体、风度与举止等的容貌问题。这一套理论与人们司空见惯的经国治世、仁义礼智比较起来，是那么的新鲜而有趣、平实而自然。

在这里，他又提出九质之征：

> 物生有形，形有神精，能知精神，则穷理尽性。性之所尽，九质之征也。然平陂之质在于神，明暗之气在于精，勇怯之势在于筋，强弱之植在于骨，静躁之决在于气，惨怿之情在于色，衰正之形在于仪，态度之动在于容，缓急之状在于言。其为人也，质素平淡，中睿外朗，筋劲植固，声清色怿，仪正容直，则九征皆至，纯粹之德也。

意即在刘邵看来，所谓九征，都同人内在的智能、德行、情感、个性相关，可以由之观察到人内在的智能、德行、情感和个性。如此细致而系统地将人内在的智能、德行、情感、个性与人外在的形体、气色、仪容、动作及言语联系起来，并对种种表现进行考察分析，是空前的。正是有了这种哲学意味的理论铺垫，使得容貌人物品藻成为魏晋文人士大夫大雅之堂上的热门话题，且这种人物品藻空前地赋予了容貌举止之美以独立的意义。特别值得注意的是，无论是严肃的史志还是活泼的笔记小说，我们都能看到，魏晋人物是如此公开地以著述和言行来表示他们是多么的重视这种姿容绝妙、光彩照人的美。

3. 是佛教对人体与衣装关系的理性思辨带来的思想解放与冲击

尽管至今仍有佛教自周秦以来进入中华的种种说法，但一般公认的观点佛教还是在东汉进入中华。因为佛教中有缜密思辨及对生老病死的关注，很快便引起上至帝王将相下至平民百姓各个阶层的共鸣。佛学主张四大皆空，否定人体，这就在学理上自然导入直接面对人体、思考人体的问题，且没有儒家那种忌讳人体的敬畏兼羞怯感。在佛教的文化氛围中，我们感到直面人体是那么超脱、坦然，似乎有着难得的平常心。更为有趣的是，在佛教经典里，佛陀造像的三十二相，恰恰就成为人体形貌审美理想的展示，因为它对人体的各个部位都提出了具体的标准。

事实上，在佛教经典中，无论三十二相还是八十种好，似乎不足以表达理想的形象之美，接着还有八万四千相和八万四千随形好之说。于是，我们便看到了，在魏晋时代人们所能接触到的儒释道三家中，唯有佛教对人体较为崇尚，在着装上也没有特殊的禁忌，露体状随处可见：佛教弟子视露体为寻常事情，和尚披袈裟，多露一肩一臂；佛像中也多袒露身体者；敦煌壁画中飞天女神形象就富有人体美的美感；在信奉佛教的国家中，露体装束并不少见，寺院和尚身披袈裟露肩露臂，女性们则是以短上衣露脐露腰，以紧身筒裙勾勒人体线条……

于是，在这个动荡的时代里，在人物品评成为时尚的氛围中，在佛学等宗教提供了形体美的哲学底蕴与量化标准的背景下，仿佛舞台的构建，仿佛幕布的开启，精彩的演出便在期待之中：在服饰天地间，一种渗透人心且迥异于前人的着装风貌将渐次现出。

二、严装：魏晋风度的初始境界

魏晋风度的初始层面是严妆境界，即涂脂抹粉，华衣美服，以上流社会的男子为主形成了热衷自身修容美饰的新潮流。需要说明的是，这种热衷与讲求，没有神话境界的神秘，不是《周易》的垂衣治天下，淡漠了《周礼》的服饰威仪与等级，消解了孔子的服饰伦理情感，而是从美化人体自身、从对自身生命的珍爱与欣赏的角度出发的。这是对先秦服饰伦理格局的反叛与发展。

于是皇帝、王公贵族、哲学家、文学家……自上而下的，一个乔装打扮低眉顾影的男子服饰新潮迅即形成。虽然《礼记》上明确指出："男女不通衣服。"但在新的时代风潮中，儒家教义早就失去了往日的尊严。

魏明帝曹睿喜欢穿奇装异服。如史书所载："阜常见明帝著绣帽，阜问帝曰：'此于礼何法服也？'帝默然不答"，意即杨阜见明帝戴着那华艳美饰的绣帽，以巧妙的口吻似请教而实责问：这种帽饰属于哪种礼仪法度上规定的服饰呢？[4]而明帝的沉默就有趣多了，大有笑骂随你笑骂，奇服我自为之的自在。依据着装内因优越的规律，外在的种种压迫根本不能阻挡内心深处对所爱衣装的依恋。

据《三国志·魏志》注引《魏略》，曹植不仅注重文辞华美，更重修容饰貌：尽管来了客人，"时天暑热，植因呼常从取水，自燥讫，傅粉，遂科头拍袒胡舞"；

再向前追溯，早在汉代就有人诬蔑李固："大行在殡，路人掩涕。固独胡粉饰貌，搔首弄姿"，有人以此陷害，说明胡粉饰貌与传统观念、统治思想是冲突的，也说明这种现象已成风气[5]；

后汉的硕学大儒马融口诵圣人经典而行为却奢乐恣性："融才高博洽，为世通儒……善鼓琴，好吹笛，达生任性，不拘儒者之节。居宇器服，多存侈饰"[6]；

颇受后人歌颂的刘备"不甚乐读书，喜狗马、音乐、美衣服"[7]；

据《三国志·卷一·武帝纪》注引《曹瞒传》，曹操也是这样，"被服轻绡，身自佩小囊，以盛手巾细物，时或冠帢帽以见宾"；

而时人是以怎样的文字描写正始名士何晏的呢？据刘孝标《世说新语·注引·魏略》："晏性自喜，动静粉帛不去手，行步顾影……"

不用更多举例，我们便可获知，当时的男子着装打扮如此成为习惯，且有着令后世震惊的坦然自若。

其实早在西汉末年，这种风气就出现了。王莽时，刘玄起事，号更始将军，后自立为帝，所用之人，"多著绣面衣、锦裤"等女性常着的华衣美服。王莽死后，人们来迎刘玄，一见其部将"冠帻而服妇人衣"，颇为失望。可见一种社会风尚形成时，时代精英如此，阿猫阿狗也会如此（图13-1）。

图13-1　汉铜镜中之舞者像

在苦闷的年代里，为知己者死似乎已成笑料，人们更感兴趣的大约只是士为知己者容了。也许由于刘邵《人物志》的导引，也许由于佛学人体美学说淡淡的启蒙，于是对人的形体容貌的欣赏也就成为一种激起巨大共鸣的兴致，一种全社会追捧的时髦。在传统观念中，占统治地位的儒家对人物的品评中仪容是与伦理道德、政治礼法合而为一的，如若违背，就是大逆不道，绝无仪容美可言。而《世说新语》则专设《容止》篇直接描绘叹赏人物容貌之美：

何平叔美恣仪，面至白；

裴令公有俊容仪……见者曰："见裴叔则，如玉山上行，光映照人"；

林公道王长史："敛衿作一来，何其轩轩韶举！"

王夷甫容貌整丽，妙于谈玄；

骠骑王武子中卫介之舅，隽爽有风姿。见介辄叹曰：珠玉在侧，觉我形秽。

时人目王右军飘如游云，矫如惊龙。

有人叹王恭形茂者云：濯濯如春月柳。

在这里，反复被叹赏的是一种珠玉明月般的超尘脱俗之美，并常以似"神仙中人"、"不复似世中人"来加以形容夸饰。不难使人想到，这是庄子所说"肌肤若冰雪，绰约若处子"的藐姑射之山神人的美的理想在魏晋时代的重现与投影。这里展示的是新的生活方式，新的理想追求。

在这里，更令人叫绝的还有从容貌上捧美贬丑已成为公开的社会风气与行为：

潘岳妙有恣容好神情，少时挟弹出洛阳道，妇人遇之，莫不连手共萦之。左太冲绝丑，亦复效岳游遨，于是群妪共乱唾之，委顿而返。

甚至美的仪容欣赏成为偶像崇拜，成为苦难人生的盛大节日，以致演出了被欣赏者不堪重负而被看杀的悲喜剧：

> 卫介从豫章至下都，人久闻其名，观者如堵墙。介先有羸疾，体不堪劳，遂成病而死，时人谓看杀卫介。

显而易见，就整个社会思潮及文化氛围来说，对人物评判标准已由传统的功业节操转向个体的风姿神韵了。如郭泰虽“家世贫贱”，无高贵的门第以炫耀，但身长八尺，容貌魁梧，褒衣博带，因其迷人的风采而为人见慕。由京师返乡里，“衣冠诸儒送至河上，车数千辆，林宗唯与李膺同舟共济，众宾望之，以为神仙”；他偶然的服饰行为也成为时人模仿的对象：郡国之时，“尝于陈梁间行遇雨，巾一角垫，时人乃故折巾一角，以为‘林宗巾’。其见慕如此”[8]；雄风千古的曹操不也是在这种风气的熏陶中滋生自贱心态，以致在接见匈奴使节时，自觉形容丑陋而让人代替吗……不用更多的举例，我们便感知了魏晋人物严妆风气与内蕴之一斑，无论何晏或曹植，都是以文辞的推敲和服饰仪表的装扮而成为人的自觉这一历史命题的感性显现，而这却是容易被人忽略的构筑魏晋风度的一个重要层面。它是审美思潮的新的导向，服饰境界的审美动力不再是强大的外界，而是优越的内因，审美情趣不再趋向于外在的什么，而是回归到人自身。朝代可以你死我活地不断更替，王侯贼寇可以轮流坐庄，享受尊卑的称谓，前代看来神圣的价值观念到了后代可能一文不值……而只有人是不变的。是的，人的高低、胖瘦、黑白、美丑却不会随着城头大王旗帜的变幻而变幻，这里似乎隐含着一种永恒的美感与标准。魏晋时代的人们也许敏锐地感受到了这一点。于是我们听到晋代的荀粲公然地宣称：“妇人德不足称，当以色为主。”[9]这种坦陈对于“德色”的取舍立场，是一种解构式的思想解放，它既是对外在价值标准的抛弃，又有主体意识高扬的意味。

要求容貌自然兼及形体。于是我们看到了《晋书》记载，晋武帝为太子选妃，明确地提出了相貌端庄、身材高挑和肤色白皙的标准。上有所好，下必甚焉。女装很快做出裙子加长以助身高的敏感反应。我们从东晋顾恺之所作《女史箴图卷》中看到了女子裙裾曳到地面，上细下宽，与此相配的上衣逐渐变短变窄。这样容易造成腿长个高的视觉效果（图13-2）。

男着女装，女装便是百尺竿头更进一步，使传统的深衣变幻出多重姿态来，从汉墓出土的服饰文物来看，女装深衣的领子同时做呈现三重领款式，衣襟无限制地加长，超越了传统的下不覆土的限制，使绕襟的层数不断增加，与腰臀紧裹相对的是，下摆部分肥大而飘逸。到了晋代，深衣更趋华美，绕襟的下摆处裁制成一个个三角，上宽下窄，层层相叠而形似旌旗，围裳之中又伸出两打或数条飘带，从东晋顾恺之《列女图》、《洛神赋》中的女性着装形象来看，她们举步迎风，襟带飘逸，宛若仙女飘然云上（图13-3、图13-4）。唐陆龟蒙曾撰《纪锦裙》文，赞叹他所见到的一条六朝锦裙：“李君乃出古锦裙一幅示余：长四尺，下广上狭，下阔六寸，上减三寸半，皆周尺如直，其前则左有鹤

图13–2　顾恺之《女史箴图卷》、《列女图》中裙裾曳地的形象

图13–3　顾恺之《列女图》中
女性着装形象

图13–4　顾恺之《洛神赋》中
女性美饰的飘逸造型

二十，势如飞起，率曲折一胫，口中衔草芍辈，右有鹦鹉，耸肩舒尾，数与鹤相等。三禽大小不类，而又以花卉均布无余地，界道四向，五色间杂，道上累细细点缀其中，微云琐结，互以相带，有若皎霞残红，流烟堕雾，春草夹径，远山截空，坏墙百苔，石泓秋水，印丹漫漏，蕊粉涂染，戾亘环佩，云隐涯岸，浓淡霏拂，霭抑冥密，始知不可辨别，及谛视之，条段斩绝，分画一一有去处，非绣非绘，缜致柔美，又不可状也……”

既然不是显赫的权势，不是外在的功业，不是高深的学问，而是容貌的审美如此为世人看重，那么时代的需要便会普遍地唤醒人们在这方面的自觉意识。于是由衣装、饰物、发型、姿态、肤色等领域展开了全方位的策划与扮饰。了解到这一点，我们对东汉权臣梁冀竟有兴致与闲情设计了埤帻、折上巾、狭冠、狐尾单衣等款式就不感到奇怪了。至于其妻孙寿的美饰创造那就更高一筹了。《后汉书》称其“色美而善为妖态，作愁眉、啼妆、堕马髻”等，先在京师流行开来，并辐射到边远地带，“诸夏皆仿效”。为什么呢？因为重在容貌，发饰也理所当然地多为露髻式，即髻上不梳裹加饰，也不用其他包帕或冠饰，意在彰示生命自身的美。如明德马皇后美发，为四起大髻，发髻成后仍有余发，便绕髻三匝。“城中好高髻，四方高一尺”，当时的童谣似也能传导出某种审美流动的氛围。于是乎，汉魏时代女子戴假发颇为流行，流行发式有三角髻、三环髻、双环髻、瑶台髻和堕马髻等（图13–5）。

图13–5　汉魏女子的发髻美饰

香料自然也要进入这一时代风潮。以香料熏衣、佩戴香囊，似成为普遍的风气。例如东汉秦嘉《赠妇诗》写一次送妻四种香料，每种达一斤之多。当时香料有安息香、郁金香、苏合香、胡椒、乳香和龙脑香等。它们的获得并非轻而易举，而人们的用量却如此之大。真真进入了一个红白粉香艳的时代。

三、粗服乱头：魏晋风度的浪漫境界

魏晋风度的第二个层面是粗服乱头境界。

这是时代的苦闷、久久的郁积在服饰领地里找到的一道喷火口，但在深隐层次中仍有着更高境界的对人的欣赏意识。“粗服乱头”语出《世说新语》：“裴令公有俊容仪，脱冠冕，粗服乱头皆好，时人以为‘玉人’”。对容貌、服装的雕饰讲求走向极致，自然会引起两极摆荡的张力，一批寻求精神自由的哲人诗人们如“竹林七贤”等人，他们不满或不屑于将人的欣赏沉浸在具体琐细的世俗装扮上，而是超形而上，以叛逆的姿态奏响了中国服饰反文化的交响曲。

从《世说新语》中种种记载来看，这种虽不否定形质，但又认为神高于形，追求“修性以保神”，使“形神相亲”、“体妙心玄”的思想，正是魏晋风度的一个重要方面。如赞赏神的话：“神姿高彻”、“神怀挺率”、“风神调畅”（《赏誉》）“神情散朗”（《贤媛》）等。在阮籍的系列诗歌中我们也可以看出其中的思想脉络。阮籍的《咏怀诗》其十九云：“昔年十四五，志尚好诗书。被褐怀珠玉，颜、闵相与期”，明显提出自己从小就与文质彬彬的美饰境界宕开了距离，而心仪道家的被褐怀玉的自由境界。他更从服饰领域对当世儒生给以怜悯、哀叹：

洪生资制度，被服正有常。
尊卑高次序，事物齐纪纲。
容饰整颜色，磬折执圭璋。
堂上置立酒，室中盛稻粱。
外厉贞素淡，户内灭芬芳。
放口从衷出，复说道义方。
委曲周旋仪，姿态愁我肠。

人彻底地为衣饰礼仪所束缚，自然因物化而异化了。他认为超越有限而达到无限，取得精神上的绝对自由，才是真正的美："一天地解兮六合开，星辰陨兮日月聩，我腾而上兮将何怀？衣弗袭而服美，佩弗饰而自章，上下徘徊兮谁识吾常？"[10]衣弗袭而服美，佩弗饰而自章，是一个很有内蕴的服饰美学命题，可向上直追老庄思想，甚或逼近白贲境界，值得探究。

他有遨游宇宙的想象：

挥袂抚长剑，仰观浮云征。

——咏怀其二十四

危冠切浮云，长剑出天外。
细致何足虑，高度跨一世。
非子为我御，逍遥游荒裔。

——咏怀其四十二

在那里，才有世俗所不能见到的美："如大王之玉女兮，接上王之美人。体云气之逌畅兮，服太清之淑贞。合欢情而微授兮，光艳溢其若神。华姿烨以俱发兮，采色焕其并振。倾玄髦以垂鬓兮，曜红颜而自新。时暧霴逮逮而将逝兮，风飘飘而振衣……"[11]飘逸自在，潇洒无碍，天地大美，甩袖无边，这是形体美的自由发挥，这是服饰美的理想抒写……在阮籍这里，美就是最高人格理想的本体，是超越世俗的有限而达到穷极霄壤的无限，上述种种诗歌意象不正是通过绝对自由的精神境界以把握有限的美么？对于服饰境界而言，美既是无限，是自由不羁的精神境界，那么它就不停留在有形色声音、可见可闻的色彩面料、款式图案上，阮籍们的思维天空中也确乎没有这些表象的一席之地。他们更关注那一种超乎形色声音的不可见、不可闻的东西，突出强调美具有超感性的、深邃的精神内容，悟出更高的纯净而深美的境界；因而其视阈就不是局限于某一确定的服饰制度、尊卑纲常、容饰颜色、周旋礼仪等历历在目的东西，而是着眼于难以穷尽表达的精神憧憬与灵魂皈依。"竹林七贤"等人的服饰行为是一种自觉的追求，一种明确的美学憧憬，一种有文化背景与依托的服饰反叛运动。

阮籍在光天化日之下露头散发，宽衣大袖，袒胸箕踞；嵇康于众目睽睽之中室内坦然裸态装身；刘伶不但解衣而饮，反而以屋室为衣裤的谬说与客人抗辩；阮籍叔侄的放浪行径是那么的醒目，竟成为街谈巷议的话题：“世人闻叔鸾与阮嗣宗，傲俗自放，或乱项科头，或裸袒蹲夷，或濯足于稠众”[12]；“竹林七贤”的粗服乱头风貌也引起了上流社会文人士大夫的追踪模仿：“谢遏与王澄之徒，摹竹林诸人，散首披发，裸袒箕踞，谓之八达”[13]；阮仲容见邻院晾晒绫罗绸缎阔衣大袖，自己穷无以晾，便以竹竿将大裤头高悬院中以互相映衬；边文礼可以随意地颠倒衣裳去见新到的官员；谢遏竟能光着脚板不穿外衣来迎接权高位尊的宰相；王羲之袒腹露脐躺在门口东床迎接选婿者的到来，而又恰恰因此中选……[14]在这里，洒脱，豁达，飘逸，衣服破旧宽大，一副不食人间烟火的浪漫潇洒形象，甚至扪虱而谈，都成为名士风度而为人们欣赏不已。在这里，既不是符合世俗礼法之美，也不是前一阶段所推崇的容貌之美，而是超尘脱俗的仪态得到褒扬，甚至是丑的形体，在《世说新语》中也获激赏：“刘伶身长六尺，貌甚丑悴，而悠悠忽忽土木形骸。庾子嵩不满七尺，腰带十围，颓然自放。”一波才动万波随，上流社会的服饰行为自是社会各界的模仿对象。这些在苦闷时代以半裸状态抒写自身愤懑的圣哲骚人的着装风貌，很快在世俗社会里演化为对人体肌肤的欣赏与窥视（图13-6）。

从江南、四川等地出土的南朝画像砖、石刻等可知，南朝女装上衣变得紧身贴体，对襟直领，露出较多的脖颈和胸脯，衣袖细窄，到小臂处才变宽大；穿超轻薄的罗纱衣料成一时风气。梁沈约《少年新婚中咏》诗中有句：“裙开见玉趾，衫薄映凝肤”。看似艺术

图13-6　南京西善桥砖刻竹林七贤等人着装风貌

创作，其实是有生活依据的。据《晋东宫词旧事》记载：东晋太子纳妃时，妃子所着衣装有白縠白纱裙、绛纱复裙、紫碧纱文双裙、丹碧杯文风裙等。縠，是一种匀细轻薄的高级丝织物；纱，是薄得近乎透明的丝织品。用如此超轻薄的衣料制衣，显然是为欣赏体态和肌肤在其中若隐若现的效果。梁武帝诗："衫轻见跳脱"，跳脱是妇发、妇臂上的镯子，隔着衣衫仍可清晰地看见，那衣料的薄透露效果是很充分的了。

早在三国时，曹洪因抵御马超进攻成功而大宴部下，"令女倡著罗縠之衣蹋鼓，一座皆笑"，因舞女所着是极薄而透明的丝织品，引起杨阜的抗议[15]。这种风气当然还可向上追溯，但如此透明而近裸的着装风貌竟能步入大雅之堂，在朝廷大员的宴会上展示，应该说是有其深刻的时代原因的。再结合汉马王堆出土的羽纱禅衣来看，一款近乎现代连衣裙状的衣物重量仅59克，它的透薄空明可想而知，墓主与其家属显然视其极为珍贵而列为殉葬之物，从而我们可以想见当时世俗着装的浪漫氛围。

从何晏、曹植们的严装到阮籍、嵇康们的粗服乱头，我们看到了前者的人工美、形体美，更看到了后者智慧的美与自由的美，越是苦闷的时代越要高扬人的精神，服饰由严装转为粗服乱头也是必然。对于服饰境界从形体到精神的讲求，在任何人，在任何时代都是有的，但在魏晋，却不仅以群体出现，且从不同方面走向了绝端，走向了极致。这就是两极摆荡，令人为之侧目的服饰两极摆荡。一极是男子着意梳妆打扮，涂脂抹粉，描眉画眼，重视欣赏人的形的方面；一极是宽袍大袖，甩手无边，随意裸裎，放荡不羁，这是重视人的欣赏中神的方面。若说前者是服饰境界的人工美、修饰美，那么后者则是人的意态美、精神美。从形而神，从雕饰而自由随意，各臻其致。两者看似霄壤，其实情同手足，穷追底里，就会发现，在这里，无论是过分讲究或是抛掉衣物，无一不是对于服饰境界过分重视的具体表现。特别是后者，影响大，辐射远，从服饰方面着眼，他们确乎别开生面，以其飘若游云的风格打破了衣物的束缚与匠气，以独出心裁的创造，与古希腊的基同服饰、欧洲文人的美学服等遥遥呼应，彼此映衬，蔚为壮观。以致"晋末皆冠小而衣裳博大，风流相仿，舆台成俗"[16]；此际的宽衣大袖，其形制如《宋书·周郎记》所述："凡一袖之大，足断为两，一裾之长，可分为二。"就是与今天的休闲装比较起来，也仍有着后者难以逾越的飘然超尘、甩袖无边的艺术魅力。

四、淡装：魏晋风度的玄远境界

魏晋风度的第三个层面是淡装境界。

代表人物是陶渊明。

就服饰本身的波动轨迹而言，从严装到粗服乱头再到淡装，恰是一个完整的摆荡过程。陶渊明辞官为民，重视人格构建，可谓淡远深挚。脱掉冠冕着素装，他的服饰自然平朴，一如他淡远亲切的诗句。同样是突出了人的欣赏，但这里没有何晏、曹植们的雕琢气、炫耀感，也没有阮籍、嵇康们的激烈性和刺激感，他更自在，服饰的平淡如同他的隐身山林，既在不随流俗中展示了人格的高昂，却又那么自然随意，平和谦冲。他不在乎“礼服遂悠”[17]，隐居田园便觉自在安然，“凯风因时来，回飙开我襟”[18]，就很有“被褐欣自得”的舒贴与慰安；来了朋友，衣冠不整自可以急急去迎，“清晨闻叩门，倒裳往自开”，也许还可带来相逢一笑的乐趣；归隐衣着素淡粗陋一些，也许只是自嘲的淡淡一笑：“褴褛茅檐下，未足为高栖”，而死后是否着装也无足要紧：“裸葬何必恶，人当解其意”[19]；生活境界中的自我，“被服常不完”也好，“十年着一冠”也好[20]，自可以完全脱去衣装饰饰之累与礼仪周旋之繁，“缓带尽欢娱，起晚眠常早”[21]；即便有着“披褐守长夜”的艰辛，有着无人应对而“晨鸡不肯鸣”的寂寞[19]；他还是淡然泰然，在陶渊明看来，无论是严寒的冬天还是酷热的夏天，粗陋的衣物也就足够了：“御冬足大布，粗絺以应阳”[21]，大布即粗布，应阳意即应对夏天的时光。他因有着高远的人生寄托，任意简淡的服饰都能成为审美境界引起他内心恒定的平衡与淡淡的愉悦。

想当初《归去来兮》，不就是颇得意于“舟遥遥以轻飏，风飘飘而吹衣”的欢快与潇洒么？悠闲地居于田间农舍，不也快慰于“凯风因时来，回飚开我襟”的宁静与舒展么？他常常随意拿下头上的葛巾来漉酒，又漫不经心地将它戴在头上。他据此还自得地劝慰自己与友人，在此情此境中须得细细斟酌才有意趣：“若夫为快饮，空负头上巾。”在这一诗句后面，何孟春特别注出：“史言先生取头上葛巾漉酒，还复着之。”[22]试想举杯之际，浸渗了酒意的头巾上酒滴犹零，醇香如雾四处弥漫，倘若是一饮而尽，岂不是辜负了漉酒之巾的盛情与美意么？

显然，在陶渊明这里，衣装佩饰可精可粗，可多可少，可讲究可随意，甚至是可有可无……重要的是着装生命主体的高扬，是内在情感的舒徐自在，是在可观可行、可居可游的理想境地里悦耳悦目乃至悦神悦智的心理感受，这自是服饰境界的闲适自在与淡泊平和，这更是启人蒙昧耐人寻味的人的发现与文的自觉（图13–7）。可以说，陶渊明的看似不起眼的服饰境界为魏晋风度做了总结，画上了一个比较漂亮的句号。

应该说，陶渊明的淡装并非平地三尺浪，除却前述的思想资源、生活土壤之外，也还是有先贤楷模的。向前略略追溯，我们可以发现陶诗所涉及的人物与典故，从帝王将相到一般文人士大夫，大都有着欣赏朴素之美的思想境界：

汉文帝“身衣弋绨，所幸慎夫人衣不曳地，帷帐无文绣，以示敦朴为天下先”[23]；汉景帝临终前一年还下诏，不要搞“雕文刻镂”、“锦绣纂组”[24]。

图13–7　唐孙位作魏晋高逸图

《汉书·杨王孙传》：“及病且终，先令其子曰：吾欲裸葬，以反吾真。死，则为布囊盛尸，入地七尺，既下，从足引脱其囊，以身亲土。”意即杨王孙临终令其子将自己裸葬，说是为了回归本真的境界；说自己死后用布袋盛尸，入地七尺以后，从脚下抽脱布袋，让身体亲触泥土。这里有以泥土为本的观念，更有以衣物为外在累赘的意念。对此陶渊明深受触动并赋诗唱叹：“裸葬何必恶，人当解其意。”

东汉时，桓少君嫁给鲍宣，嫁妆颇丰盛。而鲍宣以为新娘生于富家娇生惯养，习于美饰，而贫穷的自己不能接受如此丰盛之礼，于是少君便将嫁礼全部退还，着短布裙，与夫君“共挽鹿车归乡里”[25]。

梁鸿娶得孟光后，因不满其美艳的新娘装而七日不理不睬，不明其故的新娘追问其原因，梁鸿直言相告，说自己喜欢朴素的人，因而对穿绮罗、搽脂粉者总觉不称心。孟光听后便改成椎髻，着布衣，干起家务事，梁鸿不禁大喜过望[24]；马融的女儿马伦出嫁时也有类似的故事与情节[24]。

陶渊明曾作系列诗歌咏唱历代忧道不忧贫的有持操的士人，他们的服饰是那样的质朴简淡，而人格意趣却是那样的高远：“清厉岁云暮，拥褐曝前轩”[26]；“原生纳决履……弊襟不掩肘……岂忘袭轻裘，苟得非所钦”[26]。虽说现状是鞋帮破裂衣不掩肘，也自然没有忘却自己抛弃了那曾有过的冠冕堂皇轻裘飘飘，然而不仅无愧无悔坦然自在，甚至于自由自在、自傲自得，这岂止是前朝历代的贫士形象，径直就是陶渊明自我情怀的抒写与唱叹了。

与此同时，对于当时竞美趋新的服饰热潮持超脱淡漠态度者也不乏其人。当时的流行热潮有《后汉书·马援传》记录的歌谣为证：“城中好高髻，四方高一尺；城中好广眉，四方且半额；城中好大袖，四方全匹帛”。朝廷、京师，上流社会往往是服饰流变的策源地，跟风与从众的流行意识往往将某一款型推向极端与怪异，从何晏、曹植的浓艳美饰到阮籍、嵇康的粗服乱头自然会引发变幻不已的服饰模仿流动潮。而比陶渊明稍前的道教理论家葛洪曾以超脱的态度对东晋服饰流行潮有所评述：“丧乱以来，事物屡变，冠冕衣服，袖袂裁制，日月改易，无复一定。乍长乍短，一广一狭，忽高忽卑，或粗或细。所饰无常，以同为快。其好事者，朝夕仿效。”[27]表现出对时装潮作壁上观的超脱与冷静。而胸襟空阔善弹无弦琴的陶渊明，对前代知音的点拨岂能不悠然神会，感悟到可意会而不可言传的妙境呢?

事实上，就服饰而言，陶渊明并非敬而远之的局外人。他自己对于服饰境界颇为娴熟，在其所作《闲情赋》中以服饰为中心喻体，反复唱叹：

> 愿在衣而为领，承华颜之余芳；
> 悲罗襟之宵离，怨秋夜之未央。
> 愿在裳而为带，束窈窕之纤身；
> 嗟温凉之异气，或脱故而服新。
> 愿在发而为泽，刷玄鬓于颓肩；

悲佳人之屡沐，从白水以枯煎。
愿在眉而为黛，随瞻视以闲扬；
悲脂粉之尚鲜，或取毁于华妆。
愿在丝而为履，附素足以周旋；
悲行止之有节，空委弃于床前。

这段看似缠绵的文字自是寄情之作。但从某种角度来说，不是深深地隐藏着对于严妆境界否定意味么？从人生的境界来看，无论是形体装饰得多美，还是作惊世骇俗的天才的跳舞，都不免有意邀宠之嫌。其实陶渊明所着意的是“舟遥遥而轻飏，风飘飘而吹衣”的平淡自在。人到无求品自高，草木有本性，何求美人折呢？再说服饰的境界也如其他艺术一样，“欲造平淡难”啊！从这个意味来看，陶渊明的归隐恰恰是以非自觉的状态，将魏晋风度提高到了一种人生境界的更高层次。虽然具体在服饰上，他没有粗服乱头的浪漫轶事，也就显得没有更多的资料留供后人在饭后茶余津津乐道。

从严装到粗服乱头再到淡装，从最看重外在容饰到最重内在资质智慧，恰构成了融理性与非理性为一体的两极摆荡，或者构成了服饰“钟摆运动”的全幅震荡过程。这一思维模式不仅影响了服装款式及流行潮，且对后来以极大的影响，而且从某种角度上概括了人类着装的全方位的心灵感受与多元化的着装风貌。

余论

综上所述，可以概括地说，魏晋风度是一个服饰的艺术境界，它的形成是一个美的历程。虽说它的粗服乱头式的天才跳舞更为后人所关注所惊叹，但前面的严装与后来的淡装也是不容忘记的，它们共同构筑了魏晋风度的美学风范和艺术魅力。

魏晋风度显著地披露了一个容易为服饰专家们所忽略的问题，即男性也是时装潮的弄潮儿。年龄差异，性别区分，民族界线，时代挪移，都不能使任何人置身于爱美之心人皆有之的围城之外。值得注意的是，魏晋风度所展示的一系列着装风貌，一个个大有深意的服饰轶闻趣事，都说明了男装对于社会文化变革是颇为敏感的，因为男子对于美饰也同样是痴情的。一般人可能会认为男子重理性故志在四方以世界为装饰，女子重感性故美化己身以服饰为皈依。于是乎男子一讲服饰就儿女情长英雄气短了。其实从严装到粗服乱头再到淡装，每一次服饰变革前都有社会动荡、思想变革的背景。而任何一次思想的动荡，首先都无一例外地引起男装的转换，而女装不过是在男装变革大纛下推波助澜、活跃多姿且变幻无定的产物而已。而魏晋风度恰是服饰运动这一规律的文化范式。

魏晋风度内在的灵魂是对人自身的欣赏。它有着深厚的人本意识的底蕴。对人的欣赏当然是有层次性的，但万变不离其宗。简言之，严装是点缀、呵护人自身而出现的外在美饰；粗服乱头是抛却外在有形无形的种种束缚而对人主体精神的高扬；淡装是对人更深沉更持久的内在资质的烘托与维护。可见，无论严装也罢，粗服乱头也罢，淡装也罢，它们虽在具体的形下操作中可能有偏颇和败笔，但从文化意义上显示的，仍是对人自身的欣赏，不是将着装者由社会人降格到自然人，而是在更高的精神领域左奔右突，使人内在与外在魅力的表达更为全面，更为合理，更为自由。在这个意义上，魏晋风度就具有了更为普泛的美学价值和文化价值。

魏晋风度的理论铺垫应是佛学的人体美学与刘邵的《人物志》，与前人相比，它摆脱了服饰束缚于伦理框架制有模式，在一个新的领域里拓展了中华服饰文化的视界；对后来影响而言，它直接为唐代大胆、浪漫、优雅的服饰新风貌的构筑助以一臂之力，使中华服饰文化或隐或显地在以衣为本与以人为本的两极标尺中不断摆荡。需要说明的是，这里人的觉醒首先是发现了人自身的价值——生命个体容貌的真切存在以及可真切地欣赏；生命个体内在资质的陶醉与自足——但由于在纲纪松弛的乱世，对人的欣赏虽有近乎哲学美学的理论概述，试图将审美的立场从政治伦理的立场转向任何一个生命本体，但却缺乏历史文化的积淀，由于没有像希腊神学哲学关注人本体那样的厚重铺垫和支持，又与传统在朝的孔孟学说与在野的老庄观念相距甚远，自然底气不足，不为舆论所容而每每被视为异端。这也是魏晋服饰风貌往往只作为饭后茶余的谈资而被误解、被看轻的缘由。当然今天的我们可以因清醒的时间距离，明晰地感知那时尚的辐射源与审美的动力源了。

记得西方一位哲人说过，一切历史都是现代史。从服饰境界看，魏晋风度的话题本身就有着更为深刻的当代性。我们谈魏晋风度，在最深刻的层面上，我们都是在谈自己。

思考与练习

1. 何为魏晋风度？
2. 简述魏晋风度形成的文化前提。
3. 简述魏晋风度三个层面的风貌以及代表人物。
4. 你喜欢魏晋风度的哪种风貌？为什么？

注释

[1] 引自《战国策·邹忌讽齐王纳谏》。

[2] 引自班固：《汉书》。

[3] 引自宋玉：《登徒子好色赋》。

[4] 引自《三国志·杨阜传》。

[5] 引自《后汉书·李固传》。

[6] 引自《后汉书·卷十六·马融传》。

[7] 引自《三国志·卷三十二·先主传》。

[8] 引自《后汉书·卷六十八·郭泰传》。

[9] 引自《世说新语·惑溺》。

[10] 引自《阮籍集》：70。

[11] 引自《阮籍集》：71-72。
[12] 引自葛洪：《抱朴子》。
[13] 引自《晋记》。
[14] 引自刘义庆：《世说新语》。
[15] 引自《三国志・魏志・杨阜传》。
[16] 引自《晋书・五行志》。
[17] 引自《陶渊明集・赠长沙公》。
[18] 引自《陶渊明集・和郭主簿二首》。
[19] 引自《陶渊明诗・饮酒二十首》。
[20] 引自《陶渊明诗・拟古九首》。
[21] 引自《陶渊明诗・杂诗十二首》。
[22] 引自《后汉书・文帝记》。
[23] 引自《后汉书・景帝记》。
[24] 引自《后汉书・列女传》。
[25] 引自《后汉书・逸民列传》。
[26] 引自《陶渊明诗・咏贫士七首》。
[27] 引自葛洪：《抱朴子・讥惑》。

现象研究——

雍容大度　盛世衣装——唐代服饰的文化探寻

课题名称： 雍容大度　盛世衣装——唐代服饰的文化探寻

课题内容： 兼收并蓄的文化场

服色内涵的再构筑

盛行胡服

时世妆波澜起伏的模仿流动

袒裸之风：人体美的展示

女着男装：历史新风貌

上课时间： 4课时

训练目的： 通过本章教学，使学生对唐代的盛世衣装的开放格局有所了解与把握；对服饰的规矩与自由、特色与融通等层面有新的理解与感悟。

教学要求： 唐代服饰文化的成就重在其实践渐近自由的无拘无束，因而其理论思辨相对无创意性的推进。在展示其成就时，重在理论解读，重在对种种服饰事象的意蕴探索。

课前准备： 阅读唐代服饰的相关历史与文学文献资料。

第十四章　雍容大度　盛世衣装
——唐代服饰的文化探寻

唐代是一个让人想起来就心神健旺的时代。

唐代有许多举世瞩目的成就，服饰便是其中之一。可以说，这一阶段的服饰在不同层面不同领域所展示的新格局新风貌，可圈可点，可赞可叹，可歌可颂，为中国服饰文化史树立了一个重要的里程碑。也使有唐一代成为服饰界津津乐道的话题。对此，人们已经说过了千言万语，也许还有万语千言要说。笔者无意在唐代服饰是什么上说更多的话，而更愿意在几个不同的侧面谈谈唐代服饰为什么如此，即在唐代服饰的文化渊源及其意蕴上做一点追寻。

一、兼收并蓄的文化场

我们知道，在文化意义上，任何事物的开端往往奠定了它的总体格局与发展的思维模式。一说到唐代，人们自然会想到唐初就推行的"均田制"的土地分配和"租庸调"的赋税劳役制所造成的经济空前繁荣景象；想到唐代疆域博大，政令统一，连通四海，有着"万国衣冠拜冕旒"的辉煌地位与威严；想到唐代诗歌、音乐、舞蹈、书法、窟洞艺术等空前地繁荣与昌盛；想到唐代实行的科举选拔制使得通过学习努力就能实现"朝为田舍郎，暮登天子堂"的梦想，从而唤起了全社会积极向上的奋斗热情……这些方面，谈论的人很多了，精湛之论、独到之处比比皆是，无疑都是对的。我觉得，唐代服饰文化能有如此丰富而多样的拓展，能有如此奇异而新美的创造，就在于唐代的种种社会力量有意无意间营造了一个平等容物、兼收并蓄的文化场。构筑文化场的要素，除却上述那些直接或间接的几点而外，更为重要的还有以下两点。

1. 相互抵牾的儒释道学说鼎足而立，成为有唐一代建国立业的理论基础，使得唐人有着前所未有的宽容、宽松、宽厚的思想格局与眼界

我们知道，唐代对各种宗教、各家学说多有扶持，一般不加阻挠。新兴的科举制不只使儒家学说空前发扬，而且使儒家"学而优则仕"的理想实现有了制度化的保证；封赐国师的名号不只使道教、佛教地位尊显，而且彼此平起平坐，有了跨文化传通的对视对谈的机会。玄奘前往印度取经（图14-1），太宗亲自诏见，并以政府的人力物力资助他的翻译工作；此后印度及西域的高僧在唐时来华翻译佛教经典的不下数十人。不仅如此，就是其他宗教，如景教等也都在长安设有寺院，[1]其教正长老，也由政府授以官位品职。

于是，在意识形态领域，不再是狭隘地将天下的思维拘束于一个模式，不是僵硬地强制天下只发一种类型的声音，而是以制度的形式让不同的宗教平起平坐，让纷杂的学说传布人间，给思想以尊严，还心灵以自由。

图14-1　唐大慈恩寺玄奘法师像

于是，我们看到唐人着装多引入异域的格调，创制前所未有的风貌，即使新异、奇崛甚至怪诞，但他们作为当事人没有更多的争议与谴责，没有阻挠和打击，一任时尚风潮波澜起伏。而一直到了事件过后，甚或到了另一个朝代才引发了一些议论，如《新唐书·五行志》等史志作者，以传统惯性的思维，根据服饰的一些新潮现象与政治事件联系起来。如天宝年间胡服大盛，被认为是服妖，是安史之乱的先兆；还有唐末京都妇人梳发以两鬓抱面，状如椎髻，时谓之抛家髻。又时尚以琉璃钗钏……抛家呀，流离呀，都是流离失所的先兆云云。如此不稽之谈，虽直通“垂衣裳而天下治”思路的模式，虽可能会超越时空不时泛起而影响人们的着装观念，但对于唐人而言，却只是事后的窃窃私语而已。因为在唐人那里，不同文化格局下的服饰观念不受阻碍而得以广泛传播，不同意味的款式都能模仿流动而不受扼杀，不同凡俗的服饰创造有了更为博大的展现空间和发展余地，因为这里有多样的标准与超脱的眼界。

唐人着装一切的一切当以此为根基，以此为背景，也从此着眼才可迎刃而解。简单来说吧，儒家华衣美服，等级礼节，文质彬彬；道家被褐怀玉，知白守黑，清静无为；佛境无父无母，蔑弃常礼，右袒裸臂……这三者文不同源，形不同制，从服饰感受、理论主张到服饰款式都有很大的距离。儒道的冲突在先秦早就展开，如第七、第八章所述。而儒释的理论冲突在六朝就开始了，如第十一章袒服论争即是。但进入唐代，这三者显性的冲突淡化了，消隐了。儒释道三教鼎立的国策，熏陶拓展了唐人特有的眼界与胸襟。

2. 民族大融合助成了服饰习俗的兼容格局

从民间角度讲，到唐时异族相融的范围相当宽广，异族相融的氛围相当浓厚。自南北朝时期所谓的五胡乱华以来，特别是北魏孝文帝的废胡服着汉装，使得民族服饰习俗在民间真正由冲突走向融合。据《唐六典》记载，八世纪的长安百万的总人口中，各国侨民和外籍居民约占百分之五；唐先后曾和三百多国家有交往，最少时也有七十多个，当时长安城中有三十多个国家的使臣、商人和留学生，仅在国学中学习的就有高句丽[1]、

[1] 高句丽：也叫高丽，高句丽族源于我国东西涉貊族的一支。4世纪初，南占乐浪郡地。嗣后在朝鲜半岛与新罗、百济形成三国鼎立局面。

百济[1]、新罗[2]、日本、吐蕃[3]、高昌[4]等国家或民族的留学生八千余人，这说明长安已成为各国各族人民聚居的国际化的大都市；不少士兵、将军、朝廷官员甚至对外使节都由外国人来担任；更大范围来说，西域各族君长尊崇拥戴唐太宗为天可汗……这样一来，在民间生活中，不同民族的服饰款型，不同的服饰观念与习俗，不同的服饰传统与心态，就会渐渐发生变化，从可能的冲突变为彼此理解，从可能的轻视变为彼此尊重，从可能的疏远变为彼此亲近，彼此逐渐在渗透中互补与融合起来。

从统治集团的构成来看，有唐一代，民族融合在上层更有一个先天的基础，即皇族不少人本身就有着民族融合的血统。据史载，李世民即有八分之一胡人血统；长孙皇后的祖先即北魏献文帝拓跋弘之兄，她的家世经历西魏北周王公大人的身份，才改为长孙；高宗未立之前，李世民之另一太子李承乾就喜作突厥语，喜着突厥服；武则天母亲杨氏与隋杨为一家，隋炀帝的一个女儿为李世民之妃，而隋炀帝即出自独孤氏，也是鲜卑大姓；当时朝中此类人物极多，可见少数民族酋领与有门第的汉人联姻，经过北朝各阶段，成为一种新型贵族，也有垄断朝政的趋向。可见民族融合、服饰互渗等方面的跨文化传通，对于隋唐王室来说，不只是统御天下的政治谋略，而且从某种角度来说是与生俱来的生活渗透与文化承传。

二、服色内涵的再构筑

服色在唐代不是什么新问题了，我们从第二章的表述中就可知道，从远古到夏商周以来，每个历史阶段，服色都有它的变化和发展。在唐代服饰境界中，服色从形态上看似乎依然古旧，但内涵却是全然刷新，重新构筑了。这里仅从皇帝宠黄、品色衣与举子白装三个方面来谈谈。

1. 皇帝宠黄

皇帝着黄色，并不自唐始，但黄服色成为帝王的专宠，却是这一时期形成的千年不易的制度。这就耐人寻味了。我们可以追溯一下从皇帝着黄及其对这一色彩专宠的文化历程。第二章就谈过，按传统五行学说，黄帝主中央之土，土色为黄，因用于衣，以顺时气，《礼·郊特牲》：“黄衣黄冠而祭”；又《月令》：“天子居大庙大室，……衣黄衣，服黄玉。”汉董仲舒将此一学说整合到儒家系统之内，有了为帝王师的儒家学说的呵护，黄色底蕴更见丰厚，于是一路飙升起来。

儒家尚黄，道教亦尚黄。相传黄帝常着黄衣，汉代道教崇尚黄帝与老子，冠帽服

---

[1] 百济：朝鲜半岛古国。相传朱蒙子温祚创立。后与高句丽、新罗鼎足而立，史称“三国时代”。7世纪中叶并入新罗。

[2] 新罗：朝鲜古国。本辰韩十二部中之斯卢部。相传公元前57年建国。至公元4世纪中叶成为朝鲜半岛东南部强国。继而与百济、高句丽形成鼎足，史称“三国时代”。

[3] 吐蕃：唐代对我国藏族政权的称谓。——出版者注

[4] 高昌：古城国名。——出版者注

履皆用黄色，以后相沿成习。唐韩愈《华山女》诗：“黄衣道士亦讲说，座下寥落如明星。”

更为有趣的是，佛教也尚黄。佛教真言宗在原佛学“四大”（地、水、火、风）的基础上提出六大缘起的宇宙要素及宇宙生成论。他们认为一切有情、非情都具有六种子，即识、地、水、火、风、空。其中地大真言字为阿（A.ah），表现为方形，显色为黄色，阿字在真言宗观中占有相当重要的地位。阿字在梵语中有不、无的意义。密宗采用类比法，取来阿字在语音中的根本性地位的“根本”义，作为阿所标示的地大的本元义；又将阿字的语义“无、不、非”引申为佛教本体性范畴的无生、不生、非有。这两个意义的结合，也就成了真言“阿”代表地大“本不生”的大乘密宗义理。水大，真言为毗（vd、vi），它的形色是圆，显色表现为黄色。其他的经典资料就很多了：

《法华经》观世音菩萨重白佛言：“世尊，我念过去无量亿劫，有佛出世，名曰千光王静住如来。彼佛世尊，……以金色手摩我顶上……”；

《礼忏起止仪》写普贤菩萨：“身诸毛孔，流出金光，其金光端，无量化佛”；

《无量寿经·发大誓愿品》，无量佛发愿“我作佛时，十方世界，所有众生，令生我刹，皆具紫磨真金色身……”；

《三藏法教》写佛三十二相，其十四即身金色相。身色如黄金，所谓紫磨真金色身；原来极乐世界的梵语为须摩提（sumati），其本意为妙意、好意，清泰。须摩提又作须摩那（sumana），须摩那的梵语本意为好意花、悦意花，《慧苑音义·下》：“须摩那花，此云悦意花，其形色俱媚，令见者心悦，故名之也”；玄应《一切经音义》三：“其色黄白，亦其甚香。不作大树，才高三四尺，四垂似盖者也。”

……

倘若不了解这些，人们往往容易困惑：在唐以前黄服色上上下下都可以通服，如隋朝士卒服色就是黄色。按说唐代更有博大开阔的心胸，似应在服色更为开放才是，怎么反倒将黄色收敛起来而据为己有呢？唐高宗时代全面禁止官民服黄，从直接的诱因来说，似乎纯属偶然，似乎是因洛阳尉柳延服黄夜行被人殴打等琐细事故。其实更为必然而深远的原因，乃是儒释道三家对黄色的无缘类同的一致尊崇。众所周知，儒释道三教并举是唐代的国策。而学说颇多歧义的儒释道三家竟然不约而同地崇尚黄色并赋予它以神化的内涵，尽管其内在的逻辑与依据可以相距十万八千里，但如此不约而同的跨文化合力，就将黄色推到了前所未有的神圣而崇高的地位上去了。此时此刻，黄色仿佛以其神秘的意味，成为崇高的万花筒、祥瑞的辐射源、理想的通行证与神圣的护身符，成为“绝对理念的感性显现”（黑格尔语）了。有唐一代帝王专宠黄色也就有了宽厚的依据和丰沛的底气。从此一种新的规范沿袭开去，黄袍加身就成为帝王的专宠而代代不衰，就成为帝王登基的象征而备受推崇。于是，这种款式这种服色及其形成的文化心理定势一直延续到清朝灭亡。

2. 品色衣

品色衣制度，也是隋唐明确以衣服的色彩来区别官品尊卑的服制。不只朝服，就是常服也在等级的门前排起了序列。

服饰等级制源远流长，在《周礼》、《礼记》、《仪礼》中我们都能看到它那浓厚的身影。但相对于前代意在从款式、面料、图案、佩饰等来区分等级，隋唐特别提出了系统化的色彩的标志功能。它无疑更明快更醒目。从隋大业二年起，即令尚书杨素制定舆服制度，明确地指导思想是让服色皆有等差。隋大业六年，诏从驾涉远者，文武官等皆戎衣，贵贱异等，杂用五色。

唐承隋制。贞观四年，诏三品以上服紫，四五品以上服绯，六品七品服绿，八品九品服青，妇人之服从夫之色。完全套用隋的模式，只不过稍简略而已。高宗显庆六年，定三品以上服紫；四五品服绯；六品深绿，七品浅绿；八品深青，九品浅青，流外官司及庶人服黄；高宗上元元年，敕三品以上服紫，四品深绯，五品浅绯，六品深绿，七品浅绿，八品深青，九品浅青，庶人服黄。如前所述，高宗很快又禁止官民服黄。

从太宗到高宗，且高宗在相距很短的时间内连连下诏强调品色衣的问题，说明新的制度需要在不断地强调中巩固以成惯例，也似乎说明统治者敏锐地发现了品色衣在管理与监督方面带来了某种便利与明快（图14–2）。

图14–2　唐凌烟阁功臣图部分图像

段成式《酉阳杂俎》记载了这样一个故事：唐明皇封禅泰山，张说为封禅史。按照惯例，凡封禅后自三公以下皆迁转一级。而张说的女婿，原九品官郑镒却骤然升迁五品，穿上了绯红朝服。不久，明皇诏赐臣民聚饮，见郑官位腾跃，好生惊怪，疑而问之，郑无言以对。旁人不无含蓄地说此泰山之力也。遂成为以泰山代丈人的典故。显然，倘若没有品色衣的显示，唐明皇怎能迅速地发现升官封爵中的弊端呢？可见唐虽直接沿袭隋制品色衣，但却更为严密精细。它着重强调在官僚体系内的等级差异，对官服色彩如此费尽心力地策划与强调，固然有着自周以来“垂衣裳而天下治”惯性思维的延展，但也出现更新与变异，即如定紫色为三品之尊就是大有悖于儒教的。如第七章所述，孔子曾声讨齐桓公因尚紫所引发的紫服色流行现象。然而以紫为贵古来不只是世俗的观念，而且如第八章所述，紫色还是道教推崇的神仙境界的烘托与象征呢。倘若跨文化来考虑，远在爱琴海地区的古希腊罗马服饰也一直视紫色为尊贵之色。自汉张骞通西域以来，丝绸之路在唐时更是盛况空前，西亚、北非、东欧的客人来来往往，服色以紫为尊是否还有跨文化传通的因素，尚有很大的想象空间。具体结论当然有待于经典资料的印证。但无疑，在世俗审美文化以及佛教、景教等异域文化不同角度的冲击下，中华服色传统在不断地调整、整合中对自我个性有了进一步的挖掘与发展。

3. 举子着白衣

唐士子还没有进入仕途时，都着白袍。《唐音癸笺》：“举子麻衣……”，麻衣即白衣。唐制新进士皆着白袍，唐时亦有不经考试而由岁贡进入官场的人，常称之为白布公卿或者一品白衫。可见在周代以来的历史四方色彩模式中作为死亡与悲哀象征的白色，在现实品色衣系统中被贬至最低微地位的白色，在这里仍有着非同寻常的恃宠境遇。值得推敲琢磨。

全国学子衣装着素白之色，自然还可联想到物到极时终必反的《周易》思维模式，最下位的白服色，岂不可以预示着腾身而起的未来前程？况且《周易》中专门描述美饰境界的贲卦认为至高之饰就是无饰，是“白贲无咎”！《道德经》中一个重要的观念就是“知白守黑”；加之举子们所熟读的《诗经》中颇多歌颂白衣的诗句，如缟衣綦巾，聊乐我员等；再如第十一章所述，为佛学文化所照耀，白色焕发出神奇圣洁的光彩。

也许唐时就进入中原且传播二百余年的景教，即基督教，也是助成白色为尊的不可忽略的因素。唐太宗为其流传而撰文勒碑至今仍矗立在昂扬的大雁塔前，便是明证。依据其文化元典《圣经》，可知在这一宗教视域中，白色是天堂、上帝、圣母与天使着装的色彩，也是他们的象征，白色是光，是上帝创造的元文化……可以想见，在唐代一个大开放大吸纳的社会心态里，面对如此一种尚白的异域文化思想的冲击与影响，全盘接受也许不可能，但起码也会因此激活中华传统本身就有的尚白基因来。

还有重要的缘由，即隋唐前接的是五胡乱华、民族共融时期。北朝时入主中原的匈奴、鲜卑、羯、氐和羌五个少数民族或因羊图腾、白灵石崇拜而多崇尚白色。而在唐代与内地有密切关系的吐蕃，原本就是古羌族的一支，属羊图腾白色崇拜的民族。他们原本为游牧民族，草原上飘似云朵、白似珍珠的羊群自是为生活的支柱，生命的依靠，雪白的羊毛、羊皮为衣为裳，洁白的羊奶为饮为食，岂能不视白色若宝而顶礼膜拜？至于冬雪化积水才可人畜饮用，牧草才能丰盛，白色岂不象征着丰收与祥瑞？也许游牧区气候多变，人们夜晚多恐惧无助故而企盼亮亮的白日？抑或是清亮亮的泉水日夜奔流呵护着生命的永恒，从而幻化为圣洁的哈达象征如意与美满？再则，如前所述，隋唐的统治者不仅在北朝时期就是皇亲贵戚，而且无论是隋文帝还是唐太宗或多或少都有着胡人血统。总之，这一切的一切都会对中原服色产生多层次、多角度的渗透力量，不断地影响着、冲击着人们的服色观念，或多或少地改变着白服色的文化内涵。

了解到这些，我们便不难明白，反射一切光、属于无彩色的白色，此际能够稳稳地在举子们的服色中担纲主角，它与崇尚黄色、设立品服色一样，显然有着跨文化传通而来的丰厚内蕴。

三、盛行胡服

众所周知，胡服并非自唐代才开始进入中原内地，但大盛于唐却是显而易见的。前有赵武灵王胡服骑射，但仅限于军装而已；后有汉灵帝喜胡服，但为社会舆论所否定而昙花一现；[2] 而唐代胡服堂而皇之登堂入室，上至帝王将相宫廷官署，下至平民百姓市井院落，几乎无人不胡服，无处不胡服，一个新时代的服饰新潮迅速形成。

事实上这种变化在隋朝就已开始。东西南北民族大融合是促成这一变化的重要因素，多样的款式在优劣比较鉴别中自会带来着装观念的解放和自由。游牧民族的短打扮穿起裤子和靴子，不只是先秦时代的一个小国家胡服骑射的影响，而是全方位的渗透与辐射；隋唐科举制度的兴起，为各个阶级有才干的青年提供了走向上层社会的良机，“朝为田舍郎，暮登天子堂。将相本无种，男儿当自强”，这首后世流传甚广的神童诗形象地说明了考试制度给整个社会带来的希望与热情，给每个人命运以多种选择的机会。短打扮便于奔走（唐代诗人多壮游海内，深衣大袖何如窄袖短打扮精干利落？杜甫困守长安为理想而挣扎时，只能无奈且殷勤地“朝叩富儿门、暮随肥马尘”，长衫宽袍如何能取悦于人？），便于骑射（从军似是走向上层的捷径，有杨炯诗：“宁为百夫长，胜作一书生”、高适诗“男儿本自重横行，天子非常赐颜色”为证）。总之，开始紧张的生活节奏，现实的功利需求，自然冲淡了上衣下裳的舒缓消闲之美，而代之以精干紧凑的服饰新风貌。

唐人着胡服，不只指少数民族服饰，还有大量异国之服。盛唐举世瞩目，条条大路通长安，万国衣冠拜冕旒。与唐王朝来往的国家以数百计。唐长安城不只住着汉族人、回纥❶人、龟兹❷人、南诏❸人，还有大量外国人，如日本人、新罗人、印度人、波斯人、阿拉伯人、越南人等，这些人云集长安并常驻于此，胡服在中原地区盛行，与此影响有关。雄伟壮丽的长安大街，成为当时世界上最为瞩目、最为宽阔的T台，让尽可能更多的民族服饰在此间展演与示美。

唐人崇尚胡服的一个特点，妇女着胡服者甚多。《新唐书・舆服志》：“开元中，妇

---

❶ 回纥：古族名。唐贞元四年（788年）自请改称回鹘。

❷ 龟兹：西域古国名。唐代安西四镇之一。

❸ 南诏：古国名。唐代以乌蛮为主体，包括白蛮等族建立的奴隶制政权。西传十三王，十王受唐册封。

女服斓衫，衣胡服。”这似与胡舞的流行有关。从记载来看，胡舞的动作姿态，与舞者的服饰有密切关系。如从西域康国传入的胡旋舞，舞者二人，皆穿“绯袄，锦绣绿绫浑裆裤，赤皮靴，白绔，双舞急旋如风，俗谓之胡旋。”[3]再如从石国传入的胡腾舞，舞者须戴虚顶帽、着窄袖细毡衫。唐刘言史《王中丞宅夜观舞胡腾》：“石国小儿人少见，蹲舞樽前急如鸟。织成蕃帽虚顶尖，细毡胡衫双袖小。”（图14–3）可见别具一格的异族风味的服饰始终是欣赏歌舞时关注的重点之一。

图14–3　唐壁画与陶俑中所见的胡帽

唐玄宗、杨贵妃喜胡舞，上有所好，下必甚焉。一时间造成声势浩大的影响，如白居易诗歌所述“臣妾人人学团转。”既然人人学胡舞，那么作为起码的装扮粉饰，拿来与模仿是最方便不过的事。《安禄山事迹》卷下：“天宝初，贵游士庶好衣胡服，为豹皮帽，妇人则簪步摇。衩衣之制度，衿袖窄小。”可见从艺术到生活往往只是很短的距离，因为服饰本身就兼备了实用与审美的双重质素。于是这一演变的轨迹，这一行进的节奏，便顺理成章地从对胡舞的崇尚、演绎转到对胡服的模仿，进而是胡妆盛行的格局。元稹诗《法曲》咏叹道：“女为胡妇学胡妆，伎进胡音务胡乐”，“胡音胡骑与胡妆，五十年来竞纷泊。”模仿到痴情时，甚至一个微小的细节也不放弃。例如舞者腰带上往往系一金属小铃，随舞步发出有节奏而清越的音响。它以闪光的色彩、悬垂的动感、精致的形态和悦耳的音韵进入服饰，便平添一份鲜亮，一份活泼，一份童趣。这既是西域舞服的点缀，也是日常服饰的美饰，唐人模仿胡舞时，爱屋及乌，自然也舶来了这一缀饰。

从乾陵章怀太子墓、永泰公主墓壁画及吐鲁番阿斯塔那张礼臣墓出土的绢画中，可知唐人胡装，由锦绣帽、窄袖袍、条纹裤、软锦靴等组成（图14–4）。衣式为对襟、翻领，窄袖；领子、袖口、钿镂带和衣襟等部位多缘一道宽阔的锦边。眉间有黄星靥子，面颊间加月牙儿点装。重文物、重实证的沈从文在《中国古代服饰研究》一书中认为，开元天宝年间妇女着胡服，也许是受回鹘[1]文化的影响。我们知道，回鹘天宝三年在蒙古高原建立了回鹘汉国，接受唐朝册封，从此与内地关系密切起来（图14-5）。回鹘装遂令汉族妇女着迷，引起了模仿流行。花蕊夫人《宫词》描写的正是这一着装风貌：

图14-4　唐永泰公主墓、韦顼墓石刻线画中的胡服女侍

图14-5　唐末高昌壁画中的回鹘进香人

明朝腊日官家出，
随驾先须点内人。
回鹘衣装回鹘马，
就中偏称小腰身。

唐人着胡服不仅模仿那既有的款式，而且也接受着那些内地所没有的着装观念与习俗。因为与一般文化创造物一样，外来服饰款式与观念会带来强有力的新异感与冲撞感，它结合本土文化所产生的衍生物，它引发创造欲望所获得的宁馨儿，往往会解构既有的一些束缚与压抑，而展现出前所未有的新颖格局。

譬如袒胸装的出现与流行就是一例，详见本章后述。

[1] 即回纥。维吾尔的古称。
唐贞元四年（公元788年），回纥可汗清唐改称回纥为回鹘，取“回旋轻捷如鹘”之义。元明时称畏兀儿。——出版者注

再譬如脱帽礼。北朝胡人自不知、亦可不理孔子“君子正其衣冠”的教导，他们没有着冠为尊、脱帽失礼的习俗与观念。没有如此文化积淀的他们从容地演绎着自己脱帽为乐的习俗，并且将这一切渗透到隋唐朝野。《通鉴·梁纪十·武帝大通二年》记载梁庄帝想谋杀尔朱荣，为骗其入朝，派元徽假报太子出生之喜，见面后，“徽脱荣帽，欢舞盘旋”；该书胡注：“唐李太白诗云：‘脱君帽，为君笑。’脱帽欢舞，盖夷礼也。”《隋书·炀三子》齐王传，说齐王遂与妃姊通而产一女，在外人不知的情况下，与密友私下庆贺，友人脱齐王帽以为欢乐；《朝野佥载》卷六：“王显与文武皇帝（即唐太宗）有严子陵之旧，每掣裤为戏，将帽为欢。”唐王室多染胡俗，此又一例。由此看来，杜甫诗《酒中八仙歌》所写张旭“脱帽露顶王公前”，在儒家观念看来是失礼，是浪漫不羁，但当时却有着滋生这一现象的风俗习惯和时代背景。

不仅如此，甚至胡服可堂而皇之的登堂入室，引入官服制度之中。冠服中有种非正统的冠服称“袴褶”，袴褶服源于胡服，到隋唐时代成为一般朝服。据《武德令》，此服要求头戴平巾帻，上身五品以上紫褶加两裆，六品以下绯褶加两裆；下身白裤；束起梁带；脚穿靴。如果说武德令主要针对武官，那么唐太宗就下令百官朔望日上朝都要服此款式。到了武后文明元年，不仅在京的百官每日上朝要服，诸州县长官在公衙也要穿袴褶。《新唐书·舆服志》：皇帝“平巾帻者，乘马之服……紫褶，白袴……有靴”。群臣“袴褶之制：五品以上，细绫及罗为之；六品以下，小绫为之；三品以上紫；五品以上绯；七品以上绿；九品以上碧”，流外官员、宫娥彩女、歌工役等，均按一定制度穿用袴褶。至玄宗朝甚至规定百官上朝君王必须穿袴褶服，否则论罪。官服中还有一种胡饰，原是西北游牧者为方便携带刀具一类物品所系的带环，后遂成为胡人的一种装饰。

武则天当朝时代，创造过一种新型服饰，即在各种不同职别的官员袍服上绣以不同的纹样，文禽武兽而泽被深远。详见第四章。

玄宗时，朝服也“多参戎狄之制”。

朝服规范而森严。个人则活泼得多。就个人着装来说，有了胡服的新鲜体验，有了多样的参照系，方能融会贯通，不断出新。这类例子不少。《新唐书·五行志》：“安乐公主使尚方合百鸟毛织二裙，正视为一色，傍视为一色，日中为一色，影中为一色，而百鸟之状皆见。”《奁史》引《孔帖》：“贵妃杨氏，奇服变化若神。”杜诗讲“读书破万卷，下笔如有神”，服饰的创造也是这个道理。安乐公主杨贵妃们的服饰创造之所以新装卓异，千变万化，如有神助，因为在她们面前，令人眼新的异域风貌不只带来了别样的款式、质料、图案与色彩等，更像打开了一座取之不尽用之不竭的服饰思想库，从而不断地引发出借鉴与创新的冲动与构思。至于人们所熟知的唐代妇女流行的胡帽，也有着创造性的转换过程，从遮蔽容颜的幂离到帽檐垂裙的帷帽再到素面朝天，则是群体格局中的个人创造与体验。而那披帛，是一条轻柔细纱罗裁制成的长巾，或印染或织绣一些图案和纹饰，是唐装中新出现之物，为前世所未见。穿戴时披绕在肩背上，其余随意绕在臂膀，或自在垂悬。如永泰公主墓、李贤墓、河南洛阳孟津唐墓等出土文物中，如敦煌壁画和一些传世画卷职《簪花仕女图》、《捣练图》中也都有披帛妇女形象。《旧唐书·波斯传》："波斯，其丈夫衣不开襟，并有巾帔。"看来，来自遥远的波斯男子披巾也经由改造转换而成为大唐女子的经典美饰了。

新装自然会带来新感觉。从宫廷到市井，从城镇到朔漠，上上下下，男男女女，不断变换的胡服，使日常生活充满了情趣与乐趣。今日紧身小袖，明日宽衣大袖，不断翻新的款式与妆饰将美的因素融进生活的每时每刻之中，融进人类活动的举手投足之中。衣着的新鲜感自会唤醒美的自觉。从而使得美不只是心中的感悟，而是着装行为的变化，更是身上斑斓的展示，服饰的波动使生活本身成为居游其中的艺术过程，使着装能引人进入到生命高峰体验的人生状态中来。

四、时世妆：波澜起伏的模仿流动

谈及胡服，自然要谈时世妆。从某种角度来说，胡服应属唐人时世妆的组成部分。再说一般人之所以获知这一概念，并能粗浅了解唐代某一时段的时尚流行现象，都来自中唐诗人白居易著名的《时世妆》一诗：

> 时世妆，时世妆，
> 出自城中传四方。
> 时世流行无远近，
> 腮不施朱面无粉，
> 乌膏注唇唇似泥，
> 双眉画作八字低。
> 妍媸黑白失本态，
> 妆成尽似含悲啼！
> 圆鬟无鬓堆髻样，
> 斜红不晕赭面状。
> 昔闻披发伊川中，
> 辛有见之知有戎。
> 元和梳妆君记取，
> 髻面堆赭非华风。

白居易曾在《上阳人》一诗中，写白发苍苍的上阳宫女仍"青黛点眉眉细长，小头鞋履窄衣裳"，让人明显感到严重滞后疏于时尚的怪异，有着令人忍俊不禁的"宫中才数月，世上已千年"的落差，从而感喟"外人不见见应笑，天宝末年时世妆"。白居易所描述老宫女可怜的着装风貌，恰也说明唐代服饰流行潮博大的覆盖面和迅疾的变化周期。因为在他写诗的元和年间，时尚已是别一境界，宽衣大袖，风吹仙袂飘遥举了。白居易还在另一首诗《和梦游春诗一百韵》明确指出："风流薄梳洗，时世宽妆束。"而他的朋友元稹则在《寄乐天书》中说："近世妇人，衣服之修广之度及匹配色泽，尤剧怪绝。"值得注意的是，白居易的这些诗歌，全然没有孔子那样对于披发左衽的疏拒，虽最后指明这一时世妆是胡俗风貌而非华夏传统，但仍不乏从容宽厚的叙述态度。起码没有说到胡服意不平甚至拒人千里之外的决绝与厌恶。应该看到，如此宽厚容物的态度固然有白居易眼界与学养的因素，但主要的还是时代的氛围使然。有唐一代，时尚的潮流波澜起伏，浩浩荡荡，上到宫廷官署，下到村镇市井，东西南北中，官士农工商……无时、无处、无人不是服饰模仿流动的具体展示：

皇帝可以是时尚策动之源。唐玄宗不喜冠服，玄宗一朝不喜冠服的大臣就很多，名相姚崇甚至死后也不以冠服陪葬；唐文宗喜穿桂管布，于是满朝都穿桂管布；五代南汉皇帝创戴平顶帽，国人就"率以安丰顶不尚"；[4]前蜀后主王衍好戴大帽，结果士民皆着大帽……

皇室贵族也因地位显赫成为服饰模仿流动的对象。如赵公长孙无忌用黑羊毛做浑脱毡帽，"天下慕之"，名为"赵公浑脱"[5]；安乐公主用百鸟羽毛织成毛裙，"百官百姓家效之"[5]；再如杨贵妃的黄裙子、韩熙载的轻纱帽、南唐周后的高髻纤裳、首翘鬓朵等都成为时人仿效的对象，在不同时期、不同范围内都形成了众人崇拜模仿的对象……

再如本章上节所述，也如白居易元稹诗文所咏叹的那样，异域胡服更是流行的重点节目。前期是直接受西北民族如高昌、回鹘文化的影响，间接受波斯诸国影响的高髻翻领小袖长袍；后期主要受吐蕃影响，流行蛮鬟椎髻、乌唇黄脸与八字低眉的发型与面饰。它们在不同时期都成为时尚聚焦的风范，并形成了规模更为广阔的流行热潮。

但有规律就有例外。流行也显出清平盛世的大唐风度：

如唐崔枢夫人"贵贱皆不许时世妆梳"[6]；虢国夫人"不施妆粉，自衒美艳，常素面朝天。当时杜甫诗云：虢国夫人承主恩，平明骑马入宫门，却嫌粉脂污颜色，淡扫蛾眉朝至尊。"[7]国子助教郭彪之"首冠兽皮，服用麻衣，褒制襴袖，阔带高羁，履大屣"；[8]诗人元吉独立特行，"苦不爱便事之服，时世之巾，"自己在服饰境界中别出心裁，坦然于"愚巾凡裘"，冬天皮弁凡裘；夏季愚巾野服，"虽不为时人大恶，亦尝辱其嗤诮。"[9]还有的时尚不断延续而成为风俗，如过节特别过生日时互赠衣服；寒食祭扫时白衫麻鞋；娱乐杂耍时男扮女装……可以新奇前卫，可以稚拙浪漫，可以复古简朴，可以异想天开……凡斯种种，个性得到极大地尊重与张扬，共性中仍酝酿着创造的兴奋与青春的活力。在这里，不同的服饰款式，不同的着装观念与习俗，甚至不同的服饰传统交汇在一起，互通互融、携手并行，全然没有狭路相逢那样互不相让、你死我活、不共戴天的独裁与专制，而如立体桥状各行其道，平等宽厚，随意自在。或似春日园林，花卉色香、形态各个相异，争艳斗芳且彼此映衬。

在古代各个朝代，都找不出这么一个美饰狂欢节似的朝代。现实的世界就是理想的世界，美化自身就是生命的盛大节日。美饰方面的放任、自由与浪漫，使人们不断地尝试，不断地吸纳，不断地出新，充满生命高潮体验般地为美饰而趋之若鹜。而且这也是服饰美感意识的充分自觉。那么多的发式、面绘、衣着款式，主要并非为了“垂衣裳而天下治”，并非为了彰示地位、财富等身外之物，而是为了邀宠，为了增益自身的魅力，为了美感本身。这对于中国传统服饰文化整体是一次巨大的疏离与拓展。

图14-6　唐代妇女细眉与阔眉

不只是着装的新异与变幻，更以种种面妆等将美感的色彩与纹饰展示在能够显现的所有部位。如额黄，即额上涂黄粉；画眉，唐妆大量是宽阔的蛾眉（一名桂叶眉）和细长的柳眉；花子，即花钿、媚子，是将各种花样贴在眉心的一种装饰；画靥，是用丹或墨在颊上点点儿的一种妆饰（图14-6~图14-8）。

图14-7　唐代妇女饰花子及其图样

图14-8　唐代妇女画靥图

还有那说不完道不尽的奇发美饰。不可能完全统计，仅以马缟《中华古今注》和宇文化《妆台论》记述而论，唐人创立名目的发髻有几十种之多：近香髻、奉仙髻、坐愁髻、九真髻、侧髻、高髻、凤髻、低髻、小髻、螺髻、反绾髻、乌蛮髻、同心髻、交心髻、囚髻、椎髻、抛家髻、闹扫状髻、偏髻、花髻、拔从髻、丛梳百叶髻、双环望仙

图14-9　《簪花仕女图》中唐女花冠蛾眉图

髻、半翻髻、回鹘髻、反绾车游髻、归顺髻、云髻、双髻、宝髻、飞髻、惊鹄髻、平番髻、百合髻、乐游髻、长乐髻……层出不穷的样式，意味深长的名称，亏她们想象得出来。每一款都是一幅画，每一款都是一首诗，令人颔首拊掌，令人一唱三叹！仅举花髻一例，试问除了唐朝，还有哪个朝代的女性能有如此气派，将硕大的一朵牡丹花高高地戴在头顶（图14-9）？

五、袒裸之风：人体美的展示

从唐人胡服的盛行中，从时世妆的潮流中，我们也看到了具有人体美展示的袒裸之风的普遍出现。中国古代男子裸身往往被视为无礼，女子更不用说了，服饰是绝少透露与随意敞开的。唐代却别开生面。女装领子早已多样化，常见的有圆领、方领、斜领、直领和鸡心领等，特别是袒露胸部的袒领。在西安地区的一些唐代遗址，或彩绘，或石雕，如永泰公主墓壁画中，如李重润墓石椁上，那些身着袒领的女子无不领口低开，露颈露胸，乳沟起伏；敦煌莫高窟半裸体彩塑菩萨，彩绘半裸体飞天等，最为大胆、更为开放的是周方《簪花仕女图》所描述的，仕女身穿仅至胸前的长裙，而双肩、双臂和大片的胸背均裸露在外，只是披上了一件轻薄透明的宽大衫衣，雪白的肌肤清晰可见。如此大胆率真，不让今日之前卫装。唐诗中不少句子写道：“粉胸半掩疑暗雪”、“长留白雪占胸前”、“胸前如雪脸如云”等，看来这些是现实的描述而并非浪漫的想象（图14-10）。

初唐时，宫中渐渐流行低领露胸服饰，到盛唐后袒胸风盛，民间也纷纷仿效。诗人周在其《逢邻女》一诗云：

> 日高邻女笑相逢，
> 慢束罗裙半露胸。
> 莫向秋池照绿水，
> 参差羞杀白芙蓉。

应该看到，这种以宽衣裸胸、以展示人体美为荣为乐的习惯并非华夏古风，而是跨文化

图14-10　唐懿德太子墓石廓线刻袒领女子

传通而来的裸袒之风。

（1）似应与古希腊对于人体美的欣赏习俗有关。唐太宗创立大唐帝国，连西域诸国也尊其为天可汗。因为当时中国统治了西至里海和阿富汗、印度边界的广大地区，就连印度河流域的一些王公也承认了中国的宗主权。而这些地区在古希腊文化时代就是亚历山大所征服和统治的地带。我们可从中获得一些启迪和联想。因为古希腊一直就有神圣的裸裎与欣赏人体美的文化传统。他们的着装风貌至今仍有着世界性的影响。

（2）与胡风有关。鲁迅先生曾说唐人大有胡气，想来也注意到了服饰吧。如第十章所述，胡人原本就有袒裸之俗。这自然会影响到唐人的着装风貌。

（3）受佛教影响。特别是唐代妇女服饰出现露装现象，至少应与佛教风尚有关。在唐人尊崇的儒释道三教中，唯有佛教对人体较为崇尚（如第十一章所述），在着装上也没有特殊的禁忌，露体状随处可见。

（4）也许还有景教的影响。基督教教义认为人是上帝按照自身形象创造出来的。那么人体就有了神性的光辉和尊严。作为基督教的一支，景教获得皇帝的诏许，建寺长安传教二百多年，它的文化观念自然会传播开去。虽说至今没有发现景教对唐人着装方面影响的直接资料，但我们可从中获得一些想象和联想的空间。

六、女着男装：历史新风貌

在时世妆中，我们谈到了极端女性化的种种款型与扮饰。其实与此同时，唐代女性业已开创了巾帼男装的壮丽景观。唐代女子爱着男装，主要是男子常服戎装与半臂。戎装即头戴软脚幞头，身穿翻领或圆领袍，腰间系蹀躞带，下穿小口裤，脚穿黑、红皮革靴或锦履。半臂，即半袖短身衣。这二者都是唐代女子比较盛行的衣饰。它所展示的不只是服饰审美中性化的别一番境界，更有开放、宽容与平等的服饰文化氛围。此际形成了中国古代女着男装的一代新风。它不是个别的偶然，而是形成一定气候的全新思维方式，一种全新的着装风气，一种全新的社会氛围。豪迈、潇洒，对传统着装观念的冲击与刷新，着男装的女性对自身有了前所未有过的自信与珍重（图14-11）。她们青春、美丽，营造了一个想有所为而最有所为的充满朝气、欣欣向荣的时代氛围。

图14-11 《明三才图绘》中的武则天像

回溯漫长的历史，我们想起了《晏子春秋》所描述的一段史实：

齐灵公好妇人而作丈夫饰者，国人尽服之，公使吏禁之，曰：“女子而男子饰者，裂其衣，断其带。”裂衣断带相望，而不止。公乃使内勿服，不逾月，而国人莫之服。

这大概是早在先秦时代的一场轰轰烈烈而迅即夭折的女着男装运动。虽空前而不绝后。但却昙花一现，随即消失在无底的历史黑洞之中。在传统社会里，一般能够进入我们视野的女装男性化，往往是女性在男权社会中最为明快简捷的反抗手段，寻求新鲜感，或是迫于无奈的扮饰手段。如乐府诗歌所描述的花木兰、祝英台等女扮男装，那都是迫不得已的隐瞒自身性别的服饰欺骗行为。而唐代的女着男装则是公开化、生活化与普遍化的。这是何等的扮饰权利，何等的潇洒自在！

它首先当出现于社会上层。《新唐书·李石传》说禁中有两件金乌锦袍，是玄宗与杨贵妃游幸温泉时穿的。杨贵妃身着金乌锦袍，自然又会引发女着男装的新潮。果然，《唐书·舆服志》记录了这一文化现象：

开元初，从驾宫人骑马者，皆着胡帽靓妆露面无复障蔽，士庶之家又相仿效，帷帽之制绝不行用，俄又露髻驰骋，或有着丈夫衣服靴衫，而尊卑内外斯一贯矣。

值得注意的是《新唐书·五行志》记载了太平公主女扮男装的新风貌：

高宗尝内宴，太平公主紫衫、玉带、皂罗折上巾，具纷、砺、七事，歌舞于帝前。帝与武后笑曰：“女子不可以为武官，何为此装束？”

是说高宗内宴时，太平公主以全新的扮饰歌舞为之助兴，她头戴黑色罗纱折上巾，身穿紫色袍，腰间系玉带，带环上分别饰有纷、砺等“七事”，高宗一看，笑对则天武后说，女子不能去做武官，怎么这般装饰呢？面对女儿男装扮饰，帝后不曾训诫，不曾斥退，没有伦理风化的联想与担忧，没有闺阁风范的强调，只是彼此笑谈而已，可见是以宽厚的心态予以默许，甚或还有着欣赏的意味。

其实，获得默许甚或赞赏的不只是公主的撒娇邀宠、嬉乐笑闹。如上述种种，在当时的现实环境中，女着男装也是更为广阔及生活场景中普遍的真实（图14-12）。如高宗之女平阳公主和在安史之乱中勇叛贼的侯四娘等，都是直接披挂戎装，在两面三刀的军阵前指挥杀敌的巾帼英雄；再如唐永泰公主墓壁画的侍女中就有一戴幞头、着胡装、穿乌皮靴的男装形象，这类形象在永泰公主墓石椁线画、唐韦泂墓石椁线画、唐李贤墓壁画以及敦煌莫高窟中都或多或少地出现过；唐张萱《虢国夫人游春图》中九位女子骑马随行，竟有五人都穿男式圆领袍衫，下身穿长裤和靴子。

图14–12　唐韦顼墓石刻线画女着男装图

不只文物，倘翻及有关唐人的典籍文献，类似资料直如遍地斛泉不择地而涌出：

《唐内典・内官尚服注》："皇后太子妃青袜，加金饰，开元时或着丈夫衣靴"；

《新唐书・舆服志》："中宗时，后宫戴胡帽，穿丈夫衣靴"；

《大唐新语》："天宝中，士流之妻，或衣丈夫服，靴衫鞭帽，内外一贯"；

《新唐书・舆服志》："中宗后……宫人从驾，皆胡帽乘马，海内效之，至露髻驰骋，而帷帽亦废，有衣男子衣而靴如奚、契丹之服"；

《唐语林》："武宗王才人有宠。帝身长大，才人亦类帝。每从禽作乐，才人必从。常令才人与帝同装束，苑中射猎，帝与才人南北走马。"

女着男装，就其浅近而直接的原因来说，自然是外来的胡服带来了可资参照的行为模式。胡人原本男女同装，更何况西域诸国着装习俗不断地强化这一趋势呢。如《洛阳伽蓝记》讲于阗国"其俗妇人绔衫束带乘马驰走，与丈夫无异。"再如《文献通考・四裔考》讲占城风俗："妇人亦脑后撮髻，无笄梳，其服与拜揖与男子同。"

但就其更为深刻的社会氛围与时代原因来说，则与唐代宽厚的文化场不无关系。我们甚至还可猜测到武则天称帝唤起唐代女性如男子那样有所作为的特殊感受，而着装扮饰如男子则是这一思路的初步实践与直接现实。儒道虽不无贬损女性的思维定式，但畅通无阻的佛学宣扬众生平等的观念可能会对女着男装带来理论底气。恰恰也是自武则天时代起，佛学趋于大盛，而妇女喜着丈夫衣服靴衫成为更普遍的社会现象。着装行为与时代联系看似宽泛而疏远，实则如此内在而密切。

对于唐人女着男装，它的内涵是丰富多样的。人们或许会联想得更多，我们不必一定认准它就是男女平等思想解放的先声，也不必一定要和今日全世界的女着男装潮流遥遥挂钩，但仅凭它在相当规模的范围内、在相当长的时间内创立了中性化的着装貌，就可以肯定它创造性的贡献，毕竟在服饰领域有如此创造性贡献的朝代是不多的，更何况这一声势浩大的服饰新风貌在唐人的服饰创举中只占一个小小的份额呢。

余论

比较来说，在中国服饰文化史上，如果说先秦诸子的论辩着重于服饰意义的寻觅，那么，唐代的服饰行为则热衷于服饰实践的探索与创新，甚至带着激动人心的生命狂欢。如果说先秦诸子是服饰理论的百家争鸣，那么，有唐一代则是服饰行为的百花齐放。但这服饰创意的实践与演示，这绚丽夺目的百花齐放，却没有一般意义上风吹雨打、雪侵霜凌的铺垫与烘托。因为让人们觉得奇怪的是，面对日新月异沧海横流般的服饰新潮，却没有多少百家争鸣的激烈与壮观，没有多少坎坷和曲折，没有多少故事和波澜，似乎有意想要让关注中国服饰文化的人失望。其实正是这种格局，使得胡服及时世妆一路顺风，演绎了一场雄壮神奇而新意迭出的服饰交响诗。但同时要注意到，由于没有诘难，没有阻力，也使得唐人对服饰变革本身失去理性思辨的必要和机会。与他们辉煌的服饰创造相比，唐人服饰思辨要弱得多，理论成果单薄得多。可以说，唐代服饰文化的推进不是理论研讨的兴趣与思辨的深入，而是着装行为本身的蓬勃发展。在这里，具体化的理论是灰色的，而时装之树长青。事非人力，时代使之然也。而它背后潜在的理论格局与文化积淀却是相当丰厚宽阔的。

对唐人的服色亦应如是观。色彩在这里虽显现为感性存在，但确如本章所述，它在某种意义上象征了唐人广袤的思想疆域与博大的思维天空。服色在这里，不是《周礼》那样明确地将四色与四方熔铸为一体，不是五行学说那样将五色与五方比附，不是像董仲舒那样执着于色彩与历史世系的三统轮回，自然也不是汉代帝王在惯性思维崇黑与尚赤的矛盾困惑中的重新选择，它是在既定的传统形式中吹嘘进新鲜的生命，在旧有的形态中融入了多样丰厚的感受……相对前代而言，这里无疑更内在、更深沉、更博大，却也是更简洁、更着意于外在显现，当然也更成熟、更繁密、更系统化了。但它不会空里雾里从天而降，它自是历史的积淀与波衍，官服色彩的系统化与等级化是以儒家为代表的社会统治理论化占主导地位的直接服饰展示。有唐一代仍立儒学为国教之一，起码说明在当时等级制仍有着雄厚的现实依据和历史的合理性。色彩的等级显示着社会等级与秩序，它是社会分工与文明序列化在农业文明社会中的美感展现。但它的硬性规定毕竟与人类自由发展的人性本质相冲突，因而这一时期在社会的不断前行中不断吸纳异域文化，在开阔视野中不断解构与重构，借鉴拿来的同时也创造性地转换，使“旧瓶装新酒”，不断剥离其渐渐老化为僵硬的躯壳而避免其鲜活的审美感觉趋于式微。值得注意的是，这里的尊儒为国教之一并不是罢黜百家独尊儒术，而毋宁是三教并立，百花齐放；不是封闭的华夏一尊，而是博取八方来风；不是偏执于主流意识的裁判，而是兼顾世俗的审美情趣。色彩在这里就不只是社会统治力量的投影，它亦成为典型的全社会普及性的审美文化观照。

回溯人类服饰文化的历史，瞩望未来，而我们在唐代这里不能不低首徘徊，因为它不仅展示了厚重的文化背景，而且也显示了海纳百川的博大胸襟。

思考与练习

1. 简述胡服盛行的原因。
2. 简述唐代的服色内涵有什么新拓展。
3. 你对女着男装怎么看?

注释

[1]景教：基督教的支派。5世纪初叙利亚人聂斯托利所创。唐贞观九年（公元635年），波斯人阿罗本带其经典入长安，太宗诏准建寺传教。初称波斯经教，后称景教，其寺称波斯寺，天宝时改名大秦寺。唐武宗会昌五年（公元845年）禁。流传二百余年。

[2]《后汉书·五行志》："灵帝好胡服，……京都贵戚皆竞为之，此近服妖也。"

[3]引自杜佑：《通典》。

[4]引自《十国春秋·卷五十八》。

[5]引自唐张族：《朝野佥载·卷一》。

[6]引自《因话录·卷三》。

[7]引自《杨太真外传》。

[8]引自《全唐文·卷七三九》。

[9]引自《全唐文·卷三八一》。

基础理论——

与人相称　与貌相宜——李渔时代的服饰理论

课题名称：与人相称　与貌相宜——李渔时代的服饰理论

课题内容：衣以章身

生命体验的质料视角

内蕴拓展的服色

斟酌款式

成则画意，败则草标——饰物的别致讲求

上课时间：6课时

训练目的：通过本章的教学，使学生能够较为娴熟地运用文字或服装材料将服饰文化的玄远之思落实到服饰的细节上来。

教学要求：讲授李渔等人的服饰理论，要梳理其体系；与明清之际的文化思潮结合起来；结合时下的时装潮，启发学生能尝试运用文字或服装材料，将服饰文化的玄远之思落实到服饰的细节上来。

课前准备：阅读明清文化思潮的相关资料；阅读李渔的《闲情偶寄》等文献资料。

第十五章　与人相称　与貌相宜
——李渔时代的服饰理论

明清之际，中国的服饰文化观渐进成熟。李渔[1]、卫泳[2]等人就是其中代表性的理论家。他们却非如先秦之际诸子那样居高临下，以治国平天下的昂昂气势导引天下，而是对“柴米油盐酱醋茶”的生活境界充满热情与兴趣，对世俗的生命个体着装进行全方位关注，从而有着专注且深刻沉稳、春雨润物细无声的姿态。服饰话语的诉说并非广场振臂呐喊的号召，亦非朝堂高谈阔论的高台讲章，而是促膝相对的渗透灵魂般的细语叮咛，使得每个人都能浅入而深出，进入服饰实践环节之中。他们的思考，使得服饰文化视阈中的质料、色彩、款式与饰物等关键词都得以刷新而别有新时代的意味。在服饰文化理论的历史坐标系上，留下了他们自己鲜明的思维轨迹和思想火花。这些服饰论述，数百年来一直寂寞地潜藏在浩如烟海的文史典籍中。在笔者看来，把它发掘整理出来，针对时尚服饰潮落潮起久久不衰的今天，仍觉剔透晶莹，悦人耳目，这不只是文字的精美，而更在于思想的深刻与超越性，以及人人皆可为之的操作性。

一、衣以章身

古今所有思考服饰者，都会面临衣与人的关系问题。关于着装，虽偶有具体入微的着装感受，但都或多或少地回避了人体形态。《周易》着眼于社会秩序天下安宁，孔孟侧重于伦理群体和谐，老庄视人为自然而超脱之人，墨韩视衣为简单的生理包装等，但弥漫在生活层面的、历代讲求人体形态的美却很难在神话、哲学等高级文化形态中表达，因而一直有不登大雅之堂的羞怯。而李渔则不回避，他思辨的触须直击“人身”，提出“衣以章身”的观点，直面人的形体、容貌和仪态之美，较为系统地论及装饰的具体性等，故显得后来居上，青出于蓝，带有一定整合意味。

1. 衣以章身意味着人身上升到了服饰境界的主体位置，且得到了形上层面的推崇与表达

李渔说：

> “衣以章身”，请晰其解。章者，著也，非文采彰明之谓也；身非形体之身，乃智愚贤不肖之实备于躬，犹“富润屋，德润身”之身也。同一衣也，富者服之章其富，贫者服之益章其贫；贵者服之章其贵，贱者服之益章其贱。有德有

行之贤者，与无品无才之不肖者，其为章身也亦然。[3]

李渔这里所说的“身”，颇似文学创作中形神兼备的意象。身不只视为形体意义上的存在，而是“智愚贤不肖”等品性积淀于其中的意象。在李渔看来，穿着者的品性制约着整体形象的境界，引导并规定着服装对穿着者品性的彰显、强化和增益作用。他甚至觉得，不同的人穿同一衣亦能彰显各自的特点。如此立论虽嫌偏颇（因为它过分忽略了服装的扮饰作用）却有其独到的深刻性。这不仅在农耕文明村社格局里以“路遥知马力，日久见人心”来品评人物有其合理性，就是在人类的服饰文化史上，这一观点从某种角度上讲确也揭示出服饰随人的神秘味与微妙性。值得注意的是，李渔在这一观点的展开中强调的是人的主体性。衣可改变人的视觉形象，却不能增益人的神采情韵；可以在静态中焕然一新，却不能在动态中让人灵巧敏捷。有学者说得好，“李渔论及人体美，既论及形，也论及神；既论及相貌，也论及心灵；既论及可以看到的外在形体，也论及看不到的、能体悟到的内在风韵。他认识到这两个方面虽然不同，却有着紧密的不可分割的联系；他不忽略形、相貌、外在体形，却更看重神、心灵、内在风韵；并且他认为正是在神、心灵、内在风韵起主导作用乃至主宰作用的前提下，形与神、相貌与心灵、外在体形与内在风韵相辅相成、融而为一，形成人体的审美魅力。”[4]在衣人关系中，李渔认为人为主，衣为宾；人为帅，衣为兵；人为神，衣为形；当人与衣相矛盾时，甚至不惜走极端，舍衣而就人：

倘有一大富长者于此，衣百结之衣，履踵决之履，一种丰腴气象，自能跃出衣履之外，不问而知为长者。是敝服垢衣亦能章人之富，况罗绮而文绣者乎？丐夫菜佣窃得美服而被焉，往往因之而得祸，以服能章贫，不必定为短褐，有时亦在长裾耳。

文饰之辨早就困扰过先秦诸子，似乎没有谁能一句喝断此中纠葛。李渔仍在二者冲突之时坚守以人为本，以质胜文，即以为人之气质大抵可以超越外在的装饰。确是智者之思通古达今而给人以启迪。先述“一大富长者”的意象似将孟子所说浩然之气融注到服饰境界中来，说得亲切平朴而又深淳服人。再说“丐夫菜佣”的意象让今日读者联想到鲁迅笔下的孔乙己。想那唯一穿长衫站着喝酒的意态，越发彰显其贫窘也。因为一种款式是一种活态的行为模式，一种生活方式和工作方式的具体化，一种心态，一种“巧笑倩兮，美目盼兮”的表情，而不是一个物件的外包装（图15–1）。

2. 衣以章身，意味着衣妆扮饰是人人必不可少的生活行为，是世代修炼的美饰功课

李渔所说“予所谓修饰二字，无论妍媸美恶，均不可少。”即指这种扮饰修容不是个别的奢侈行为，而是普世的美化现象。李渔更进一步指出，它既不是瞬间改容的包装叠加，也不是一蹴而就的简单劳作，亦不是说红便红、说黑便黑的话语指派，而是一个有着

图15–1 《百美图》中清初妇女服装图

相当难度的耗时相当漫长的修炼过程。李渔说：

> 古云：“三世长者知被服，五世长者知饮食。”俗云：“三代为宦，着装吃饭。”古语今词，不谋而合，可见衣食之事难也。

因为衣与人身、人的气质有个磨合的过程。在人有着摸石头过河探索历练的过程；在衣有着质、色、图、款不断更新变化的适应过程。须知，任何一人都是古今中外唯一的，任何一款服装想达到适体都非一蹴而就而是世代层积的成果。“三代为宦，着装吃饭。”并非将人生的最高目标定位在衣食层面，而是说衣与食的境界像艺术创作“十年磨一戏”一样，是在温饱解决之后才有精益求精的余暇，才有不断提升的资本和知识储备，才有更高层面欣赏的意趣和不断拓宽的目光，才有美衣的体态与美食的口感。此与西谚“三年可出一个富翁，三代才出一个贵族”相同。这里的古语俗谚以及今日俗语“人生在世，吃穿二字”云云，都在这一语境下才放射出深刻而崭新的光辉，而不是过去浅层的理解。服饰是一个文化层积的过程，是一个探索与创新的过程。它所展示的理想境界不可朝发夕至，不可能毕其功于一役。是的，衣食的境界不是温饱的物质填充式的满足，而是美衣美食的、艺术境界的追求与享受。

3. 衣以章身，则意味着扮饰的适度性，即恰到好处

李渔就这一命题细解为多层面多向度的表达，如与人相称， 与貌相宜；讲求自然，讲求和谐等，容后阐述。需要强调的是，李渔在解读历史上的顺口溜“楚王好细腰，宫中皆饿死；楚王好高髻，宫中皆一尺；楚王好大袖，宫中皆全帛”时有着精彩的见解：

> 细腰非不可爱，高髻大袖非不美观，然至饿死，则人而鬼矣。髻至一尺，袖至全帛，非但不美观，直与魑魅魍魉无别矣。此非好细腰、好高髻、大袖者之过，乃自为饿死、自为一尺、自为全帛者之过也。

这一观点与其同时代而稍后的卫泳在其《悦容编中》所说“妆不可缺，亦不可过，惟求相宜耳”的道理相同。而李渔指斥时装潮中“只顾趋新，不求合理，只求变相，不顾失真”的极端偏颇倾向，底蕴丰沛，淋漓酣纵，读来回肠荡气。

4. 衣以章身，还在于衣人和谐相处，自在自然

在衣人之际，李渔创造了一个经典的比喻，以为衣人和谐与否，犹如人是否服水土一样。他觉得“衣衫之附于人身，亦犹人身之附于其地。”有着漫长的彼此适应过程，如果仅仅将服装看做是外加的“文采彰明、雕镂粉藻”，以为可以瞬间改观，那么就难免出现“不服水土之患，宽者似窄，短者疑长，手欲出而袖使之藏，项宜伸而领为之曲，物不随人指使，遂如桎梏其身。‘沐猴而冠’为人指笑者，非沐猴不可着冠，以其着之不惯，头与冠不相称也。”孔子曾就扮饰说过“文胜质则史”一弊，后世的注疏演义者多跨越了圣人出发于文饰的原点，更多在形上玄思的精神层面徘徊。在漫长的中国服饰文化史上，真正将这一点延展到服饰的轮廓到细部，且再现为着装情景，还是李渔讲得深切而又透彻。

二、生命体验的质料视角

有了衣以章身的总则，李渔谈服装具体层面便势如破竹，明快犀利。他在服饰质料层面既出乎其外以俯瞰整体，又入乎其内能烛照入微。他不是置身衣外，而是进入化境，完全是在场的感觉。讲究质料又超越质料，将人本观念渗透到服饰境界的整体氛围中。

1. 他提出并阐述了“与貌相宜”的服装质料原则

> 妇人之衣，……不贵精而贵洁，不贵丽而贵雅，不贵与家相称，而贵与貌相宜。

这里所谈之衣，固有款式的意味，但强调精、洁、丽、雅，似侧重于质料。即以与貌相宜的选择标准来来看待衣装质料。这是一种全新的评判体系。不看天子的脸色，不谈拯救世态人心的伦理法则，而是将服饰的评判坐标系建立在人身之上。讲求洁净，强调雅致，否定以门庭地位着衣配料的潜地意念，而是以匹配容貌为目标与出发点。看似平易，却有着历史性的进步。因为这里的服装质料没有了以神为本的神圣，也疏淡了服饰世界以文为本之制度的等级森严，而是普泛意义上的生活着装讲究。

理论容易纯粹，而现实却是参差不齐的。倘若现实中的贫家富家因经济等原因而不易达到理论要求之境，如何呢？李渔有进一步的展开：

然而贫贱之家，求为精与深而不能，富贵之家欲为粗与浅而不可，则奈何？曰：不难。布苎有精粗深浅之别，绮罗文采亦有精粗深浅之别，非谓布苎必粗而罗绮必精，锦绣必深而缟素必浅也。绸与缎之体质不光、花纹突起者，即是精中之粗，深中之浅；布与苎之纱线紧密、漂染精工者，即是粗中之精，浅中之深。

着装目光扫便全社会，客观对待因势利导，富贵与贫贱都在其思考之内，每个人着装的困惑都在此际有着明晰的思考与回答。如作者所说："既不详绣户而略衡门，亦不私贫家而遗富室……务使读是编者人人有裨……有同雨露之均施矣。"说明作者站在时代前列，意在服饰层面与全社会对话，而不是为某一个阶层服务；是针对着装实践的思考与引导，是牵动着全社会的着装行为而不是闭门造车。所谈所论都使得每个着装者推诿不去，容易亲近掌握并付诸实践，而不是饭后茶余的、散漫无边的清谈。这便有了全社会服饰务实性地推进意味。在这一点上，卫泳《悦容编》持论相同并作了进一步推衍：

吴绫蜀锦，生绡白苎，皆须褒衣阔带，大袖广襟，使有儒者气象。然此谓词人韵士妇式耳。若贫家女典尽时衣，岂堪求备哉？钗荆裙布，自须雅致。

卫泳在这里讲不同家境即贫富者都可进入服饰的审美境界，而不是外在的物质层面的炫耀或别的什么。雅致，在这里就是相宜，就是文质彬彬。

2. **李渔指出布料之精粗旨在衬托肤色之美**

他说得具体而深透：

大约面色之最白最嫩，与体态之最轻盈者，斯无往而不宜：……衣之精者形其娇，衣之粗者愈形其娇。……肌肤近腻者，衣服可精可粗；其近糙者，则不宜精而独宜粗，精则愈形其糙矣。

一簪一珥，便可相伴一生，此二物者，则不可不求精善。宝贵之家，无妨多设金玉犀贝之属，各存其制，屡变其形，或数日一更，或一日一更，皆未尝不可。贫贱之家，力不能办金玉者，宁用骨角，勿用铜锡。骨角耐观，制之佳者，与犀贝无异。铜锡非止不雅，且能损发。

在这里，服装材料的精粗取舍，不在其本身的获取难易，亦不在其市场的人气与价格高低，而是以或细腻或粗糙的肌肤为依据，以能够衬映肌肤美感为旨归。以簪花点缀头饰，仿佛不同语境的碰撞，容易滋生新的意蕴而为人瞩目，应求完美妥善。从质料层面持论兼及贫富，有所推荐有所劝抑，从美观着眼，从呵护头发着眼，体贴入微，软语商量，亲切随意而入情入理。

3. 李渔认为，饰鬓论髻之物应崇尚自然

从此出发，他认为饰鬓时花优于世人看重的珠翠宝玉，甚至云龙髻假发也胜过当时盛行的“牡丹头”、“荷花头”和“钵盂头”，根本原因在于自然或渐进自然。

> 簪珥之外，所当饰鬓者，莫妙于时花数朵，较之珠翠宝玉，非只雅俗判然，且亦生死迥别。《清平调》之首句云：“名花倾国两相欢”，欢者喜也。

荐举时花，因为是自然之物，雅致且活生生的；珠翠宝玉虽为世人所重，李渔却抑其为人工物，举目天下都是便俗了。推崇假发扮饰，也是有因势利导的考虑，使之渐近自然。每个学者在自己的时代里都有这样的困惑与表达策略。或许落实到具体一种材质或见仁见智，但崇尚自然的选物目光却有着穿透时空的力度。讲材料的原则是合身适体，而不是外在的排场摆谱。这一思绪向上可追寻到墨子、韩非子的服饰观，但又在某种程序上化解了墨韩囿服饰于实用之弊端。而李渔要博大宽厚得多。

不难看出，他们理论的立足点完全位移到具体的个人。在这里，突出的是讲求实用与理性，是着意于人自身的美观，着意于人生理的感受与生活的方便。如此说来，看似轻巧，实则是将服饰实用化、世俗化、理性化的时代之声。这是着装层面的人本性意识的自觉。虽说在当时朝廷等部门仍可按历史的惯性沿袭等级服制，社会主流舆论的上空仍可笼罩渗透统治思想的意象服饰，而在大众，在更大时空的平民生活实践中，服饰那沉重的历史积淀——社会重负已渐次退化。这种言说，便是一种坦然自在的态度，这是基于千百万民众如此的正常生活感受的从容。

三、内蕴拓展的服色

在中国服饰文化格局中，服装色彩自有其丰富的蕴涵。它的褒贬与流行，前几章均有描述。但在历时性的演进中，更多的成为政治伦理话语的象征符号。但在李渔“衣以章身”的文化目光扫视下，服色在这里有了全新的理解与表达。

1. 李渔提出了服色与貌和面色相宜的原则

将服色提升到一个新的文化视阈中去了。

> 然人有生成之面，面有相配之衣，衣有相配之色，皆一定不可移者。今试取鲜衣一袭，令少妇数人先后服之，定有一二中看者，一二不中看者，以其面色与衣色有相称、不相称之别，非衣有公私向背于其间也。使贵人之妇之面色不宜文采，而宜缟素，必欲去缟素而就文采，不几与面为仇乎？故曰不贵与家相称，而贵与貌相宜。

出语亲切，意在拨正世俗讲求服色与家相称的误区歧路，使之导入与貌相宜的阳光大道。如此穿透现实与历史的目光，让服色回归到人本位与衣本位，真真看似寻常最奇崛。在这里，既不是以治国同衣服者那样品色衣按职、按级确立服色三六九等为标尺，也不是以为治国方略象征符号那样的隆重与玄远，而是人的扮饰"中看"与否，即美感问题成为聚焦之所在。适合于自己肤色的服色是最美的，能提升自己主体形象的服色是天下最美的服色。记得异域精于服饰装扮的撒切尔夫人讲过，选衣选布时，先将其衬在肩上脸旁，以为能将面色衬映得美的就是最好的服色。撒切尔夫人以其简单易行而不断推广这一着装经验，而巧合的是几个世纪之前李渔早就有了到位的理论表述了。[6]而且这一论述与说服的逻辑是不容置疑的，即服色的选择与点缀是有规律性的，"皆一定而不可移者"。人有生成之面，面有相配之衣，衣有相配之色，这不只是客观规律，而且也是人与服色或主或宾的充分依据。他以因人而异的例证说明服色与人的彼此适应与和谐，色彩在这里不再是身份地位、家庭门第的象征符号，而是以人身、体态、面色、肤色为原点的坐标系。李渔的"不贵与家相称，而贵与貌相宜"的服色观确乎底气丰沛，前无古人。这就是现代着装意识了。衣的美丑优劣，都在色彩匹配的平台上得到检验。他提出的"相体裁衣，不得混施色相"，这不只着意服色搭配，也可视为着装的原则和标准：

> 相体裁衣之法，变化多端，不应胶柱而论。然不得已而强言其略，则在务从其近而已。面颜近白者，衣色可深可浅；其近黑者，则不宜浅而独宜深，浅则愈彰其黑矣。
>
> 大约面色之最白最嫩，与体态之最轻盈者，斯无往而不宜：色之浅者显其精选，色之深者愈显其淡……。此等即非夷光、王嫱不远矣，然当世有几人哉？稍近中材者即当相体裁衣，不得混施色相矣。

2. 李渔认为服饰的部分之色应服从整体，应达到衣装整体色彩的和谐自然

如谈云肩之色不只与衣同，更需里外一致，这样才雅，才无往而不宜（图15-2）：

图15-2 《百美图》中披云肩的明代女子

> 云肩以护衣领，不使沾油，制之最善者也。但须与衣同色，近观则有，远视若无，斯为得体。即使难于一色，亦须不甚相悬。若衣色极深，而云肩极浅；或衣色极浅，而云肩极深，则

是身首判然，虽曰相连，实同异处，此最不相宜之事也。

予又谓云肩之色，不惟与衣相同，更须里外合一。如外色是青，则夹里之色亦当用青；外色是蓝，则夹里之色亦当用蓝。何也？此物在肩，不能时时服贴，稍遇风飘，则夹里向外，有如飓吹残叶，风卷败荷，美人之身不能不现历乱萧条之象矣。若若里外一色，则任其整齐颠倒，总无是患。然家常则已，出外见人，必须暗订以线，勿使与服相离，盖动而色纯，总不如不动之为愈也。

3. **贬损赤红色**

自从山顶洞人崇尚赤红以来，这一色彩在中国文化史上的地位居高不下，朝野均以之为吉祥色。而李渔却横刀立马，发出诘难之声。在他推崇的插鬓时花中，赤红竟是边缘末等的角色；甚至放胆嘲笑唐诗唐人的流行色与审美观：

红紫深艳之色，违时失尚，反不若浅淡之合宜。

时花之色，白为上，黄次之，淡红次之，最忌大红，尤忌木红。

予尝读旧诗，见“飘飏血色裙拖地”、“红裙妒杀石榴花”等句，颇笑前人之笨。若果如是，则亦艳妆村妇而已矣，乌足动雅人韵士之心哉？

即便是香艳袭人的玫瑰，他也要求压在髻下，只受其香而不露其形，否则“则类村妆”。为什么如此？或许赤红非黄禁忌，以唐诗多推崇，世俗多用以服装饰物久久不变，弄得如同“李杜诗歌万口传”，与时尚趋异创新的性格不合，似有审美疲劳之弊，久而久之“至今已觉不新鲜”了。或许李渔生活于南方，夏季热闷熏蒸而喜素不喜艳，如南方墙壁多刷清爽白色不似北方宫墙隆重之红色，如流传古今的南方小调《茉莉花》都是此种审美观的形象典型。更何况从李渔一介平民，一生依附达官贵人，看人眉高眼低式的生存方式来看，他着意贬损红紫之色，是有着潜在的叛逆意识。须知红紫二色是朝廷品服中的颜色。他与时代对话的思想锋芒，混融于服装的谈笑之中，如此明晰而不为人知。

4. **推崇青色**

青色在古代所指色彩不一。李渔此时所指即黑色。[7]李渔在这一问题上视野宽阔，左右逢源而如数家珍：

然青之为色，其妙多端，不能悉数，但就妇人所宜者而论，面白衣之其面愈白，面黑者衣之，其面亦不觉其黑，此其宜于貌者也；年少者衣之，其年愈少，年老者衣之，其年亦不觉其老，此其宜于年岁者也。贫贱者衣之，是为贫贱者之本等，富贵者衣之，又觉脱去繁华之习，但存雅素之风，亦未尝失其富贵之本来，此其宜于分者也。

如此叙述平易亲切而厚重深透，既预设了古今中外普世推崇的肌肤美白审美原则，又预设了青春为美的着装审美原则。服饰境界的理想层面就是青春意象，使年少者越年少，年老者极显年轻，这才是服色展示的最佳状态！这才是服色评判的千古不移的原则。青色此际如后世之牛仔裤一般，有着超越时空、超越族群的永恒魅力。老少咸宜，男女咸宜，贫富咸宜，似乎有着海纳百川、平易近人的现代民主风度。借用李渔此语评说舶来品牛仔裤，亦是舒展妥帖的文字。众所周知，理论的价值不在于剑拔弩张的氛围或优美文字的扮饰，而在于普世价值的表达与积淀。李渔的服饰色彩学价值即在于此。他一再提及，且中规中矩，并非漫无边际的随谈，而是深层思考，有原则，有立足点，有评判的坐标系，一再确立起服色的普世性原则。

再从实用层面上看，李渔将青之耐脏与宜体适用联系起来，这一思路如项链上的金线，串起了思想的美丽珍珠：

> 他色之衣，极不耐污，略沾茶酒之色，稍浸油腻之痕，非染不能复关着。染之即成旧衣。此色不然，惟其极浓也，凡淡乎此者，皆受其浸而不觉；惟其极深也，凡浅乎此者，皆纳其污而不辞，此又其宜于体而适于用也。
>
> 贫家止此一衣，无他美服相衬，亦未尝尽现底里，以覆其外者色原不艳，即使中衣敝垢，未甚相形也；如用他色于外，则一缕欠精，即彰其丑矣。富贵之家，凡有锦衣绣裳，皆可服之于内，风飘袂起，五色灿然，使一衣胜似一衣，非止不掩中藏，且莫能穷其底蕴。
>
> 诗云："衣锦尚絅"，恶其文之著也。此独不然，止因外色最深，使里衣之文越著，有复古之美名，无泥古之实害。二八佳人，如欲华美其制，则青上洒线，青上堆花，较之它色更显。反复求之衣色之妙，未有过于此者。

黑色，永远的服装流行色。黑色的烘托效果，反衬功能，平易性与神秘感，……我们从李渔的一再推崇中亦可见出它美感的丰厚性：宜貌宜体，使面白面黑者各显其美，使年少年长者均感年轻，使贫贱富贵者皆合身份；实用耐久，脏污难改其性；从着装效果来看，它含蓄深沉，按而不表，兼济且又独善，大有周易中的"含章可贞"的扮饰意趣。在服饰方面，将纯粹的美感与纯粹实用结合起来，且有相提并论的意味，在李渔这里，应是一个有价值的结合与探讨。

5. 李渔记录并剖析当时的流行色演进现象

李渔关注服色，更关注正在运行的时尚运动。他可贵地记录自己所经历的流行色演变历程：

> 记予儿时所见，女子之少者，尚银红桃红，稍长者尚月白，未几而银红桃红皆变大红，月白变蓝，再变则大红变紫，蓝变石青。迨鼎革以后，则石青与紫皆

> 罕见，无论少长男妇，皆衣青矣。可谓“齐变至鲁，鲁变至道”，变之至善而无可复加者矣。其递变至此也，并非有意而然，不过人情好胜，一家浓似一家，一日深于一日。不知不觉，遂趋到尽头处耳。

前述对大红厌恶的现实依据，除却此身遭际的原因，亦有审美疲劳的因素。关注流行色，不只留下了服色演进、时装运动的珍贵资料，更为重要的是，李渔对服装流行色予以深度解读，将其变幻不已的情状归因于非理性力量的驱使。不同色相趋于极端，远看似不知其所以然的两极摆荡，近观则是“人情好胜，一家浓似一家，一日深于一日。不知不觉间，遂趋到尽头处耳。”如此解读，后学或从马斯洛心理需求理论、弗洛伊德的无意识精神分析理论出发不难切入。而早在数世纪之前的李渔则世事洞明，人情练达，无所依傍，直指人心，自铸伟辞，举重若轻，四两拨千斤，令人有豁然贯通之感。

四、斟酌款式

无论质料怎样、色彩怎样，只有结构为款式，现实地穿将起来才能真正把服装观念落在实处。那么李渔等人是怎样在款式层面思考的呢？李渔不只形上重道地抽象玄思，而且也形下重器地推荐款式，无论服与饰都具体到位，却不像孔子那样重在伦理，而是重在如何扮饰得体，无论贫家富家，在各自可能的条件下达到着装舒适与美观，达到提升主体形象的视觉效果。

1. 强调衣分家常与盛装之别，强调其不同的制作与评判标准

卫泳则强调从自然与社会的不同环境着眼，选择不同的着装风貌。这一点近乎后世所谓的便装与礼服。在李渔看来，服装款式不仅要适应静态的人身，而且要全方位地适应动态的人身，即与着装者所在的人文自然环境相宜相吻。于是他提出了“家常”与“盛装”（或曰“人前”）的概念，亦得出不同的评判标准。他在论述当时吴门崇尚的特别丰美的“百褶裙”时，以为“此裙宜配盛服，又不宜家常”；“予谓八幅之裙，宜于家常；人前美观，尚须十幅。”八幅紧窄，宜于劳作，十幅宽博，显得美艳。着装有家常与人前之别，期待有适用与美观之异，这也可构成两极，李渔一并论之，兼容并包。在李渔看来，盛装作为礼仪自应接受，但须知这是人情，是美饰，亦是服饰的桎梏。他特别指出新婚女子盛妆要有，毕竟婚姻是终身大事，毕竟父母操办一场，但只可这一次，只可这一月，终生再不受此桎梏之累。这里有人应适应不同的社会环境的着装意识。卫泳则更扩而大之，列出不同情境甚至包括自然情境，让人们的着装与自然衬映而获致美感：

> 春服宜倩，夏服宜爽，秋服宜雅，冬服宜艳。见客宜庄服，远行宜淡服，花下宜素服，对雪宜丽服。

跳跃性思维，给人留下了感悟与联想的空间。无论来者长幼贵贱，作为东道主服礼服对客人以示敬，正是尊人以自尊的典型表现，古今中外以盛装迎宾正是这一典型心态的感性显现；而远行千里，日夜奔波，洗涤不便，鲜艳易染尘垢何如淡雅能耐长久呢？花朵之侧，总不能够叶绿衣也绿，花红衣也红吧，且不论撞衫之俗，就是万紫千红无限，衣着染就之色彩怎能比花朵之青翠欲滴鲜亮美艳呢？不如避实就虚，构筑反衬格局，以素雅之服在花红柳绿丛中更显突出非凡。记得列夫·托尔斯泰小说《安娜·卡列尼娜》写安娜参加一盛大宴会，灯红酒绿，贵妇们衣着争艳斗奇，比花比朵比云比霞，而安娜独独以一身黑装出奇制胜，成为全场中出尽风头的人物。这当然是异域小说的虚构，但老托尔斯泰的这一艺术创造岂不是印证了卫泳此论的普世适应性么？冬日寒冷，雪意素淡到极致，倘若随着冬意一味暗淡，岂不沉闷？卫泳献出良策，主张以丽服为宜，这样既能打破天地雅素的笼罩，又能以亮丽之扮饰唤醒生命的意趣，渲染出活泼的氛围来。在《红楼梦》中，我们看到了在冬雪的背景下，宝玉和湘云身着红袍的青春影像，给人以美好的感受和联想。春秋代序数百载，这一招似乎不只有着充分的当代性，而且在可能预见的未来，仍有着令人欣喜的广阔空间。

2. 强调衣着与形体相称，就是要通过衣着而突出表现美的形体

曹庭栋认同这一点，以为虞夏商周的养生衣服观重在“注重温暖适体”，便主张衣服“长短宽窄期于适体，不妨任意制之。”而李渔则进一步就衣着创造美的体形。举出两个款式，一是唐人创造的半臂，二是古来流行的腰带。

> 妇人之妆，随家丰俭，独有价廉功倍之二物，必不可无。一曰半臂，俗呼“背褡”者是也；一曰束腰之带，俗呼“鸾绦”者是也。妇人之体，宜窄不宜宽，一着背褡则宽者窄，而窄者愈显其窄矣。妇人之腰，宜细不宜粗。一束以带则粗者细，细者倍觉其细矣。背褡宜着于外，人皆知之；鸾绦宜束于内，人多未谙。带藏衣内，则虽有若无，似腰肢本细，非有物缩之使细也。

推荐两款式：一为衣服，二为饰物。表面看具体讲述了穿着技巧，实则在预设的前提下展开：一是要身段苗条，二是细腰。以此借衣饰创造的体窄错觉，推崇苗条的美；腰细，是明晰的节奏感与线条的美。总之通过服装造成错觉，从而达到提升主体形象的直觉效果（图15-3）。

3. 通过服装的搭配达到身体部位的强调与掩饰

例如李渔主张“鞋用高底，使小者愈小，瘦者愈瘦”。他认为高底鞋美感在于脚小与瘦的视觉效果。你即便不同意他的观点，但不得不承认，时至今日，这种对足的审美观念仍是全球更大范围内的流行意识或者无意识吧。而李渔《闲情偶寄》中附录了其友余怀的《鞋袜辩》一文，曰“袜色与鞋色相反，袜宜极浅，鞋宜极深，欲其相形而始露也。”脚美者鞋色当与地相异以期更露，而脚大者鞋色当与地同以期藏拙。友

以类聚。余怀所述与李渔立场相同，仍是以人为本，讲穿鞋时的显与藏的技巧。总之，此际讲着装，都是可操作层面的，又是哲学思辨的，深刻到位的。

他们都平视天下，着眼于着装的方便实用与美观。至于更倾向于谈女装，这原也是一种时代的转型，是女装即将走向时尚主体，且成为服装的主体话语的自然表达。此前服饰话语，大都是以男装为主，而女装虽说说，却也是边缘话题。这里，风尚变了，趣味亦变了。我们可以欣赏，也可以否定，但李渔将身体意识明晰地注入服饰境界之中，谈得自在从容，底气十足，毫无羞怯回避躲闪之态。他也许不是指点江山的豪杰，但却是生活流的导师。

图15-3　《百美图》中束腰带披云肩的清初女子

五、成则画意，败则草标——饰物的别致讲求

在一般人觉得没有多少表述空间的饰物上，李渔等却拓开了宽阔的思想格局。

1. 对人来说，饰物永远是配角。在饰物层面，李渔将“衣以章身”的原则具体化为“以人饰珠翠宝玉”还是“以珠翠宝玉饰人也”的取舍问题

卫泳也是这样。在他们心目中，这一条主线始终明晰，主宾关系不可颠倒。李渔举一例说，一肤白发黑的女子满头翡翠，环鬓金珠，仿佛“花藏叶底，月在云中，是尽可出头露面之人，而故作藏头盖面之事”。在他的审美判断中，这自是遗憾，自是失策了。

> 若使肌白发黑之佳人满头翡翠，环鬓金珠，但见金而不见人，犹之花藏叶底，月在云中，是尽可出头露面之人，而故作藏头盖之事。巨眼者见之，犹能略迹求真，谓其美丽当不止此，使去粉饰而全露天真，还不知如何妩媚；使遇皮相之流，止谈妆饰之离奇，不及姿容之窈窕，是以人饰珠翠宝玉，非以珠翠珠玉饰人也。

卫泳亦有同感，他说：

> 饰不可过，亦不可缺，淡妆与浓妆，惟取相宜耳。首饰不过一珠一翠一金一

玉，疏疏散散，便有画意。如一色金银簪钗行列，倒插满头，何异卖花草标？

李渔博大深厚，卫泳疏朗精致。扮饰是将人本身引入艺术境界，寻得颇具韵外之致的“画意”，是点缀人，衬托人，美化人，即在美饰过后唤起最大的关注，提升着装扮饰者的视觉形象，亦即外观，而不是买椟还珠，喧宾夺主。无论是装饰繁复而藏头盖脸，或者点缀满头竟使人成了卖花草标，都是过分，都是典型的人的异化。当时文人似乎多与友人切磋，卫泳这段话后其友批注：“花钿委地无人收，方是真缘饰。”意即各种各样的首饰和花钿都弃之不用，修饰打扮才能最为得体。最大的技巧是无技巧，天然样，淡淡装，岂不正高扬、显示着人自身的美感么？千言万语，仍守护着一个清晰的界线，即是以人饰物呢，还是以物饰人？当以神为本、以文为本等淡远之后，以物为本的意识在服饰界随时都会抬头，具在皮相者流里有着相当长的生命力。李渔、卫泳一声喝断，在饰物与人的关系上仍是严格其界，不曾有少许挪移（图15-4）。

图15-4　明代女子发式与发饰

2. 饰物之美在于衬映头发与肌肤之美

李渔一再强调饰物本身别突出，它的出现是以其些微的点缀，与人身或肤色或发色构成不同语境的互动，而不是喧宾夺主。

簪之为色，宜浅不宜深，欲形其发之黑也。

> 珠翠增媚，妇人饰发之具也，然增娇媚者以此，损娇媚者亦以此。所谓增娇益媚者，或是欠白，或是发色带黄，有此等奇珍异宝覆于其上，则光芒四射，能令肌发改观。与玉蕴于山而山灵，珠藏于泽而泽媚同一理也。

饰物之色的意义不是外在的炫耀什么，而是衬出肤色与发色的美丽；不是让其以步摇悬空，而是以服帖压发的实用为务，总之是让所有观赏者目光聚焦于衣者饰者本身，才是装与饰的根本。

3. 盛饰在特殊情况下虽不得不为之，但毕竟是桎梏与苦行

李渔以新婚盛饰为例讲过分的美饰实则是人生的羁囚：

> 故女子一生，戴珠顶翠之事止可一月，万勿多时。所谓一月者，自作新妇于归之日起，至满月御妆之日止，只此一月，亦是无可奈何。父母置办一场，翁姑婚娶一次，非此艳妆盛饰，不足以慰其心，过此以往，则当去桎梏而谢羁囚，终身不修苦行矣。

既有不得不敷衍的现实理由，亦有切入底里的人文关怀。将美饰视为桎梏，盛妆之人视为羁囚，既与周易贲卦中所说的“贲于丘园，束帛戋戋，吝”一样，亦与老庄任纯自然的服饰见解相吻，却又不走极端，大有善解人意、妥协成全之意味。后代极为推崇李渔的林语堂讲人生艺术，将西装领带视为人的束缚，或许受此影响。

余论

李渔等人生活于明末清初，他所面对的是中华民族发展了已有万余年的服饰文化传统和成果。李渔、卫泳等人的服装观念带有思想解放的意味，也是在前人的铺垫和时代的思想土壤中发展起来的。当宋代文人大量的衣着款式成为民众模仿的对象时，服饰就已向个性层面倾斜。而苏轼“淡妆浓抹总相宜”的诗句虽为写景而出的比喻，但其中服饰的自由观念清晰可见。朱子编《童蒙须知》，强调儿童穿衣要颈紧、腰紧、脚紧云云，似以教育的方式将便于动作的服饰实用意味推衍到全社会。这是服饰的世俗化与自由意识的普遍涌动。当一般学者沿着主流话语惯性移动时，而明代的陈献章、王守仁的理学革命，则有着把个人思想从圣贤经书中解放出来的努力。陈献章“小疑则小进，大疑则大进”的主张，开自由思想之先声；而王守仁“以吾心之是非为是非”，强调以己心为衡量是非的标准，拒绝拜倒在圣贤脚下，确是思想界一大革命。李贽则主张摒弃一切规范的自由自在，更易催生天地之间唯我独尊的主体意识。以此为背景为铺垫，从李渔、卫泳等的服饰话语中，我们看到了自己作主，自铸伟辞的历史性从容。

在李渔等的服饰话语中，虽没有明确提及身段各部位的比例问题，虽没有将人身细划或冷静从容如古希腊哲人那样直面人体作抽象玄思，但毕竟提出了人身这一概念，这是中国服饰文化史上一大飞跃式的表达。而且在具体论述中，李渔又明确无误地从不同层面论述了面色、发色、肤色与衣、饰物的适应问题，从心理学视错的角度谈某种款式配饰形成肩窄（所谓娇小者的体态）腰细、脚小的审美效果。即是说他不是以文为本谈概念，而是在论述着装时人，一个着装的活生生的人身。这是对中国服饰文化理论的以神为本、以文为本、以用为本等服饰格局的整合与提升。或许全以为李渔所谈人身还稍有朦胧之处，但须知中国医学在李渔时代仍未涉及实证解剖层面，中国绘画仍距人体写生还有几个世纪的路程，不断出现的春宫画仍是想当然的性幻想的裸体意象，而不是比例合体的客观写生；中国哲学仍未有直面人体玄思的显性命题。如果说李渔关于人身的表达仍有不满足的地方，那很大程度上是历史与文化的局限。

李渔的服饰观是系统的服饰境界的反思。他的服饰观可以细划为彼此呼应且层级显然的命题，深刻独到却又不是高台讲章，而是亲切如促膝谈心，将个案普遍化，将原则生活化，由特殊引向一般的模式化。每个人在这一扮饰原则中都能看到自己，寻到自己提升视觉形象的具体路径。当然，一种观念，仅有原则是不够的。细致到位的思想家往往将其具体化，把它置于具体的情境中给予描述。李渔、卫泳当然也是这么做的。虽然他们话语不多，但思路是清晰的，层次是豁然的，切入的命题也是深入到位的，如钟磬一击，余音袅袅似云雾依山峦之环绕。

思考与练习

1. 李渔服饰思想的核心是什么？

2. 试述李渔对服色内蕴的拓展。

3. 李渔是在哪几个层面论述饰物之美的？

注释

［1］李渔（1611—1680），字笠鸿，号笠翁，明末清初著名作家。江苏如皋人，祖籍浙江兰溪。早年家境富裕，后因科举失利，毅然改走人间大隐之道。清初家设戏班，至各地演出以谋生。晚年陷于贫困。有丰富的小说戏曲创作，并有《闲情偶寄》，在戏曲理论、服饰、妆容、饮食、营造与园艺等领域均有系统的理论建树，被誉为“中国人生活艺术的指南”（林语堂语）。

［2］卫泳，字永叔，号懒仙，长洲（今江苏苏州人）。生卒年不详，约生活于明末清初。与其弟俱有文名。顺治甲午（公元1654年）年间，曾编辑刊刻古文选集《冰雪携》，所选文章多为幽奇苍古、寄托遥深之作。他的服饰文字见其所著《悦容编》一书。《悦容编》又名《鸳鸯谱》，主要描写女子居处如何布置，女子容貌如何修饰，以及男女间的生活情趣。

［3］李渔：《闲情偶寄》。文中李渔的论述除却特别注明外，均摘自《闲情偶寄》。

［4］杜书瀛：《李渔美学思想研究》，中国社会科学出版社，1998：194。

［5］曹庭栋（1689—？）自号慈山居士，嘉善（今浙江嘉善县）人。幼时体质羸弱，终身未出乡里。天性开朗，淡泊名利，终日烧香弹琴，探索养生之道，享年90余岁。75岁时著有《老老恒言》（后称《养生随笔》）五卷，其中有衣着与养生关系之论。

［6］张志春：《裸露与遮盖：现代服饰观潮·撒切尔夫人的着装历程》，陕西旅游出版社，1998。

［7］《尚书·禹贡》："厥土青黎。"疏引王肃："青，黑色。"后世亦以青丝喻黑发。李白《将进酒》："君不见高堂明镜悲白发，朝如青丝暮成雪。"

基础理论——

衣取适体　寒暖顺时——曹庭栋《老老恒言》的服饰养生理论

课题名称： 衣取适体　寒暖顺时——曹庭栋《老老恒言》的服饰养生理论

课题内容： 安体所习，养生妙药
趁寒趁暖，动静相宜
首衣：虚顶以达阳气
体衣：衣取适体
带、钩及衣之浣洗
足衣：四时宜暖，和软适足

上课时间： 4课时

训练目的： 向学生讲授曹庭栋系统的服饰养生理论，引导他们从健康与卫生的层面关注服饰的功能，特别是老年人的服饰问题。

教学要求： 使学生系统了解曹庭栋的服饰养生理论；使学生了解服饰呵护身体的种种功能。

课前准备： 阅读《黄帝内经》、《老老恒言》等与老年服饰相关的文献资料。

第十六章　衣取适体　寒暖顺时

——曹庭栋《老老恒言》的服饰养生理论

继李渔之后，有清一代服饰文化思辨的触须仍沿着生活化方向不断延伸，而曹庭栋的养生著作《老老恒言》（图16–1）便是其中的重要成果。如果说李渔在女装这一层面上仍作散点放射性演绎，那么，曹氏则在老年装的格局里有着系统性地扫描与归纳。当然曹庭栋并非局限于服饰一隅，他更试图从衣食住行等层面系统全面建构老年养生的理论。本文所述，就是对曹庭栋《老老恒言》中言及服饰部分进行梳理与解读。[1]

图16–1　《老老恒言》书影

一、安体所习，养生妙药

从曹氏《老老恒言》另一名称为《养生随笔》来看，养生观念便是著书之旨、题中之义。话题定位于老年装，也是自然之理。服饰其形，养生其神，或长或短，娓娓道来，看似琐碎具体，实有淡远之思。在曹氏这里，首先勾勒出天地间衣暖心静的意象，来表达“退一步想，自有余乐”的人生意趣。如卷二《省心》篇所云：

> 寿为五福之首。既得称老，亦可云寿，更复食饱衣暖，优游杖履，其获福亦厚矣。人世间境遇何常，进一步想，终无尽时，退一步想，自有余乐。《道德经》曰：“知足不辱，知止不殆，可以长久。”

这一段话看似轻巧简淡，却可视为曹庭栋的养生宣言：他是在写知足、知止的养生助寿的大道理。人或说大丈夫志在千里、志在天下，而曹氏岂能自甘于志在服饰，志在老年装？他的名字在“廷栋”与“庭栋”之间的互换也透露出个中消息。对于曹庭栋，从其成书时自己所作《老老恒言序》（乾隆三十八年）和后世再版时后辈乡里所作的《老老恒言序》（同治九年）中，我们可略窥探出其大致的生活轨迹：其家境殷实，“自前明迄本朝，家世文学，侍从相继，鼎贵者百馀年”；其人生历程“当康雍乾三朝，为中天极盛之运”；其“幼有羸疾”，“终其身未出乡里”，故而能够养成“不问治生事”和“天性恬淡”的品格，也有条件“博极群书”，甚至是清高地绝意仕进，坚辞浙抚延访，专意侍花弄草、弹琴赋诗、写兰石、摹篆隶以自娱且著述颇丰；更能够在老之将至、自觉“薄病缠身”时“欲得所以老之法”，遂“闲披往籍，凡有涉养生者……随笔所录，聚之以类”而著成《老老恒言》一书，以颐养天年，得长寿之道，沉淀出其顺应天时、淡泊舒适的老年服饰养生思想。

从曹氏一生的人生轨迹来看，正体现一个典型的清代文人形象和独特的写作视野：不问政治、大隐于世、专事学问、独善其身。曹氏所为如此，一方面固然与其天性恬淡、体质羸弱和身届老年密切相关，但另一方面，也与其所处的时代背景有着密不可分的关系。首先，曹氏生活于明末清初这一朝代更迭的政治动荡时代，且其家族在前明亦是名门望族、书香世家，其身份可谓是“以明之遗民，为清之大儒”，而以中国传统文人的气节，是断不会轻易向新朝投诚的。但作为手无缚鸡之力的文弱书生，他又不能驰骋沙场光复明室，也只有“不得已而姑以清人居位”，但“不仕清室”[2]。其次，清初统治者敏感残酷，以文字狱相邀，动辄杀身灭族。而传统文人向来又有“达则兼济天下，穷则独善其身”的传统，清代文人便以钻故纸堆、研究学问为独善其身之途。[3]生活在这样的时代氛围中，官方主流服饰的宏大叙事便难以进入这样的学者视野之内，他们以其人的自觉抗拒着官方意念的浸渗，极大兴味地关注并思考着生活层面的衣食住行等人生意蕴。试将曹氏上述“进一步想，终无尽时”的郁闷与无奈，“退一步想，自有余乐”的超脱意绪，置入这种语境中便不难解读。特别是衣暖食饱杖履优游的长者意象，似有采菊东篱悠然南山隐者的理想色彩。

而具体到养生层面，衣取适体才是难得的选择。卷二《省心》篇曰：

> 衣食二端，乃养生切要事。然必购珍异之物，方谓于体有益，岂非转多烦扰？……心欲淡泊，……衣但安其体所习，鲜衣华服，与体不相习，举动便觉乖宜。所以食取称意，衣取适体，即是养生之妙药。

在曹氏看来，在服饰方面，衣取适体就是养生的妙药，即为首要的原则。若有悖于身心的自由舒展，若无益于健康从容的生存状态，即便是鲜衣华服也会与养生追求南其辕而北其辙。试想，老年人一般体质孱弱，举止拙笨而反应迟缓，若穿着颜色鲜亮、面料沉重、板型硬朗的鲜衣华服，虽雍容华贵、赏心悦目但却倍加拘束，平添不便。况且，衣装若华贵异常，穿着者难免时时分神，处处小心，为守护着这“珍异之物”而小心翼翼，这之于身心渐弱的老年人来说，岂不是多此一举，更添烦扰！而相对来说，当衣取适体，衣装的色彩、面料、样式舒适柔和，肢体才能自由舒展，身心不再为外物所累了，从而对养生有所助益。

在这种闲适自得的心态基础上，曹氏进一步认为，衣不嫌过是老年人着装的又一原则。即人须顺应自然阴阳四时的变化之道，应随时审量而着意加添衣物。如卷二《燕居》篇所云：

> 寒暖饥饱，起居之常。惟常也，往往易于疏纵，自当随时审量。衣可加即加，勿以薄寒而少耐。……《济生编》曰："衣不嫌过。"

人生饮食起居，天天重复，年年如斯。天寒则暖穿，腹饥则饱食，这是生活的常态。但惟其常态，往往可能因审美疲劳而淡化而疏忽随意，遂怠慢了养生之要义。基于此，曹氏主张老年人衣食起居要顺乎自然和身体状况的变化。年轻时生命力旺盛而动极生热，着装一般是减法，而老年体质虚寒而趋静，则渐渐向加法靠拢。当加衣服时即加，不要怕多，切勿嫌麻烦，更不可以为气候初寒而逞强耐受。因此，仿佛以"礼多人不怪"模式的潜台词助辩，曹氏看似引用"衣不嫌过"来叠加，实际上是对这一原则的推举。这一服饰原则渗透于其《老老恒言》卷一、卷二的各个养生篇目之中。

二、趁寒趁暖，动静相宜

一般说来，服饰有起与居的不同向度，而自古以来人们似乎更多注意"起"的规范而少有关注"居"的需求。曹氏却独具慧眼，洞开了这一层面。如卷一《安寝》篇：

> 腹为五藏之总，故腹本喜暖。老人下元虚弱，更宜加意暖之。办兜肚，将蕲艾捶软铺匀，蒙以丝绵，细针密行，勿令散乱成块，夜卧必需，居常亦不可轻脱。又有以姜、桂及麝诸药装入，可治腹作冷痛。……兜肚外再加肚束，腹不嫌过暖也。《古今注》谓之"腰彩"，有似妇人抹胸。宽约七八寸，带系之，前护腹，旁护腰，后护命门。取益良多，不特卧时需之，亦有以温暖药装入者。
>
> 解衣而寝，肩与颈被覆难密。制寝衣如半臂，薄装絮，上以护其肩，短及腰，前幅中分，扣钮如常。后幅下联横幅，围匝腰间，系以带，可代肚束。更缀领以护其颈，颈中央之脉，督脉也，名曰"风府"，不可着冷。

在这里，养生不是抽象的玄思与想象，而是具体情境下可以置办可以穿戴的肚兜与寝衣。在曹氏之前，除却孔子简单地讲寝衣须长一身有半，没有这方面详细的文献记载。而在曹庭栋的视阈，服饰思辨的关注点不是社会性的意蕴积淀，而是穿着在身的人体感受，是老年人夜晚安寝腹与肩颈的保暖与舒适。他强调老年人的体质特点，强调药物介入，强调材料的柔软，强调缝制的细密，强调款式的适体……总而言之，强调细则，悟透功能，这种亲切有趣、富有人文关怀的温馨细语，正是对个体生命呵护与敬畏的诉说。面对老年的睡眠，甚至衣领高低，都有讲究的必要（图16-2）：

领似常领之半，掩其颈后，舒其咽前，斯两得之矣。

人到老年，老化的肢体卧榻间难免关节酸痛，辗转难眠时自然会对衣装的舒适有所期待。养生家认为，颈为中央之脉，名曰“风府”，不可着冷，故需暖护之；而咽部是人呼吸时气体进出的通道，须畅通无阻，故不能压迫，需舒展之。曹氏对此应深有体会，也足见其之于衣装养生的良苦用心，不然又怎会滋生出这一身而二任的矮领设计意念呢？及至冬季，寒气升腾，衣装暖护身体的功课又需做足。故曹氏指出：

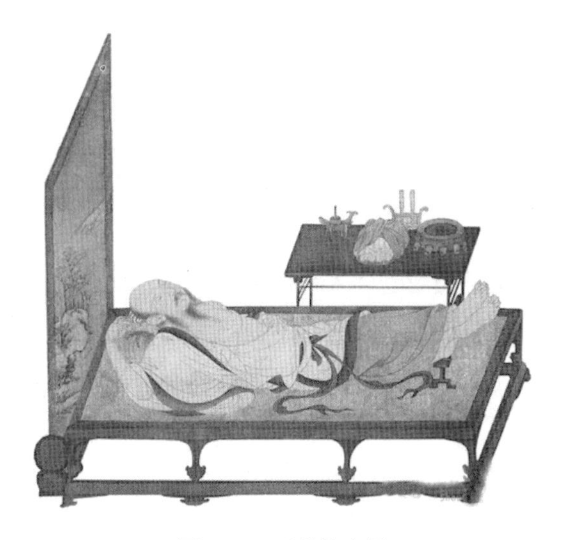

图16–2　睡眠养生图

冬夜入寝，毋脱小袄，恐易着冷。装绵薄则反侧为便。

“绵薄”这一材质的选择和厚薄程度的拿捏，既起到了保暖舒适的服饰实用功能，又达到了养生护体的医疗目的，可谓一举多得。当然，中医养生强调更多的还是阴阳冷热的平衡。因此，老年穿着并不一味求暖为佳，在阳气旺盛的头部，还需“散热”求冻为宜。因此，曹氏在卷一《安寝》篇指出：

头为诸阳之首。《摄生要论》曰“冬宜冻脑”，又曰“卧不覆首”。有作睡帽者，放空其顶即冻脑之意。终嫌太热，用轻纱包额。如妇人包头式。或狭或宽，可趁天时，亦为意所适。

这里推荐的款式、所讲究的材料，没有外在的附加，只是遵从养生的原则：尊重前人的养生智慧——冬宜冻脑、卧不覆首；适应气候——趁天时；适应老者意愿——为意所适。随后，曹氏指出，适于此头部养生之道的帽子款式有梁代的空顶帽、隋代半头帻、其时代的儿童帽箍，这些帽式样均是“虚其顶以达阳气”的最善式。并建议老年人不妨“仿其式以作睡帽”，春秋时家常戴之颇为惬意。若“终嫌太热”，则不妨“用轻纱包额”。一个简单的款式，竟如此精心且多向度地斟酌，亲切、有力而舒心。卷三《帽》篇云：“脑后为风门穴，脊梁第三节为肺俞穴，易于受风。”曹氏对此的养生之法是“当办风兜如毡雨帽以遮护之”。材质的选择上则认为“不必定用毡制，夹层绸制亦可”，这也是遵循前文所述“头为诸阳之首”，宜冻不宜热的养生理论而立论。

结合自身长期的寝衣制备与穿着实践，曹庭栋对话传统，大胆质疑，展开文化修复，即便是圣人经典也不例外。如针对《说丛》"乡党必有寝衣，长一身有半"的说法，他品评道："疑是度其身而半之。如今着小袄以便寝，义亦通。"认为《论语·乡党》中所言的寝衣"长一身有半"是指其长度为人身长的一半，设若从肩颈算起，至多及膝，而绝非历代注家所误以为的是整个人身长的1.5倍。不妨想象一下，若睡衣长度是身长1.5倍的话，那必然拖曳于地，穿着者夜间起身下床与走动时，很可能有踩踏绊倒的危险，这之于行动不便的老年人来说更是不利。故曹氏自信地断言，与同伴的寝衣实践——即"如今着小袄以便寝"，和自己理解《论语》所述寝衣的义理相通。

在乍暖还寒的换季时，老年着装亦有特别道理。曹氏在卷二《燕居》篇指出：

> 春冰未泮,下体宁过于暖，上体无妨略减。所以养阳之生气。绵衣不可顿加，少暖又须暂脱。

不是静态的刻板模式，而是动态敏感的与时俱变。年轻人活泼灵便，一见天暖便玉树临风春衫薄，而老年人血气渐衰，则需着意渐变以养阳：下体仍暖，上体略减；绵衣勿猛然添加，稍暖应暂时脱落等。道理不难理解，规则容易掌握，自古而来，谁的心思能这般细致，以亲切的口吻轻轻诉说老年衣装的敏感变化？且并非生活的琐碎絮叨，而是以医学养阳之气为统领，凝聚老年在换季时着装之经验，针对晨昏变化、寒暖交替的养生指导。

人是社会性的动物，即便悠闲隐居如当代宅男宅女，亦不免送往迎来，接待造访，人情互动，不可能终岁而困守一屋。在卷二《见客》篇中，曹氏也重申了老年人在待客方面服饰穿戴适体的原则：

> 老年人着衣戴帽，适体而已，非为客也。热即脱，冷即着，见客不过便服。如必肃衣冠而后相接，不特脱着为烦，寒温亦觉顿易，岂所以适体乎！《南华经》曰："是适人之适，而不自适其适者也。"……
>
> 凡客，虽盛暑，其来也必具衣冠，鹄立堂中。俟主人衣冠而出，客已热不能胜。当与知交约，主不衣冠，则客至即可脱冠解衣，本为便于主，却亦便于客。

进入老年，人也就由社会核心地带逐渐向边缘化挪移。一般来说，所会之客，或请教、或探望、或友情等，一般多属晚辈、亲朋老友，即便是达官贵人，也不必拘泥礼数。在以人为本的前提下，在舒适性原则面前，外在的不必要的客套尽可能都免了。若见客必整衣肃冠，那么冷脱热着时必程序繁琐，也易着冷着热，于接待情境、心境与身体都无益。热了即脱，冷了即穿，简易便装既方便也自由。从客人的立场来考虑，如若盛暑造访也整衣肃冠，肃立厅堂久候，待主人衣冠齐备，早就热得难以承受了。而主人随意便装，客人也就有了脱冠解衣的可能与心理空间。这样，主客两便，也舒适自在。从这一点来看，老年着装实践中人的主体性地位在曹氏的服饰理论中已相当凸显，其着装之境已进入从心所欲而不逾矩的旷达状态。这就是服饰境界中作为主体的人内在的自由性、超然性的自然流露与真切表达（图16–3、图16–4）。

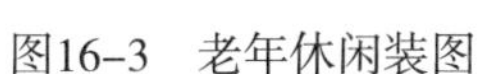

图16–3　老年休闲装图

图16–4　山林老者休闲装

就是偶然外出，衣装也是第一考虑的事体。如卷二《出门》篇：

> 春秋寒暖不时，即近地偶出，绵夹衣必挈以随身。往往顷刻间，气候迥异。设未预备，乍暖犹可，乍凉即足为患。
>
> ……
>
> 严冬远出，另备帽，名将军套。皮制边，边开四口，分四块，前边垂下齐眉，后边垂下遮颈，旁边垂下遮耳及颊。偶欲折上，扣以纽，仍如整边。趁寒趁暖，水陆俱当。

曹氏心细如发，全方位地考虑出门者的气候条件与种种情境：出门偶然与经常，近地与远出，水路与陆路，春秋寒暖交替时节，严冬季节……真可谓耐心周到，一一叮咛，在冬入春、春入夏、夏入秋、秋入冬诸换季时节，乍暖出门带上夹衣，以免除天气骤变无衣可择的窘迫，特别是身体可能由此引发的病患；而严冬远出备将军皮帽，寒则四边裹垂助暖，稍暖则帽沿折上以便散热等，这既是提醒出门穿着的规程，亦是人情暖意的表达。关中谚语说“三伏天出门，也要带棉衣”，正可与曹氏观念相吻合。

事实上，曹氏所论，不只是起居与内外的动静系统，还有人体衣装的系统，下面以首衣、体衣、带钩及衣之浣洗、足衣分述之。

三、首衣：虚顶以达阳气

在曹庭栋的老年服饰养生实践中，戴帽一事是特别讲究的，卷三设《帽》篇予以讲述。样式、材质、品类以及厚薄的选择都与四季养生相关，特别是与“宣热以养阳气”紧密相连。

> 阳气至头而极，宁少冷，毋过热。狐貂以制帽，寒甚方宜。若冬月常戴，恐遏抑阳气，未免眩晕为患。入春为阳气宣达之时，尤不可以皮帽暖之。《内经》谓春夏养阳，过暖则遏抑太甚。如遏抑而致汗，又嫌发泄矣，皆非养阳之道。

曹氏《老老恒言》开篇即阐述了头部宜冻不宜热的养生理论。此处又举例重申，可见是养生的一个重要基点。以此观之，狐貂制之帽非酷寒不能为，但即使数九寒天，也不能常戴不脱，以恐遏制阳气，导致眩晕。到了入春时节，阳气宣达，及至夏季，阳气尤盛，而头部本是人体的阳极部位，此际尤不能戴皮帽。因皮革类材质绵密，透气性差，人体着之则热气不易外散，故对于阳气而言，“过暖则遏抑太甚”。而如果遏抑太甚，反而会导致发汗而宣泄了阳气，这就与养生重养阳之道相背离了。

至于“帽顶红纬，时制也，少为宜，多则嫌重，帽带或可省，老年惟取简便而已”。可见，老年服饰宜简不宜繁的制备原则是曹氏老年服饰养生理论一贯的主张。

“家常出入，微觉有风”时，即可“办风兜如毡雨帽以遮护之”。

那毡帽是什么样式、什么质地的帽子呢？又在何时戴之？曹氏解释道：

> 《周礼》：“天官掌皮，共毳毛为毡。”《唐书·黠戛斯传》：“诸下皆帽白毡。”《辽史》：“臣僚戴毡冠。”今山左张秋镇所出毡帽，羊毛为之，即本于古。有质甚软者，乍戴亦似与首相习，初寒最宜，渐寒镶以皮边，极寒添以皮里，各制而酌用之。御冬之帽，殆无过此。

此处，曹氏引经据典、如数家珍，细数毡帽制式在历朝历代的流变，旨在说明羊毛材质质地柔软，将之应用为制帽之材古已有之。羊毛因其柔软绵密的特性，亲肤性极佳，于头部舒适有余，但其毛体薄短，保暖性则稍显不足，故“初寒最宜”；及至天气渐寒，则可“镶以皮边”；极寒之时，则可“添以皮里”，“御冬之帽，殆无过此”。如此这般，曹氏随天气寒冷程度的递增而层层增设保护层以酌时而用，亲身实践着其所倡导的老年人穿衣带帽应顺时且注重暖护的着装原则，这并非仅是基于个体着装经验的亲身诉说，更是尊重历史智慧与创造的积淀性融通与阐发。

除了各种帽子之外，头部御寒之物还有幅巾：

> 幅巾能障风，亦能御寒。裁制之式，上圆称首，前齐眉贴额，额左右有带，系于脑后，其长覆及其肩背，……又有截幅巾之半，缀于帽边下，似较简便。

语言简洁，顾及多面：点出功能是知其宗旨，说透裁制之式为便于制作，穿戴讲究是细节指导……技术和人文一体，规则与体贴相吻，亦道亦器，浑然天成。

而短时寒暖变化的帽饰也随之变化：

乍凉时需夹层小帽，亦必有边者。边须软，令随手可折，则或高或下，方能称意。

夹层以保暖，有软边则折垂自如，如此简洁明快的款式同时满足了顺时和称意的养生之道。可见，“老年人着衣戴帽，适体而已”的论述，远非说的那么轻巧。

梁有空顶帽，隋有半头帻，今儿童帽箍，……虚其顶以达阳气，式最善。每见老年，仿其式以作睡帽，窃意春秋时家常戴之，美观不足，适意有馀。

在曹庭栋这里，对帽饰虚顶以达阳气的养生之旨，不只是切身感受的反思，更有观古今于须臾的考察。如卷三《帽》篇谈到风兜时，引用瞿佑《诗话》“元废宋故宫为寺，西僧皆戴红兜”的记述来说明风兜以其实用功能在前代人中就已很流行；谈及幅巾时，援引唐《舆服制》有所谓“帷帽”的记载，来说明此幅巾“仿佛似之”，又引《后汉书》“时人以幅巾为雅，用全幅皂而向后，不更着冠”的记载，来说明幅巾如何演变为“今俗妇人用之”之物；在论及今之无边小帽时，则援引《蜀志》“王衍晚年，俗竞为小帽，仅覆其顶，俯首即堕，谓之‘危脑帽’。衍以为不祥，禁之”的记载，来说明“今小帽无边者，盖亦类是……”因而，说帽子“式最善”的断语，便有了厚重的底气。进而推导出老年帽“美观不足，适意有馀”的理念也显得入情入理。即他不刻意追求衣饰的美饰功能，而是返璞归真，回到衣饰创制之初的本真意义，但求实用功能上的舒适而已。这自是悟透古今、以人为本的从容自信与超脱大气。

四、体衣：衣取适体

帽饰固然重要，体衣才是着装的重点与核心。在卷三《衣》篇中，曹氏推荐了名为“一箍圆”的款式：

如今制有口衣，出口外服之，式同袍子，惟袖平少宽，前后不开胯，两旁约开五六寸。俗名之曰“一箍圆”。老年御寒皮衣，此式最善。

定量表述，有款式讲究有尺寸标示例；定性断语：“御寒皮衣，此式最善”。曹氏所述亲切随意而自有法度，道器相融，清晰不隔，便于人们拷贝而追随之。

极寒时再办长套，表毛于外穿之。古人着裘，必以毛向外。……
皮衣毛表于外，当风则毛先受之，寒气不透里也。

为何要“表毛于外穿之”呢？先以古人如此这般说明并非今人一时创意，继而解读如此毛表于外寒气不透的功能，或有冻毛表于外虱虮不生的卫生功能，而曹氏出于文字雅致不便说出罢了。长套皮衣属外出御寒之衣，若处居家之中，环境变了，似脱掉才好：“如密室静坐无取此，且多着徒增其重。”曹氏后文提到的出门可御风、静坐可御寒的俗名“一口总”的衣装，“式如被幅，无两袖，而总折其上以为领”，与这“一箍圆”的御寒功效和材质选择有异曲同工之妙。

抵御寒冷的外部功夫做足了，老人穿衣还需做足维持体温、保暖的内部功夫。曹氏的经验是，将质地为“绸里绸面，上半厚装绵，下半薄装絮”、“四边缝联”样式的大袄衬入“一箍圆”内，目的是使自身内部“暖气不散”。而质地亲肤绵软、光滑如水的绸里绸面再填充以温暖柔软的绵、絮等材质，其保暖功能不仅媲美于狐貉，更“轻软过之”。这使得深谙衣饰温暖与舒适真味的曹氏喜不自禁地流溢出对前人晋代谢万“御寒无复胜绵”之语以“洵非虚语，特非所论於当风耳”的得意品评与强烈认同。

冬去春来，寒暖更迭，衣饰的厚薄样式也应随之而有所变化。此际应一点点脱去厚重，代之的是轻薄便利“如常式”的夹袄。此即是顺时，但还应注意尺度的拿捏，毕竟老年服饰养生还是宜暖不宜寒，服饰的暖护功能永远是老年养生的第一考量。因此，曹氏说半截夏衫和以纱葛所作的“一箍圆”皆是“应酬所需”。何出此言呢？因其短小款式和薄透质地皆不利于老年保暖养生之需，他甚至称之为“不称老年之服”。但可改制为家居服之一：

> 隋制有名“貉袖”者，袖短身短，圉人服之。盖即今之马褂，取马上便捷。家居之服，亦以便捷为宜。仿其裁制，胸前加短襟，袖少窄，长过肘三四寸，下边缝联，名曰“紧身”，随寒暖为加外之衣。夹与棉与皮必俱备，为常服之最适。

曹氏在此较早地提出了“家居服”的概念，家居服亦可理解为常服，取其日常家居穿着之意。从服饰文化层面来看，家居服是衣人关系最为和谐的理想服饰。人类着装已有万余年的历史，其间创设的服饰虽款式多样，但大多不能兼顾样式的美观与穿着的舒适，多是美观则不舒适，舒适却不美观。而家居服则很好地实现了美观与舒适兼具的理想服饰境界。它制式的自在逍遥可谓优美洒脱，且又以穿着舒适为前提。从实用功能上来看也是这样：人到老年多深居简出，居家的时间和空间都颇多，而舒适合体的家居服则上出得厅堂，下入得厨房，一衣而兼具众美，亲切而无过多的尘世负担，潇洒而不刻意地求索，诚是儒道互补的精神境界在老年服饰中的自在展现。

总而言之，曹氏倡导老年服饰温暖适体的初衷与落脚点仍离不开养生护体、延年益寿。天气寒暖不定之时，服饰养生尤应注意养肺。这是因为：

> 肺俞穴在背。《内经》曰：“肺朝百脉，输精于皮毛，不可失寒暖之节。”

今俗有所谓“背搭”，护其背也。……老年人可为乍寒乍暖之需。

援引养生经典《黄帝内经》“肺朝百脉，输精于皮毛，不可失寒暖之节”的养生理论，暖护肺部立论有了经典出处；又举今人款式与之呼应，推举之功水到渠成。夏季之时，天气炎热，但多蒸闷潮湿之气，故老年人亦勿忘着半臂以护胸护背，养成这样的习惯：

夏虽极热时，必着葛布短“半臂”，以护其胸背。古有“两当衫”，谓当胸当背，亦此意。须多备数件，有汗即更，晚间亦可着以就寝，习惯不因增此遂热。

领衣的表述亦是这样。既是层次明晰的制作与穿着程序的指导，亦是其优点与功能的说明，敏感点还在于舒适性与便捷性：

领衣同“半臂”，所以缀领。布为之，则涩而不滑，领无上耸之嫌。钮扣仍在前两胁下，前后幅不用缉合。以带一头缝着后幅，一头缀钮，即扣合前幅，左右同。外加衣，欲脱时，但解扣，即可自衣内取出。

五、带、钩及衣之浣洗

体衣讲舒适方便，作为配件的带与钩自然顺应这一规矩。如卷三《带》篇所述：

带之设，所以约束其服。有宽有狭，饰以金银犀玉，不一其制，老年但取服不散漫而已。用径寸大圈，玉与铜俱可。以皂色绸半幅，一头缝住圈上，围于腰，一头穿入圈内，宽紧任意勒之。即将带头压定腰旁，既无结束之劳，又得解脱之便。

对于老人来说，什么宽的窄的，金银犀玉，款式丰富之类，多无必要，也无须太多的花样。带的存在，在于其约束其服的功能，这是关键点。老年衣带只在服不散漫而已，于是曹氏简单明快，有制作说明，又有操作使用方法，在老年人着装的语境下直接道破其优点之所在，而与之相配的钩的使用也应有所评判取舍：

有用钩子联络者，不劳结束，似亦甚便。……但腰间宽紧，惟意所适，有时而异。钩子虽可作宽紧两三层，终难恰当，未为适意之用。古人轻裘缓带。缓者，宽也。若紧紧束缚，未免腰间拘板。少壮整饬仪容，必紧束垂绅，方为合

> 度。老年家居，宜缓其带，则营卫流行，胸膈兼能舒畅。

事非经过不知义，带钩看似方便，却难以适意，未必适用于老年人的体征和养生延年之需。曹氏这里一再强调讲究家居舒适的老年与整饬仪容的少壮要求自不相同。主张轻裘缓带才是老年家居的得体配饰。对于老年人着装而言，饰物简单、实用、舒适才是真谛。下文“带可结佩。古人佩觿佩砺，咸资于用，老年无须此。可佩小囊，或要事善忘，书而纳于中，以备省览。再则剔齿签与取耳具，一时欲用，等于急需，亦必囊贮。更擦手有巾，用缔及用绸用皮，随时异宜，俱佩于带”的表述即是对老年服饰养生但求实用、舒适的最佳妙解。提及带的宽度时，曹氏引《记·玉藻》“大夫大带四寸”的记载来说明带依尺寸有大小之分；在论及老年人之设带宜取宽以求舒适的观点时，则引庄子《南华经》“忘腰带之适也”的言说与陆放翁“宽腰午饷馀”的诗句来加以佐证。

自古而今，衬衣都为贴身衣物而直接接触皮肤，故其与养护体肤之关系尤为密切。鉴于此，汗衫的清洁与卫生就显得尤为重要了。曹氏的经验与方法是：

> 衫以频浣取洁，必用杵捣。……既捣微浆，候半干叠作小方，布裹其外，复用杵捣，使浆性和柔，则着体软滑。有生姜取汗浣衫者，疗风湿、寒嗽诸疾。

如曹氏所言，衣装的穿脱有讲究，而其洗涤也颇有讲究：衬衫的清洁须要用清水频繁清洗，并且要用杵来捣洗。当捣到衣服微微发浆软时，方可停止。待到其半干时，将之叠成方状，裹在布里，再用杵捣，这样能够“使浆性和柔”，穿在身上则软滑舒适，能够很好地呵护老年人的身体与皮肤。此外，用生姜原液汗热法浣洗衬衫，干后穿在身上，能够起到治疗风湿、寒嗽等疾病的功效。这是因为生姜属热药材质，有驱体寒之药效。曹氏将养生与服饰融合得如此绝妙天成，可谓用心良苦。

六、足衣：四时宜暖，和软适足

说罢体衣说足衣，曹氏仍是开门见山，直指要害的风格，认为老年人着袜不求美观，但求穿着和软舒适而已。如卷三《袜》篇所说：

> 袜以细针密行，则絮坚实，虽平匀观美，适足未也。须绸里布面，夹层制就，翻入或绵或絮，方为和软适足。

后文“绒袜颇暖……择其质极软滑者，但大小未必恰当，岂能与足帖然”，亦是此理。绒袜材质虽颇保暖，但其“大小未必恰当”，不能“与足帖然”，“且上口薄，不足护其膝”，仅“初冬可着”，故不舒适、不实用，不是上佳袜者。而什么样式的袜子是上佳之选呢？

又乐天诗云“老遣宽裁袜”，盖不特脱着取便，宽则倍加温暖耳。……其长宜过膝寸许，使膝有盖护，可不另办护膝，……《内经》曰“膝者筋之府”，不可着冷，以致筋挛筋转之患。

曹氏援引白居易关于袜子制作的诗论，旨在强调其所主张的袜子在满足舒适之余，还需以穿脱方便、倍加温暖为追求目标。袜长过膝，“使膝有盖护”，免于受冷，可防“筋挛筋转之患”，可见衣饰之于养生、防疾的重要性。曹氏接着列举了一种名为“连裤袜”的袜子制式：

有连裤袜。于裤脚下，照袜式裁制，絮薄装之。既着外仍加袜，不特暖胜于常，袜以内亦无裤脚堆折之弊。

不知近年街头流行的连裤袜团队是否意识到曹氏的论说，但从其实践中的感受当不难理解。这种袜子的式样与我们日常所见的小儿带袜筒的棉裤颇为相似，其构思巧妙而细致入微的制式解决了一贯被人们所忽略的腿、足交界处缺乏衣料覆盖而暴露于寒冷之中的脚踝部的保暖问题，增加了人体、特别是“一物不周，遂觉不适”的老年人的身体舒适指数。而种种舒适计较，均以养生为旨归：

《内经》曰：“阴脉集于足下，而聚于足心。”谓经脉之行，三阴皆起于足。所以盛夏即穿厚袜，亦非热不可耐，此其验也，故两足四时宜暖。《云笈七签》有“秋宜冻足”之说，不解何义。……或天气烦热，单与夹袜，俱可暂穿。……老年只于袜口后，缀一小钮以扣之，可免束缚之痕。

足部为人体经脉、穴位最丰富之处，并且因其与阴气滋生的地面距离最近、接触最多，而易受寒气侵袭而着冷，进而影响到人全身的机能与代谢，故足部保健历来是中华养生的焦点所在。曹氏在点明鞋子在舒适、实用方面的选择和穿着要点之后，自然又落实到足部保暖以养生的落脚点上。此其验也，说明是曹庭栋本人的着装体验。饱读史书却时时与自身生存体验相交汇，因而“两足四时宜暖”应是智慧的结晶，而并非偏倚某个层面的特定表达。他更大胆质疑前人“秋宜冻足”之说，不倚重权威，体现出行文中严谨的学理。同时，他在足衣防治病患上更有种种探索与收获：

袜内将木瓜曝研，和絮装入，治腿转筋。再则袜底先铺薄絮，以花椒肉桂研末渗入，然后缉就，乍寒时即穿之，可预杜冻疮作患。或用樟脑，可治脚气。

卷三《鞋》篇（图16-5）讲材质、厚薄、宽紧的选择，仍从舒适层面切入：

鞋

鞋即履也，舄也。《古今注》曰：“以木置履底，干腊不畏泥湿。”《辍耕录》曰：“舄本鹊字，舄象取诸鹊，欲人行步知方也，今通谓之鞋。”鞋之适足，全系乎底，底必平坦，少弯即碍趾，鞋面则任意为之。乐天尝作“飞云履”，黑绫为质，素纱作云朵，亦创制也。

用毡制底最佳，暑月仍可着，热不到脚底也。铺中所售布底及纸底，俱嫌坚实，家制布底亦佳。制法：底之向外一层，薄铺絮，再加布包，然后针缉。则着地和软，且步不作声，极为称足。

底太薄，易透湿气。然薄犹可取，晴燥时穿之，颇轻软；若太厚，则坚重不堪穿。唐释清珙诗，所谓“老年脚力不胜鞋”也。底之下，有用皮托者，皮质滑，以大枣肉擦之，即涩滞，总不若不用尤妥。

《事物纪原》曰：“草谓之屩，皮谓之履。”今外洋哈刺八，有底面纯以皮制，内地亦多售者，式颇雅。黄梅时潮湿，即居常可穿，非雨具也。然质性坚重，老年非宜。

鞋取宽紧恰当。惟行远道，紧则便而捷。老年家居宜宽，使足与鞋相忘，方能稳适。《南华经》所谓“忘足履之适”也。古有履用带者，宽则不妨带系之。按元《舆服制》：“履有二带”，带即所以络履者。

冬月足冷，勿火烘，脱鞋趺坐，为暖足第一法。绵鞋亦当办，其式鞋口上添两耳，可盖足面；又式如半截靴，皮为里，愈宽大愈暖，鞋面以上不缝，联小钮作扣，则脱着便。

陈桥草编凉鞋，质甚轻，但底薄而松，湿气易透，暑天可暂着。有棕结者，棕性不受湿，梅雨天最宜。黄山谷诗云：“桐帽棕鞋称老夫”，又张安国诗云：“编棕织蒲绳作底，轻凉坚密稳称趾”，俱实录也。

制鞋有纯用绵者，绵 为条，染以色，面底俱以绵编。式以粗俗，然和软而暖，胜于他制。卧室中穿之最宜，趺坐亦稳帖。东坡诗，所谓“便于盘坐作跏趺”也。又《本草》曰：“以糯稻秆藉靴鞋，暖足去寒湿气。”

暑天方出浴，两足尚余湿气，或办拖鞋。其式有两旁无后跟，鞋尖亦留空隙，着少顷，即宜单袜裹足，毋令太凉。

图16–5　《老老恒言》书影

鞋之适足，全系乎底。底必平坦，少弯即碍趾。鞋面则任意为之。

曹氏通过自己多年的穿着实践总结出了“鞋之适足，全系乎底”的经验之谈，在开篇即指出了鞋的选择和制备“底必平坦”的穿着原则。而“鞋面则任意为之”，美观与否还在其次。那么，什么样的材质制底好呢？——“用毡制底最佳”，并且夏季仍可穿着，取其“热不到脚底”，利于养生；家制布底亦佳，取其质地的和软，“且步不作声，极为称足”。

底子的厚薄又如何拿捏？曹氏以“陈桥草编凉鞋”为例，谓其“质甚轻，但底薄而松，湿气易透”。从养生角度考虑，这种鞋子“底太薄，易透湿气”，不利于保暖御寒，故不可取；“然薄犹可取”则是从顺时角度考虑，如“陈桥草编凉鞋”者，“暑天可暂着”，这是取其应季实用，可打短暂穿；另外，从舒适性角度来看，这种鞋子“晴燥时穿之，颇轻软”，而“若太厚，则坚重不堪穿”，给老年人的身体增加负担，相应地，老年人的舒适指数也就大打折扣了。用皮底如何呢？

底之下，有用皮托者，皮质滑，以大枣肉擦之，即涩滞，总不若不用尤妥。

对此，曹氏指出，皮质滑溜，这就增加了老年人走路滑倒的危险系数。有人以“大枣肉擦之”以增涩防滑。但如此反添繁琐，违背以舒适为要的着装理念，故可删繁就简，“不用尤妥”。顺势再问，底面用皮可否？曹氏仍有坚守的底线：

有底面纯以皮制，……式颇雅，黄梅时潮湿，即居常可穿，……然质性坚重，老年非宜。

而与皮质相对，棕质鞋子反而因其“性不受湿”而于“梅雨天最宜”。在此，曹氏通过自己的穿着实践，悟出了前人所言不假，得出共识。

有棕结者，棕性不受湿，梅雨天最宜。黄山谷诗云“桐帽棕鞋称老夫”，又张安国诗云“编棕织蒲绳作底，轻凉坚密稳称趾”，俱实录也。

绵鞋也是他推荐的款式：

绵鞋亦当办，其式鞋口上添两耳，可盖足面。又式如半截靴，皮为里，愈宽大愈暖。鞋面以上不缝，联小钮作扣，则脱着便。……式以粗俗，然和软而暖，胜于他制，卧室中穿之最宜。

曹氏还列举《本草》“以糯稻秆藉靴鞋，暖足去寒湿气”的论述，又如“暑天方出浴，两足尚馀湿气。或办拖鞋，……着少顷即宜单袜裹足，毋令太凉”，从舒适、方便、保暖去疾等层面推崇拖鞋，样式上主张虽美观不足，但却适意有余，故为上上之选，因而样式质材上有具体的描述。

鞋取宽紧恰当。……老年家居宜宽，使足与鞋相忘，方能稳适。

曹庭栋语简意丰，境界豁达。讲“鞋取宽紧恰当”应是选择原则，而老年居家宜宽，这是具体情境下的变通，亦是作者实践中的体验。而“足与鞋相忘”，不只是庄子服饰舒适经典的暗用，更是穿鞋理想境界判断的一个简单而有效的标准。人常说鞋是否合适唯有脚知道，其实曹氏这里道出了最理想的状态——鞋足相忘。

余论

从文中颇多的引述中可以看出，曹庭栋的服饰理论是极有特色的，可以和李渔试作比较。如果说李渔因排列成行的妻妾、走南闯北的家庭戏班对女装有着特别的感悟，那么，曹氏则以其闲云野鹤淡定宅男般对老年装有着切身的领会；如果说李渔以“与貌相宜”之说将人体提升到服饰境界的主体地位，那么曹氏则以养生视野关照服饰对老年身心的全方位呵护。周作人先生曾有过一段精辟的论说：“我尝可惜李笠翁《闲情偶寄》中不谈到老年，以为必当有妙语……及见《老老恒言》，觉得可以补此缺恨了。”[4]

而在众多的老年养生文献中，曹庭栋《老老恒言》一书博采众长，于经、史、子、集无所不涉，且于日常生活的各个方面多有所及，该书所引书目遍及经、史、子、集三百余部，可谓博而约矣。他对于经典文献的信手拈来和如数家珍的熟稔程度令人叹羡，而其在文章中不时对前人经典之论加以精到的品咂和评说的功夫更是令人钦羡。仅就其荦荦大端而言，他的服饰理念中融汇了《黄帝内经》顺应四季穿衣、针对病情穿衣以及淡泊着装的观念，[5]汲取了老庄之淡泊舒适、墨子之温暖实用的服饰理念，并与孔子重美饰、重伦理的服饰思想形成了鲜明的对照。

于是可以品读出曹氏老年着装思考的系统性：即居家、待客与出行——服饰适应社会活动的系统性；春夏秋冬——服饰适应自然环境的系统性；昼与夜——立行与睡卧衣着讲究的系统性；帽、领、上衣、带、裤、袜、鞋——人体与衣装的系统性等等。这林林总总，并不仅是生活层面平铺直叙的常识与技术层面介绍，而更体现了其视野宏阔高远，其服饰理论触角伸展到了关注老年人个体生命的境界，并将服饰论域延伸到了中医养生层面。他以老年养生的总原则为出发点，针对老年人体弱虚寒的身体特征而提出的“顺时”、“舒适”这两大老年着装理念，并深入分析其在衣、帽、带、袜、鞋等服饰的穿着实践上，从材质、样式和厚薄程度的选择等具体应用方面的亲身践行和细化出的“寒暖适宜”、“适体”、“适意”、“实用”等理论层次，从而建构起曹氏以养生理念为旨归的服饰观念和着装原则。其理论脉络可展示为图16-6。

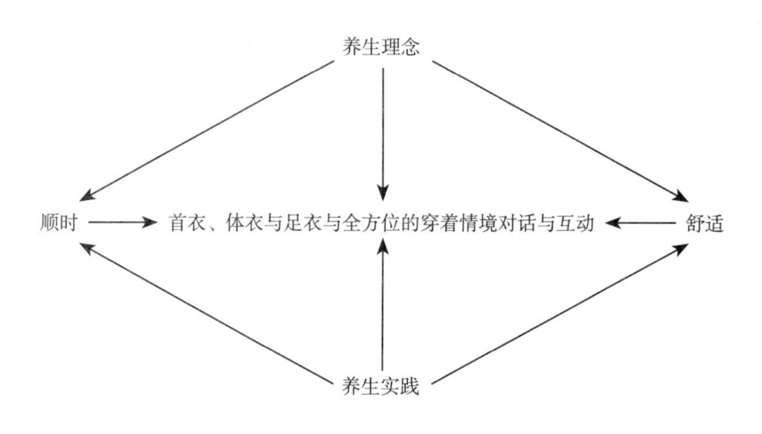

图16-6　曹氏养生服饰示意图

由此可见，曹氏的服饰理论与其养生理论和养生实践是一个融为一体、密不可分的自足结构，其服饰顺时与舒适两大原则的提出与老年养生相辅相成，不可分而单论。换个角度来看，其服饰主张并非仅仅适用于老年人，而是对于任何年龄层次、任何性别的人群的着装实践都是有一定的借鉴意义的。在这里处处洋溢着注重呵护个体生命和精神自由的人性情怀与超迈洒脱。

倘要向前追溯，整体来看，如果说自黄帝垂衣治天下至历朝历代的服饰制度均属于宏大叙事而着眼于全体民众、着力于推行共性统一、强调服装的社会伦理功能而居高临下的话，那么，曹庭栋《老老恒言》中所阐发的服饰养生论则是纯然的个性叙事，是着眼于个体生命、呵护老年个体生命的人文关怀，因而显得亲切宜人；如果说前者是庄严神圣、义正辞严的强力校正与框范的话，那么后者则是温馨体贴的细语叮咛，浅近易行、切于实用。由此看来，曹庭栋《老老恒言》所阐发的老年服饰养生理论可以看作是在清代文化自觉的时代氛围中所形成的明晰的、世俗的、观照人生的理论表述。更进一步，其理论虽是针对老年养生而阐发，即使是在全球化的今天，也充分彰显着其积极性的一面。因为养生不仅仅是老年人的问题与专利，男女老少皆需养生亦皆须注重养生。具体到服饰养生来看，服饰顺时性、舒适性的问题击中了古今中外着装之大惑。因而，曹氏服饰养生理论，不会为年龄、时间与地域界域所限，而是可以推延开来，具有普世性的重要价值。[6]

思考与练习

1. 简述时代背景对曹庭栋服饰思辩的影响。
2. 曹庭栋的论说表现了服饰舒适性的哪些方面？
3. 试述老年人着装的系统性。

注释

［1］曹庭栋：《老老恒言》，中华书局，2011。

［2］柳诒徵：《中国文化史》，上海古籍出版社，2001：797，800，804。

［3］戴逸：《简明清史》，中国人民大学出版社，2006：592-593。

［4］周作人：《风雨谈·老年》，北新书局，中华民国二十五年：19。

［5］张志春：《黄帝与服饰文化简论》，民间文化论坛，2011，1：64-68。

［6］请参阅熊建军硕士毕业论文：《清·曹庭栋〈老老恒言〉之老年服饰养生理论初探》未刊本，陕西师范大学，2012，导师：张志春。

基础理论——

斟酌中外　咸思改服——康有为两极摆荡的服饰思想

课题名称： 斟酌中外　咸思改服——康有为两极摆荡的服饰思想

课题内容： 呼唤转型：上书请断发易服

回归传统：适宜性之优可统摄万国

回归传统：尽善尽美至为文明矣

康有为服饰论说的价值

上课时间： 4课时

训练目的： 向学生讲授康有为两极摆荡的服饰观念，引导他们思考中华服饰转型的历史过程中国人的困惑。

教学要求： 使学生了解康有为不同向度的服饰理论；使学生了解这一矛盾建构的服饰理论的典型性与现实性。

课前准备： 阅读清末以来的相关服饰的历史文献、康有为的相关服饰论述等。

第十七章　斟酌中外　咸思改服
——康有为两极摆荡的服饰思想

众所周知，康有为是我国近代一位著名的思想家、学者、教育家、书法家和社会活动家（图17–1）。他所处的时代是一个挑战与机遇并在、绝望与希望交织的新旧转型时代。一提起康氏，我们直接的反应就是公车上书、就是维新变法等，却不知他的服饰言说更为有趣。它不只是博大系统，而且前后纠结对峙，只不过在过多的盛名之下被淡化被遮蔽罢了。我以为在梳理中国服饰理论的时候，康有为实在是绕不过去的一家，不应该时至今日仍成为研究的空白、扫视的盲区。本章解读的康氏服饰思考有《请断发易服改元折》、《壬子跋语》等著作。而值得注意的是，这里所涉猎的服饰问题，以及康氏为此的种种呼吁与纠结，到如今仍然作为一个时代问题摆在我们的面前。

图17–1　康有为

一、呼唤转型：上书请断发易服

康有为对于服饰的思考，并非是冷静于书斋的学术推衍，而是直面中国惨遭瓜分的悲凉现实，充满激情向皇帝上书。他在《请断发易服改元折》[1]中，请求以顶层设计的威力和模式，来推动中国的服饰转型。这种转型可不是简单的服装款式的增与减或者服装色彩的简与繁，而是要举国上下更新服饰制度，抛弃流传既久的传统款式，换穿西方的服装。想要说服天下，起码得说服皇帝。这或许是专制制度下推动改革的有效方式和第一捷径。康氏自然深悟这一点。他知道既要向积淀厚重的传统服制挑战，向全民沉浸既久的生活积习挑战，就须居高临下占据优位，就须师出有名征服人心。于是我们看到了康有为有经有权的叙述（图17–2）。

图17–2　光绪与康有为、梁启超

首先，康有为为服饰改制的合理合法作了充分的铺垫。他从儒家经典的论述和历代明君的服饰改制实践入手，为期待出现的“断发易服”新制建构了以名正言顺、师出有名的前提。

> 窃维非常之原，黎民所惧，易旧之事，人情所难，自古大有为之君，必善审时势之宜，非通迹不足以宜民，非更新不足以救国，且非改易视听，不足以一国民之趋向，振国民之精神。故孔子于《礼》通三统之义，于《春秋》立三世之法，当新朝必改正朔，易服色……
>
> ——请断发易服改元折

从开端便是“三皇五帝到于今”的叙述模式，可以感知一种策略渗透在字里行间：以冒天下之大不韪的意态挺身而出，除却充分的理由，还需要深思熟虑的言说方式。即不是逆着说而是顺着说；不是直接说而是绕着说。于是乎，从统治者奉为指导思想的理论基础的儒家经典出发，说“易服色”是《礼》、《春秋》如此这般阐明的道理指定的道路；从历代帝王遵从的明君圣王的例证出发，说自古大有为之君都会这么做，说汉武、魏文、赵武灵王、魏主父如何如何服饰改制正是英明的先例；不是直接将中西服装款式与功能的优劣比对，而是说自古以来大有为之君都会审时度势这么去做。再说，开题先讲中国古代服饰改制的历史，这种思维与表达方式是有趣且有道理的。一般说来，人类想突变某一事物，总要向往昔追溯看有无理论依据，有无实践先例，即从既有思维模式来看有无合理性。这是人类路径依赖心理自然而正常的反应。自孔孟荀老庄墨等人的叙述成为模式之后，中国人这种向后看的思维似乎成为定势。康氏这一笔法，正是深悟国人心态的常规之举。准备京考的康有为是会做文章的，起承转合的格式在这里体现了出来。这一奏折的“起”点，应该说确实能够击中想有所为的皇帝敏感点。这一表述使得易服断发的举措有了理论依据与历史根源，有了充分的合法性。真可谓起点高，底气足，高屋建瓴，先声夺人。

其次，康氏直转现实，多层面道出国人当下服饰不宜于时、不适于世的种种弊端。

> 今则万国交通，一切趋于尚同，而吾以一国衣服独异，则情异不亲，邦交不结矣。且今物质修明，尤尚机器，辫发长垂，行动摇舞，误缠机器，可以立死，今为机器之世，多机器则强，少机器则弱，辫发与机器，不相容也。且兵争之世，执戈跨马，辫尤不便，其势不能不去之。欧美数百十年前，人皆辫发也，至近数十年，机器日新，兵事日精，乃尽剪之，今既举国皆兵，断发之俗，万国同风矣。且垂辫既易污衣，而蓄发尤增多垢，衣污则观瞻不美，沐难则卫生非宜，梳刮则费时甚多，若在国外，为外人指笑，儿童牵弄，既缘弱国，尤遭戏侮，斥为豚尾，出入不便，去之无损，留之反劳。
>
> ——请断发易服改元折

不是情绪激动的主观抒泄，而是大视野下多向度的客观罗列：先讲欧美数百十年前也是辫发，只不过为适应机器日新兵器日精的情状而断发易服，且着装全球一体化即“尚同”成为时代的大趋势；次讲现在是竞争的工业化时代，谁多机器谁国力就强，而这一强势的基础却是头发与衣着的短小精悍；但我们的褒衣博带、辫发悬荡因危险而无法临近机器；不只工业，如此着装战场打斗跨马挥戈亦拙笨不便；再讲垂辫影响美观与卫生，亦影响工作效率；还有，如此着装在国外常受欺凌，在走出国门的环境中成为被贬损被羞辱的对象，异域民众会本能地将这一服饰现象看作病态、另类和怪异……在这里，康氏所叙述的着装主体是整体的中国人，主体虽说工人与兵士，实际上牵动着上至达官显宦下至普通民众的所有人。这是从整体着眼的，是宏大叙事式的社会性目光。如此罗列与导向，自然引领皇帝与更多读者认同如此着装不宜于世的结论：

然以数千年一统儒缓之中国，褒衣博带，长裾雅步，而施之万国竞争之世，亦犹佩玉鸣琚，以走趋救火也，诚非所宜矣。

——请断发易服改元折

看似信手拈来的比喻与虚拟，实则是一个严肃的提醒与警喻：数千年一统的传统服饰遇到了新问题，遇到了不能适应的难以回避的一个全新的国际情境。康有为就这样以满腔愤懑构拟了一个闹剧般情境来喻拟：以中华服饰应对国际间如此竞争激烈的时代，就好像让褒衣博带、佩玉鸣琚者冲刺奔跑去救火一样。漫画般的虚拟情境此时此刻正是中华服饰所面对的真实情境的象征。康氏只淡淡说不宜，而将显而易见的结论融于字里行间，让读者沉浸其中，又自然析出并予以认同。而奏折又进一步认定，我国兵服亦宽博繁饰之弊，有悖于真正的尚武精神：

窃闻德之胄子，以拔刀为戏，以面瘢为荣，虽好勇斗狠，不足为训，然其尚武至于是也，夫是以强，然吾兵服，亦夫宽衣博袖，悬于各国博物院，与金甲相比较，岂不重可怪笑哉？

——请断发易服改元折

德国士兵的服饰适应好勇斗狠，而我们的兵服宽衣博袖似只宜展演而忽略其功能性。这一点若不出国门还不易察觉，若将其置于国际平台上比对便觉荒谬得不能容忍。康有为终于忍不住了，以为初看是贻笑大方的闹剧，再思则是悲悯莫名的悲剧。宽衣博袖与金甲长剑能在一个等级上谈论么？为什么我们创设军队武装的目的与着装一定要如此南其辕而北其辙呢？

再次，他以国际视野道出服饰改制而强国的旁证：

夫五帝不沿礼，三王不袭乐，但在通变以宜民耳。故俄彼得游历而归，日明治变法伊始，皆先行断发易服之制，岂不畏矫旧易俗之难哉？

——请断发易服改元折

在这里，以俄罗斯彼得大帝与日本明治维新改革中先行服饰改制为例，打开国门从左邻右舍的动向讲求变是一种必然，讲历史通变是一种规律。康氏确乎为奏请易服确乎做足了功课，也积累了同类的古今中外的服饰改制资料。这是不容易的。在当时的文化氛围中，虽然谈历史纵向序列是传统学者的看家本领，但横向比并谈论世界却是当时人们不易追攀的新颖思维。在遭遇坚船利炮国门残破而又不得不面对的当下，在国人普遍的郁闷、焦虑与茫然中，康有为毅然拔地而起作狮子吼，从服饰层面喊出了强国健民的期待。他的服饰思辨顺应时代的呼唤，带来了观古今于须臾、抚四海于一瞬的开阔视野与高远目光（图17–3、图17–4）。

图17–3　清代官兵

图17–4　在战壕中等待出击的美国海军陆战队员

其四，康有为欲使断发易服构想能够推行，遂以矫饰之态将西方服制纳入中华传统之内。将西方种种款式服制说成是中华服饰文化的传承与遗痕而已。

夫西服未文，然衣制严肃，领袖白洁，衣长后衽，乃孔子三统之一，大冠似箕，为汉世士夫之遗，革舄为楚灵王之制，短衣为齐恒之服。

——请断发易服改元折

康有为也明白，现实服饰改制就是实实在在地横断历史，移植欧美服制。在当时的社会氛围下，若直白说出，不只倾心的实施者可能会有丝丝障碍，就是果断的决策者也难免内心忐忑，而且还会给反对者递上强大而堂皇的借口。人类的服饰历史悠久渊深，博大的地域各有特色而相沿成俗，彼此各有自己的源头，彼此影响也有可能。但对于万年以上的服饰史来说，不同地域彼此源与流的梳理不是那么容易的事。一是文献与考古资料不易建构起相应的文化链条；二是即便彼此服饰相仿佛，那也可能没有交集与碰撞，只是无缘类同的结果罢了。但为了鼓动人心，康有为便精心策划强言为之，将欧美服饰款制一一视为流变而归拢于中华服饰之源。以这种主观意念来建构所谓历史性的源流关系，只不过是在国门尚未打开、国人对异域一片茫然时的虚假言说。类似的说法还有，十几年后康有为重读这一奏折续写的《壬子跋语》所说："若欧人之冠大如箕，玄冠以圆象天，实吾古制"等，如此自我中心的虚拟，如此权宜之计的表述，只不过让皇帝百姓听起来心从意顺，想起来舒贴自足，做起来没有纠结障碍；或许在自我文化中心的诗意漫想中，还可能获得礼失之而求诸野的心理补偿呢。今天的读者对这一叙述不难做出理性判断，但回视当年，不能不佩服康氏为服饰改制造势的大胆与浪漫。

其五，康有为建议光绪帝横刀立马，以专制强力来推动服饰改制。

> 盖欲以改民视听，导民尚武，与欧、美同俗，而习忘之，以为亲好，故不惮专制强力以易之也。
>
> ……
>
> 故发尚武之风，趋尚同之俗，上法泰伯、主父、齐恒、魏文之英风，外取俄彼得、日明治之变法，皇上身先断发易服，诏天下同时断发，与民更始，令百官易服而朝，其小民一听其便，则举国尚武之风，跃跃欲振，更新之气，光彻大新。虽守旧固薮之夫，揽镜顾影，亦不得不俛徇维新之令，而无复敢为公孙成等之阻挠矣。其于推行维新之政，犹顺风而披借鉴草矣。
>
> ——请断发易服改元折

从某种层面上，康有为确乎也深刻地认识到服饰的重要性。他也以服饰救国的情怀来劝谏皇帝，指示出路。奏折颇有历史深度地以为"且夫立国之得失，在乎治法，在乎人心，诚为在乎服制也。"于是，历史深处的道义感和现实情境的急迫感，使他不得不借助于传统权力结构来发声与助威。在这一影响全局的改革实践设计中，康有为选择的是让皇帝以专制强力来推行新服制，以期快刀乱麻，立竿见影，而不是花更大的气力启蒙引导整个社会来接受这样的主张，不是让民众通过内心观念的渐变而自觉地行动起来。这似乎是一种立竿见影的强力模式，是一种思考与现实直接联通的捷径。而且，如此表述与操作，自有墨子韩非子权力就是服饰发展的核心力与动力源等观念的投影，亦是康氏对于社会现状的洞察所致。令人遗憾的是，或许康有为所期待之君并非握有实权之君，亦并非果断有为之君，或许守旧势力太过强大，或许如此奏折仅在官方与精英之间传递，民众被悬搁事外而茫然不知，成为沉默的大多数而无法呼应……带来的结果是，历史并没有在策划者与呼唤者预设的轨道前行，而是令人痛惜地拐了弯，翻了车。康有为曾回望这一段经历时说："按吾此折，上于光绪戊戌七月廿间。德宗神武，决欲举行，大臣刚毅等力争，太后不悦。未几而政变事起，今十四年矣。"[1]从历史角度来看，康有为敢发先天下之声，以"来吾导夫先路"（屈原《离骚》句）的先知先觉的意态，试图引导皇帝，意在为中华服饰指出了一条突围创新之路，这当然是难能可贵的。但在现实的策划设计中，他似乎缺少更为周全的方略，还没有考虑到坎坎坷坷的方方面面。他似乎太单纯、太着急了。记得孔子曾说"过犹不及"、"欲速则不达"的话语，惜乎言者谆谆，听者藐藐。日月摆荡，天地悠悠，前有古人，后有来者，遂让这些话语在现实的情境中，在历史的坐标系上又悲剧性地应验了一回。

二、回归传统：适宜性之优可统摄万国

戊戌维新虽然失败了，但它从某种角度给康有为带来了历史性的声誉与辉煌。他关于服饰改制的上书虽在相当长的历史阶段未引起专业人士的注意，却无妨它升格为历史性的文献而放射出先知性的光芒。有趣的是，时过十几年之后，遍游欧美的康有为再来重读自己当年的谏书，以五味杂陈之态又补写出一篇长长的无题跋语，亦即一篇相当专门化的有意味的服饰新论。此文经后人编辑拟名为《壬子跋语》。在这里，康有为对昔日服饰改制上书不仅没有自得自豪的意趣，反倒呈现出年已五十方知四十九之非之醒悟与愧悔。他不惜以今日之我与昨日之我战，竟然来个一百八十度的大转弯。我以为，康有为这种觉今是而昨非的模式，以否定既往来重新刷新自己的服饰意念，既是有趣的一次思维反弹，也是耐人寻味的服饰多向度探索与表述（图17–5~图17–7）。

图17–5 康有为一家海外游历时与友人合影

图17-6　马嘎尔尼觐见乾隆皇帝（詹姆斯·吉尔雷绘）

图17-7　福建水师将军崇善会见外国使节

从文章来看，康有为似乎冷静多了，他不只描述了许多亲身经历的与服饰相关的情景与细节，而且力图从不证自明的公理出发来判定中外服饰之优劣。很显然，康有为在这里提出了一个判断中外服饰优劣的两大原则与标准，即适宜与美善。从他的言说倾向里，肯定与否定，果断明晰；中华与欧美，褒贬分明。他底气丰沛地指出：

> 夫天下有公理焉，一曰适宜，二曰美善。协乎适宜者，未有不行者也；不协乎适宜，未得乎美善者，仅以强力行之，虽可行，未有能久大者也。
>
> ——壬子跋语

那么，康有为如何从适宜层面论述的呢？

首先康有为以为中国服最适宜于万国。但行文中却着意以他者身临其境的感悟、判断与言说开端立题，大量罗列事例，从身边事、从丰富的阅历一一道来，暗示文中的观点从所见所闻的异域着装实践中归纳得出，并非作者阅读经典文本后的演绎所为。

> 夫断发固在必行，而易服则实有未可。吾游纽约病，延美国医生有盛名者某诊疾。医语我曰："他日君变法，一切皆可变，惟受服制万不可变，以中国服最适于万国也。纽约尝有大会，集聚者千人；风寒骤起，人咸感疾，惟中国公使不感，此为实验也。"吾甚异其词。欧美人以勿易服语我者甚夥，妇人犹多。时方夏日，从吾之美人欧人，皆喜中国服，屡乞于吾。因给中国衫裤及履，皆日服之，乐其轻便不畏暑也。
>
> ——壬子跋语

康有为善于言说与为文，这里所举自己与欧美人士互动之例，客观描述，突出的是对方的判断与言说。第一例是为他治病的纽约著名医生相劝以后若变法，中国一切可变，唯服制万不能变。令自己诧异的是，欧美据此论劝阻者居然不少，而以对服饰敏感的女性居多。这位医生举例说：一次千人集会风寒骤起，穿翻领衬衣西服的人都感冒了，独衣着特殊的中国公使却安然无恙。让康有为动心的是，这位医生的论据虽小但结论却更为宏大，以为中国服不只适宜中国，且是适宜于万国，适宜于全人类（这也是近代以来不少国人试图证明的命题，且不限于服饰层面）的普世范式；第二例就是康有为的欧美随从者真诚地喜爱中国服。一到夏天，这些欧美随从人员，都喜欢且向康有为一再讨要中国服装，一旦获得衫裤鞋履之后，天天穿戴在身，乐其轻便凉爽。这似乎只是那位医生观点（甚至是康有为观点，从文本整体来看确乎是这样）的补证。中国服装确实有着千古不磨的历史智慧和文化蕴含，但仅以其防寒性好、备受喜欢这两重证据，很难支撑起中国服装普适于万国的结论来。当然，这里只是命题的巧妙提出，更多的论述还在其后。

其次，康有为从穿着模式来着眼，以为欧美服制复杂繁琐，与气候与人体舒适性都有相悖之处。康有为罗列了自己所接触到欧美人士“皆不愿欧服”的原因种种：

> 皆曰必三四□，服包必衣□，乃能加外□，三者不能减一。若稍可见人，或出门，则□服上必加带领之白袷，而裤必裹之，包裹重重，热汗如雨。
>
> ……
>
> 吾在意大利，遇一议员、医生于铁路头等汽车中，衣厚绒，汗出若浆，频以巾拭，羡吾衣纱之凉。吾谓君解卫生，若热，何必衣此。医笑谢曰：“国制所限，无如何。”吾谓议员曰：“君亦苦之，何不提出于议院易之？”答曰：“此礼俗之旧，非议院所及也。”其他卫兵、工人之衣绒，拭汗苦热，不可胜数。而热带人极苦之，尤不可胜记也。然用衣必四袭，热难减少，而祁寒又不能稍有增多。若加外套，只为出门之服，而居室则为无礼不恭。若大会聚间，尤无加外套之事。故猝有大风寒、雨雪，未有不中寒感疾者。
>
> ——壬子跋语

在康有为的观察体验中，在他周围的异域人士的言说中，欧美服饰模式化，款式配套而固定，繁琐复杂，不自由，不灵活，以致教条化到了“热难减少，祁寒又不能稍有增多”的地步；深受其苦的医生以为此为国制，只能屈服忍受而无奈苦笑；议员以为此属礼俗而不在议会讨论之列……只能屈服从众，任其拭汗苦热，任其雨雪感疾，而不可随意变更。如此不可理喻，如此愚顽不化，如此衣为主体而强人所难……真是“何其愚耶！”不难想象，康有为想到这里写到这里似乎长舒一口气，内心一片澄明，面带微笑，对欧美文化由过去的仰视不知不觉间转为俯瞰，一股被压抑许久的自卑之感陡然消失，优越之感自然而然涌上心头，满心满眼都是在比较思维中的中国服装的便利与俊爽了：

> 昔吾言易服时，谭复生即期期言感寒不可。而纽约医生即因此而称中国服制之善；以中国袍褂之外，可加多褂，而未尝以为失礼也。且中国欲解长衣，加服

亦复易易。而西服非尽解衿裤，不能加一衣。为事既难，费时甚多，其履缢绳，缠且十余。吾尝与衣欧美者易服，而每其其需时之多寡。吾衣而解之，展转凡五次，欧服者仅得一次，则自费服费时增吾四倍矣。且天下制服，安有不许增减多少者乎？以时地之风寒、雨雪、暑热之无定也。而以一定之服对待之，其不适宜，不待问也。何其愚耶！

——壬子跋语

这里先以谭嗣同在自己倡导易服时的忠告叠加（这里既颂赞谭嗣同有先知之明，亦欲扬先抑地表示自己的认知有一个逐步变化的过程），意在说明中外人士都以为易感风寒的西服不如中国服制之善；继而以中服穿脱便捷之优雅，光天化日之下众目睽睽之中仍不击穿礼仪底线之超脱，折射西服“非尽解衿裤不能加一衣”失礼之窘迫；再以与穿欧美服者易服例说明，自己潇洒自由地穿脱五次之后，而对方忙乱拙笨仅完成一次；如此费服费时不说，还仿佛有潜在的律令不许酌情增减；如此以不变的服饰来应对瞬息可变的风寒、雨雪与暑热，一眼可以看穿的不适宜，还用得着追问吗？向康有为内心深处再延伸一步，中服与欧服孰优孰劣，还用得着追问吗？

三、回归传统：尽善尽美至为文明矣

说罢适宜，再论美善。

首先，康有为将服饰之美确立为文明的标志，着意在国势衰弱的环境下强调中华服饰的软实力，展示出文化自觉意识。他的叙述居高临下，先立标杆，确立原则：

且文美者，人道所尚也，世号尚文明而轻野蛮者，以美、不美别之云耳。

——壬子跋语

确定原则之后，康有为便如数家珍，推崇本国独有闻名于世的服饰材料蚕桑丝枲，罗列十二章纹等服饰图纹，标举既可单列亦能互补的五彩服色，以及绘制与刺绣的精湛工艺等。值得注意的是，康有为在这里对于美的直觉判断，不只是展示为欣赏的趣味，而更强调为文明与野蛮的区分。在中华帝国被普遍视为野蛮的当下，康有为此论有着与现实对话的意态，有着反戈一击的力度。他凿凿有据地罗列中国丝绣、服色、款式在欧美引发的企羡与喜爱之情：

吾中国为丝之天产国，自《禹贡》重蚕桑丝枲，尧舜作服制，乃定日月山龙、华虫藻火、粉米之绣绘，分饰五采之色，以为衣冕衣裳之服。至为文明矣！夫服制之尚五色文绣，万国同之。试考古今万国贵人，若诸欧王侯，有不五色文绣者乎？

……欧美妇女，皆竞丽服，必衣色丝，五采日华，而尤爱中国之丝绣。

……昔游于美，美之人多羡吾服之美。吾间易欧服，其贵妇皆谓今日相见不美，皆谓宜服国服，他日切不可改也，可见人情之公尚矣。

夫吾国之服丝绣五色，大地未有媲美者也。波斯、突厥能金绣，而丝不若我也；法、意能纱织，而丝不若我也。

——壬子跋语

古希腊罗马时代欧洲就仰望和神化中国丝绸，中华丝绣五色之精美范式早为异域所企羡。康有为将其彰示为文明之至，并非虚拟与夸张。这是中华服饰立足于世界服饰之林的亮色，亦是中华文化软实力的组成部分。当时在国门初开、对外军事失败、对内政治腐败等切身感受中，更多的社会精英群中涌动着去异域寻觅医国方略、全盘否定传统文化的潮流。而康有为则逆流而动，立足于传统文化本位，有论有据地思考与表达。他读万卷书，行万里路，思考便有宏观视野；他关注当下，注意身边，有微观实例与感受。因而康有为的服饰言说即便有枯枝或败叶，但拔地而起的大树之姿仍巍然屹立而令人敬重与仰望。时隔百年之后，我们再来审视这种服饰思考，不难感受到字里行间充溢着的文化自尊与文化自觉意识，确乎难能可贵。他甚至乐观地觉得全世界的服色仍会回归到五彩缤纷中来：

自美之创业，鉴于诸欧贵族之害，禁废封爵，并废绣章，一律缁衣，并为齐民。暨欧土革命，民恶贵族，见则杀害。贵族畏避，乃并为齐民之黑衣，遂师美国，尽为玄黑之服。而贵族与王大臣之朝服金绣，未能尽去也。近则德、英二王之闲居，多衣红绿，于是士民夕燕服，亦尚红绿者，此亦其变端矣。

——壬子跋语

近代以来，欧美的服饰受清教徒观念的影响，服色特别是正规的男子礼服色彩趋向深沉暗淡且向世界各地漫延。康有为对这一现象颇为关注。他梳理了欧美服色这一历史性演变的内在缘由，以为社会性变革的激流，仍不能冲刷欧美贵族与民众崇尚金绣喜爱红绿的余风。他甚至从贵族、国王、大臣与士民着装时尚的这一新动向中，感受到了五采文绣这一传统复兴的兆端。

其次，康有为从个体与群体层面来谈中国服饰之完善。从个体着装的角度他认为中国服装能予人以适应季侯的自由，雅致、卫生且便捷。他仍从亲身经历谈起："吾在意大利，遇一议员、医生于铁路头等汽车中，衣厚绒，汗出若浆，频以巾拭，羡吾衣纱之凉。"[1] 为什么羡慕呢？因为中国服饰给予个体以相对较多的选择自由，"其制则或宽或紧适其宜，其袭则可多可少听其便[1]；欧服则如前文所述，衣必四袭，裤必绑裹，明明夏季不适宜，但却相沿成俗而不能减少，强而穿之，则终日出汗，妨碍卫生；祈寒则不能增添，一遇风寒则无不中寒感疾。他也看到了不少卫兵与工人酷热难耐汗出若浆的情景，也感受到了遭遇严寒时中式服装保暖性能。虽说这里所述都是生活实例而并非向壁虚拟，但人生没有单行道，着装的制约因素也是立体交叉结构，不可从一两个层面就简单肯定与否定。文中列举的负面例证，能够证明欧服有可以改进与提升的博大空间，而并非如康氏自己就此所下的断语“欧服万万不可行者矣”。再说以服饰质料单调难题，很快会在世界格局的市场交易中解决，而不会持续不变的。

如果说从个体层面来看中国服制有卫生、便捷、自由之利，那么从群体层面来说中国服制有着兼融寒温热三带的完备性。在康有为看来，中国服制因与地兼热、温、寒三带的环境相适宜而多样，兼融严紧、不疏不散与疏散三种风格，操作自由，变化空间大，可以涵盖那些相对单一的国外服制。

> 夫凡各国之服制，皆必发生于其地宜。故热带之衣，无不疏散者，埃及、印度、阿喇伯、南洋可见也。温带之衣，不疏不紧，故波斯之服，雅与吾国为近。寒带之衣，无不严紧，吾国北方之服近之。惟吾国广土万里，地兼三带。重裘厚呢，产自北方；绸葛纱罗，织于南土。其制则或宽或紧适其宜，其袭则可多可少听其便。盖皆适乎气候，顺其地宜。盖大地万国，无有一地兼三带者。
>
> ……
>
> 故无论文明与否，其为衣制不能不善也，又非吾国衣制之能独善也，以地适为之也。虽有圣者，不能创逆于时地之服制。然则虽有强力者，岂能永行反于时地之服制哉？盖凡强力可暂胜于一时，而不能行之永久者也。试问他日大地合一之时，无有种族、国土之界，于时议定服制，欲以适于寒带之服行之乎？抑以并适于三带之服行之乎？
>
> ——壬子跋语

从举例来看，埃及、印度、阿拉伯、南洋与波斯等多拘于某一气候带，“惟吾国广土万里，地兼三带。”虽然举例不全，我国也并非惟一地兼三带者，但康有为这一论述角度确乎宽阔新颖，也有一定道理。特别是服制不能创逆于时地的原则与规律也都能成立。热带之衣多疏散，温带之衣不疏不紧，寒带之衣无不严紧……但问题在于，服饰风格与具体款式是不同格位的概念，二者固然有联系，但也明显有别。一袭款式虽说偶有多样混搭的风格，但某一风格旗下的款式却可能簇拥无数。谁也不能将某一风格捆绑在一个具体的款式之上。无论是当下或是康氏设想的未来——“大地合一”即全世界统一时，严紧与疏散风格下各自的款式仍会多种多样，岂能一一皈依于中国服装之一尊？再者，文中所述中国服“其制则或宽或紧适其宜，其袭则可多可少听其便”这一现象亦不可一概而论。《壬子跋语》写于1912年，已是民国时代了，服饰旧制崩溃，新制未立，确乎有着空前的自由度。而这又并非康有为所期待的社会制度。回溯传统服制，那也是礼不下庶人（服制梳理官场秩序的社会管理举措）的格局，平头百姓服饰除却一些特殊禁忌不能突破而外，面料、款式、色彩、图纹一般都是自己做主、自我裁决的。而《周礼》以来“同衣裳”的严苛律令，在历代皇权至尊的氛围下不断具体化，使得官场的服饰都成为定级定制，无不固定僵化，岂有张扬个性者所能自由发挥的空间？倘若罗列开来，中国服确有适宜气候适宜人体的种种优势。但却不能据此而将文化坐标系的中心移位到自己的脚下，天地之间惟我独尊，俯瞰万国服饰为遍地涌出的斛泉，以为既可以追根溯源般朝拜于此，又能够百川注海般归拢于此。

康有为似也觉得简单比较的结论不易服人，便拉开篇幅论证寒带与热带不宜人类居住，“且今论卫生者，皆以冷地不宜，有疾者多令迁居温暖之地，无疾者亦复乐居温土。吾闻欧人言，皆乐温热带地。夫以那威山水之美，海山五千里，绿野青山，冠绝大地，而人民仅百余万，无乐久居者，皆迁居美国。瑞典亦然，俄与芬兰亦然。然今之冷带人，他日必皆奔走南迁，可断断也。”如果人类理想的未来都以乔迁温带为终极目标，那么不选择适既宜于温带又适宜于万国的中国服制，又会选择什么呢？再说这种选择并非我们自我中心的主观膨胀，而是环境使然的制约所致。他貌似超脱地客观论说着，乐观地预测并畅想着：

> 至是时温热带人，咸思改服，必思得通三带之宜，则非用中国之服制而何用焉？人非从中国也，从得三带之适宜者也。
>
> ——壬子跋语

百年后的今日，可以见证的是人类并没有向温带迁移，中国服制并没有统摄一切而构成“万国衣冠拜冕旒”的壮观场面。康有为美如彩虹的预测没有降落在现实的大地上。

最后，康有为从国计民生层面入手，以为中国服饰材料、服色、工艺、款式等不只是衣生活模式与情感寄托的对象，更是数千万人赖以为生的服饰产业。这是一个民族赖以养生的生产方式与生活基地。他以为中国丝与服涵融着“数千年天产之利，十数省土地之宜，气候至合，农业至习，工艺至熟，商业至通，色绣至美，数万万人情所爱好，数千万人民所托命之物”，万万不可抛却。

四、康有为服饰论说的价值

通过上述罗列与初步解读，不难看出，无论是康有为先前的《请断发易服改元折》还是后面的《壬子跋语》，虽然观点相左，立足点两极摆荡，文化倾向上彼此冲突，但并非彼此抵消合力为零，而无妨其构成康有为多向度多层面的服饰学说，值得探究。

首先，康有为核心聚焦点是发现并提出了这个时代的服饰问题。在撰写《请断发易服改元折》时期，他敏锐地发现中国落后的积弊之中，服饰亦是其中一个不小的社会病灶。如褒衣博带不宜世界潮流的机器之世、中国军服缺乏尚武精神等，中国要自强要改革富国强民，改变服饰便是实现这一理想的先行途径。这一奏章虽未获施行的机遇，但很快在社会实践中得到推行，洋务运动中的工人和天津小站训练的新军，都抛却传统而焕然新装。而在撰写《壬子跋语》时期，康有为则贬损欧美服制有单调、僵滞之弊，极力褒扬中国丝绣世界一枝独秀的服饰文明、中国服制的多样性、灵活性与包容性等，虽说他的论说或有逻辑上的薄弱与短板，但他抗击全盘袭用欧美服制的思考仍有一定合理性。回溯现代服饰史，最早穿西服的一代北京大学知识分子，在1920年代又将校服确定为长袍马褂。这一服饰现象或许可成为康有为之说的投影。甚至推衍开去，作为全球化格局中的多元意识、肯定民族服饰主体的尊严意识，或是初萌意念，或是朦胧感受，仍涌动在康有为的字里行间。甚至到今天，康有为所提出的问题，中国服饰的古与今、中与外的纵向与横向传承与创新，实践仍未能很好地解决，理论上未能清晰地梳理。

其次，康有为的思维方式也都是着意斟酌中外的比较思维方式。这是时代的赋予，是他的前代服饰学者不可能有的思维模式和言说特点。自然，他的服饰思考与言说，既有震撼人心的重大发现与深刻揭示；也有难辨是非的困惑与纠结，还有权宜之计的虚拟假说以及文化局限的肤浅幼稚等。凡斯种种，构筑了康有为服饰文化多向度冲突与互补的理论格局。前文举例不少。这里再举《壬子跋语》末尾总结式的一段：

> 然欧服岂无善于中国者？中国服岂无逊于欧美者？今兹变法，择善而从，斟酌中外，宜得其至善者。若欧人之冠大如箕，玄冠而圆象以天，实吾古制。且有帽檐，足以障日光而保目力，实胜吾之瓜皮小帽也。但从其制，必将从其免冠之礼，则不可从。吾国冬冠用绒，宜若放下之先；夏冠用缦丝貽于玉草，宜若崇平之，则障日保目，且美观矣。欧人白领袖日濯而易之，去汗而至洁，比吾蓝领皮领，不易不洁实为过之。白领宜改之，白袖宜增设之。裤□增袋，以便置物。此则可采欧制，以补吾所进不及欤！

中国与欧美服饰相对说来各有千秋，各有短板，从宏观立论应能成立。但微观选择上可斟酌之处就多了。康有为毕竟是游历了大半个地球的人了，他对于服饰如此一边倒的思维恐怕连自己也看不过去。为展示思维之全面，于是换个角度选择欧服优点似作持平之论，但传统浸淫既深，看似有全球模式，仍是退缩到中衣为本西衣为用的模式与视野，以此为据来裁决与判断：如欧冠一定归拢于我国古制之下；欧美帽饰虽美若接受可能连带免冠之礼，则不可从；可接受者只是白领白袖逐日换洗，裤后加袋以便置物……可见能拿来者只是器而不是道，是工艺技术而是迥异于中华的礼仪（图17-8、图17-9）。

图17-8　康有为70大寿在游存庐和家人合影

图17-9 康有为

最后，康有为前后两文在深层次却是立体结构的错位冲突，虽然从表面上看似矛盾纠葛不已。当他着力劝谏皇帝下令断发易服之时，立意宏大叙事，服饰主体是机器旁的工人，救亡保种的军队……是群体意象；而他遍游全球再写服饰感悟时，却已是个体叙事的意态了，服饰主体是作者本人，是集会间的中国领事，或欧美的议员、医生、间或陪伴的欧美贵妇、呼应前后的欧美随从……是个体意象，微观视野；前者情境是中国人在世界格局中的窘迫，是传统衣装在机器生产操作中的不适应，是中国军队与褒衣博带式军装与现代战争南辕北辙的对应，是刻不容缓的历代变革衣装的现实大势等；后者是严寒的气候，是一般礼节性的集会，是休闲着装的情状……不难看出，这二者并非在同一层面上纠结的服饰对子。换言之，后者集结起来的所有论据只能与前文前论擦肩而过，不能形成真正的对垒与冲突。从前文来看，褒衣博带不能在科技时代的机器面前操作，传统军服不适应坚船利炮的战争，这一论点论据坚实有力，经得起质疑的；而后文所述国外个人着装经历，有跨文化服饰交流的判断，也是真实感受的透彻言说。但问题是，后文所罗列的大量疏散的个体服饰现象及其言说，并不能否定前文展示的群体现象的服饰诉求。康氏一再以自身的经历说明情况，恰忘却自己是一个饱读诗书日夜思考著述的思想者，是一个政治上逐渐落伍的保皇遗民，是一个妻妾成群衣食无忧的精神贵族，周围服饰交汇者也多是休闲着装者群体，不可能有机器旁战火中的着装体验。一个典型的例子是，虽游历欧美时也穿西装，但直至1927年，康有为在70诞辰上海愚园路自宅留影时仍穿清代朝服，并戴着红顶瓴帽。从照片中可以看出，虽相较周围家人衣着显得格外突兀，但康氏仍显得那么从容，气定神闲。这也说明，康有为不只在服装理论有着两极摆荡的格局，而且在着装实践上也曾步及两个极端。

但值得注意的是，作为时代的先知者与先驱者，康有为以看似矛盾的姿态提出了现代中国服饰的两个伟大的命题，《请断发易服改元折》主张换装易服，走全球着装趋同式的道路，在今天得到了印证，而且沿着这条路线不断拓展与延伸；而《壬子跋语》所表示的民族化个性化的意愿，在中国现代历史上不断传出回响，长袍马褂、中山装、旗袍、唐装、汉服都是不同阶段的典型性成果，在今天仍然有中国服饰寻求自主化的清醒意识和自觉行为。只不过在康氏，作为先知先觉者，在与异域群体交流中，较早地意识到了这一点。

思考与练习

1. 康有为“断发易服”论点的依据何在?

2. 康有为认为判断中外服饰优劣的原则和标准是什么?

3. 试述康有为服饰论说的重要价值。

注释

［1］壬子跋语，《康有为全集》，第四集，中国人民大学出版社，2003：434，435。

现象研究——

古今服装画

课题名称：古今服装画

课题内容：鸿蒙时代的萌芽

源起：法典式的服装画

归类辨属的服装画

具有现代意味的服装画

上课时间：4课时

训练目的：通过本章的教学，使学生了解中国古今服装画的轮廓与细部，对服饰文化图像叙述演进的内在规律有所把握。

教学要求：讲授古今服装画的发展历程时，应着重强调不同时代的特征；侧重解读服装画背后的文化意蕴。

课前准备：阅读相关服装画的文献资料。

第十八章　古今服装画

在中国服饰文化的平台上，服装画也是颇为醒目的角色。它源于远古，流播至今，途中不乏自身的腾跃改道与支流的汇入。一路蜿蜒而来，便成为让人流连的风景。服装画分广狭二义。广义的服装画泛指描绘涉及服装的所有绘画，即画者以线条色彩来呈现历史事象与人物时涉及了服装等外貌形象及时尚生活方式；狭义的服装画是以摹写服装表现为自足目的，是有着充分自觉意识的服装画。前者虽说在历代人生事象的描摹中也提供了多样的信息，但要成为服饰文献则往往借助于读者的自觉意识，如赏诗中的断章摘句，与原作的宗旨或侧重点可能拉开了距离，如本书中的不少插图就是这样。而后者，作为中国服装画的典型与代表，则有着萌生、独立与发展演进的生命历程，虽说这一领域长时期成为被遗忘的角落，其实是值得我们去关注与梳理的。

一、鸿蒙时代的萌芽

在远古，在新石器时代的彩陶涂绘中，在地老天荒的岩画人物中，我们看到了先民以色彩与线条着力勾勒出的服装印象。这是直觉的感性造型，是迥异于抽象文字表达的别样文本。或许，创作者当时绘制的心态永远不能准确地指证与论说，但其大致的路径似乎可以猜测。那些作品看似构图粗放，线条简略，色彩单纯，但却可能是图腾服饰时代的忠实记录，其价值不可低估。或许是幼稚的，但却是划时代的。因为毕竟它轮廓地呈现出远古鸿蒙时的着装样态，或者能隐隐渗透出当时着装者的心态。而且那更多抽象化的创作思维与构图方式，也许不无工具与画本载体的局限，但那从具象到抽象的思维方式，如第五章所指出的，恰是先民们在绘图中将神圣之物不断强化与简洁的常规路径。如青海大通县出土的彩陶盆图像中的五人携手而舞（见本书彩图），从那突出强调的尾饰中，可以联想到伏羲、女娲人面蛇身的种种画像，可以联想到黄帝时代“百兽率舞”的动物图腾狂欢情景；而甲骨文“尾”字，恰恰也忠实地记录了人身尾饰的远古记忆；这种种联想或许可以支持一种假说，即先民在这些绘画的创作意念中，服装被充分关注且处于神圣的地位。服装画的萌芽似乎可以从此初透。

二、源起：法典式的服装画

在笔者看来，自觉状态的服装画，至少应始于周礼的时代。虽然现在的文献未能提供相应的证据支持。因为当时披覆九州，国土不可谓不广，绵延近千年，有周一代时间亦不可谓不长，为了“垂衣裳而天下治”的既定目标，为了达到“同衣裳”而不时四下查访以讨伐叛逆者，为了梳理服饰的等级秩序而惩治僭越者，若无标准化的图谱，随着时空的推衍，执行起来不是显得脱腔走板越来越离谱了吗？

据记载，东汉郑玄、晋代阮湛、唐代张镒等人就曾撰《三礼图》六种。虽历代递相沿袭似无多创意，今日读来或许以为不过是古代服饰典章礼制的工具书而已。但在当时，在相当长的历史时期，却是那么神圣而庄严，有着不可轻慢的、举世瞩目的地位和价值。仅就其出发点、全部过程和终极目标而言，它的绘制无不以服装为其直接对象和自足目的。因而可称为自觉的服装画。这种服装画的现实效应和历史影响无论如何评价都不会过分。作为治国平天下的重大方略，作为梳理社会秩序、性别秩序的工具，服饰制度以显性的、模式化的直觉形象展示出来，要整个社会学习、遵守和崇敬。制定者，定质且定量，从玄思到神话哲学、治国之盛事，再具体到质料、图纹、色彩、款式，从整体轮廓与细部尺寸都会点击到位，不会朦胧含糊的。推广开去，是有案可稽的政策；学习，是至高颁布的范本；惩治，是千金不易的法律依据；制作，是制模铸范的蓝图；对于向往者来说，它是虽不能至然心向往之的神圣意象。

这就是工具书式的服装画，也是法典式的服装画。今日之读者或许以为只是款式图的简单展示，而在当时的绘制者，在当时的社会氛围中，在相当漫长的历史时期，这类服装画有着深重而神秘的内蕴，有着震慑人心的统治效应。而且由此而后，形成了一个漫长的服饰画系列。虽有增删、改易、订正，但总体格局仍无大变。例如宋代服装画，即《三礼图》，宋人聂崇义撰《三礼图集注》，省称《三礼图》，广采汉代以来郑玄、阮湛、夏侯伏朗、张镒、梁正和隋开皇宫撰六种《三礼》旧图，相互比证，重加考订，编辑成书，为流传至今诠释古代名物制度较早的一部著作，于宋太祖建隆三年（公元962年）完成，共二十卷。回想唐人国力强盛，自信力强，大有胡风，特别是在穿着方面既有讲究又无拘无束，而宋人此际积贫积弱，在总体上要消除胡风，回归中华传统，特别是在服装上不像唐人那样张扬，那样开放，而是内敛，而是收缩。聂崇义的著述正是在这一点上满足了这一时代的需求。因而这一服饰图谱的整合，看似简单的线描，其实在画者和读者那里，似有着如孔子作春秋而整顿历史秩序的崇高感与使命感。虽说《三礼图》对冕服图、后服图（图18-1）、冠冕图、丧服图等描述不尽确切，但作为文本对宋建隆年间的服制改革却起到了决定性的作用。直到元明时期的冠服制度仍有不少取法于此，可见覆盖笼罩之深。再如宋曾公亮所撰《武经总要》，也有一些军戎服装画，如头鍪顿项、身甲、披膊等，都是通过图谱式的叙事达到向华夏正宗的皈依。

沿袭这一思维，明代或综合或专著式的系列服装画著作出现了。《大明会典》冠服、仪礼等门类附有插图；《三才图会》中的衣服图部分绘有三卷，自上古至明代，内容包括皇帝的冠服（衮冕、绣裳等），文武官员的冠服，补子的纹样，明代的巾帽图，首饰等；明《中东宫冠服》也以服装画展示了皇后冠服，命妇冠服，以及皇帝和文武官员服装冠帽、鞋靴等佩饰。这些服装画采用的线描画法工整写实，以平面形式把衣服一件一件地描绘出来，纹样图案、款式结构都井井有条，甚至有背面图。聂崇义以正面引导的努力意在

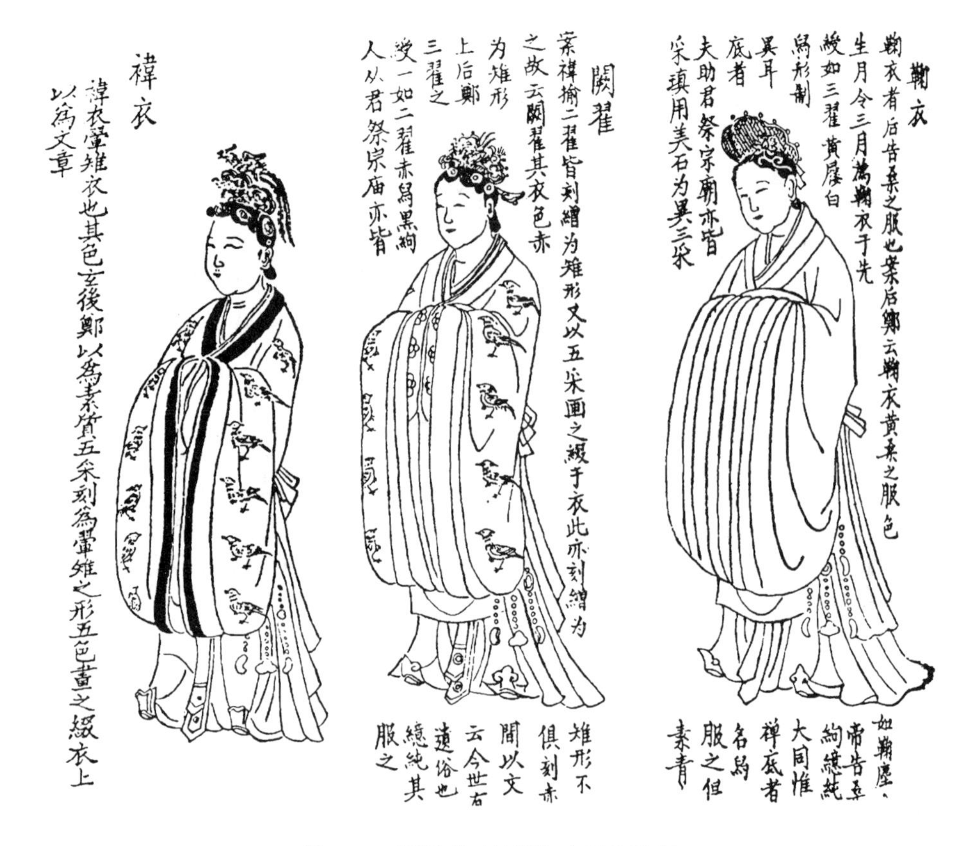

图18–1　聂氏《三礼图》中后妃礼服

图18–2　《明制孝慈录》中丧服款式

淡化与消解异族风貌，而明代则是对前代异族风貌的全面刷新与驱除。前者仿佛是在众声喧哗中强化主流声音，后者则是在尘埃落定之后重新确认主流声音。在这一文化背景下，明代无名氏所撰写明律注释读物《大明律讲解》就容易理解了。书中系列丧服图（图18–2）、本宗九族五服正服图、妻为夫族服图、出嫁女为本宗降服图、外亲服图、妻亲服图、三父八母服图等，主旨大约不是如后人所看重的服饰参考资料云云，而是自上而下必须理解与执行大明律令的文本依据。《大清会典图》亦如此，不提也罢。至于清陈梦雷原辑，蒋廷锡等受命重编的《古今图书集成》中大量的服装画，则是以贯通古今的手法将新朝列为正统延续的文化包装而已。

而明宋应星撰《天工开物》，仍有服装画，以感性显现龙袍、布衣、夏布、裘、褐毡等服饰事象，却似有着有意疏离主流话语，将服装导入生活话语层面或客观研究的意味。黄宗羲《深衣考》尚拟有数幅深衣图稿，则有意与时俗抗议或对话，将深沉的思想积存于冷静沉默的考释图文之中。

三、归类辨属的服装画

人类是有共性的，而着装后，便渐渐显出生命个体和大大小小群体的特性。于是服装画中出现了另一类型，即作为辨识的标志。服装或服装画的这一功能，古人早已认识到。《孔子家语·致思》就说过“不饰无类”，就是清楚地意识到服饰作为其类属的辨识作用；又在《论语》中与其弟子评价人物时说：“微管仲，吾其披发左衽矣”，这一个事例说明在圣人目光中，披发左衽就是异族的辨识标志。这一特色在后世的服装画中典型的表现，就是《皇清职贡图》（图18-3，乾隆十六年，公元1751年）与《百苗图》（图18-4，原本是陈浩《八十二种苗图并说》，撰于嘉庆初年）。前者以工笔重彩描绘朝鲜、日本、英国、法国、荷兰等二十余国及满族、蒙古族、苗族、瑶族、黎族等民族男女服饰图；后者更是以多种版本绘制了苗族近百分支的服装图像。这就是为了察识。这仍是“垂衣裳而天下治”思维模式的延展，只不过比起前者要间接一些，视野要推开一些罢了。而且对于更大层面的读者而言，有着开阔眼界、见识新鲜的意趣。

图18-3　《皇清职贡图》中羌族男女

图18-4　《百苗图》中的花苗

与此同时，身处异域的他者也会因关注而出现描绘华夏衣装的服装画。因为你在桥上看风景，而看风景的人也会在楼上看你。这里有多重动机和文化效应。日本宽正十七年（公元1799年）出版的《清俗纪闻》中有系列服装画，仍是图典工具式类，意在了解民俗风情，进而把握大清王朝的世态人心。而在清乾隆年间旅游到中国的英国画家威廉·亚历山大就绘制了《中国人的服饰和习俗图鉴》一书，不仅为中国服装画带来了绘画技巧的全新格局，即以透视定点的西方画视角，以衣人合一、逼真写实的绘制点染，更在于他能

图18–5　威廉·亚历山大《中国人的服饰和习俗图鉴》中的“奶妈与两个孩子”

有身在“庐山”之外的超脱与清醒，能在跨文化比较的层面上点击评说。虽说是随感式的即兴话语，但却在服装画的格局中拓开了一个相对广阔的意义空间。即便是在太平天国任职的英国人的一些写生图，也因有着充分的服装自觉意识，也可列入服装画之列。虽说这些著作当时多出版在国外，对国内影响似乎微弱。然而，随着清末民初新一代学人走出国门，当他们发现这种异域观察中国服饰的目光时，可能会因对内容的熟稔而亲切，会因视角的越轨而震撼。即便到今天，重读这些服装画，仍会使人宕起相当大的想象与联想的空间（图18–5）。

四、具有现代意味的服装画

服装画的变革，到了近代，除却绘画本身的艺术轨迹外，重要的还有社会变革的影响。辛亥革命之后，冠冕服制废除，作为图典意义的服装画失去了依存的价值，而多重艺术形式借助于服饰这一意象而茁壮生长起来。或设计新款式，或窥测潜隐服饰心理，或褒贬种种服饰人格……揭示服饰多重人文价值的服装画不择地而涌出，不仅拓展了中国服装画的领域，而且也为中国美术增添了一支异军，这就构成了中国服装画灿烂的黄金时代。

现代意味的服装画，即旨在引导时尚潮流，旨在推崇理想人体和创新款式的服装画。这里既有脉络清晰的历史线索，也有沧海横流的多样尝试。

1. 吴友如（图18–6、图18–7）、郭建英的时装仕女图

在这里，笔者以为，一向为人们所漠视或者说评价不高的吴友如服装画值得关注。他的画与其说是民俗画，不如说是将人体与衣装融而为一的新感觉、新视野下的服装画。他画市井人物，画风尘女子，着意于人体与服装，似有着一定的自觉意识。女作家张爱玲在其1946年版增订本《传奇》的封面上使用的是一个晚清女人在独自玩骨牌，旁边坐着抱小孩的奶妈的图画。张说是“代用了晚清的一张时装仕女

图18–6　吴友如主绘的《点石斋画报》中的旗袍女子

图”[1]即吴友如的服装画。吴友如的时装仕女图以其“西洋焦点透视技法的引进，使得绘画的光感立体性、细节性的叙述成为可能……画家个人的表意性身份隐匿了，绘画的叙事性取代了抒情性。这种笔法不论于中国绘画艺术的转型，或是于近代媒体图像叙事的揭幕，均具有革命性的意义。”[2]向后看，吴友如的服饰画对日后海派服装画产生了原型性影响；向前看，我们在阅读他的绘画时，切不可忘记了李渔服饰新说的表达和影响（图18–8）。此后，如叶灵凤“用线勾、平涂的传统仕女画技法，展示民国初年女子流行的服式、发式等。既有传统的细腻平涂，又有电影特定的透视笔法穿插其间……它致力于渲染女子从脸部到衣饰的关键性细节：大波浪卷发、流线性旗袍、熠熠的头饰衣饰、标准美女的脸部造型……”[2]图像叙述意在推销时尚。再如读经济出身、任职于银行、海派文艺圈的客串者郭建英，他的简笔画也透露出新时代的消息。画中的女子，都是18世纪30年代最摩登的女子，她们健康、活泼、性感，卷发、旗袍、高跟鞋，有着鳗鱼式的身体和居高临下的自信姿态。他以漫画的方式，将1934年他主编的《妇人画报》打造成时尚刊物。其境界与月份牌的服装画几无二致。

图18–7 《点石斋画报》所绘的都市男女

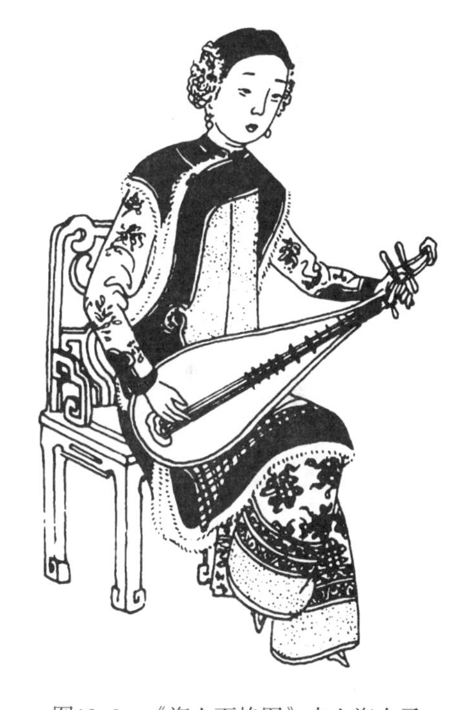

图18–8 《海上百艳图》中上海女子

2. *月份牌画*

月份牌是市井渗透性和影响力最为成功的服装画。其余波至今仍在更大的时空荡漾。月份牌看似画商品广告，实则画美女服饰，且带来新的观念。导致清末民初女性时尚变迁的两大直接原因，一是女学的兴起，二是放足。前者在思想观念上使越来越多女性不只在生活方式上有了西方的参照系，而且逐渐学会了独立思考。而后者，放足的变化从身体上解放了女性，使女性摆脱传统深闺和家院的拘囿，大踏步地进入社会。她们的崭新风貌成为月份牌所追踪与推崇的理想形象（图18–9）。

从月份牌画的描绘可以看出，画面上的时装人物，全然是光彩照人的现代女性。月份牌画中的女性身着时尚的服装，不同于《捣练图》、《虢国夫人游春图》、《挥扇仕女图》、《簪花仕女图》等作品中的宫廷贵妇和宫女们的柔弱形态，也不同于《三礼图》、《三才图会》等描绘的命妇、后妃的呆板形象，而是以典型的、富有时代特色的女性形象为主体。以往作品中的女性虽衣着艳丽，装束时尚，但不苟言笑、面无表情。而月份牌画中的女性则不同，她们穿最流行的时装：改良式的旗袍、西式的连衣裙、烫发、丝袜，毛皮大衣；用最新潮的物品：电话、电炉、钢琴、话筒、唱片……有最时髦的消遣：打高尔夫球、抽烟、骑马、游泳、航空……一切新鲜的事物都在她们身上得以体现，她们的衣着，姿态，甚至微笑都展现了一种全新的形象。

受西方服饰文化的影响，所绘人物不再是遮蔽体形与线条，而是准确写实，且着意突出着装者体态的轮廓与线条，服装不再是平面展开的传统模式，而是以人体为本的曲面软雕塑，不只成功地导致了新旗袍的建构，而且确立了新的体态美的模式与标准，从而较有深度地引导了时装的新潮流。中国的服装观念与世界初步接轨，着装开始了真正的现代意识。虽然此后因种种缘由而导致了这一努力的断裂，但在新时期时装潮几十年的波澜起伏后，我们仍觉得这个时期的服装路径是那么的准确与唯美，令人流连。它不只绘制出女性的美姿美态，而且以乐观的健康之美不同层面地展示了女性职业新风貌，特别是此前文献图典未曾记录过的各种体育娱乐活动。在这里，服装不再是政治伦理的图解式符号，女性不再是玩偶式的对象。月份牌画对当时顺应潮流的穿衣时尚给予了充分的展现，无论是中式的服装还是西化的时装。把当时的女性从头到脚，从发型、首饰到皮包、高跟鞋，无一不逼真地记录了下来。为现在的画家、民俗家、设计师、社会学家提供了珍贵的历史资

图18–9　月份牌上的新女性形象

料。通过这些服装画，我们真切地感受到了代表那个特别年代的一种都市女性的服饰情感。此时的服装画已经具有艺术性的成分，从其命名“画”即可看出，不是简单的图说，而是经过艺术加工的服装绘画作品。虽然它们是为宣传产品服务的，但画面的主体是身着时尚服装的女性，商品处于边缘甚至淡到若有若无的地位。从这一意义上说，它们就是服装画。

3. **叶浅予等人的时装设计画**（图18-10、图18-11）

如果说月份牌画中的时装美女更多的是从纯绘画中汲取营养的话，那么，叶浅予、万籁鸣、万古蟾、李珊菲等画家们描绘的服装设计图则越来越多地注重设计意图的表达。因此，他们的服装画必然介于绘画思潮与设计运动之间，从形式和内容上受到二者的作用。与以往画家不同的是，上述的这些艺术家们不仅仅是画家，也是极具创造力的服装设计师。他们的作品被大量地刊登在期刊画报上，对服饰的传播和交流起到了很大的影响。

图18-10　叶浅予：旗袍之变迁

图18-11　叶浅予：冬季妇女新装，《良友》（1928年第31期）

如《上海画报》1927年12月刊有叶浅予的“旗袍之变迁”，1928年2月刊有叶的另一作品“东西渐近之妇女服装”等，都敏锐地捕捉到了民国时期服装中“中西合璧”与“中西趋同”的特点，并把他的设计通过绘画的形式传播开来。这正与20世纪30年代前后的西风东渐越来越烈的社会环境相一致的。

方雪鸪身为《美术杂志》的主编，为自己辟有时装专栏，定期发表其设计的时装作品和撰写的时装评论。如在1934年她连续发表了约十余款中西合璧的女装设计图，切合腰身的旗袍，增加体态婀娜多姿的高跟皮鞋，以及各种各样的皮大衣等是她设计的主题（图18-12）。

李珊菲是活跃于民国时期的上海女画家，《北洋画报》曾在20世纪20年代末期连续发表过她的新式服装效果图。她设计的改良旗袍，款式十分新潮、洋化而富于变化，她设计的大衣，以西式服装造型为蓝本，糅合了中装乃至旗装的一些特点而更见新意、更合人们的审美趣味，在中外时尚交流及其传播的层次上也更高一筹（图18-13）。

图18-12　方雪鸪设计的裘皮大衣图，《美术杂志》（1934年）

图18-13　李珊菲设计的礼服大衣图，《北洋画报》（1927年）

万氏兄弟万籁鸣、万古蟾、万超尘和万涤寰四人在美术方面有共同的爱好，是中国动画片的鼻祖，作品《铁扇公主》、《大闹天宫》深受人们欢迎。他们凭借着扎实的艺术功底和独特的感悟力，在早年的艺术生涯中也创造了大量的服装画作品。其作品中可以看到保尔·波阿莱的"陀螺裙"的意象，从作品的绘画风格来看，他们深受19世纪初期到20世纪初期新艺术运动的影响，充满了装饰的意味，很容易让人联想起同一时期西方的时装画大师艾德（Erte）的作品，以19世纪末期的画风来表现出现代的感觉。

而早被淡忘了的张竞生的服装画意义更厚重、更伟大。他是以为改造中国，以美以服装重铸中国形象的目的来绘制服装新图的。

4. 张爱玲文学作品插图（图18-14）

作家张爱玲对服装可谓一往情深。既有为己、为友着装策划与制作的设计意识，又有自己引领时尚着装在场的情景；既有对自己着装照片的深层解读，又有作为小说散文文本的互动式语境的意象塑造。这就不难理解，从《传奇》到《流言》，张爱玲两本重要作品封面，都是在服装画上做文章。前者直接移用吴的一幅画，而《流言》则只画了一个穿着晚清大袄的“古装仕女”，长发披肩，未画五官，却醒目地凸显着装饰性的衣着：纯色绸缎长袄的领口和袖边盘着深色云头，卷起一朵尽可能旋转的浪花。古装与没有五官的脸庞，具象与抽象的组合，渗透着张爱玲对服装的深刻解读。她认为服饰是一种自由的表达，有时也可能是一种空洞无聊的表达。她的服装插图不是文字的附属，而是有着独立和自觉的意味，是一种独立的叙述方式，如《曹七巧》，如《红玫瑰王娇蕊》。画面黑白对比强烈，视觉冲击力强。她的服装插画受到同一时期西方绘画的影响，极具装饰性。她的服装画与她的文章相得益彰，在不同语境的冲撞中凸显出她对服饰的独特感受。

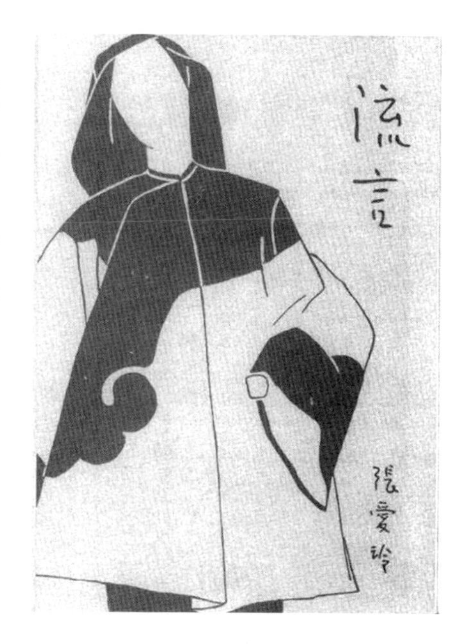

图18-14　张爱玲为自己作品集封面设计的时装图

5. **丰子恺与丁聪的服装漫画**（图18-15）

服装漫画自近代以来是中国服装画的一支异军。这类作品借服装来提示世态人心，将有价值的东西毁灭给人看，将无价值的东西撕破给人看，以放大夸张式的思维和笔触创作出令人怦然心动或忍俊不禁的画图。

图18-15　丰子恺漫画：父与子

丰子恺和丁聪的系列服装漫画就是其中的代表。丰子恺漫画作品《父与子》、《贫女如花只镜知》、《阿宝赤膊》、《小妹妹的疑问》、《勤俭持家》等构图取法生活，以褒贬分明的意态与现实对话，率性大气而童趣盎然，简洁、明快而意味深长。他不只以简洁的构图呈现出世俗服装风貌，更以传神的线条将感性所显现出来的服饰深层意味缓缓勾出。丁聪漫画服饰秉承其父画笔而青出于蓝。他的一系列服装漫画如《我不见了》、《夸新裙》、《轻薄红裤》、《卜子做裤》、《热死我》等看似图说古典，述而不作，含蓄内敛，实则出以工笔而思维越轨，以穿透历史的目光与现实对话，苍茫高古，耐人寻味（图18-16、图18-17）。

从某种角度来说，时下轰轰烈烈的动漫服饰创制，即是这一思维传统的延续和发展。服饰漫画与动漫服饰，是一个全新的领域，且有着多向度发展的文化艺术领域。

图18-16　丁聪：《夸新裙》

图18-17　丁聪：《轻薄红裤》

6. **时装摄影**（图18–18）

20世纪上半叶是中国报刊纷起的时代。新时代的都市，人们对时尚服装充满热情，时刊、画报都以刊登服装设计图为亮点。中外服饰时尚借此得以冲撞与流动。时装摄影作为时装画的一支异军，就在这一背景中后来居上，脱颖而出。20世纪30年代，随着摄影技术日趋成熟，摄影便大踏步地介入时尚中来。国内各种传播服饰时尚的期刊不断呈现服装摄影作品，如《美术生活》［1935年（总20期）］刊登杨秀琼的照片，她的现代泳装前卫时髦，是当时最流行的两段式，代表了20世纪30年代国际泳装的新时尚。《美术杂志》［1934年（2）］刊登了影星胡蝶带有一丝旗袍意味的西式晚装照片，真可谓人面服饰相映红。正是摄影技术以光线勾勒，服装多向度的质感与细微的节点才免于湮没而得以记录得以留存。于是，时装摄影这种光画术所形成的服装画，就催促着一种新的阅读心理和文化审美观渐次萌生，文字的深度解读和时装画前沿性描摹渐渐让位于图像叙述直观性的视觉冲击。携带着现代科技优势的商业摄影在时装界登场，人工手绘的服装画受到了巨大的冲击，开始从时装杂志的主要位置上隐退下来。

图18–18　影星胡蝶时装摄影

究其原因之一是摄影与摄像技术的快速发展与这一展示、传播途径的多样发展，形象传神、几近逼真的画面感与生命感，使得模特的容貌肌肤、身段线条让技术层面的色彩感与线条感、画面感逊色不少，使得静态平面文本深层阅读的模式受到冲击。至今全世界的时装摄影因此而冲刷扫荡了时装画领域，这或许这就是“形象大于思想”的典型例证。但无论如何，服装画领域如此积淀深厚且流派多样，放任时装摄影一枝独秀总是不正常的。多样性是生物界发展繁荣的基础和标志，艺术领域亦是如此。

余论

我国的服装画有着特殊而悠久的发展历程，不同阶段的时装画对整个社会的影响力之大，倘不进入这一领域是很难想象的。人们总喜欢说中国是衣冠古国，岂不知这衣冠古国的形象塑造中服装画起到了多么重要的作用。说经典也好精彩也好，或者从负面角度评价也好，但不能绕过服装画在中国历史上的功能，特别是在古代，在近现代。

近代以来的服装画则更为直观地显现出中国服装整体转型后的新风貌。受欧风美雨的影响，亦有自身发展的诉求，即由多遮蔽而逐渐多裸露，由单纯的衣服线条感多转换为衣身合一的线条感，因为流行的款式也由宽大而日益贴身，腰际线越来越明显，身体的曲线日益显露；服饰的观赏度逐渐大于它的舒适度。中国近现代史在此服装画的图像叙事中显得更为深刻而活泼，中国人的文化心态在这类图画中有着别开生面的揭示与解读。

服装画本已走出一条路子，创出了绘画的一种新品种。在新时期出现了瞬间的繁荣之后，又近乎从多样性缩为单一，回归到工具技术层面，成为服装教育打板制作的基础性内容。这当然是令人惋惜的，但这潜藏着一个时代的期待。服装画需要天才式的胆略和才气，有足够的底气和前行的毅力，方可承上而启下，即便是下坡路，总要走下去，不要让远古而来的中国服装画站在高高的断崖边，望尽悠悠天涯路[3]。

思考与练习

1. 简述中国服装画的发展历程。
2. 试论服装画的特征。
3. 为什么说月份牌也是服装画？

注释

[1] 张爱玲：《有几句话同读者说》，转引自《张爱玲文集》卷四：266。

[2] 姚玳玫：《从吴友如到张爱玲：19世纪90年代到20世纪40年代海派媒体“仕女”插图的文化演绎》，北京：文艺研究，2007（1）。

[3] 宋亮亮：《中国服装画发展研究》，硕士生毕业论文（未刊稿），2005年（西安）。导师：张志春。

第2版后记

这是2009年的初夏。

清晨5时许。掀开窗帘，晨曦的色彩刷新天宇，朦胧的街景渐次清晰。我听到了来自窗外的欢歌，那是布谷鸟儿以脆嫩的亮嗓传递着即将收获的佳音。《中国服饰文化》书稿改定之后，我坐在电脑前，准备敲击这久久萦回于胸的后记。

现在想来，我之所以撰写《中国服饰文化》一书，是基于这么一个背景：改革开放以来，中国服饰业发展的高潮叠起，时装潮三十余年风起云涌，服饰步入高教殿堂轻歌曼舞，服饰民族特色的强调已成为共识。可是支持民族特色与格局的中国服饰文化的研究却迟迟没有起步。

展开来说，服饰文化的研究，国外起步较早，亦有不少成果，但都是以西方文化为背景、为中心的自言自语。偶尔涉及中国服饰，因缺乏与之对应的文化氛围与感悟，便只能作异质文化审视下的浅泛解说与猜测。或如法国的皮尔·卡丹一再讲自己从中国旗袍所获得的创造性灵感，或如美国哈里奥特·麦克吉姆西的《服饰选择中的艺术和时尚》、格里斯·莫顿的《服饰和外貌的艺术》等著作中就引入了中国的阴阳概念来探讨服饰与人格的一致性问题，等等。认真说来，对于国际服饰文化研究领域颇有影响的欧美学者来说，中国服饰文化虽非空白和盲区，但真正结合中国服饰文献和考古发现，来探讨中国服饰文化内蕴的，还没有开始。

在国内，从远古到现代一直没有一部服饰文化方面的研究著作，只有历代描述服饰政策及其伦理规范的舆服志而已。新时期以来， 沈从文先生的《中国古代服饰研究》和周锡保先生的《中国古代服饰史》两部专著可算不同层面的开山之作，较有影响。前者重文物考释而轻舆服文献，后者重文献资料而推究渊源流变，都是从历史实证与宏观发展演变的角度来研究的通史格局，着眼点不在中国服饰文化学说方面。其他一些专著或格局宏大、包容众多，或精湛品评、点击古今，但却未曾注意梳理传统服饰理论。而时下的服饰热却来自西方服饰文化格局的影响与渗透，无论是服饰教育的学院化并使之成为热点专业，还是服饰表演的艺术化与商业化，无论是感性泛化的明星形象设计服饰包装，还是服饰舆论与理论的陡然升温，大都是套用西方服饰文化的理论框架来筹思与运作的。这些看来头头是道，但总觉与中国人深层心理中的服饰观念稍有距离。问题在于，我们号称衣冠古国，服饰文化可说是源远流长，自远古先民以来，服饰不同层面的意义是如何衍生的？而历代直面人生的先贤是否对服饰的意义给予追溯探寻？

于是我怦然心动，想写一部《中国服饰文化》论著。

在最初的构想中，试图从跨学科的角度出发，综合运用社会学、文化学、史学、美学和心理学等理论与方法，以点、线、面、体相结合的模式展开中国服饰文化学说的轮廓与细部。而所谓点，即一个人物的服饰学说或一个命题；线，即历史的线索或一个服饰事件或某类服饰命题的梳理；面，即某个时代或一群政治家或社会服饰习俗的剖析；体，即中国服饰文化整体境界的多重透视。古今中国的服饰事象告诉我们，服饰的意义是由文化衍生而来，并由文化来传递的，并在各种文化情境中交流变化。中华先民以及历代哲人以与人类生命全方位内容对话的姿态，以服饰为话题，自铸伟辞，汇聚为烛照幽微、辐射未来的服饰思想源，从而构筑了中国服饰文化信息的生成传递系统。而这一系统也深刻地启示着我们：即服饰的意义世界自古而今均处在生成与再生成的过程中，服饰总是以一种对文化的新的组合方式传递着文化信息；服饰的外观形式来源于文化可提供的各种抽象意象或表现，服饰作为一种符码在文化情境中被不断解读和传递。事实上，从鸿蒙之初的神话巫术礼仪到图腾崇拜，到《周易》八卦，到《周礼》、《仪礼》和《礼记》，到孔荀老庄墨韩，到魏晋风度，到隋唐时世妆，到李渔卫泳，到中国服装画千古源流……她试图展示自古以来源远流长的中国服饰文化思辨，典型早已积淀为我们民族集体无意识的深层服饰命题，让人们在这里整体领略中国服饰文化境界——在时兴的西方服饰文化之外提供一个别样的理论参照体系，它不只为中国服饰文化学的建立做出重要铺垫，而且为人类服饰学说的平等互补结构奠定坚实的基础。

从相关学科的联系来看，本书与一般中国服装史既有联系又有区别。联系之处在于都在历史的框架内谈服饰；区别则在于，中国服装史着意于说明服饰是什么，而中国服饰文化则重在阐释为什么；还在于服装史一线贯穿古今，以匀质速度不间断地扫描历代服装质料图纹色彩与款式，而服饰文化的视阈则聚焦在与服饰相关的历史运动与群体心态，聚集在服饰思辨成果出现的点、线、面、体上。于是，后者着重于中华文化的轴心时代，着重于这个中华服饰文化模式奠定的时代。它的选例与阐释大多有着类型的象征性。

阐释为什么，其要义并不在于填平补缺、罗列答案的知识灌输，而是为迎接时代的挑战，为智慧碰撞的思想启迪寻求一种可能性。

今天，我们已迈进21世纪，各个国家、地区、民族之间的竞争会大大加剧，经济、科技、文化的竞争和对抗将是普遍的现象。而一切竞争最后都归结于文化的竞争。服饰更是这样。在知识经济的时代，能否具有文化上的优势，将文化资源创造性地转化为文化资本，都是安身立命的关键，都是事业成毁的界畔。这样，对着装者来说，服饰就会成为有意味的形式；对解读者来说，服饰就会超越物质形态而感性显现为精神符号或审美意象；对创作者来说，就会自觉将所意识到的历史内容融入服饰之中，提升服饰境界，增益其文化含金量。服饰设计，之所以言设计，基点在于构筑前人期待之蓝图，是创造，是发现，是发明，不是从零做起，也不是述而不作，而是温故而知新，述往来而知来者，是举一反三乃至一通百通。虽然说，《中国服饰文化》并非创造学或者创造心理学，也不以直接导引创造性思维为鹄的。但是，与中国服饰文化比肩而立的是人们熟稔的西方服饰文化，这两大服饰文化体系的基本原理、哲学思路和审美方向都颇多歧异，观点迥然而又无是非正误之辨，如云山雾海，各有一番迷人的景致。人们接触到这些，思绪自难平静，而会在这两大营垒间摆荡，比较意识、选择意识自然萌生。而这正是本书所期待的。

"昨夜西风凋碧树，独上高楼，望尽天涯路。"

上述种种，无论是对背景的领悟、内容的构想还是思想的推敲，虽说不无初步实践的感受，但仍是登高望远式的瞩盼。真正的收获将在随之而来的逐渐规范的探索过程之中。而本书的写作，本身也是一个探索过程。从世纪之初作为专著出版，先后被西北纺织学院、江南大学、陕西师范大学、北京大学、陕西科技大学、沈阳航空工业学院、辽宁成人自学高等教育等院校和部门列为本科生、硕士生教材和教学参考书。特别是辽宁自学考试将本书的章节一一详细解读。其间诸多反馈，使我受益良多。现作为专著式教材，我更期待着专家的指正，期待着可以对谈的朋友。

事实上本书的成长过程，即获多方帮助：西北纺织学院教务处将其列入选修课，使《中国服饰文化》成为国内率先开设的课程；陕西师范大学文学院和教务处将其纳入本科与硕士课程体系，并对教材的写作给予大力支持。北京服装学院吕逸华教授、东华大学包铭新教授、陕西师范大学畅广元教授、西北纺织学院杜万祥教授、翟荣祖教授、上海戏剧学院戴平教授、苏州大学诸葛铠教授、国际关系学院吴家珍教授、南华商学院刘开洁教授等都曾给予关注和指导；中国纺织出版社的唐小兰女士、郭慧娟女士对本书从内容的斟酌到形式的推敲都有独到的贡献；我的学生王芙蓉对思考题做了梳理，熊建军订正了全书文字。请他们接受笔者微不足道的谢意。

张志春

2009年5月28日于陕西师大

第3版后记

没料想到拙著晋升为教材且出到了第3版。之所以后记另起楼台，没有如第2版那样将以前的后记稍微修饰一下合二而一，因为有些内容稍需说明。

首先是章节有一定变化。其一是增写了四章。即第十章《服制之道　多极摆荡——贾谊、刘安与董仲舒的服制建构》、第十一章《人之所弃　受而后著——中国佛教服饰文化观》、第十六章《衣取适体　寒暖顺时——曹庭栋〈老老恒言〉的服饰养生理论》和第十七章《斟酌中外　咸思改服——康有为两极摆荡的服饰思想》；其二是章节有变化，突出的是将第五章中《周易》影响下的服饰风范一节删去。将第十三章第一节中与佛教服饰文化相关部分改入第十一章;其三是斟酌修改了个别章节名称，使之更能涵盖其中的内容。并订正了一些过去没看出来的别字病句。

其次是拙著虽属追根溯源，但仍有与现实对谈的意味。它以服饰文化多侧面多向度所呈现的历史演进风貌告诉我们，传统并非静态的图表绘制，而是不断有所吸纳有所变化的生命建构。三江源头的黄河长江似乎不过清清细细的溪流，而穿越神州万里行程到了入海口，便是浩浩荡荡的宏阔巨流了。中国服饰文化的历程也充分证明了，任何有生命力文化的传承都不会拘囿于一个自交系。任何胶着于一点奉行原教旨主义的言行都与历史运行的轨迹背道而驰。温故而知新，可以为师矣。事实上我们还有不少现实中的服饰困境需要解围。

最后是感谢。拙著在初创时所写的部分章节，先后承《北京服装学院学报艺术版·饰》、《中国纺织美术》、《西北纺织学院学报》等报刊厚爱而予以发表；西安交通大学、长安大学、香港浸会大学珠海国际学院、陕西师范大学、韩国全北大学、西安培华学院等学校先后邀请讲座，使得拙著相关内容在与听众碰撞中得以交流与提升；陕西师范大学、西北纺织学院等院校多年开设这一课程使之不断完善；全国更多院校在这一课程推进、教材阐释中颇多回馈；中国纺织出版社的唐小兰女士、郭慧娟女士追踪本书1版、2版、3版，真是厚爱有加，耐心呵护；我的妻子陈国慧研究员、女儿影舒博士既包揽家务，放我超脱写作，又时时校读，催我纠错；我的硕士生邢雪、鲁欣、王淑媛、陈卓在文字校对、制作PPT时鼎力相助……在这里，真诚地致以谢意！《中国服饰文化（第3版）》的建构工程也有你们的一份功劳！

中国服饰文化博大精深，我们的研究与表述仅是一个新的开端。错误在所难免，静俟各方批评指正。

张志春
2016.9.6西安兴庆湖畔

青海同德宗日遗址出土

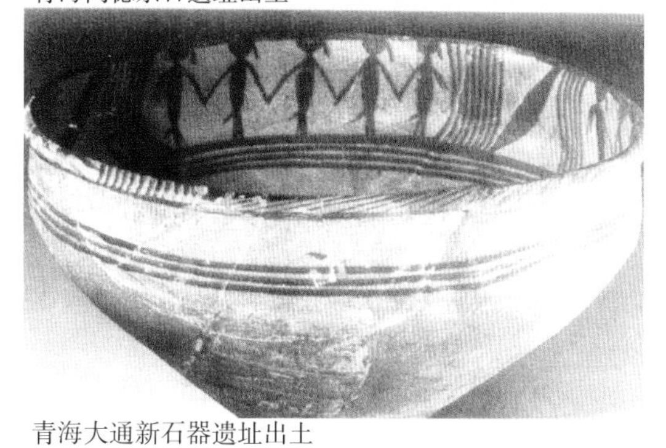

青海大通新石器遗址出土

彩图 1 鱼纹画面彩陶盆（西安半坡遗址出土）

彩图 2 舞蹈尾饰彩陶盆

彩图 3 商代玉人（河南安阳殷墟出土，美国哈佛大学弗格博物院藏）

彩图 4 商代玉人服饰（采自《中国历代服饰》）

彩图 5 商代透雕玉人佩（北京故宫博物院藏）

彩图 6 西周胸腹佩饰（山西曲沃晋侯墓出土，山西考古研究所藏）

彩图 7 战国龙凤虎纹刺绣图（湖北江陵马山砖厂1号墓出土）

彩图 8 战国中后期胡人武士像（河南洛阳金村出土，现藏日本）

彩图 9 战国鹰鸟顶金冠饰（内蒙古伊克昭盟杭锦旗阿鲁柴登出土，内蒙古博物馆藏）

彩图 10 战国楚少女龙凤帛画（湖南长沙陈家大山楚墓出土）

彩图 11 战国贵妇直裾单衣（采自《中国历代服饰》）

彩图 12 战国楚仕女彩俑（湖南长沙仰天湖楚墓出土）

彩图 13 宽袖绕襟深衣图（采自《中国历代服饰》）

彩图 14 秦将军陶俑（陕西临潼秦始皇墓出土）

秦跪坐女俑（陕西临潼焦家村出土）

汉跪坐女俑（西安姜村汉墓出土，陕西省博物馆藏）

彩图 15 秦汉跪坐女俑

彩图 16 西汉彩绘帛画（湖南长沙马王堆西汉墓出土）

彩图 17 汉代穿绕襟深衣的妇女（湖南长沙马王堆西汉墓帛画）

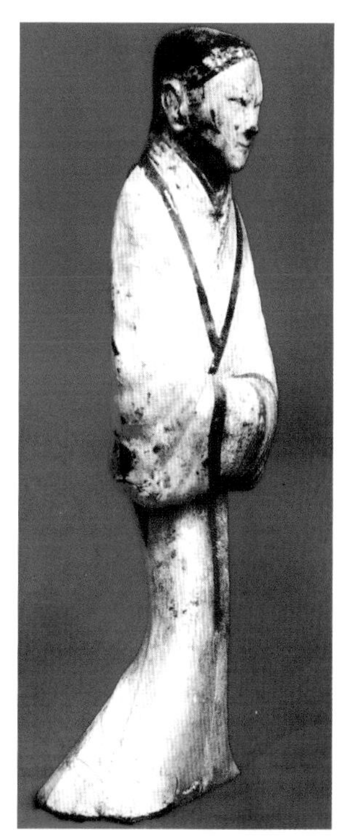

彩图 18 西汉女侍立陶俑
（陕西临潼骊山出土，临潼县博物馆藏）

彩图 19 西汉素纱禅衣（湖南长沙马王堆西汉墓出土，湖南博物馆藏）

彩图 20 西汉彩绘陶俑
（江苏徐州出土，徐州博物馆藏）

彩图 21 东汉灰陶坐听吹笙俑（四川成都出土，四川博物馆藏）

彩图 22 《古帝王图卷》中的晋武帝司马炎（美国波士顿美术馆藏）

彩图 23 冕服示意图（采自《中国历代服饰》）

彩图 24 魏晋彩绘砖画（甘肃嘉裕关出土，甘肃省博物馆藏）

彩图 25 魏晋彩绘砖画（甘肃嘉裕关出土，甘肃省博物馆藏）

彩图 26 东晋顾恺之《洛神赋》图卷（北京故宫博物院藏）

彩图 27 北魏彩绘文武士俑（加拿大多伦多皇家博物馆藏）

彩图 28 六朝胡服乐伎仪仗（河南邓县出土彩画像砖）

彩图 29 隋彩绘女俑（西安市出土）

彩图 30 唐张萱《唐后行从图》

彩图 31 唐侍女图（陕西乾县永泰公主墓壁画）

彩图 32 唐宫女图（陕西咸阳乾县乾陵懿德太子墓壁画）

彩图 33 唐周昉《簪花仕女图》

彩图 34 唐胡服仕女（新疆吐峪沟出土绢画局部）

彩图 35 唐襦裙半臂穿戴展示图（据出土陶器及壁画复原绘制，采自《中国历代服饰》）

彩图 36 唐半臂翻领仕女（新疆吐鲁番阿斯干塔那出土绢画）

彩图 37 唐韩滉（《文苑图》局部，北京故宫博物院藏）

彩图 38 唐民间乐人彩衣（敦煌莫高窟壁画《张仪潮出行图》局部）

彩图 39 南唐顾闳中《韩熙载夜宴图》